Ruschitzka ◆ Reckfort

Ingenieurmathematik

Margot Ruschitzka
Wolfgang Reckfort

Ingenieurmathematik

Vektor- und Infinitesimalrechnung für Bachelors

Mit zahlreichen Bildern und Beispielen

Autoren
Prof. Dr. rer. nat. Margot Ruschitzka
Fachhochschule Köln
Fakultät für Fahrzeugsysteme und Produktion
http://4c.web.fh-koeln.de

Dipl.-Ing. Wolfgang Reckfort
Fachhochschule Köln
Fakultät für Fahrzeugsysteme und Produktion

Bibliografische Information der Deutschen Nationalbibliothek

Die Deutsche Nationalbibliothek verzeichnet diese Publikation in der Deutschen Nationalbibliografie; detaillierte bibliografische Daten sind im Internet über http://dnb.d-nb.de abrufbar.

ISBN 978-3-446-41788-5

Fachbuchverlag Leipzig im Carl Hanser Verlag

Internet: http://www.hanser.de

Lektorat: Christine Fritzsch
Herstellung: Renate Roßbach
Satz: Beate Rhein, Köln
Druck und Bindung: Druckhaus „Thomas Müntzer“ GmbH, Bad Langensalza
Printed in Germany

Vorwort

Liebe Leserin, lieber Leser,

ob Sie es glauben oder nicht – **Mathematik ist interessant** – und **wichtig** für einen (Physiker), der wissen will, „was die Welt im Innersten zusammenhält", und **nützlich** für einen (Ingenieur), der „die Welt verbessern will".

Mit diesem Buch möchten wir zeigen, wie abwechslungsreich sie ist und was man, abgesehen von den beliebten Kurvendiskussionen, alles mit Mathematik anfangen kann!

Es ist mehr als verständlich, dass die Mathematikkenntnisse der Schule häufig teilweise verschüttet sind. Wir werden Rücksicht darauf nehmen und die notwendigen Dinge wiederholen. Lediglich elementare Kenntnisse aus den Gebieten Arithmetik/Algebra und Geometrie/Trigonometrie sollten vorhanden sein.

Bei der Beschäftigung mit der Mathematik entwickelt man Vorlieben, muss Vorlieben entwickeln: Das Gebiet ist einfach zu groß. Wir werden uns hauptsächlich mit der *angewandten* Seite der Mathematik beschäftigen, gewissermaßen mit der Mathematik aus der Sicht eines Ingenieurs.

Wir werden alles Notwendige „zu Fuß" entwickeln. Erst wenn wir das Prinzip, den Begriff *begriffen* und an einfachen übersichtlichen Beispielen demonstriert haben, werden wir mit einiger Berechtigung einen *Rechenknecht* (Computer) einsetzen, um uns von langweiligen Wiederholungen zu befreien, Diagramme zeichnen zu lassen etc.

Ein Buch sollte **lesbar** sein! Bei einem Mathematikbuch kann das nur heißen, dass bereits Text, Bilder und erläuternde Beispiele Sinn und Zweck des jeweils behandelten Gegenstands wiedergeben sollten. Natürlich gibt es ohne Formeln und einige geistige Anstrengung kein tieferes und verwertbares Verständnis. „Wasserdichte" Definitionen und Beweise werden hier jedoch als zweitrangig angesehen. Mehr Zeit und Mühe wird auf Erklärung, Veranschaulichung, Verständnis der wichtigen grundlegenden Begriffe (Grenzwert, Funktion, …) und Mechanismen (Differenziation, Integration, ...) gelegt – gewissermaßen Schulstoff aus der **Vogelperspektive**!

Erhebt sich die *Frage*: Was aber bleibt denn dann übrig von der ganzen Mathematik?

Antwort: Das *Wesentliche* der Mathematik bleibt. Die grundsätzlichen Ideen, die wichtigen Begriffe, die originellen Beweise! Ferner bleibt übrig: Zeit! Zeit für Rück-, Seiten-, Aus- und Überblicke, Zeit für abwechslungsreiche Nebenwege, Zeit für interessante Anwendungen!

Schlaflose Nächte hat uns die Entscheidung bereitet, welchen Stoff wir aufnehmen sollen. Ein Zuviel erzeugt Langeweile („Kenn ich schon alles!"), ein Zuwenig bringt Frust („Versteh ich nicht!"). Beides würde dazu führen, dass man das Buch zuklappt und je nach Temperament ins Regal stellt oder in die Ecke wirft – was beides nicht in unserem Sinne wäre.

Die Auswahl ist schließlich nach den sehr subjektiven Kriterien vorgenommen worden: Ist es interessant? – wichtig? – nützlich? (– in dieser Reihenfolge!). Aufgaben und Anwendungen sind möglichst dem Alltag entnommen, man behält dabei ein Gefühl für die Richtigkeit der Ergebnisse. Weiterführende Anmerkungen zum Inhalt der jeweiligen Kapitel sind als Kleingedrucktes ergänzt. Sie bilden aber keine Voraussetzung, um das Thema zu verstehen.

Trotz – oder gerade wegen der Kürze ist die Zielsetzung des Buches die Vorbereitung auf ein anwendungsorientiertes Studium: Der Stoff behandelt den Umfang des vorauszusetzenden Wissens aus dem entsprechenden Blickwinkel. Zusätzlich zum Inhalt des Buches werden laufend neue Aufgaben mit Lösungen über die Homepage http://4c.web.fh-koeln.de ergänzt.

Die Autoren bedanken sich bei Frau Christine Fritzsch und Frau Renate Roßbach, deren engagiertes Eintreten die Herausgabe dieses Buches sehr gefördert hat. Herzlicher Dank gilt auch Frau Dipl.-Math. Beate Rhein, Frau cand. Ing. Anne Reck, und Herrn cand. Ing. Fabian Richter für die sehr zuverlässige Herstellung der reproduktionsreifen Druckvorlage. Bei den Studierenden Frank Ettrich, Carola Buchwald, Anna Caspari und Patrick Leder bedanken wir uns für die erste Durchsicht des Manuskripts.

Köln, im Juni 2009

Margot Ruschitzka
Wolfgang Reckfort

Inhaltsverzeichnis

1 Grundlagen ... 9
1.1 Mengen ... 9
1.2 Zahlen ... 10
1.3 Regeln ... 14
1.4 Binome ... 19
1.5 Abstand ... 21
1.6 Winkel ... 22

2 Lineare Algebra ... 26
2.1 Gleichungen ... 28
2.2 Betragsgleichungen ... 39
2.3 Ungleichungen ... 40
2.4 Gleichungssysteme ... 43
2.5 Anwendungen ... 51

3 Vektoren ... 56
3.1 Gerichtete Größen ... 57
3.2 Stabstatik ... 61
3.3 Hafenansteuerung bei Strom ... 64
3.4 Vektoren – trigonometrisch ... 68

4 Vektorrechnung ... 70
4.1 Arithmetik (gerechnete Geometrie) ... 70
4.2 Mast legen (Kraftzerlegung) ... 79
4.3 Skalarprodukt ... 83
4.4 Vektorprodukt ... 87
4.5 Nützliches ... 90
4.6 Geraden und Ebenen (Geometrie – Algebra) ... 94
4.7 Schiffskollisionskurs – Vektoren in Bewegung ... 108

5 Folgen ... 114
5.1 Folgen und Grenzwert ... 114
5.2 Fundamentalfolgen und Regeln ... 118

6 Funktionen ... 126
6.1 Darstellungsarten ... 128

6.2 Die Standardfunktionen 133
6.3 Eigenschaften 139
6.4 Umkehrfunktion 143
6.5 Manipulation, Transformation 146
6.6 Sonder- und Spezialfunktionen 150
6.7 Die Parameterform 156

7 Differenzialrechnung 166
7.1 Differenziation 169
7.2 Standardableitungen 173
7.3 Regeln 175
7.4 Aspekte der Differenzialrechnung 181
7.5 Lineare Approximation einer Funktion 186
7.6 Geschwindigkeit 188
7.7 Formalismus 191

8 Integralrechnung 200
8.1 Die bestimmte Integration 200
8.2 Die Stammfunktion 204
8.3 Die Grundintegrale 207
8.4 Uneigentliche Integrale 208
8.5 Integration zusammengesetzter Funktionen 211
8.6 Flächen unter Kurven 216
8.7 Das unbestimmte Integral 220
8.8 Von der Summe zum Integral 223
8.9 Der Hauptsatz 230

9 Anwendungen, Ausblicke 235
9.1 Intermezzo 236
9.2 Iteration 243
9.3 Interpolationen 257
9.4 Weg, Geschwindigkeit, Beschleunigung 262
9.5 Vektorfunktionen 268
9.6 Krümmung 276
9.7 e-Spirale 284
9.8 Ein Mobilé 288
9.9 Integralfunktionen 293

Literaturverzeichnis 300
Stichwortverzeichnis 301

1 Grundlagen

1.1 Mengen

„Mengenlehre ist viel zu schwierig für das erste Semester“ – hat mein Professor gesagt.

Natürlich meinte er nicht die „moderne“ Bauklötzchenmathematik, die in den 70-er und 80-er Jahren des vorigen Jahrhunderts flächendeckend an den Schulen eingeführt wurde. Mein Professor meinte die axiomatische Mengenlehre der Grundlagenmathematik – die ist tatsächlich schwierig. Der Erfinder Georg Cantor (1845 bis 1918) wollte mit seinen unkonventionellen Fragen und Methoden die Fundamente der Mathematik auf Tragfähigkeit untersuchen und vor allem der *Unendlichkeit* zu Leibe rücken.

Tatsächlich hat er so Erstaunliches entdeckt, dass es z.B. verschiedene Grade von Unendlichkeit gibt: abzählbare Unendlichkeit, überabzählbare Unendlichkeit etc.

Logischerweise gehört der Umgang mit den intuitiv verständlichen Mengen vor den Umgang mit Zahlen – historisch ist es aber gerade umgekehrt gelaufen!

Man hat jahrtausendelang gerechnet, ehe man sich um die Wende vom 19. zum 20. Jahrhundert fragte:
- „Was sind eigentlich Zahlen?“
- „Was machen wir beim Rechnen?“

Dabei entdeckten die Wissenschaftler die grundlegenderen Mengen.

Für den mehr praxisorientierten Mathematiker ist von der ganzen Mengenlehre übrig geblieben die Sicherheit, dass die Fundamente halten und eine gewisse Sprech- und Schreibweise.

Statt „Das Gleichungssystem hat keine Lösung“ heißt es:
- „Die Lösungsmenge des Gleichungssystems ist leer“ oder gar
- „Die Lösungsmenge des Gleichungssystems ist die Nullmenge“.

Vorteile – ?! … weiß nicht!?

1.2 Zahlen

Zahlen sind uns überaus vertraut und wir handhaben sie mit großer Selbstverständlichkeit. Über die Entwicklungszeiträume und geistigen Schwierigkeiten, die zu dem heutigen Luxus geführt haben, machen wir uns keine Gedanken.

Wir können uns kaum vorstellen,
- wie man ohne „0" auskommen kann,
- wie eine Rechnung ohne Dezimalsystem und Komma durchzuführen wäre,
- wie man ohne Klammerregel zurechtkommt,
- welche Erleichterung und Fortschritte das Buchstabenrechnen mit seinem „verallgemeinernden Formalismus" gebracht hat,
- wie lange es gedauert hat, bis negative Zahlen akzeptiert wurden,
- welche Schwierigkeiten beim Verstehen von reellen Zahlen auftraten,
- welche geistigen Kämpfe um die komplexen Zahlen geführt wurden.

Wer das für *nicht der Rede wert* hält, der möge einmal *römisch* multiplizieren:
(I = 1, V = 5, X = 10, L = 50, C = 100, D = 500, M = 1000; (CX = 110, XC = 90))

$$CXXIV \cdot XXIII = ?$$

Übrigens haben die Römer in der Mathematik weder eine herausragende Persönlichkeit hervorgebracht noch einen nennenswerten Fortschritt erzielt – kein Wunder bei solch einem Zahlensystem!

Schätzen wir uns glücklich im Besitz all dieser Fortschritte zu sein, eine kleine fachliche **Rückbesinnung** ist die Sache trotzdem wert.

N $\rightarrow$ (0?), 1, 2, 3, 4, …
Am Anfang stehen die natürlichen Zahlen (**N**), oder wie L. Kronecker (1823 bis 1891) es ausdrückt: „Die natürlichen Zahlen hat der liebe Gott gemacht, alles andere ist Menschenwerk". Die natürlichen Zahlen sind ordentlich auf der Zahlengerade aufgereiht: Man kann immer feststellen, welche von zwei Zahlen „links" bzw. „rechts" steht, d.h. kleiner oder größer ist. Man kann sie addieren und multiplizieren und erhält immer wieder eine natürliche Zahl, die bekannten Klammerregeln funktionieren: $a(b+c) = ab + ac$.

Z $\rightarrow$ … – 3, – 2, – 1, 0(!), 1, 2, 3, …
Die ersten Schwierigkeiten tauchen auf, wenn man subtrahieren will, oder – wie man sich auch ausdrückt – die Gleichung $a + x = b$ lösen will, a aber größer als b ist: $5 + x = 2$ ist im Bereich der natürlichen Zahlen nicht lösbar! Man verlängerte die Zahlengerade nach links und führte die negativen Zahlen ein. Die Gesamtheit der natürlichen, der negativen Zahlen und der 0 bilden den Bereich der ganzen Zahlen (**Z**).

Q → … – 7/10, – 1/3, 0, 2/5, 6/1, 25/24 …
Beim Dividieren – dem Rückgängigmachen der Multiplikation – ergeben sich weitere Kalamitäten: 6/2 = 3 aber 2/6 ist keine ganze Zahl. Die Brüche oder rationalen Zahlen mussten her (**Q**). In Dezimalschreibweise haben die rationalen Zahlen die angenehme Eigenschaft abzubrechen (1/4 = 0.25) oder periodisch zu werden (1/3 = 0.333, 1/6 = 0.1666, 1/7 = 0.142857 142857 14). Im täglichen Leben hat man damit sein Auskommen, alle lieb gewonnenen Rechenregeln sind ausführbar und führen nicht aus dem Q-Bereich heraus.

R → … – 6.453867, 0.77765408…, 1.41421356…,
Aber bereits bei einer so einfachen Konstruktion wie der Diagonalen des Einheitsquadrats ergibt sich eine Zahl, die dezimal geschrieben nicht periodisch wird ($\sqrt{2}$ = 1,414213…) und somit keine Bruchzahl sein kann.

$x \cdot x = 2$, $x^2 = 2$, $x = \pm\sqrt{2}$ kann zwar beliebig genau rational angenähert, aber nicht exakt ermittelt werden! Die Mathematiker haben es gern sauber, die irrationalen Zahlen wurden geschaffen und ergeben mit **N**, **Z** und **Q** als Unterabteilungen den reellen Zahlenbereich (**R**).

Ein paar Exoten, die *transzendenten Zahlen* wie π, e etc. wurden noch gesichtet und eingeordnet – alles in allem war man recht stolz auf das bunte Völkchen der Zahlen und konnte fast alles berechnen. Man hätte sich zufrieden zurücklehnen können, wenn da nicht bei den einfachsten quadratischen Gleichungen das Wurzelziehen aus negativen Zahlen vorgekommen wäre!

C → … $5 + 0 \cdot \mathrm{i}$, $-2 + 4 \cdot \mathrm{i}$, $1/3 + 2/7 \cdot \mathrm{i}$, $1.34 - 5.765 \cdot \mathrm{i}$, …
Der Tradition folgend erweiterte man die Menge der Zahlen. Unter Einbeziehung der imaginären Einheit $\mathrm{i} = \sqrt{-1}$ erhielt man nun den umfassenden Bereich der komplexen Zahlen (**C**): $x + y \cdot \mathrm{i}$.

Umfassend insofern, als bisher bekannte Zahlen in dem Bereich enthalten waren: Es ist z.B. $5 + 0 \cdot \mathrm{i}$ nur eine umständliche Schreibweise für die natürliche Zahl 5. Trotz der gewöhnungsbedürftigen Erscheinung und der Tatsache, dass diese Gebilde keinen Platz mehr auf der Zahlengeraden haben, verhalten sie sich wie erwartet und können den Titel „Zahlen“ zu Recht beanspruchen.

Beim Umgang mit ihnen sind nämlich ausnahmslos alle Rechen- und Klammerregeln anwendbar ohne das Zahlengebiet zu verlassen – nur ein *kleiner* oder *größer* gibt es nicht mehr. Ehrlicherweise muss man sagen, dass man streng darauf geachtet hat, dass die Regeln nicht verletzt werden, tatsächlich sind sie das Wichtigere! Man muss es umdrehen: Alles, was den Regeln gehorcht, darf „Zahl“ genannt werden!

Mit den komplexen Zahlen werden wir uns nicht weiter befassen, das Gebiet ist mathematisch so faszinierend, dass man es entweder gründlich oder gar nicht behandeln sollte – ein „Schnuppern“ an den Dingen bringt herzlich wenig.

Tröstlich, dass man nachweisen konnte, dass für die klassische Algebra kein Bedarf mehr an weiteren Zahlen herrscht: Der Zahlenbereich ist gewissermaßen abgeschlossen.

Eine **Zusammenfassung** der letzten Seiten (für Eilige oder Legastheniker)

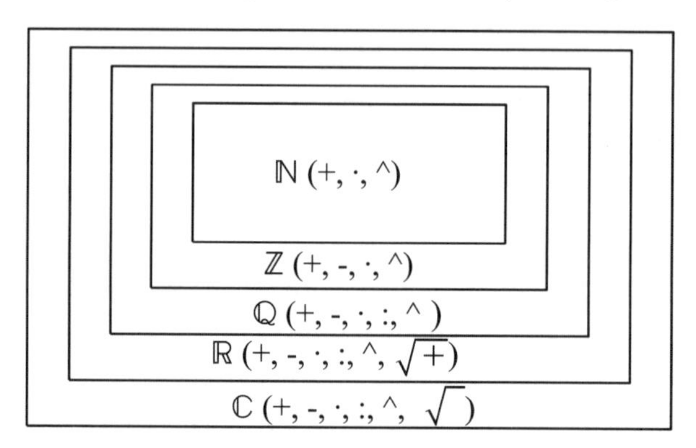

Das hört sich alles konsequent und folgerichtig an – historisch korrekt ist es nicht. Wir betreiben aber keine Mathematikgeschichte und belassen es deshalb dabei.

An einem Beispiel wollen wir uns die **Verständnisschwierigkeiten** unserer Altvorderen bei der Entdeckung bzw. Erfindung neuer Zahlenarten klarmachen.

Einerseits liegen die rationalen Zahlen, die Brüche, *dicht an dicht* auf der Zahlengeraden. Das ist leicht einzusehen: Zwischen zwei Brüchen kann man immer einen weiteren einschalten, z. B. das arithmetische Mittel der beiden beteiligten. Zwischen einer ersten und der neuen Bruchzahl kann man wieder das arithmetische Mittel berechnen – solange man will – unendlich oft! Bereits im Intervall von beispielsweise 1 bis 2 gibt es unendlich viele Brüche, sie füllen das Intervall lückenlos aus!

Andererseits haben die alten Griechen bereits herausgefunden, dass sich $\sqrt{2}$ = 1.4142 … nicht als Bruch darstellen lässt – also keine Bruchzahl sein kann!

Dass die Zahl $\sqrt{2} = 1.4142...$ mit ihren unendlich vielen Stellen eine wohlbestimmte *Länge* darstellt – die Länge der Diagonalen im Einheitsquadrat und einen wohlbestimmten Platz auf der Zahlengeraden beanspruchen kann, zeigt das Bild.

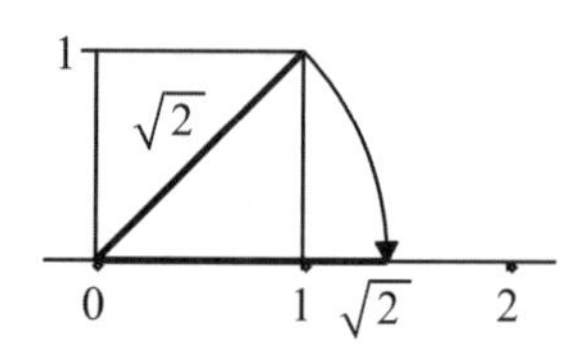

Wo hat diese irrationale Zahl $\sqrt{2}$ *noch Platz auf der Zahlengeraden?!*

Der Beweis, dass $\sqrt{2}$ irrational, d. h. nicht „vernünftig" – rational (als Bruch darstellbar) ist, stammt von Euklid.

Vorab 2 kleine **direkte Beweise**, wir werden die Ergebnisse gleich brauchen.

a) Quadrate gerader natürlicher Zahlen sind gerade ($2^2 = 4$; $4^2 = 16$; ...).
Eine gerade natürliche Zahl (GZ) kann man schreiben: GZ = $2n$.
Also: $(2n)^2 = 4n^2 \rightarrow$ gerade natürliche Zahl.

b) Quadrate ungerader Zahlen sind ungerade ($1^2 = 1$; $3^2 = 9$; ...).
Eine ungerade natürliche Zahl (UZ) kann man schreiben: UZ = $(2n + 1)$.
$(2n + 1)^2 = 4n^2 + 4n + 1 = \text{GZ} + \text{GZ} + 1 \rightarrow$ ungerade natürliche Zahl.

Nun der eigentliche **Beweis durch Widerspruch:**
Nehmen wir einmal an, es gäbe einen *gekürzten Bruch p/q* der $\sqrt{2}$ entspräche. Man könnte dann schreiben:

$$\sqrt{2} = \frac{p}{q} \rightarrow 2 = \frac{p^2}{q^2} \rightarrow 2q^2 = p^2 .$$

Das würde bedeuten, dass p^2 eine gerade Zahl wäre. Da nur gerade Zahlen als Quadrat eine gerade Zahl ergeben, hieße das weiter, dass *p selber gerade* wäre.

Damit könnte man schreiben $p = 2r \quad \rightarrow \quad p^2 = 4r^2$.
Weiter oben steht $2q^2 = p^2$,
womit sich ergibt $2q^2 = 4r^2 \quad \rightarrow \quad q^2 = 2r^2$

und es wäre q^2 und automatisch auch *q eine gerade Zahl!*

Man hätte damit gefunden, dass sowohl p als auch q gerade Zahlen wären. Folglich könnte der Bruch p/q gekürzt werden – *im Widerspruch zu der Voraussetzung, dass p/q bereits gekürzt war!*

Da alle Zwischenschritte logisch einwandfrei sind, kann nur die Annahme, dass $\sqrt{2}$ *sich durch einen Bruch darstellen lässt, falsch sein* ... Beweisende.

Bitte nicht verwechseln:
Man kann $\sqrt{2}$ und jede irrationale Zahl beliebig genau berechnen und durch einen Bruch annähern, *approximieren*, aber nicht *exakt darstellen*!

Es kommt aber noch schlimmer:
Man konnte nachweisen, dass es schon in unserem kleinen Beispielintervall von 1 bis 2 neben den (abzählbar) unendlich vielen Brüchen noch (überabzählbar) unendlich viele irrationale Zahlen gibt!

Die Griechen sind an diesem Dilemma geistig nicht vorbeigekommen und haben sich wieder ihrer geliebten Geometrie zugewandt – wir gehen heute unbekümmert und *selbstverständlich* mit diesen reellen Zahlen um!

1.3 Regeln

Wie wir wissen, ist es mit Zahlen allein nicht getan – man will etwas damit anfangen, etwas berechnen.

Für den Algebraiker sind die Rechenregeln wichtiger als die Rechenobjekte: Man kann ja auch Vektoren (Pfeile) addieren, Polynome dividieren, Matrizen multiplizieren, etc. Die Regeln sind im vergangenen Jahrhundert gründlich untersucht worden und haben zu einer „modernen Strukturmathematik" geführt mit Gruppen, Ringen, Körpern, etc. Wir packen sie in die Schublade, in der schon die Mengenlehre liegt, und bleiben bei unserem „naiven" Umgang mit den Dingen.

In Abwandlung des Kronecker-Zitats könnte man sagen: „Das Addieren hat der liebe Gott erfunden, alles andere ist Menschenwerk."

Ähnlich wie bei den Zahlen bauen wir eine **Regelhierarchie** auf.

Addieren $a+b=c \to c=?$

Die Umkehrung ist das **Subtrahieren:** $b=? \to b=c-a$
bzw. $a=? \to a=c-b$

Multiplizieren $a \cdot b=c \to c=?$ ist wiederholtes Addieren.

Die Umkehrung ist das **Dividieren:** $b=? \to b=c/a$
bzw. $a=? \to a=c/b$

Potenzieren $a^b=c \to c=?$ ist wiederholtes Multiplizieren.

Die 1. Umkehrung ist das **Radizieren:** $a=? \to a=\sqrt[b]{a}$

Die 2. Umkehrung ist das **Logarithmieren:** $b=? \to b=\log_a(c)$

Eine besondere Stellung nimmt die Basis e = Eulersche Zahl = 2.71828 … ein: $e^{\cdots} = \exp(\ldots)$. Der entsprechende Logarithmus hat einen eigenen Namen bekommen: Er heißt der natürliche Logarithmus und wird abgekürzt mit ln(…). Der Grund für diese Bevorzugung wird erst mit der Infinitesimalrechnung geklärt werden.

Die oben angeführten Umkehroperationen haben eine überaus nützliche Eigenschaft: Sie machen das, was die Originaloperation mit einem x, einem Term, einem „Irgendwas“ angerichtet hat wieder rückgängig, sie löschen die Wirkung der Originaloperation wieder aus!

Original: x^2, Umkehrung: $\sqrt{x^2} = x$

Original: $e^{(2x+4)}$, Umkehrung: $\ln(e^{(2x+4)}) = 2x + 4$

Es funktioniert auch mit vertauschten Rollen: $e^{\ln(2x+4)} = 2x + 4$

Berechtigte Frage: „Was soll daran so nützlich sein“?
Antwort: Bei fast jedem Gleichungs- oder Formelumbau machen Sie auf einer Seite der Gleichung oder Formel Gebrauch von dieser „Auslöscheigenschaft“ – achten Sie einmal darauf.

Den **einfachen Rechenarten** von Addition bis Division (einschl. Klammerregeln), Bruchrechnen (einschl. Kürzen und Erweitern) etc. widmen wir keine weitere Zeile.

Bei den **höheren Rechenarten** wollen wir einige Gesetze, Regeln und Festlegungen, die uns im Weiteren häufiger begegnen werden, zusammenstellen bzw. kurz auf sie eingehen.

Potenzen

Wenn man sich klar macht, dass die Potenzen eine Kurzschreibweise sind, wie $a \cdot a \cdot a \cdot a = a^4$, $a \cdot a \cdot a \cdot a$ (n Faktoren) $= a^n$, werden die Gesetze „selbsterklärend“:

$$(a \cdot a \cdot a \cdot a) \cdot (a \cdot a \cdot a) = a^4 \cdot a^3 = a^{(4+3)} = a^7$$

$$a^p a^q = a^{(p+q)}, \qquad \frac{a^p}{a^q} = a^{(p-q)},$$

$$a^n b^n = (ab)^n, \qquad \frac{a^n}{b^n} = \left(\frac{a}{b}\right)^n$$

$$(a^p)^q = (a^q)^p = a^{(p \cdot q)}$$

Einige sinnvolle Festlegungen: $a^0 = 1$, $a^1 = a$, $a^{(-n)} = \frac{1}{a^n}$

Wurzeln

Wir legen fest: $\sqrt[n]{a} = a^{\left(\frac{1}{n}\right)}$

Schreibt man nun $\sqrt[p]{a^q}$ in Potenzmanier $a^{\left(\frac{q}{p}\right)}$, dann kann man alle obigen Potenzregeln verwenden.

Knobelfrage: $(-a)^2 = \text{positiv}$; $(-a)^3 = \text{negativ}$; $(-a)^{2.5} = ?$

Logarithmen, die erfahrungsgemäß mehr begriffliche Schwierigkeiten machen. In der Gleichung $a = b^x$ heißt a der Numerus, b die Basis, x der Logarithmus. Der Logarithmus x ist der Exponent, der zur Basis b genau a ergibt:

$$b^x = a \rightarrow \log_b(a) = x \qquad \text{(sprich: Logarithmus von } a \text{ zur Basis } b \text{ gleich } x\text{)}$$

Man kann jede Zahl schreiben als

$$a = b^x = b^{\log_b(a)}$$

Eine Wiederholung der Definition: „x ist die Hochzahl, die zur Basis b genau a ergibt!" Damit, und mit den obigen Potenzgesetzen kann man die Logarithmengesetze herleiten, z. B.:

$$\log_b(a \cdot c) = \log_b\left(b^{\log_b(a)} b^{\log_b(c)}\right) = \log_b(b^{(\log_b(a)+\log_b(c))}) = \log_b(a) + \log_b(c)$$

Die übrigen Gesetze erhält man auf ähnlichem Wege.

Wir fassen zusammen:

$$\log_b(a \cdot c) = \log_b(a) + \log_b(c); \quad \log_b\left(\frac{a}{b}\right) = \log_b(a) - \log_b(c)$$

$$\log_b(a^n) = n \log_b(a) \quad ; \quad \log_b(\sqrt[n]{a}) = \log_b(a^{(1/n)}) = \frac{1}{n}\log_b(a)$$

Die Basis b ist beliebig, vornehmlich verwendet als Basis

- die „rechnende Zunft" 10 (dekadische Basis: lg (...)).
- die „beweisende Zunft" e = 2.7182 ... (natürliche Basis: ln (...)).
- die „informative Zunft" 2 (duale Basis: ld (...)).

Umrechnen von einer Basis b_1 in eine andere b_2 geht mit folgender Formel:

Gegeben: $\log_{b_1}(a)$; Gesucht: $\log_{b_2}(a) \rightarrow \log_{b_2}(a) = \dfrac{\log_{b_1}(a)}{\log_{b_1}(b_2)}$

Das Sparbuch

Hier ist nun Ort und Zeit für *eine der wichtigsten Anwendungen der gesamten Mathematik.* Thema: Die Entwicklung Ihrer Finanzen! Nehmen wir an, Sie bringen $K_0 = 1\ 000$ Euro auf die Sparkasse, der Zinssatz liegt bei berauschenden

$$Z = 3\ \% = 3/100 = 0.03.$$

Nach einem Jahr trägt eine freundliche Dame auf der Sparkasse Ihren neuen Kontostand ein

$$K_1 = K_0 + K_0 \cdot 0.03 = K_0(1 + 0.03) = K_0 \cdot 1.03$$

Sie lassen die Zinsen auf dem Sparbuch, nach einem weiteren Jahr haben Sie ein Guthaben von

$$K_2 = K_1 \cdot 1.03 = (K_0 \cdot 1.03) \cdot 1.03 = K_0 \cdot 1.03^2 .$$

Wie es weiter geht, sollte klar sein: Nach n Jahren haben Sie auf Ihrem Konto

$$K_n = K_0 \cdot 1.03^n.$$

a) Nach 10 Jahren haben Sie angespart

$$K_{10} = 1000 \cdot 1.03^{10} = 1343.92 .$$

b) Sie fragen sich, wie lange es dauert, bis sich Ihr Kapital verdoppelt hat.

$$2 \cdot 1000 = 1000 \cdot 1.03^n \rightarrow\ 2 = 1.03^n$$

Die Frage wird beantwortet durch den Logarithmus. Der Logarithmus ist die Hochzahl n, die zur Basis 1.03 genau 2 ergibt!

$$n = \log_{1.03}(2)$$

Etwas unüblich, die Basis 1.03, aber wir können ja umrechnen:

$$\log_{1.03}(2) = \frac{\log_{10}(2)}{\log_{10}(1.03)} = \frac{0.301}{0.0128} = 23.5 \text{ Jahre}$$

Nach ca. 24 Jahren hat sich Ihr Kapital *endlich* verdoppelt.

c) Vielleicht sollten Sie sich nach einer anderen Anlageart umsehen. Sie möchten, dass sich Ihr Kapital nach 10 Jahren verdoppelt und fragen sich, wie hoch der Zinssatz dann sein müsste.

$$2000 = 1000 \cdot z^{10} \rightarrow 2 = z^{10}$$

Einfaches Wurzelziehen bringt die Antwort:

$$z = \sqrt[10]{2} = 1.072$$

Sie müssen also jemanden finden, der Ihnen 7.2 % Zinsen bietet!

Zugabe zum obigen Beispiel**:** Stellen Sie sich vor, einer Ihrer Ur-Ur-Ur-Ahnen hätte für Sie um Christi Geburt einen Euro zu 3 % angelegt. Wie hätte sich der Euro entwickelt?

In den ersten hundert Jahren geht es etwas schleppend voran

$$K_{100} = 1 \cdot 1.03^{100} = 19.23 \text{ Euro.}$$

Bereits nach 1000 Jahren stehen zur Verfügung

$$K_{1000} = 6.874 \cdot 10^{12} = 6\,874\,240\,231\,000 \text{ Euro.}$$

Die letzten Jahre bringen es: Heute wären Sie nicht mehr in der Lage, die Summe auszugeben.

$$K_{2000} = 4.726 \cdot 10^{25} \text{ Euro!}$$

Darstellung der Kapitalentwicklung

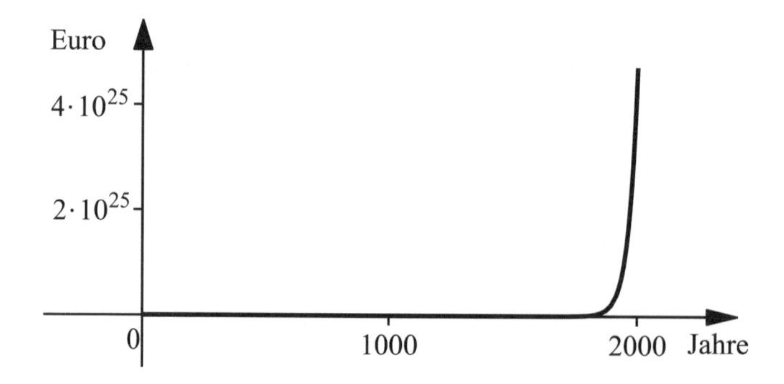

Eine weitere *Frage* quält Sie: Wann hätten Sie die erste Million zur Verfügung gehabt?

Antwort: Nach $n = \log_{1.03}(1\,000\,000)$ = **467 Jahren.**

1.4 Binome

Bei einigen Herleitungen und Formelvereinfachungen erweisen sich so genannte Binome als überaus nützlich. Das sind Gleichungen, „Identitäten“ wie

$$(a + b)^2 = a^2 + 2ab + b^2$$
$$(a - b)^2 = a^2 - 2ab + b^2$$
$$(a + b)(a - b) = a^2 - b^2$$

„Identitäten“, weil man für a und b einsetzen kann, was man will: Die Gleichung ist immer richtig. Binome begegnen uns wieder bei den quadratischen Gleichungen und der Differenziation.

Die Ausdrücke

$$(a + b)^2 = (a + b)(a + b)$$
$$(a + b)^3 = ((a + b)(a + b)(a + b)), \text{ etc.}$$

kann man so lange ausmultiplizieren, bis es einem langweilig wird, man sich zurücklehnt, das Ergebnis betrachtet – und *Symmetrien* feststellt!

$$(a + b)^0 = 1$$
$$(a + b)^1 = a + b$$
$$(a + b)^2 = a^2 + 2\,a\,b + b^2$$
$$(a + b)^3 = a^3 + 3\,a^2\,b + 3\,a\,b^2 + b^3$$
$$(a + b)^4 = a^4 + 4\,a^3\,b + 6\,a^2\,b^2 + 4\,a\,b^3 + b^4$$
$$(a + b)^5 = a^5 + 5\,a^4\,b + 10\,a^3\,b^2 + 10\,a^2\,b^3 + 5\,a\,b^4 + b^5$$

Die Gesetzmäßigkeiten im Aufbau kann man in eine Formel packen, die für alle natürlichen Exponenten anwendbar ist und erhält den *Binomischen Lehrsatz*:

$$(a+b)^n = a^n + na^{(n-1)}b + \frac{n(n-1)}{1\cdot 2}a^{(n-2)}b^2 + \frac{n(n-1)\,(n-2)}{1\cdot 2\cdot 3}a^{(n-3)}b^3 + \ldots$$

Wer es lieber anschaulich mag, der schreibe die Koeffizienten in Dreiecksform, erhält das *Pascalsche Dreieck* und kann den *inneren* Symmetrien nachgehen. Deren sind so viele, dass wir an dieser Stelle nur den Mechanismus anmerken wollen, mit dem man das Dreieck weiterführen kann:
Ein Koeffizient ist die Summe der beiden direkt über ihm stehenden Werte.

1
1 1
1 2 1
1 + 3 3 1
1 4 6 + 4 1
1 5 10 10 5 1

Auch den Liebhabern von Formeln kann geholfen werden (Das Hohe Lied der Abkürzungen). Wir führen drei Kürzel ein.

a) Das Summenzeichen $\sum$

$\sum_{i=0}^{4} i^n$ sprich: Summe über i^n von $i = 0$ bis $i = 4$

$S = \sum_{i=0}^{4} i^n$ ist ausgeschrieben $S = 0^n + 1^n + 2^n + 3^n + 4^n$

b) Die Fakultät $k\,!$

$k\,!$ sprich: k Fakultät,
$k\,!$ bedeutet $1 \cdot 2 \cdot 3 \ldots k$, Zusatzvereinbarung: $0! = 1$

c) Der Binomialkoeffizient $\binom{n}{k}$

$\binom{n}{k}$ sprich: n über k

$\binom{n}{k}$ steht für $\dfrac{n(n-1)(n-2)\cdot \ldots \cdot [n-(k-1)]}{k!}$,

Zusatzvereinbarungen: $\binom{n}{0} = 1,\ n \geq k$

Beispiel: $$\binom{6}{4} = \frac{6 \cdot 5 \cdot 4 \cdot 3}{1 \cdot 2 \cdot 3 \cdot 4} = \frac{360}{24} = 15$$

Der Binomische Lehrsatz kann damit abgekürzt werden zu

$$(a+b)^n = a^n + \binom{n}{1} a^{(n-1)} b^1 + \binom{n}{2} a^{(n-2)} b^2 + \ldots + \binom{n}{n-1} a^1 b^{(n-1)} + b^n$$

oder in absoluter Kurzform geschrieben werden

$$(a+b)^n = \sum_{k=0}^{n} \binom{n}{k} a^{(n-k)} b^k .$$

Ein Koeffizient steht im Pascalschen Dreieck in der $(n+1)$-ten Zeile an der $(k+1)$-ten Stelle.
Die Aussagen der Mathematik sind so allgemeingültig, dass sich die Mathematiker nicht um die *Bedeutung* der Zahlen, um die *Einheiten* (kg, m, °C, …) kümmern müssen.

Techniker, Ingenieure, Physiker kommen bei der Lösung realer Aufgaben nicht ohne sie aus und wissen ein *Einheitenlied* davon zu singen. Wer mit englisch-amerikanischen Einheiten rechnen muss, überlegt nach kürzester Zeit, ob er nicht besser den Beruf wechseln soll!

Auch wir werden erst bei entsprechenden Beispielen und Anwendungen „einheitengerecht“ rechnen. Zwei grundlegende Sachverhalte, die eine Zahl ausdrücken kann, müssen für den weiteren Gang der Handlung noch angesprochen werden: *Abstand* (Länge) und *Winkel*.

1.5 Abstand

Was der Abstand der Zahlen $a = 3$ und $b = 6.5$ auf der Zahlengeraden ist, ist eigentlich sonnenklar: Es ist die Differenz $L = 6.5 - 3 = 3.5$.

Etwas aufwendiger ist es, die *Entfernung* eines Punktes vom Nullpunkt oder den *Abstand*, die *Distanz* zweier Punkte in der Ebene zu berechnen. Begrifflich gibt es keine Schwierigkeiten, fast selbstverständlich kommt einem der Pythagoras in den Sinn:

$$E_A = \sqrt{x_A^{\ 2} + y_A^{\ 2}} \quad \text{bzw.} \quad D_{A,B} = \sqrt{(x_B - x_A)^2 + (y_A - y_B)^2}$$

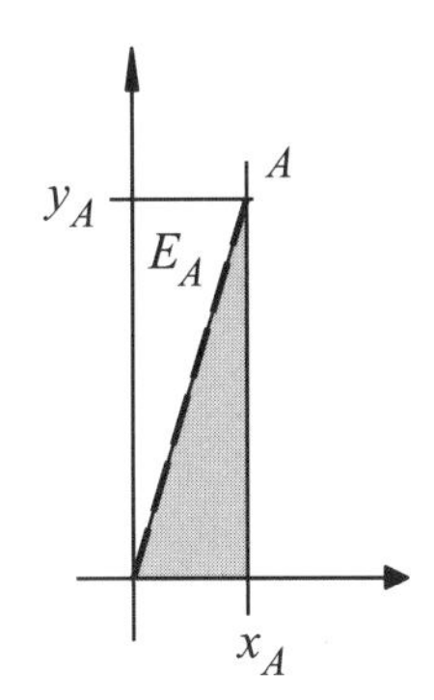

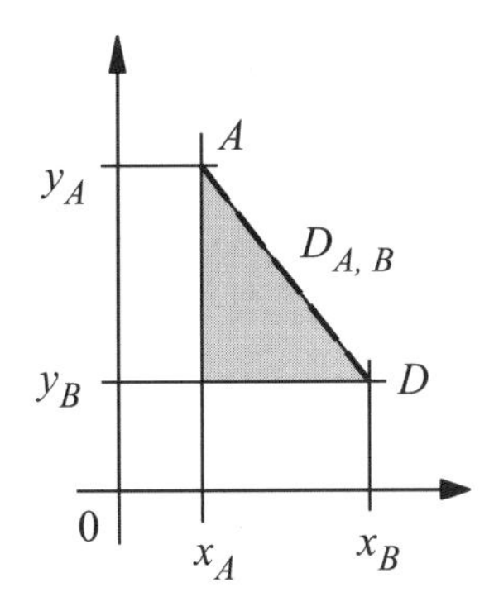

Das geht auch 3-dimensional. Die Raumdiagonale eines Würfels mit der Kantenlänge a:

1. Flächendiagonale: $\text{FD} = \sqrt{a^2 + a^2}$

2. Raumdiagonale: $\text{RD} = \sqrt{\text{FD}^2 + a^2} = \sqrt{\sqrt{a^2 + a^2}^{\,2} + a^2}$

$$\text{RD} = \sqrt{a^2 + a^2 + a^2} = \sqrt{3a^2} = a\sqrt{3}$$

Was einem einfällt, ist die so genannte *Euklidische Norm*. Unter *Norm* versteht man die Art und Weise, wie man Abstände von Punkten berechnet. Das ist zwar soweit alles richtig und wir wollen auch nichts daran ändern – nur *selbstverständlich* ist es nicht! – Es gibt durchaus auch andere Normen!

Die „*New-Yorker-Taxifahrer-Norm*": ohne Worte klar. Man kann auch eine "Alt-Mannheimer-Taxifahrer-Norm" als Beispiel einführen.

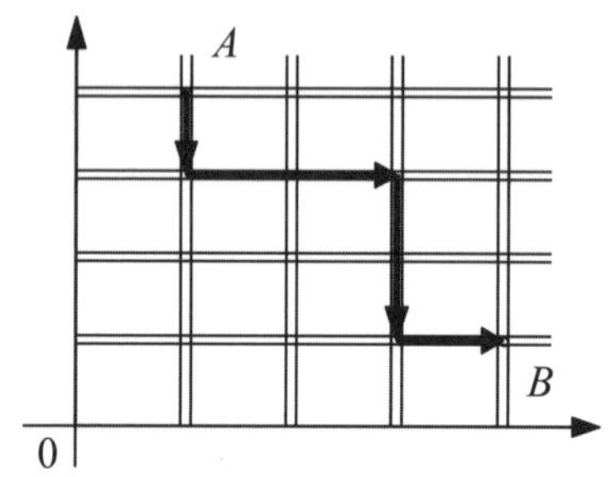

Die „*Französische Eisenbahn-Norm*". Alle Züge fahren zuerst nach Paris – die Entfernung von A nach B ist also $E = \overline{A0} + \overline{0B}$. Liegt der Zielort B′ jedoch auf der Strecke $\overline{A0}$, ist $E = \overline{AB'}$.

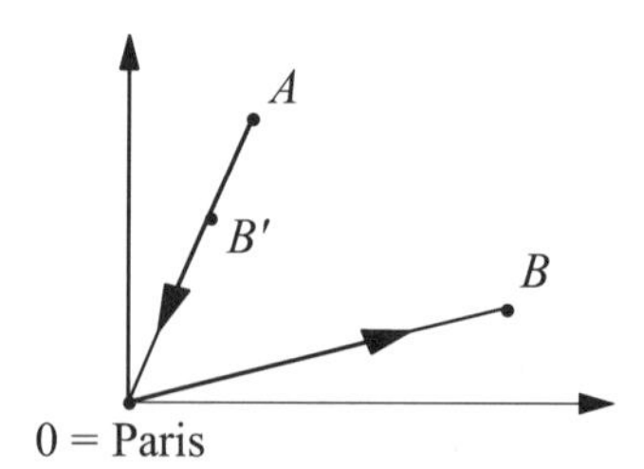

Eine Variante davon ist die „*Italienische Post-Norm*". Die gesamte Post geht zur Verteilung erst nach Rom – die Entfernung von A nach B ist somit $E = \overline{A0} + \overline{0B}$. Sind Zielort und Absendeort aber identisch, ist E = 0.

1.6 Winkel

Ein Abstand muss berechnet werden, ein Winkel ist bequemer im Umgang – er ist einfach da. Dafür hat sich im Laufe der Jahrhunderte bei Richtungs- und Winkelangaben ein bis heute nicht „normiertes" Tohuwabohu entwickelt.

Die **Mathematiker** halten es mit dem Bogenmaß, dem Radiant (Vollkreis = $2 \cdot \pi$; „rad"; der Gegenuhrzeigersinn gilt als positiv).

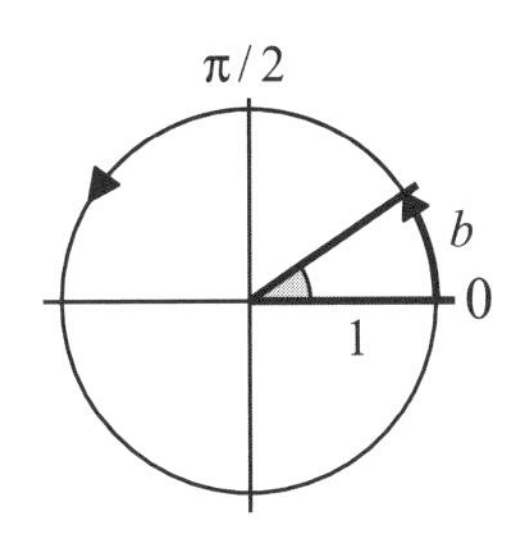

Das Bogenmaß eines Winkels beschreibt die Bogenlänge *b*, die die Schenkel des Winkels aus dem Einheitskreis ausschneiden.

Physiker und Ingenieure bevorzugen die babylonischen Altgrade (Vollkreis = 360°, „deg", Unterteilung in Minuten/Sekunden oder dezimal; positiv ist der Gegenuhrzeigersinn).

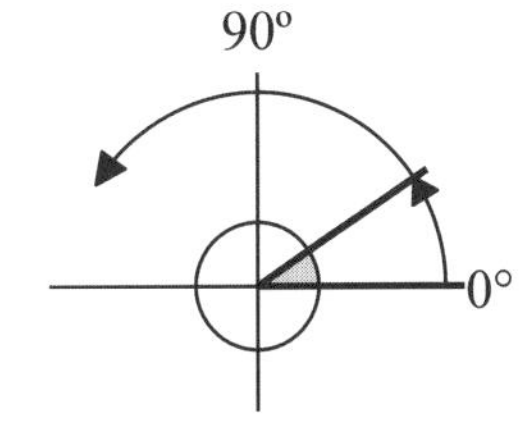

Umrechnungseselsbrücke: Die Schenkel eines Winkels α schneiden aus einem Vollkreis einen *Teil* heraus: $\alpha_{Rad} / 2\pi$ bzw. $\alpha_{Grad} / 360°$.
Die Teile müssen natürlich gleich sein:
$\alpha_{Rad} / 2\pi = \alpha_{Grad} / 360$.
Die **Vermessung** kennt Gon; der Vollkreis hat 400°; Unterteilung dezimal.

Die **christliche Seefahrt** war besonders erfindungsreich: Die Kompass-Rose zählt 360° für einen Vollkreis, – in alten Zeiten waren es 32 Strich – von Nord aus im Uhrzeigersinn positiv.

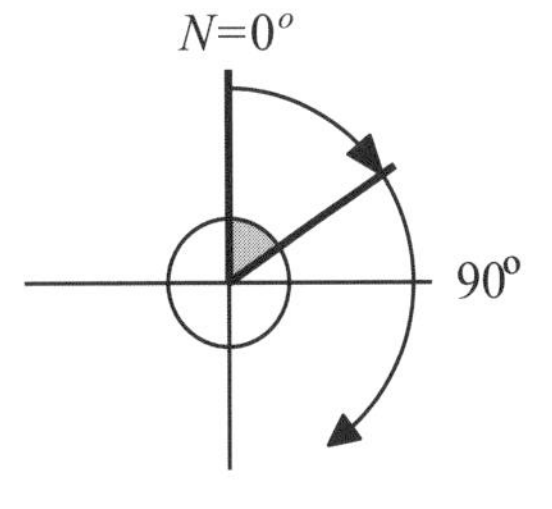

Der Wind kommt mit 6 Beauforts *aus* Nord-West. Der Strom setzt mit 2.3 Knoten *nach* SO. Man ändert seinen Kurs auf NO ¼-tel O!
Man verlegt das Bezugssystem auf das Schiff und das Leuchtfeuer wird 3 Strich backbord voraus gepeilt.

Der **Pilot** sieht in seinem mitfliegenden Koordinatensystem den Feind aus ungefähr 3°° kommen.
Man biegt halbrechts ab, die Straße hat 5 % Steigung, ...

Um die Sache abzurunden, sind irgendwem irgendwann die guten alten Strahlensätze eingefallen. Damit kann man einen Winkel als *Verhältniszahl* festlegen!

Bei festen β ist bei einem Winkel α

$$\frac{a_1}{c_1} = \frac{a_2}{c_2} = \ldots = \text{konstant und}$$

$$\frac{b_1}{c_1} = \frac{b_2}{c_2} = \ldots = \text{konstant} \ldots$$

Umgekehrt gehört zu einem Verhältnis $\frac{a}{c}, \frac{b}{c}, \ldots$

ein bestimmter Winkel α.

Aus Gründen der Bequemlichkeit hat man $\beta = 90°$ bzw. $\pi/2$ gewählt, die *Verhältnisse* am rechtwinkligen Dreieck festgelegt und ihnen Namen gegeben:

$$\frac{a}{c} = \text{Sinus}(\alpha), \frac{b}{c} = \text{Cosinus}(\alpha), \frac{a}{b} = \text{Tangens}(\alpha)$$

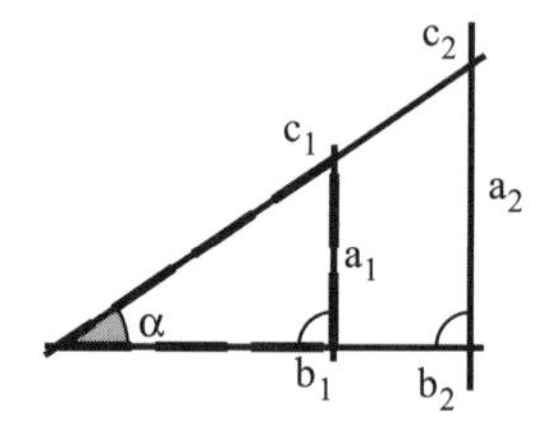

Besonders übersichtlich wird die Sache am Einheitskreis. Mit $R = 1$ wird der Nenner unserer Verhältnisse gleich 1 und man kann die Werte für Sinus, Kosinus, Tangens direkt in der Zeichnung abmessen.

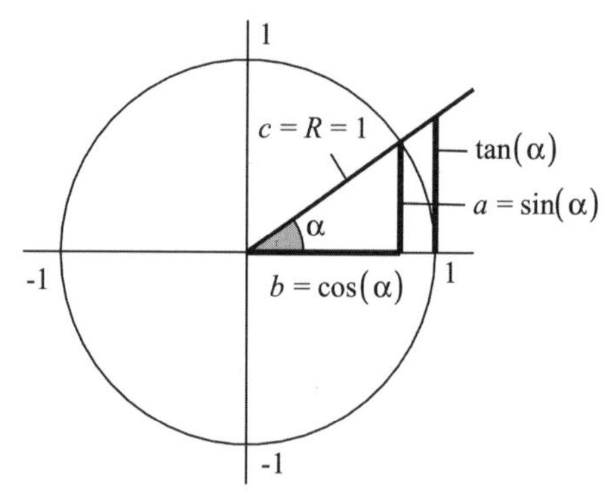

Das „Abgreifen“ der Größen aus der Zeichnung ist natürlich nicht sonderlich genau. Bis man die Möglichkeit hatte, die Werte mit beliebiger Genauigkeit zu *berechnen*, musste man erst auf B. Taylor (1685 bis 1731) warten, der die Möglichkeit fand, die trigonometrischen Funktionen durch Potenz-(„Taylor“-) Reihen zu ersetzen.

Der Vorteil dieser scheinbar umständlichen Winkelfestlegung – man kann damit rechnen! Die Verhältniszahlen der Winkel sind in Tafeln aufgelistet oder auf dem Taschenrechner verfügbar.

Hat man z. B. die Größe a und den Winkel α, kann man mit dem tan-Wert die fehlende Größe b ermitteln:

$$\tan(\alpha) = \frac{a}{b} \quad \rightarrow \quad b = \frac{a}{\tan(\alpha)}$$

Beispiel: Ein Segler misst mit seinem Sextanten vom Fuß bis zur Spitze des Leuchtturms „Alte Weser“ einen Winkel von 7°. Der Seekarte entnimmt er die Höhe des Turms mit 33 m. Er berechnet seine Entfernung vom Turm:

$$\tan(7°) = 0.12 = \frac{33}{E} \quad \rightarrow \quad E = \frac{33}{0.12} = 275 \text{ m}$$

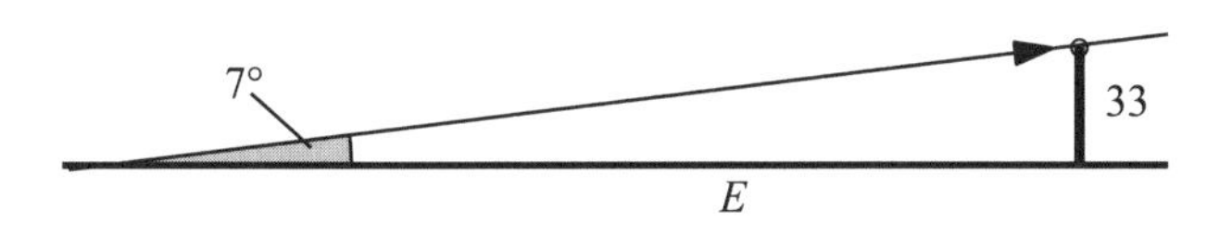

Es gibt noch andere, weniger wichtige Verhältnisse: Kotangens, Sekans, Kosekans.

Der Sinus ist und bleibt das Wichtigste. Aus ihm kann man die übrigen Verhältnisse entwickeln, wie cos = sin $+\pi/2$ und tan = sin / cos. Eine für Formelvereinfachung nützliche Beobachtung: $\sin^2 + \cos^2 = 1$.

Die Umkehrfrage: „Gegeben ist der Sinuswert eines Winkels, wie groß ist der zugehörige Winkel?“ – wird durch die arcsin-Taste auf Ihrem Taschenrechner beantwortet. Bei einer Sinustabelle muss man „umgekehrt“ in die Wertetafel gehen.

Zusätzlich zum Inhalt des Kapitels werden laufend über die Homepage http://4c.web.fh-koeln.de neue Aufgaben mit Lösungen ergänzt.

2 Lineare Algebra

Die Frage, warum man sich mit Gleichungen beschäftigen sollte, möchte ich zunächst mit einer Gegenfrage beantworten: Wie oft ist Ihnen ein Gleichheitszeichen begegnet? Sehen Sie! – Bei jedem mathematischen Ausdruck, in dem ein „ = “ vorkommt, handelt es sich um eine Gleichung! **Gleichungen** begegnen uns **im Alltag** häufig in direkter oder indirekter Form.

Lineare Gleichungen

Autorabatt aus einer Zeitungsanzeige

CITROEN BERLINGO Preisvorteil: 5 400 Euro, 36.1%!

Wie teuer das Auto ursprünglich war, wird nicht angegeben:

Rabatt = Urpreis · Prozent → Urpreis = Rabatt / Prozent, also

Urpreis = 5 400 Euro / 0.361 = 14 958 Euro.

Wie viel Sie jetzt für den Wagen zu zahlen hätten, wird nicht verraten:

Reduzierter Preis = 14 958 Euro · (1 – 0.361) = 9 558 Euro oder

Reduzierter Preis = 14 958 Euro – 5 400 Euro = 9 558 Euro.

Auch der allseits beliebte Dreisatz fällt unter diese Kategorie. Ein nicht zu ernst gemeintes Beispiel: Zwei Schiffe brauchen von Liverpool nach New York 7 Tage, wie lange brauchen drei Schiffe für die Strecke von New York nach Liverpool?

Quadratische Gleichungen

DIN A-Reihe

Die Größe des Papierbogens, auf dem Sie Ihre Notizen oder Steuererklärung machen, ist entstanden, weil jemand zwei Bedingungen aufgestellt hat:

1. Beim Falten eines rechteckigen Bogens mit den Seitenlängen a, b soll wieder ein Blatt mit dem gleichen Seitenverhältnis entstehen.

2. Der größte genormte Bogen soll 1.0 m^2 Flächeninhalt haben. Die Lösung liegt Ihnen in Form der DIN A-Papierformate vor.

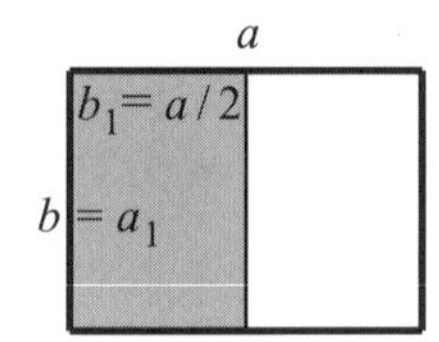

Die beiden Bedingungen führen auf eine rein quadratische Gleichung:

Zu 1.: $\dfrac{a}{b} = \dfrac{b}{\frac{a}{2}} = \dfrac{2b}{a} \rightarrow b^2 = \dfrac{a^2}{2} \rightarrow a = b\sqrt{2}$

Zu 2.: $a \cdot b = b\sqrt{2} \cdot b = b^2\sqrt{2} = 1\,\text{m}^2$;

$b = \sqrt{\frac{1}{\sqrt{2}}}$ m = 0.841 m; $a = 0.841\sqrt{2}$ m = 1.189 m

1-mal gefaltet: $a_1 = b = 0.841\,\text{m}$; $b_1 = a/2 = 0.595\,\text{m}$

...

4-mal gefaltet: $a_4 = b_3 = 0.297\text{m}$; $b_4 = a_3/2 = 0.210$ m → DIN A4!

Flächen:

A0 = 1 m^2; A1 = 1/2 m^2; A2 = 1/4 m^2; A3 = 1/8 m^2; A4 = 1/16 m^2

Gründlich wie die Normierer sind, haben sie sich überlegt, dass man die DIN A-Papiere ja z.B. in Mappen legen möchte, die natürlich etwas größer als die Papiere sein müssen. Sie haben also die DIN B-Reihe hierfür kreiert. Einmal in Schwung gekommen haben sie auch noch die DIN C-Reihe festgelegt – für die Schubladen, in die man die Mappen legen will.

Ungleichungen sind im Alltag nur schwer auszumachen.

Idealgewicht (kg) < Körpergröße (cm) –100

BMI (Body-Maß-Index): $18.5 < \dfrac{\text{Gewicht (kg)}}{(\text{Körpergröße})^2\ (\text{m}^2)} < 24.9$

Der BMI eigentlich beschreibt die Angabe von Toleranzgrenzen.

Gleichungssysteme

In der Tageszeitung war über das Passagierschiff „MS Düsseldorf", dem Stolz der „Weißen Flotte" auf dem Rhein, zu lesen: „Es schafft 14 Stundenkilometer gegen und 30 km/h mit dem Strom."

Stellt man sich die Fragen:

- „Wie stark ist die Rheinströmung (v_{Strom})?",
- „Wie schnell ist das Schiff durchs Wasser ($v_{durchs\ Wasser}$)?"

hat man ein einfaches Gleichungssystem zu lösen.

$v_{\text{ü-Grd-gegen-Strom}}$: $v_{\text{durchs-Wasser}} - v_{\text{Strom}} = 14$ km/h

$v_{\text{ü-Grd-mit-Strom}}$: $v_{\text{durchs-Wasser}} + v_{\text{Strom}} = 30$ km/h

Lösung: $v_{Strom} = 8$ km/h; $v_{\text{durchs-Wasser}} = 22$ km/h

Wir wollen im Folgenden keine Algebra, sondern vorrangig Analysis betreiben. Aber auch bei dieser Beschäftigung kommen uns mehr oder weniger automatisch Gleichungen und Gleichungssysteme unter. Das Lösen ist sozusagen ein notwendiges Übel. Ferner können sich Algebra mit ihren Gleichungen und Analysis mit den Funktionen gegenseitig bei der Lösung ihrer Aufgaben helfen:

- Auf den nächsten Seiten werden wir Lösungen von Gleichungen finden, indem wir sie vorher in Funktionen umwandeln.
- Umgekehrt werden wir später aus der 1. Ableitung einer Funktion eine Gleichung machen, um die Extremstellen der Funktion zu bekommen.

2.1 Gleichungen

Eine kurze **Wiederholung in Form eines Überblicks** ist sicherlich sinnvoll.

a) Im einfachsten Fall haben wir eine Bestimmungsgleichung gegeben:

$$x = 3 \cdot 2 + 4 \; ; \; x = ? \qquad \rightarrow \; x = 10$$

b) Häufig stellt eine Gleichung lediglich eine Bedingung auf:

$$3x + 4 = 0 \; ; \quad x^2 + 3x - 4 = 0 \; ; \quad 10^x = 35 \; ; \quad \cos(x^2) = \frac{x}{3}$$

und die Aufgabe lautet: „Finde alle x, die die Bedingung erfüllen."

Es gibt eine Reihe von „äquivalenten" Umformungen, Erweiterungen, Substitutionen und Tricks, mit denen man eine Gleichung so umbauen kann, dass zum Schluss eine Bestimmungsgleichung $x = \ldots$ herauskommt. „Äquivalent" heißt, die Gleichung bleibt eine Gleichung.

Auf dem Weg zur Lösung sind hin und wieder **Hilfsüberlegungen** nützlich:

- Ein Produkt wird = 0, wenn mindestens ein Faktor = 0 wird:

  $(x-1)(x+3) = 0 \; \rightarrow \; x_1 = 1 \; ; \; x_2 = -3 \; ;$

  $t^3 + 4t^2 + 6t = 0 \; \rightarrow \; t(t^2 + 4t + 6) = 0 \, .$

  Eine Lösung ist $t_1 = 0$. Weitere t erhält man durch Lösung der quadratischen Gleichung.
- Substitution

  $x^4 + 3x^2 + 2 = 0 \rightarrow$ Substitution: $x^2 = z \; \rightarrow \; z^2 + 3z + 2 = 0$

  Lösung der quadratischen Gleichung in z, Rücksubstitution nicht vergessen.
- Bei einer Bruchgleichung reicht es, den Zähler zu 0 zu machen, da der Nenner nie 0 werden darf.
- x^2 ist immer positiv.
- e^x wird nie 0.
- sin und cos sind nie größer als 1.

- $\ln(e^x) = x$, $\arcsin(\sin(x)) = x$, … (Umkehrfunktion (Funktion(x)) = x)
- $\cos^2 + \sin^2 = 1$, tan = sin/cos und weitere trigonometrische Umformungen

Das tiefere Geheimnis bei der Lösung von Gleichungen besteht darin, einen Weg zu finden, ***x* zu separieren**, d.h. die Gleichung *nach x aufzulösen* und damit aus der *Bedingungs*gleichung eine *Bestimmungs*gleichung zu machen.

c) Eine Gleichung kann auch eine Bedingung zwischen zwei (oder mehreren) unbekannten Größen vorgeben:

$$x^2 + y^2 = 1 \text{ oder } x \cdot y = 0.2 \ \ldots \text{ etc.}$$

Die Aufgabe ist dann: „Finde die *zueinander passenden* x und y, die diese Bedingung erfüllen!"

Hat man Glück, kann man die Bedingungsgleichung durch Formelumbau in eine Bestimmungsgleichung umformen und erhält eine „geschlossene" Lösung für jedes x: $y = \sqrt{1 - x^2}$ bzw. $y = \dfrac{0.2}{x}$

d) Kleiner Vorgriff
Es kann Ihnen auch passieren, dass sich die Aufgabe ergibt: „Finde die Größen x, y, die *zwei* Bedingungen erfüllen!"

$$(1)\ x^2 + y^2 = 1$$
$$(2)\ x \cdot y = 0.2$$

Damit haben Sie ein Gleichungssystem zu lösen. Machen wir uns an die Arbeit und suchen Lösungen.

Das kleine Funktionsgraphen-Einmaleins

Wir werden in den nächsten Abschnitten, wo immer es dem Verständnis dient, von der Anschauung Gebrauch machen, sprich: Bilder zeichnen. So wie man das *Kleine Einmaleins* parat haben muss, sollte man beim Anblick der folgenden Formeln die entsprechenden Bilder „vor Augen haben"; testen Sie sich!
Die Gerade

$y = a$; eine horizontale Linie, parallel zur x-Achse im Abstand a

$y = x$; die Winkelhalbierende

$y = mx + b$; eine Gerade: Steigung m, b = Schnittpunkt mit der y-Achse

$y = m(x - c) + b$; die gleiche Gerade, um c nach rechts verschoben

Der Kreis

$x^2 + y^2 = 1$	der Einheitskreis
$x^2 + y^2 = R^2$	der Kreis mit dem Radius *R*, Mittelpunkt im Koordinatenursprung
$(x - Mx)^2 + (y - My)^2 = R^2$	der gleiche Kreis, Mittelpunkt bei $+Mx$ und $+My$

Die quadratische Parabel

$y = x^2$;	die Normal- bzw. Standardparabel
$y = x^2 + a$;	wie vor, um *a* nach oben verschoben
$y = (x - b)^2 + a$;	wie vor, um *b* nach rechts verschoben
$y = c(x - b)^2 + a$;	wie vor, gespreizt um Faktor *c*

Die Wurzelfunktion $y = \sqrt{x}$. Die kubische Parabel $y = x^3$. Die Hyperbel $y = \frac{1}{x}$.

Die *e*-Funktion $y = e^x$ und ihre Umkehrung $y = \ln(x)$.

Die trigonometrischen Funktionen $y = \sin(\phi)$; $y = \cos(\phi)$; $y = \tan(\phi)$; ...

Graphische Lösung

Für eine erste Übersicht machen wir ungeniert von den Segnungen der Computertechnik Gebrauch – wir „lassen zeichnen". Wir bekommen tatkräftige Hilfe, wenn wir uns den Funktionsbegriff zunutze machen – der Begriff *Funktion* bringt Dynamik ins Geschehen!

Aus einer statischen Gleichung *G*(*x*) = 0 machen wir eine dynamische Funktion *F*(*x*) = *y* und suchen längs der *x*-Achse die Stelle(n) *x*, für die *y* = 0 ist.

a) Aus der Gleichung $3x + 4 = 0$
machen wir die Funktion $3x + 4 = y$,
zeichnen den Graphen (dicke Linie) und schauen nach, wo die Funktion $y = 0$ ist, lesen den Schnittpunkt mit der *x*-Achse ab.

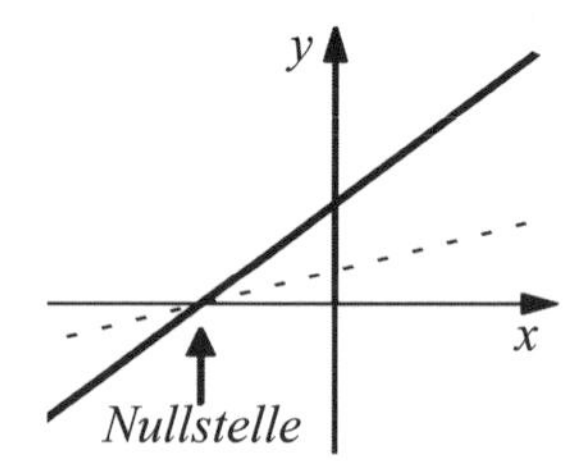

$3x + 4 = 0$ kann man äquivalent umformen zu $x + 4/3 = 0$. Wir erhalten zwar eine andere Funktion und einen anderen Graphen (punktierte Linie), die Nullstelle bleibt jedoch die gleiche.

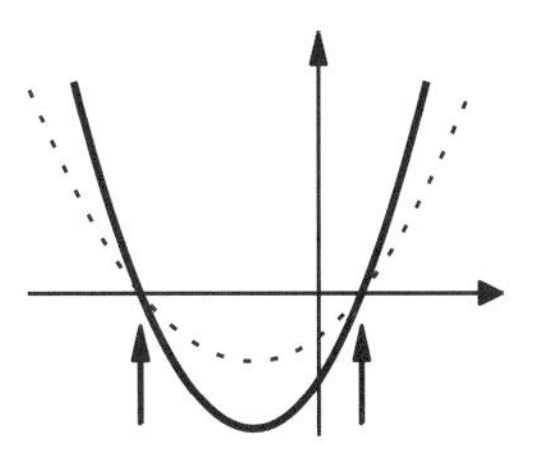

b) Aus der Gleichung $x^2 + 3x - 4 = 0$

machen wir die Funktion $x^2 + 3x - 4 = y$,

zeichnen den Graphen (dicke Linie) und suchen die Nullstellen der Funktion $y = f(x)$.

Auch hier verändert die Multiplikation der Gleichung mit einem Faktor nur die Funktion und die Form des Graphen, nicht die Nullstellen! Dargestellt als punktierte Linie:

$$0.5x^2 + 0.5 \cdot 3x - 0.5 \cdot 4 = y.$$

Es gilt „Nullstellen einer Funktion = Lösungen einer Gleichung" und umgekehrt! Wir kommen noch darauf zurück.

Ähnlich kann man bei

$$10^x = 35 \qquad \text{bzw.} \qquad \cos(x^2) = \frac{x}{3}$$

verfahren, man muss die Gleichungen nur vorher auf *Normalform G(x) = 0* bringen:

$$10^x - 35 = 0 \qquad \text{bzw.} \qquad \cos(x^2) - \frac{x}{3} = 0$$

Man kann jede Seite der Gleichung als eine gesonderte Funktion auffassen,

$$y_l = 10^x;\ y_r = 35 \qquad \text{bzw.} \qquad y_l = \cos(x^2);\ y_r = \frac{x}{3}$$

beide Kurven zeichnen und nach Schnittpunkten Ausschau halten.

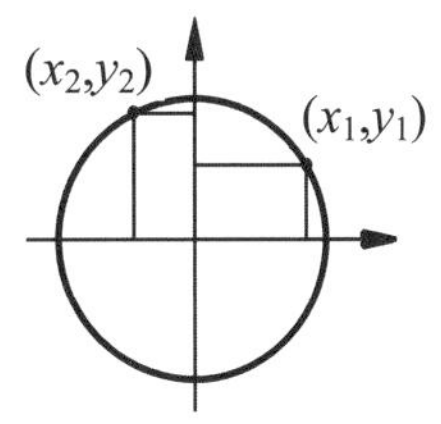

c) Die Werte *x*, *y*, die die Bedingung $x^2 + y^2 = 1^2$ erfüllen, liegen alle auf dem Einheitskreis, anders gesagt: Die Lösungspaare *x*, *y* *bilden* den Kreis. Eine Gleichung mit zwei Unbekannten → unendlich viele Lösungen!

Hier kommen wir an die Wertepaare recht einfach durch Umformung: $y = \sqrt{1 - x^2}$. Bei anderen Formeln, z.B. für das „Kartesische Blatt" $x^2 + y^2 + xy + 20 = 0$, nehmen wir gerne Computerhilfe in Anspruch. Wie der Computer das berechnet, soll uns nicht interessieren.

d) Für ein Gleichungssystem

(1) $x^2 + y^2 = 1.0$
(2) $x \cdot y = 0.2$

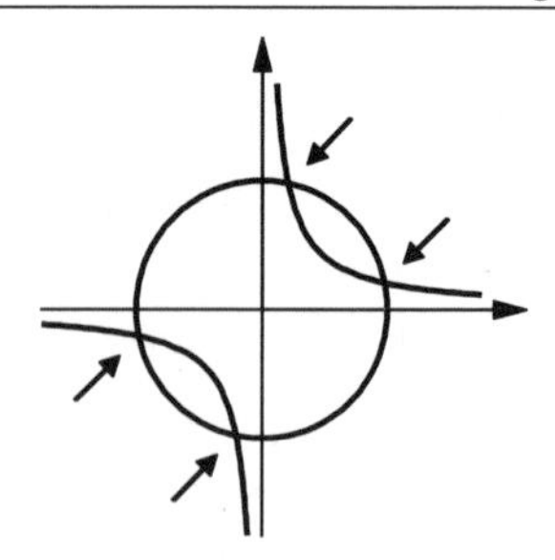

zeichnen wir die Kurve für jede Gleichung und schauen nach, ob es *gemeinsame* x, y-Werte, also *Schnittpunkte,* gibt. Für die Schnittpunktwerte sind beide Gleichungen erfüllt.

Die graphische Methode ist nicht gerade genau und funktioniert naturgemäß nur in maximal drei Dimensionen bzw. für drei Gleichungen mit drei Unbekannten.

Geschlossene Lösung

Die Mathematiker haben sich buchstäblich jahrtausendelang bemüht, Gleichungen zu lösen (Algebra = Gleichungslehre). Wenn man bedenkt, was für eine Vielfalt an Gleichungen man allein aus Potenzen x^a, Exponentialausdrücken a^x und trigonometrischen Termen $\sin(x)$, $\cos(x)$, $\tan(x)$, usw. mit den Grundrechenarten zusammenbauen kann, ist das Ergebnis eher mager. Selten kann man in „gemischten" Gleichungen x separieren, nach x auflösen.

Den vollen Durchblick hat man lediglich bei den *Polynomgleichungen* $x^n + ax^{n-1} + bx^{n-2} + ... = 0$ gewonnen. Zwei grundlegende Tatsachen sind bewiesen worden:

Hauptsatz 1: Polynome haben so viele Lösungen wie der Grad *n*, (der höchste Exponent) des Polynoms – wenn man Mehrfachlösungen mehrfach zählt und komplexe Lösungen akzeptiert.

Hauptsatz 2: Für Polynome vom Grad 5 und höher sind keine geschlossenen Lösungen zu bekommen.

Der Nachweis dieser „Unmöglichkeit" ist recht anspruchsvoll und er gilt als eine der großen Leistungen der Algebra. Natürlich hat auch ein Polynom vom Grad 20 Lösungen und man kann sie so genau berechnen wie man will, es gibt aber keine *formelmäßig exakte* Lösung!

Einige Lösungsmethoden sollen an Beispielen demonstriert werden.

Lineare Gleichungen: $ax + b = 0$ ... klar: $x = -\frac{b}{a}$

Quadratische Gleichungen: $x^2 + ax + b = 0$

Als Vorbereitung erinnern wir an die Form des ersten Binoms:

$$\left(x + \frac{a}{2}\right)^2 = x^2 + 2x\frac{a}{2} + \left(\frac{a}{2}\right)^2 = x^2 + xa + \left(\frac{a}{2}\right)^2.$$

Die Lösungsidee ist, die linke Seite der Gleichung $x^2 + ax + b = 0$ auf die Form $x^2 + xa + \left(\frac{a}{2}\right)^2$ zu bringen.

Wir formen um zu $x^2 + xa = -b$,

addieren beidseitig die *quadratische Ergänzung* $\left(\frac{a}{2}\right)^2$

und erhalten damit $x^2 + xa + \left(\frac{a}{2}\right)^2 = -b + \left(\frac{a}{2}\right)^2$.

Die Methode, etwas zu addieren, direkt wieder zu subtrahieren und neu zu sortieren (umzuklammern), ist in den Beweisen der Mathematik häufiger anzutreffen.

Nun können wir links zusammenfassen $\left(x + \frac{a}{2}\right)^2 = -b + \left(\frac{a}{2}\right)^2$

beidseitig die Wurzel ziehen $x + \frac{a}{2} = \pm\sqrt{-b + \frac{a^2}{4}}$ und x separieren.

Die Gleichung $x^2 + ax + b = 0$ hat die Lösungen $x_{1,2} = -\frac{a}{2} \pm \sqrt{-b + \frac{a^2}{4}}$.

Um den Wiedererkennungswert zu erhöhen, folgt das Ganze in der bekannten *p/q-Schreibweise*:

Die Gleichung $x^2 + px + q = 0$ hat die Lösungen $x_{1,2} = -\frac{p}{2} \pm \sqrt{\frac{p^2}{4} - q}$.

Beispiel mit Variationen

1. Die Gleichung $x^2 + 3x - 4 = 0$ hat die Lösungen

$$x_{1,2} = -\frac{3}{2} \pm \sqrt{\frac{3^2}{4} + 4} \rightarrow x_1 = 1,\ x_2 = -4 .$$

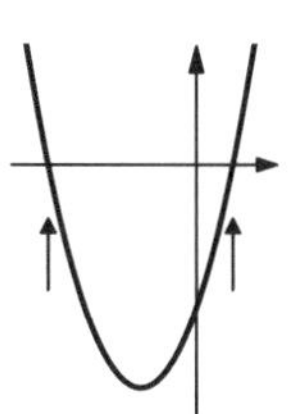

Wir schicken die Parabel auf die Reise nach oben.

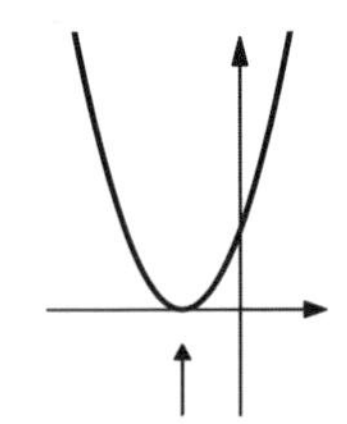

2. Unterwegs gibt es den Grenzfall, dass die Kurve die x-Achse nur berührt. Das ist genau dann der Fall, wenn in der p/q-Formel der Wurzelausdruck den Wert *Null* annimmt und tritt folglich ein, wenn $q = \frac{p^2}{4}$ ist.

Bei der Gleichung $x^2 + 3x + \frac{9}{4} = 0$ ist das der Fall. Sie hat die *Doppelwurzel* $x_{1,2} = -\frac{3}{2}$.

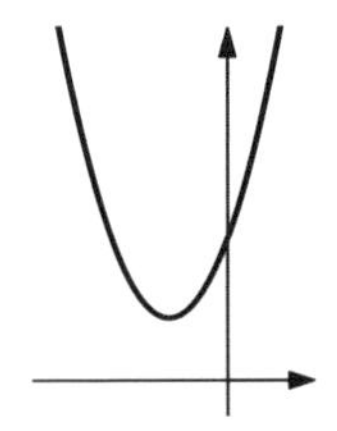

3. Bei der Gleichung $x^2 + 3x + 4 = 0$ enden unsere Umformungen mit einer Wurzel aus einer negativen Zahl – die es im Reellen nicht gibt! Die Parabel *schwebt* über der x-Achse.

$$x_{1,2} = -\frac{3}{2} \pm \sqrt{\frac{3^2}{4} - 4} = -1.5 \pm \sqrt{-1.75}$$

Wenn wir das neue Symbol $\mathrm{i} = \sqrt{-1}$ einführen, wird $x_{1,2} = -1.5 \pm \sqrt{1.75}\sqrt{-1}$ bzw. $x_1 = -1.5 + 1.32 \cdot \mathrm{i}$; $x_2 = -1.5 - 1.32 \cdot \mathrm{i}$.

Diese Zahlen nennt man komplexe Zahlen. Die Schwierigkeit mit diesen komplexen Lösungen ist, sie zu akzeptieren! Setzen Sie x_1, x_2 zur Probe in die Gleichung ein und beachten, dass $\mathrm{i}^2 = -1$ ist – es funktioniert.

Anmerkungen zu Gleichungen höheren Grades

Kubische Gleichungen $x^3 + ax^2 + bx + c = 0$ muss man erst durch die Substitution $x = y - a/3$ auf eine weiterverarbeitbare *reduzierte* Form $y^3 + py + q = 0$ bringen. Eventuell bekommt man es im weiteren Verlauf wieder mit den komplexen Zahlen zu tun – Weiteres siehe Formelsammlung. In Bewunderung kann man über denjenigen geraten, dem die verschlungenen Lösungswege und Substitutionen eingefallen sind!

Beim 4. Grad wird es ungemütlich – nur Sonderformen sind noch mit menschlichem Aufwand zu knacken. Beispielsweise kann man die *bi*quadratische Gleichung $ax^4 + bx^2 + c = 0$ durch die Substitution $z = x^2$ in die einfache quadratische Gleichung $az^2 + bz + c = 0$ überführen.

Ab dem 5. Grad geht gar nichts mehr! (siehe Hauptsatz 2)

Anmerkung zu Wurzelgleichungen

Tauchen in einer Gleichung Wurzelausdrücke auf, ist Vorsicht geboten. Man kann die Wurzeln zwar hin und wieder durch Quadrieren beseitigen, begibt sich damit aber auf Glatteis: Quadrieren ist keine äquivalente Umformung.

Ein überzeugendes Mini-Beispiel: $\sqrt{x}+2=0$ bzw. $\sqrt{x}=-2$.

Wir quadrieren beidseitig $\sqrt{x}^2=(-2)^2$ und haben die Lösung (?): $x=4$.

Wir setzen zur Probe ein: $\sqrt{4}+2=0$ und bekommen $2+2=0$!

Eigentlich ist das Ergebnis nicht verwunderlich. Man hätte bei genauerer Betrachtung der Aufgabe $\sqrt{x}=-2$ bereits stutzig werden sollen: Es gibt keine Zahl x, deren Wurzel einen negativen Wert liefert! Also: Wenn man schon Wurzelausdrücke durch Quadrieren beseitigt, zum Schluss unbedingt die Probe machen!

Exponentialgleichungen: $a^x=b$

Das *Standardverfahren,* um x aus seiner luftiger Höhe auf den Boden zurückzubringen, ist das beidseitige *Logarithmieren*: $a^x=b \to \log(a^x)=\log(b)$

Mit dem Logarithmengesetz $\log(a^x)=x\cdot\log(a)$

wird (Basis beliebig) $\log(a^x)=\log(b) \to x=\dfrac{\log(b)}{\log(a)}$

Beispiel: $10^x-35=0 \to 10^x=35$

Gewählte Basis *e*: $x=\dfrac{\ln(b)}{\ln(a)}=\dfrac{\ln(35)}{\ln(10)}=1.544$

Bei der *zweiten Möglichkeit* erinnern wir uns an den Satz: „Man kann jede Zahl a schreiben als $a=b^{\log_b(a)}$.

Beispiel: $10^x=35 \to 10^x=10^{\log_{10}(35)}$

woraus folgt $x=\log_{10}(35)=1.544$.

Bei der *dritten Version* (bzw. Eselsbrücke) machen wir von der „Auslösch-Eigenschaft" der Umkehroperation Gebrauch.

Beispiel: $s=e^{-0.10t}$; gegeben: s, gesucht: t

Wir schreiben $\ln(s)=\ln(e^{-0.10t})=-0.10t$. Es wird damit $t=-\dfrac{\ln(s)}{0.10}$.

Weitere Lesart (um die Verwirrung komplett zu machen):

Beispiel: $s=e^{-0.10t}$; Gegeben: s, Gesucht: t

Wir wiederholen die Definition: Logarithmus Naturalis von s ist die Hochzahl $(-0.10t)$, die zur Basis e genau s ergibt und schreiben direkt

$\ln(s)=-0.10t$. Damit wird auch $t=-\dfrac{\ln(s)}{0.10}$

Logarithmische Gleichungen

In Fällen wie $\log_b(x) = a$ muss man sich wieder an die Definition erinnern:

$x = b^a$ (Der Exponent zur Basis *b,* um *x* zu bekommen, ist *a*.)

In einfachen Fällen kann man unter Ausnutzung der entsprechenden Gesetze auch logarithmische Gleichungen lösen:

$$\log(x^2+1) = 2\log(3-x) \qquad \rightarrow \log(x^2+1) = \log(3-x)^2$$

$$x^2+1 = (3-x)^2 \qquad \rightarrow x = \frac{4}{3}$$

Trigonometrische Gleichungen

Bei Gleichungen mit Trigonometrietermen kann man eventuell *x* mit der entsprechenden Umkehrung aus der „Umklammerung" befreien.

$$\begin{aligned} \sin(3x) &= 0.5 \\ \arcsin(\sin(3x)) &= \arcsin(0.5) \\ 3x &= \arcsin(0.5) \\ x &= 10° \text{ (oder 0.17 Radiant)} \end{aligned}$$

Hin und wieder helfen trigonometrische Umformungen wie die Additionstheoreme, $\sin(\alpha)^2 + \cos(\alpha)^2 = 1$ etc., weiter.

Gemischte Gleichungen wie $\cos(x^2) - x/3 = 0$ sind meistens sehr hartnäckig. Wir haben so gut wie nie eine Chance auf eine geschlossene Lösung!

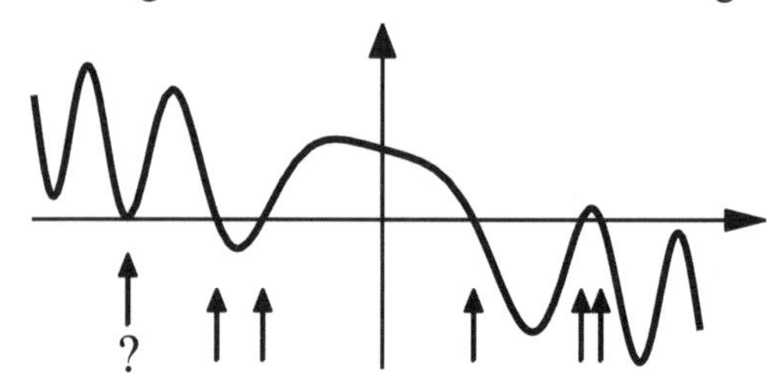

Nach dieser eher ernüchternden Ausbeute bei den Lösungsmöglichkeiten von Gleichungen eine tröstliche Meldung: *Rechnerische* Lösungswerte (Nullstellen) mit beliebiger Genauigkeit kann man sich in wesentlich mehr Fällen beschaffen. Man geht von einem geschätzten Wert aus und nähert sich einem Algorithmus (einem „Kochrezept") folgend schrittweise dem exakten Wert – mit jedem Schritt wird der Fehler geringer. Wir werden im Abschnitt 9.2 „Iteration" darauf eingehen.

Zwei „abgehobene“ *Beispiele* des „täglichen Lebens“

Vorab die notwendigen Daten:

Erdradius $R = 6\,378$ km; Erdmasse $M = 6.0 \cdot 10^{24}$;

Mondradius $r = 1\,738$ km; Mondmasse $m = 7.4 \cdot 10^{22} = 0.074 \cdot 10^{24}$;

Entfernung zwischen Erde und Mond: $D = 384\,000$ km.

1. Der gemeinsame Schwer- bzw. Drehpunkt von Erde und Mond

Dreht sich der Mond um die Erde? Sicherlich, er dreht sich aber *nicht* um den Erdmittelpunkt! Erde *und* Mond drehen sich um einen *gemeinsamen* Punkt. Der Drehpunkt ist der Schwerpunkt des Erde-Mond-Systems.

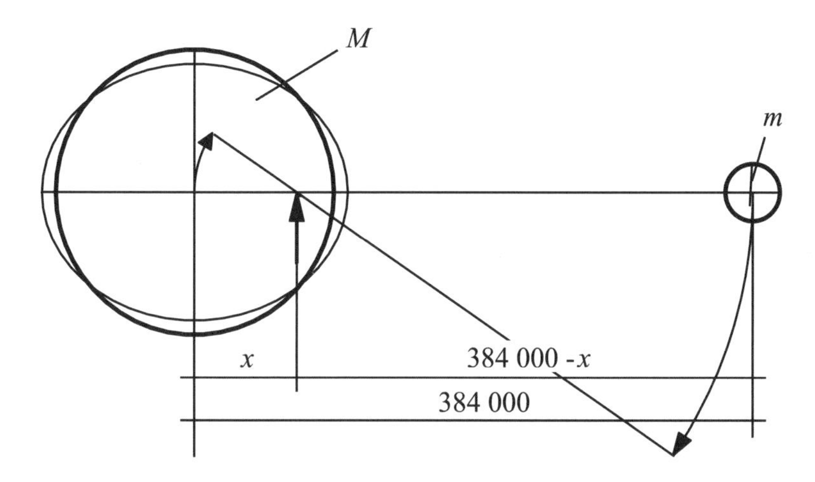

Für den Schwerpunkt gilt per Definition, dass links und rechts die Produkte aus Masse (Kraft) und Hebelarm gleich sind.

$$6.0 \cdot 10^{24} \cdot x = 0.074 \cdot 10^{24} \cdot (384\,000 - x)$$

$$6.0 \cdot x = 28\,416 - 0.074x$$

$$6.074x = 28\,415$$

Ergebnis: $x = 4\,680\,\mathrm{km}$.

Der Schwer- bzw. Drehpunkt liegt innerhalb der Erde!

Die Auswirkung dieser „Eierei“ bekommen besonders die Küstenbewohner täglich zu spüren: Sie haben täglich zweimal Ebbe und Flut! Auf der mondzugewandten Seite sorgt die Anziehungskraft des Mondes für einen Wasserberg, auf der mondabgewandten Seite macht die Zentrifugalkraft den Flutberg.

2. Der Anziehungsnullpunkt zwischen Erde und Mond
In den Zeiten, als man anfing, Raketen und Satelliten zum Mond zu schießen, tauchte die folgende Frage auf: Bei welcher Entfernung von der Erde heben sich die Anziehungskraft der Erde und die des Mondes auf? An diesem Punkt könnte ein Astronaut aus seiner Kapsel aussteigen, ohne in Richtung Erde zurückgezogen oder zum Mond hingezogen zu werden.

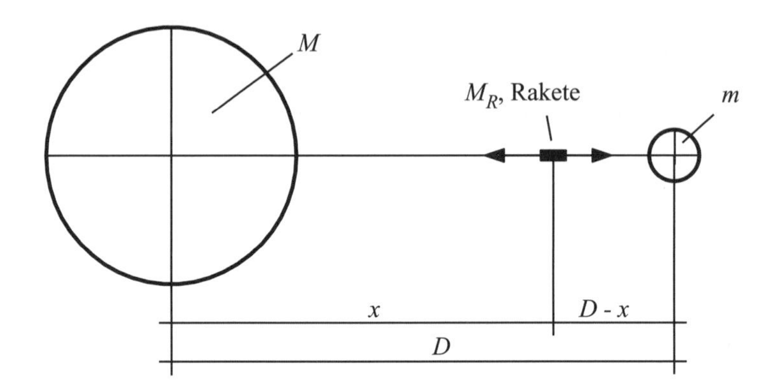

Die Anziehungskraft zweier Massen M_1, M_2 hat Sir Isaac Newton herausgefunden: $F = \dfrac{M_1 \cdot M_2 \cdot \gamma}{x^2}$ (γ: Gravitationskonstante; x: Entfernung der Massen)

Auf eine Rakete der Masse M_R wirken somit

von der Erde $F_E = \dfrac{M \cdot M_R \cdot \gamma}{x^2}$ und vom Mond $F_M = \dfrac{m \cdot M_R \cdot \gamma}{(D-x)^2}$.

Wir suchen den Punkt, an dem beide Kräfte gleich sind:

$$\frac{M \cdot M_R \cdot \gamma}{x^2} = \frac{m \cdot M_R \cdot \gamma}{(D-x)^2} \rightarrow \frac{M}{x^2} = \frac{m}{(D-x)^2}$$

Wir lösen die quadratische Gleichung:

$$M(D-x)^2 = mx^2$$
$$M(D^2 - 2Dx + x^2) - mx^2 = 0$$
$$MD^2 - M \cdot 2Dx + Mx^2 - mx^2 = (M-m)x^2 - 2MDx + MD^2 = 0$$
$$5.93 \cdot 10^{24} x^2 - 4.61 \cdot 10^{30} x + 8.85 \cdot 10^{35} = 0$$

Ergebnis: Der Anziehungsnullpunkt ist vom Erdmittelpunkt $x = 345700$ km und vom Mondmittelpunkt (nur) $384000 - x = 38300$ km entfernt.

2.2 Betragsgleichungen

Eine besondere Gleichungsform stellen die Betragsgleichungen dar. Wir müssen etwas ausholen, um sie zu verstehen.

Der *Betrag der Zahl* 3 ist 3; der Betrag von -3 ist ebenfalls 3. Man schreibt $|3| = 3$ bzw. $|-3| = 3$. Die Betragsstriche löschen das Minuszeichen und bestimmen den Abstand vom Nullpunkt auf der x-Achse. Exakt ausgedrückt:

$$|x| = \begin{cases} x & \text{für } x \geq 0 \\ -x & \text{für } x < 0 \end{cases}$$

Auch eine *Betragsfunktion* $y = |x|$ kann man so festlegen (und zeichnen).

$$y = |x| = \begin{cases} x & \text{für } x \geq 0 \\ -x & \text{für } x < 0 \end{cases}$$

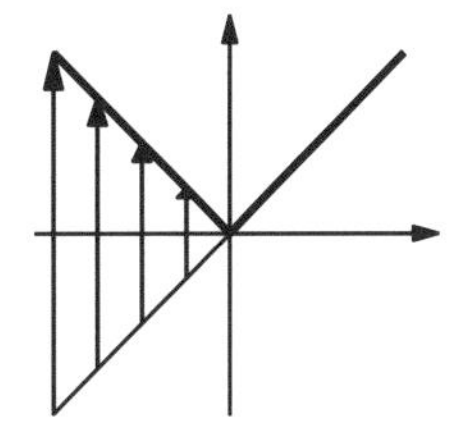

Die Betragsstriche *spiegeln* den negativen Funktionsteil an der x-Achse.

Gehen wir einen Schritt weiter und vereinbaren

$$y = |f(x)| = \begin{cases} f(x) & \text{für } f(x) \geq 0 \\ -f(x) & \text{für } f(x) < 0 \end{cases}$$

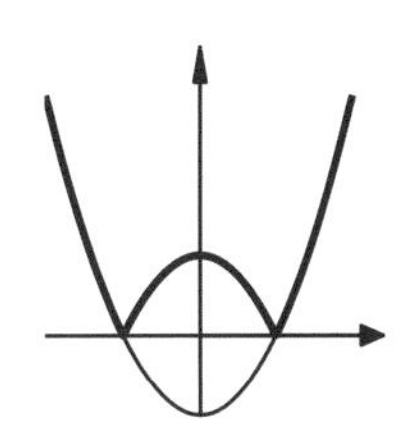

Mit der konkreten Funktion $y = x^2 - 1$ wird alles klarer: Wieder wird der negative Funktionsteil gespiegelt bzw. nach oben geklappt. Eine Funktion $y = |f(x)|$ besteht meist aus mehreren (krummen) „Ästen“. Eine Betragsfunktion beinhaltet gewissermaßen *zwei* Funktionen. Herausfinden muss man, wo die eine aufhört/anfängt bzw. die andere anfängt/aufhört.

Zwischenbemerkung:
Die Funktion $abs(f(x)) = |f(x)|$ nimmt $f(x)$ das (negative) Vorzeichen. Die konsequente Ergänzung ist die Funktion $signum\, f(x)$ – sie lässt nur das Vorzeichen der Funktion f übrig! Für positive Werte von f gibt sie +1, für negative –1 aus. Im Bild ist die Interpretation der Funktion $y = x^2 - 1$ nach Behandlung durch *signum* dargestellt.

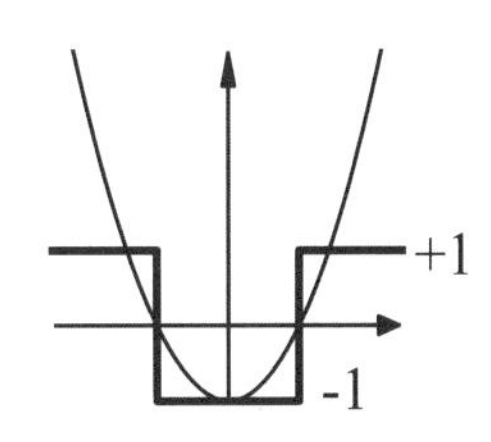

Etwas zum Nachdenken:

$$signum(f(x)) = \frac{f(x)}{|f(x)|}\ ;\ signum(f(x)) \cdot |f(x)| = f(x)$$

Nun wollen wir endlich zu den **Betragsgleichungen** kommen. Da es kein Standardverfahren zur Lösung solcher Gleichungen gibt, machen wir uns die Vorgehensweise an einem Beispiel klar.

$|2x-1| = -x+1$.

Wir fassen beide Seiten als Funktionen auf.

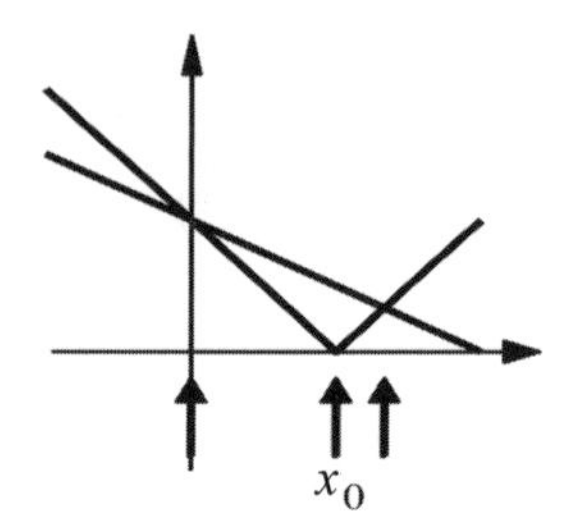

Der Knickpunkt der $|...|$-Funktion entsteht aus $|2x-1| = 0$:

$2x-1=0 \ \rightarrow\ x_0 = 0.5$ oder

$-(2x-1)=0 \ \rightarrow\ x_0 = 0.5$.

Wir behandeln die beiden Äste der linken Gleichungsseite jeweils gesondert und machen eine Fallunterscheidung:

$$|2x-1| = \begin{cases} 2x-1 & \text{für}\quad x \geq 0.5 \\ -(2x-1) & \text{für}\quad x < 0.5 \end{cases}$$

1. Fall: Für $x \geq 0.5$ gilt $2x-1=-x+1$ und $x_1 = \frac{2}{3}$.

2. Fall: Für $x < 0.5$ gilt $-(2x-1)=-x+1$ und $x_2 = 0$.

2.3 Ungleichungen

Zahlen sind auf der Zahlengeraden *angeordnet*. Man kann für zwei Zahlen *a, b* feststellen, ob $a < b$, $a = b$ oder $a > b$ ist. In der Algebra sind die Dinge auch nicht immer „in Waage", sprich: links und rechts gleich – es tauchen auf

- Ungleichungen $x^2 - 4x + 3 > 0$; $\frac{1}{1-4} \leq \frac{1}{x}$
- Betragsungleichungen $|x-1| > 1$; $(x-1)^2 \leq |x|$.

Mit **Ungleichungen** kann man fast so umgehen wie mit Gleichungen: Man darf beidseitig einen Wert addieren, subtrahieren, mit einem Faktor multiplizieren etc. – die Ungleichung bleibt ungleich!

Aufpassen muss man bei der Multiplikation der Ungleichung mit (-1).
Die Kleiner- und Größer-Zeichen drehen sich um: $3 < 4 \;\rightarrow\; -3 > -4$
Das Gleiche passiert bei der „Reziprokenbildung": $3 < 4 \;\rightarrow\; 1/3 > 1/4$

Bei Gleichungen waren die Lösungen Einzelwerte, bei Ungleichungen fragen wir nach *Lösungsintervallen*, nach Bereichen. In einfachen Fällen macht man aus der Ungleichung eine Gleichung, löst sie und testet durch Einsetzen von verschiedenen x-Werten in die Ungleichung, für welche Bereiche die Bedingung erfüllt ist.

Beispiel: $x^2 - 4x + 3 > 0$.
Die entsprechende quadratische Gleichung $x^2 - 4x + 3 = 0$ hat Nullstellen bei $x_1 = 1$, $x_2 = 3$. Die Lösungsintervalle findet man durch besagtes Probieren (oder Zeichnen). Für $I_1 = -\infty$ bis 1 und $I_2 = 3$ bis ∞ ist die Bedingung der Ungleichung erfüllt.

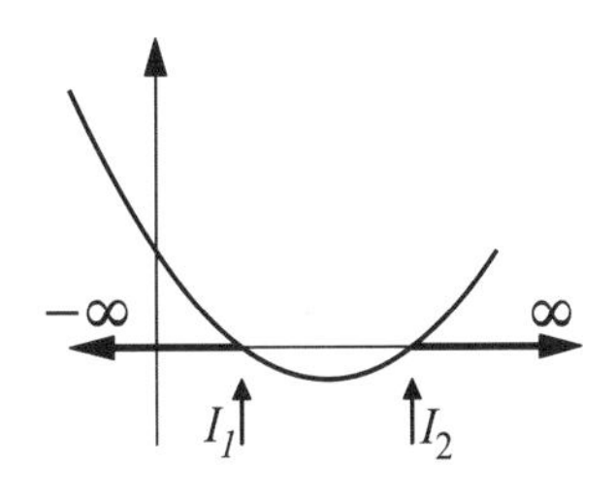

In etwas undurchsichtigeren Fällen kann es recht aufwendig sein, die x-Achse von links nach rechts „abzuklappern" – ohne Skizze stochert man ziemlich im Dunkeln.

Beispiel: $\dfrac{1}{1-x} \leq \dfrac{1}{x}$. Die Lösung der Gleichung $\dfrac{1}{1-x} = \dfrac{1}{x}$ bringt nur den Wert $x_1 = 0.5$ ans Tageslicht. Wir zeichnen beide Gleichungsseiten als getrennte Funktionsgraphen. Damit ergibt

$x < 0$: keine Lösung

$x = 0$: undefiniert

$0 < x \leq 0.5$: Lösung!

$0.5 < x < 1$: keine Lösung

$x = 1$: undefiniert

$x > 1$: Lösung!

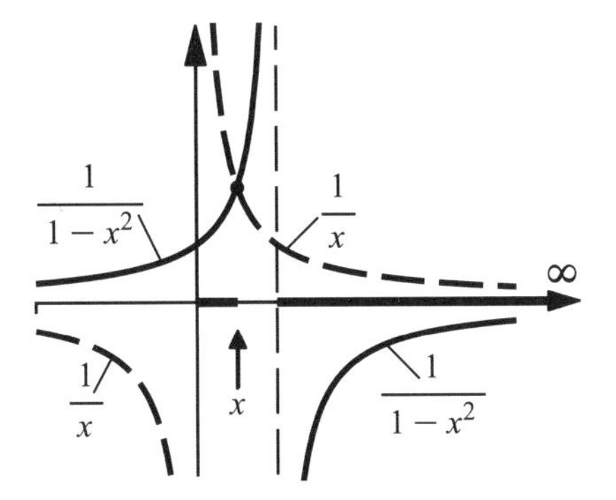

Es gibt natürlich eine Fortsetzung: *Eine Ungleichung mit zwei Unbekannten.*

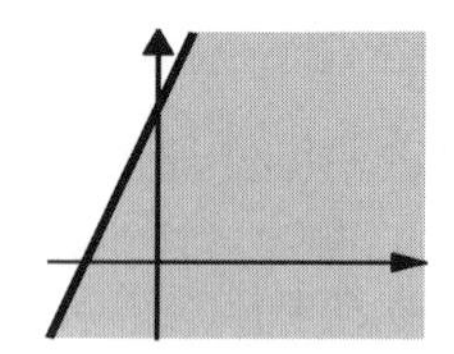

Wenn wir aus der Gleichung $y = 3x + 4$ die Ungleichung $y - 3x \leq 4$ machen, stellt sich die Frage nach einem *Gebiet*, in dem die Zahlenpaare x, y die Bedingung erfüllen.

Weitere Frage: Gehört der Rand dazu?

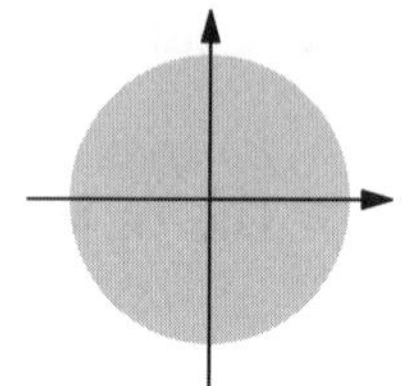

Die Ungleichung $x^2 + y^2 < 4$ stellt gewissermaßen das Innere des Kreises (die *Kreisscheibe*) mit dem Radius 2 (!) dar – aber ohne Rand!

Die Krönung sind die **Betragsungleichungen.** Eine Betragsungleichung besteht im Prinzip wieder aus Ungleichungen und wird behandelt, wie gerade vorgeführt – nur muss man evtl. die Untersuchung „astweise" durchführen. Man bekommt allerdings wieder nur die „besonderen Punkte" und ist für Weiteres auf probieren angewiesen (Fallunterscheidungen).

Beispiel: $|x - 1| > 1$.

Die „besonderen Punkte":

$$x - 1 = 1 \quad \rightarrow \quad x_1 = 2$$

$$-(x - 1) = 1 \quad \rightarrow \quad x_2 = 0$$

Nun sind die beiden Fälle zu unterscheiden:

1. Für $x < 0$ wird die linke Seite $> 1 \rightarrow$ Erstes Lösungsintervall: $-\infty$ bis 0
2. Für $x > 2$ wird die linke Seite $> 1 \rightarrow$ Zweites Lösungsintervall: 2 bis ∞

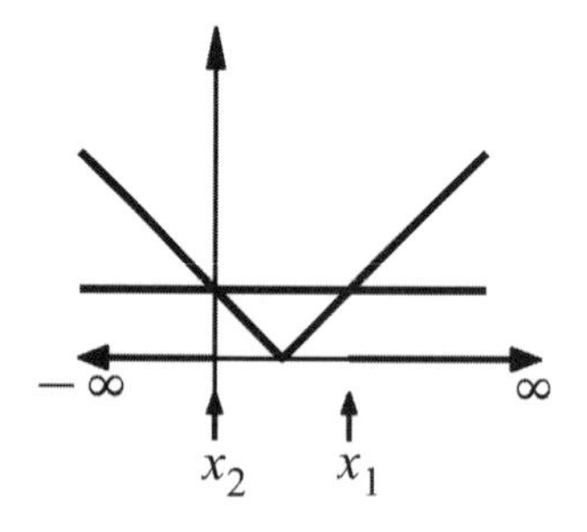

Verständnisfrage: Für welche x-Werte ist die Ungleichung $|x| < -|x|$ erfüllt?

Physik und Technik haben es gern exakt. Die Aussage: „... ist kleiner/größer als...“ reicht im Regelfall nicht. In der Mathematik, speziell bei den Beweisen der Analysis, spielen Ungleichungen dagegen eine große Rolle. Dort werden ständig *Werte abgeschätzt*, *eingeschachtelt* und *Grenzen abgesteckt* (siehe z.B. den *Hauptsatz* der Analysis).

Einige Ungleichungen haben gar eigene Namen bekommen:

- Bernoulli-Ungleichung: $(1+x)^n > 1+nx$
- Dreiecks-Ungleichungen: $|a+b| \leq |a|+|b|$

2.4 Gleichungssysteme

Natur- und Technikvorgänge sind häufig nicht in einer Zeile zu beschreiben. Oft sind mehrere ineinander verstrickte Einflüsse beteiligt – man bekommt es mit Systemen von Abhängigkeiten bzw. Gleichungen zu tun!

Bei der geschlossenen Lösbarkeit von Gleichungen waren wir schon auf ziemlich einfache Typen eingeschränkt. Bei den Gleichungssystemen ist es noch ärger: Nur bei linearen Systemen gibt es eine allgemeine Methode zur Bestimmung der unbekannten Größen – an ein allgemeines Lösungsverfahren für nichtlineare Systeme brauchen wir gar nicht erst zu denken. Glücklicherweise ist die Verstrickung häufig linear – ggf. wird sie von den Mathematikern „linearisiert“!

Bei zwei (evtl. auch nichtlinearen) Gleichungen mit zwei Unbekannten führen die (hoffentlich noch) bekannten *Gleichsetzungs-*, *Additions-* und *Einsetzungsverfahren* schnell und übersichtlich zum Ziel.

(1) $2x - y = 7 \rightarrow y = 2x - 7$

(2) $x - y = 5 \rightarrow y = x - 5$

Gleichsetzen ergibt: $2x - 7 = x - 5 \rightarrow 2x - x = -5 + 7$

Es folgt $x = 2$ und durch Einsetzen in eine der beiden Ursprungsgleichungen $y = -3$. Direktes Substituieren von y in $2x - y = 7$ durch $y = x - 5$ ist nur eine Spielart des Verfahrens.

Für größere lineare Systeme machen wir uns die Lösungsidee, die von Carl Friedrich Gauß (1777 bis 1855) stammt, an einem System von 3 Gleichungen klar. Die Erweiterung auf umfangreichere Systeme ist kein Hexenwerk. Ein paar Bedingungen sind zu beachten:

- Das System muss aus linearen Termen bestehen – Potenzen, trigonometrische Ausdrücke etc. sind nicht erlaubt.
- Um ein eindeutiges Ergebnis zu bekommen, sind soviel Gleichungen wie Unbekannte erforderlich.
- Die Gleichungen müssen *unabhängig* voneinander sein. (Eine Gleichung, die man aus einer anderen Systemgleichung durch einfache Rechnung entwickeln kann, bringt keine zusätzliche Information ins System.)

C. F. Gauß hat nun einige einleuchtende Regeln zusammengestellt, bei deren Anwendung sich quasi „nichts ändert", d.h. die Gleichung eine Gleichung mit identischen Lösungen bleibt.

- In einem System lassen sich unbeschadet Zeilen vertauschen.
- Eine Gleichung darf beidseitig mit einem Faktor multipliziert oder durch einen Faktor dividiert werden – es bleibt eine äquivalente Gleichung.
- Zwei Gleichungen können addiert oder subtrahiert werden – es entsteht wieder eine Gleichung.

Zum Warmlaufen nehmen wir ein **2er-System**:

$$\begin{array}{lrl} (1) & 3x_1 + 1.5x_2 = 3.075 & \\ (2) & 2x_1 + 2x_2 = 3.140 & (\cdot 1.5) \end{array}$$

Wir machen von unseren Rechten (sprich: Regeln) Gebrauch. Wir multiplizieren Gleichung 2 mit 1.5 und erhalten Gleichung 2′:

$$\begin{array}{lrl} (1) & 3x_1 + 1.5x_2 = 3.075 & \Big] - \\ (2') & 3x_1 + 3x_2 = 4.71 & \end{array}$$

Wir subtrahieren Gleichung 2' von Gleichung 1 und erhalten Gleichung 2″:

$$\begin{array}{lr} (1) & 3x_1 + 1.5x_2 = 3.075 \\ (2'') & -1.5x_2 = -1.635 \end{array}$$

Das neue System ist „dreieckförmig".

Damit bekommen wir aus Gleichung 2" $x_2 = 1.09$.
Durch Einsetzen in Gleichung 1 erhalten wir $x_1 = 0.48$.

Bei einem **3er-System** wiederholen sich im Prinzip die Schritte:

$$\left.\begin{array}{lrl} (1) & 3x_1 + 5x_2 - 4x_3 = 9 & \\ (2) & \frac{x_1}{2} + \frac{x_2}{2} + \frac{x_3}{2} = 3 & (\cdot 2) \\ (3) & x_1 + 2x_2 - x_3 = 3 & \end{array}\right]$$

Wir tauschen die Lage (1) und (3) und multiplizieren (2) mit 2:

$$\begin{array}{lr} (3) & x_1 + 2x_2 - x_3 = 3 \\ (2') & x_1 + x_2 + x_3 = 6 \\ (1) & 3x_1 + 5x_2 - 4x_3 = 9 \end{array} \quad \Big]-$$

Wir subtrahieren (2') von (3):

$$\left.\begin{array}{lrl} (3) & x_1 + 2x_2 - x_3 = 3 & \\ (2'') & x_2 - 2x_3 = -3 & \\ (1) & 3x_1 + 5x_2 - 4x_3 = 9 & (:3) \end{array}\right]-$$

Wir dividieren (1) durch 3, subtrahieren sie von (3):

$$\begin{array}{lrl} (3) & x_1 + 2x_2 - x_3 = 3 & \\ (2'') & x_2 - 2x_3 = -3 & \\ (1') & \frac{x_2}{3} + \frac{x_3}{3} = 0 & (\cdot 3) \end{array} \quad \Big]-$$

Wir multiplizieren (1´) mit 3 und subtrahieren (1´) von (2''):

$$\begin{array}{lrl} (3) & x_1 + 2x_2 - x_3 = 3 & \\ (2'') & x_2 - 2x_3 = -3 & \\ (1'') & -3x_3 = -3 & \rightarrow x_3 = 1 \end{array}$$

Schritt für Schritt haben wir eine Unbekannte nach der anderen eliminiert und das Gleichungssystem auf eine *Dreiecksform* gebracht. Die eigentliche Arbeit ist damit getan. Wir können nun von unten nach oben durch Einsetzen die Unbekannten ermitteln: $x_3 = 1$; $x_2 = -1$; $x_1 = 6$

Geometrische Interpretation

Die Gleichung $ax_1 + bx_2 = c$ kann als *Geradengleichung* interpretiert und im kartesischen Koordinatensystem dargestellt werden:

$$x_2 = \frac{c - ax_1}{b} = -\frac{a}{b}x_1 + \frac{c}{b} \qquad (\rightarrow x_2 = mx_1 + h)$$

Ein Zweiersystem solcher Gleichungen kann man damit als zwei Einzelgeraden in der Ebene darstellen: Die Koordinaten des Schnittpunkts *P* sind die Lösung des Gleichungssystems.

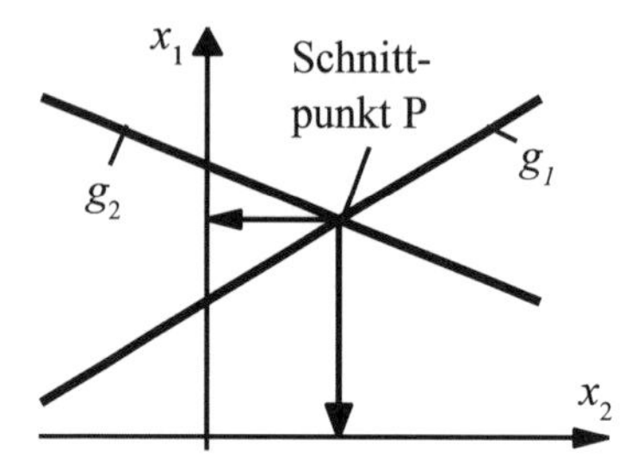

Sind die beiden Geraden parallel – haben also das gleiche Steigungsverhältnis – sind die Gleichungen voneinander abhängig und es gibt *keine Lösung*. Fallen die Geraden gar zusammen, was man den Gleichungen nicht unbedingt auf dem ersten Blick ansieht, gibt es *unendlich viele Lösungen.*

Man kann und will nicht immer Skizzen anfertigen, um die Parallelität zu prüfen; bei einem 3er-System wird es unübersichtlich, ab vier Gleichungen mit vier Unbekannten gar unmöglich.

Um eine analytische Prüfmöglichkeit zu bekommen, hat man **Determinanten** erfunden. Was es damit auf sich hat, machen wir uns an unserem 2er-System klar.

Wir haben zwei Gleichungen, die wir als Geraden in der Ebene auffassen.

$$(1)\ a_{11}x_1 + a_{12}x_2 = b_1; \qquad (2)\ a_{21}x_1 + a_{22}x_2 = b_2$$

Wir wollen prüfen, ob sie parallel sind. Parallel sind zwei Geraden, wenn ihre Steigung gleich ist.

Wir formen die Gleichungen in die bekannte Form $x_2 = mx_1 + h$ um

$$(1)\ x_2 = -\frac{a_{11}}{a_{12}}x_1 + \frac{b_1}{a_{12}}; \qquad (2)\ x_2 = -\frac{a_{21}}{a_{22}}x_1 + \frac{b_2}{a_{22}}$$

Die Steigungen der beiden Geraden sind $-\frac{a_{11}}{a_{12}}$ bzw. $-\frac{a_{21}}{a_{22}}$. Sind sie gleich, sind die Geraden parallel und das System hat keine Lösung. Es muss also festgestellt werden, ob $-\frac{a_{11}}{a_{12}} = -\frac{a_{21}}{a_{22}}$ ist.

Der Rest ist Formalismus. Man kann umformen zu $a_{11}a_{22} = a_{12}a_{21}$ bzw. $a_{11}a_{22} - a_{12}a_{21} = 0$. Wir machen ein übersichtliches Rechteckraster aus den Koeffizienten

$D = \begin{pmatrix} a_{11} & a_{12} \\ a_{21} & a_{22} \end{pmatrix}$ und nennen es **Determinante.**

Den Wert der Determinante berechnet man wie folgt: $D = a_{11}a_{22} - a_{12}a_{21}$.

Ist der Wert $D = 0$, hat das System keine Lösung (die Geraden sind parallel). Positiv ausgedrückt heißt die (erwünschte) Bedingung: Wenn der Wert der Determinante *ungleich* 0 ist, hat ein Gleichungssystem eine eindeutige Lösung.

In dieser Form ist die Bedingung auch für *höherdimensionale* Gleichungssysteme gültig. Die Form der Determinanten (die Anordnung der Koeffizienten) und die Berechnungsvorschrift entnimmt man einer Formelsammlung.

Eine Gleichung der Form $ax_1 + bx_2 + cx_3 = d$ kann als *Gleichung einer Ebene* im Raum aufgefasst werden:

$$x_3 = -\frac{a}{c}x_1 - \frac{b}{c}x_2 + \frac{d}{c}$$

$$(\rightarrow x_3 = m_x x_1 + m_y x_2 + h)$$

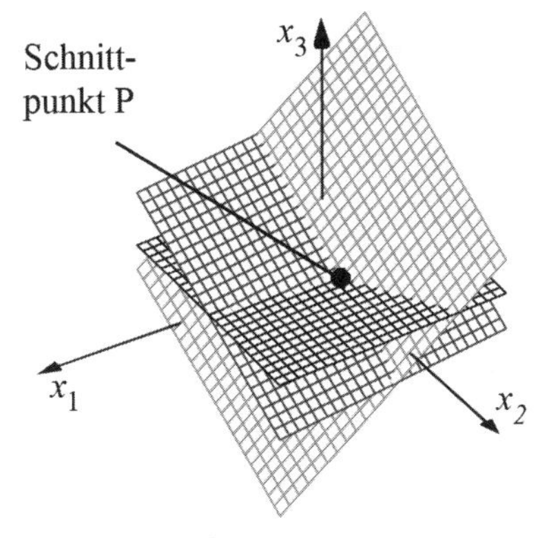

Unser System aus drei Gleichungen stellt also drei Ebenen dar. Im Normalfall schneiden sich *zwei* Ebenen in einer Geraden, die *dritte* schneidet diese Gerade in einem Punkt. Die Koordinaten dieses Schnittpunkts *P* sind die gesuchte Lösung des Gleichungssystems.

Sonderfälle

Ebenen können aber auch parallel sein oder zusammenfallen, drei Ebenen schneiden sich eventuell in einer gemeinsamen Gerade etc. Es gibt dann keine oder unendlich viele Lösungen des Systems. Analog zum Zweiersystem ist die Lösbarkeit analytisch durch Berechnung des entsprechenden Determinantenwertes überprüfbar. Man kann aber auch munter drauflos rechnen – es zeigt sich von alleine, wenn etwas nicht in Ordnung ist.

Sondersystem 1:

(1) $x_1 + x_2 + x_3 = -2$

(2) $-x_1 + 2x_2 + x_3 = 6$

(3) $2x_1 - 4x_2 - 2x_3 = -6$

Nach Ausführung der erlaubten Umbauten bleibt zum Schluss:

(1) $x_1 + x_2 + x_3 = -2$

(3') $0 + 3x_2 + 2x_3 = 1$

(2'') $0 + 0 + 0 = -3$

Die letzte Zeile ist aber ein Widerspruch in sich. Das ist ein sicheres Zeichen – *das System ist unlösbar.*

Geometrische Lesart: Hier sind die Ebenen 2 und 3 parallel, haben also keine Schnittgerade!

Sondersystem 2:

(1) $2x_1 + 5x_2 - 3x_3 = 0$

(2) $4x_1 - 4x_2 - x_3 = 0$

(3) $4x_1 - 2x_2 + 0 = 0$

Wir eliminieren nach Vorschrift und erhalten schließlich:

(1) $2x_1 + 5x_2 - 3x_3 = 0$

(2') $14x_1 - 7x_2 + 0 = 0$

(3') $0 + 0 + 0 = 0$

Die letzte Zeile besagt nichts – wir haben nur zwei Gleichungen mit drei Unbekannten. In diesem Fall ist x_3 frei wählbar – *es gibt unendlich viele Lösungen.*

Geometrisch heißt das: Die drei Ebenen schneiden sich in einer Geraden!

Aus (2') erhält man $x_1 = \frac{7}{14}x_2 = \frac{1}{2}x_2$; $\quad x_2 = \frac{14}{7}x_1 = 2x_1$;

Man setzt ein in (1): $2\frac{1}{2}x_2 + 5x_2 = 3x_3 \rightarrow x_2 = \frac{3}{6}x_3 = \frac{1}{2}x_3$

$$2x_1 + 5 \cdot 2x_1 = 3x_3 \rightarrow x_1 = \frac{3}{12}x_3 = \frac{1}{4}x_3$$

Anmerkung 1: Schematisieren
Bei häufigem Umgang mit linearen Systemen hilft es, die Übersicht zu bewahren, wenn man sich von den lästigen Unbekannten trennt und die Sache schematisiert. Beispielsweise könnte das Mustersystem folgendermaßen dargestellt werden:

$3x_1 + 5x_2 - 4x_3 = 9$	3	5	−4	9
$0.5x_1 + 0.5x_2 + 0.5x_3 = 3$	0.5	0.5	0.5	3
$x_1 + 2x_2 - x_3 = 3$	1	2	−1	3

Aber Achtung: Diese Form hat nichts mit der unten dargestellten Matrizenschreibweise zu tun!

Anmerkung 2: Weitere Lösungsverfahren
Natürlich gibt es weitere Verfahren zur Lösung von linearen Gleichungssystemen. Wenn man das *Einsetzungsverfahren* gehörig systematisiert, schematisiert, bekommt man das (aus der Schule bekannte) Lösungsverfahren mit Determinanten. Es ist mit dem Aufkommen der Computertechnik wieder hoch in Mode gekommen: Computer lieben Schemata und Kochrezepte – *wir sind kreativer*! – weshalb sie hier auch nicht behandelt werden.

Anmerkung 3: Iterative Methoden
Auch mit *iterativen* Methoden kann man Gleichungssysteme schrittweise lösen. Wir werden im Abschnitt 9.2 „Iteration" eine Methode vorführen; sie stammt mal wieder von C.F. Gauß.

Anmerkung 4: Computer
Eine tröstliche Meldung: Ein ordentliches Computermathematikprogramm braucht für den ganzen Zauber nur einen Befehl. In „Maple" heißt er z.B. „solve (Glchg / GlSyst, Var)" und löst damit alle Arten von
Gleichungen (auch „gemischte"), Ungleichungen
Gleichungssystemen (25 Gleichungen mit 25 Unbekannten, nichtlineare Systeme, ...)
Das eigentlich Schwierige ist *nur noch*, ein reales Problem, eine Textaufgabe in mathematische Gleichungsform zu überführen, sozusagen „in Form zu bringen".

Schlussbemerkung
Es erhebt sich die Frage nach dem Sinn und Zweck des Abschnitts „Gleichungssysteme"! Die Antwort darauf fällt etwas „oberlehrerhaft" aus, man sieht direkt den erhobenen Zeigefinger: „Man soll eine Lösungsmaschine nur einsetzen, wenn man das Problem wenigstens im Prinzip auch zu Fuß lösen könnte." Um diesem bewährten Grundsatz treu zu bleiben, musste der Abschnitt einfach sein.

Matrizen

Traditionell müsste jetzt ein Abschnitt „Matrizen" kommen, *kommt aber nicht*, weil es grob zusammengefasst drei Sichtweisen der Materie gibt.

a) Matrizen an sich
Man kann Matrizen als *Rechenobjekte* wie Zahlen betrachten. Man kann sie ad-

dieren, multiplizieren, es gibt Einheitsmatrizen, die Nullmatrix etc. Das Studium der Matrizen unter diesem Aspekt haben sich die Algebraiker auf die Fahne geschrieben: Überlassen wir ihnen das etwas trockene Feld.

b) Matrizen bei der Lösung von Gleichungssystemen
Man hat lineare Gleichungssysteme gründlich untersucht und als *Kurzschrift* die Matrizen (und Determinanten) entdeckt. Zum Beispiel sähe unser Mustersystem in Matrizenschreibweise wie folgt aus

$$\begin{pmatrix} 3 & 5 & -4 \\ 0.5 & 0.5 & 0.5 \\ 1 & 2 & -1 \end{pmatrix} \cdot \begin{pmatrix} x_1 \\ x_2 \\ x_3 \end{pmatrix} = \begin{pmatrix} 9 \\ 3 \\ 3 \end{pmatrix}$$

Bei großen Systemen und maschineller Bearbeitung mit dem Computer bringt die Rechnung mit diesen Schemata sicherlich Übersicht und senkt die Fehlerrate. Letztendlich beruhen die Matrizenmethoden aber auch nur auf dem Gaußschen Algorithmus und bringen keine neuen Einsichten. Für unsere Bedürfnisse sind „Kürzel" nicht notwendig – eher verwirrend.

c) Matrizen als Funktionen
Eine Matrix kann als *Funktion* aufgefasst werden. Nimmt man einen Vektor und wendet eine Matrix auf ihn an, wird ein anderer Vektor daraus – ein eindeutiges Funktionsverhalten.

$$\begin{pmatrix} 3 & 5 & -4 \\ 0.5 & 0.5 & 0.5 \\ 1 & 2 & -1 \end{pmatrix} \cdot \begin{pmatrix} 1 \\ -1 \\ 6 \end{pmatrix} = \begin{pmatrix} x_1 \\ x_2 \\ x_3 \end{pmatrix}$$

So gesehen sind Matrizen – wie alle Funktionen – hochinteressant! Leider ist hier nicht der Ort, der Sache nachzugehen. Die Lineare Algebra beackert dieses *bei richtiger Behandlung* keineswegs trockene Feld.

Als Ergänzung eine Besonderheit: **„Schleifende Schnitte"**

Besonders hinterhältig bei der Lösung von Gleichungssystemen sind „fast gleiche" Gleichungen, denen man die „Gleichheit" nicht ansieht: Es ergeben sich „Schleifende Schnitte". Geringe Veränderungen z.B. durch Ab- oder Aufrundung von Koeffizientenwerten ergeben völlig andere Lösungswerte. Wir nehmen zur Demo ein simples 2er-System

(1a) $3.31x + 1.2y = 1.1$

(2a) $6.9x + 2.5y = 2.7$

Nichts einfacher als das System zu lösen, es ergeben sich die Lösungen für (1a), (2a): **$x = 98.00$, $y = -269.40$**

Trotzdem ist nicht einzusehen, dass man nur in der ersten Zeile bei $3.31x + \ldots$ mit zwei Stellen hinter dem Komma rechnen soll. Eine kleine Vereinfachung auf $3.30x$ +... wird schließlich nicht groß etwas am Ergebnis ändern – denkt man.

$$\text{(1b)} \qquad 3.30x + 1.2y = 1.1$$
$$\text{(2b)} \qquad 6.9x + 2.5y = 2.7$$

Lösungen für (1b), (2b): **$x = 16.33$, $y = -44.00$!**

Ergebnis: Frappierend andere Werte!

Die Erklärung bekommt man durch Umwandlung der Gleichungen in Geradenfunktionen in expliziter Darstellung $y = f(x)$:

$$\text{Gerade 1a}: \; y_{1a} = -2.758x + 0.9167$$
$$\text{Gerade 2a}: \; y_{2a} = -2.760x + 1.080$$

Die beiden Geraden sind „fast gleich"! Im Bild sind sie kaum zu unterscheiden. Diese „Schleifenden Schnitte" sind nur „scheinlösbar"! Sie sind zwar mathematisch in Ordnung – in der Praxis sind solche Sensibelchen allerdings unbrauchbar.

Die Kontrolle mit der Determinante $D = \begin{pmatrix} a_{11} & a_{12} \\ a_{21} & a_{22} \end{pmatrix} = \begin{pmatrix} 3.11 & 1.2 \\ 6.9 & 2.5 \end{pmatrix}$

$$D = a_{11}a_{22} - a_{12}a_{21} = 3.11 \cdot 2.5 - 1.2 \cdot 6.9 = -0.505$$

ergibt erwartungsgemäß einen geringen Wert, d.h. einen geringen Unterschied der Steigungen.

2.5 Anwendungen

1) Fahrenheit ↔ Celsius – ein Beispiel für den praktischen Gebrauch:
In England/Amerika werden Temperaturen in „Fahrenheit" angegeben. Für Ihren nächsten Urlaub wollen Sie sich eine handliche Umrechnungsformel basteln, das Lexikon gibt aber nur 2 Werte an: 0 °C = 32 °F; 100 °C = 212 °F.

Sie vermuten zu Recht einen linearen Zusammenhang: $y(°\text{C}) = a \cdot x(°\text{F}) + b$.
Um die Koeffizienten für Ihre Formel zu bekommen, müssen Sie ein Gleichungssystem aufstellen und lösen:

(1) $0\,(°\text{C}) = a \cdot 32\,(°\text{F}) + b$

(2) $100\,(°\text{C}) = a \cdot 212\,(°\text{F}) + b$

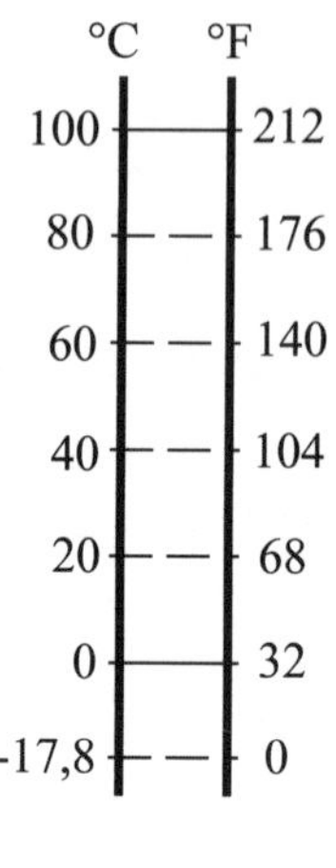

Aus (1) folgt $b = -32a$

Einsetzen in (2) $100 = 212a - 32a = 180a$
ergibt $a = 100 / 180 = 0.556.$

Einsetzen in (1) $b = -32 \cdot 0.556 = -17.8$

ergibt die Formel $y(°\text{C}) = 0.556 \cdot x(°\text{F}) - 17.8$

Um Ihren Freunden in England/Amerika erzählen zu können, wie kalt/heiß es bei Ihnen zu Hause ist, brauchen Sie die Formel für **Celsius → Fahrenheit.** Sie haben Vertrauen in den Formalismus, nehmen das Gleichheitszeichen in der Formel $y(°\text{C}) = 0.556 \cdot x(°\text{F}) - 17.8$ ernst und „drehen sie um“: $x(°\text{F}) = \dfrac{y(°\text{C}) + 17.8}{0.556}$

Eine Kontrolle durch Einsetzen ergibt erwartungsgemäß:
0 °C = 32 °F; 100 °C = 212 °F.

2) Die Bogenbrücke (oder: Der Brückenbogen)
Für Bogenbrücken mit aufgestelzter oder angehängter Fahrbahn nehmen die Brückenbauer gerne Parabelbögen. Bei dieser Form treten (fast) nur Druckkräfte auf, die man am einfachsten (billigsten) ableiten kann.

Form/Gleichung/Funktion des Binders: $\boldsymbol{h = -ax^2 + b}$.
Die Randbedingungen sind meist von der Topografie vorgegeben:
Spannweite: $L = 50$; Scheitelhöhe: $H = 20$.

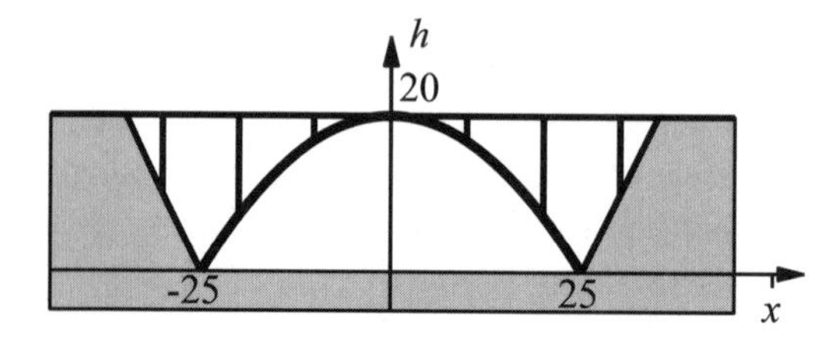

Zwei Koeffizienten sind zu bestimmen: a und b. Wir bräuchten eigentlich zwei Gleichungen mit zwei Unbekannten, ein System, in das wir die Randbedingungen unterbringen können.

$h = 20$ für $x = 0$ $\quad\rightarrow\quad$ (1) $20 = -a \cdot 0^2 + b$

$h = 0$ für $x = L/2$ $\quad\rightarrow\quad$ (2) $0 = -a \cdot (L/2)^2 + b$

Das System entpuppt sich dank der geschickten Wahl des Koordinatensystems als „Scheinsystem". Aus der ersten Gleichung kann man direkt ablesen:

$$20 = b = H \ .$$

Fehlt noch der Formbeiwert a, um Zwischenpunkte berechnen zu können.

Ermittlung des fehlenden a aus Gleichung (2): $0 = -a \cdot \left(\frac{50}{2}\right)^2 + 20$

und nach a aufgelöst: $a = 0.032$

Endgültige Binderfunktion $h(x)$: $\quad h(x) = -0.032x^2 + 20$

3) Die Mehrzweckhalle – ein nichtlineares System:
Ein Beispiel, wie schnell man an nichtlineare Systeme gerät, dass man ihnen nicht hilflos gegenübersteht und dass sich die Mühe des Lösens lohnt:

Für das Dach der neuen Mehrzweckhalle hat der Architekt eine geniale Idee – oder sich von der Köln-Arena inspirieren lassen: Ein sinusförmiger Hauptbinder soll das tragende Element sein.

Form / Gleichung / Funktion des Binders: $h = a \cdot \sin(b \cdot x)$.

Die maximale Binderhöhe ist mit $H = 20$, die Hallenlänge mit $L = 100$ m geplant.

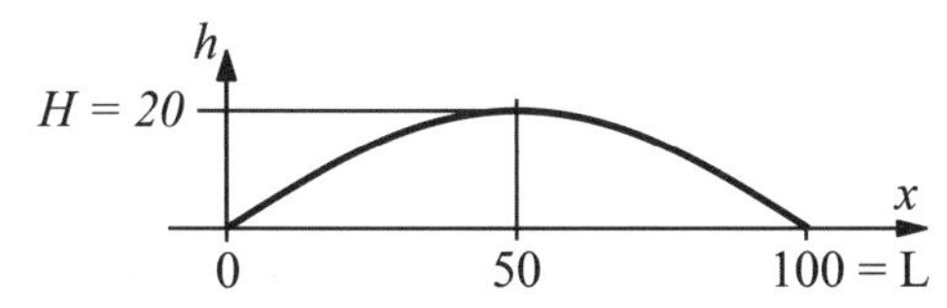

Zwei Koeffizienten („Stellräder") sind zu bestimmen: a und b. Wir gehen streng nach Vorschrift vor. Wir brauchen zwei Gleichungen mit zwei Unbekannten, ein System.

Aus der Bedingung: An der Stelle $x = 0$ ist $h = 0$ folgt $0 = a \cdot \sin(b \cdot 0)$.
Daraus wird 0 = 0 und ist damit unbrauchbar.

Aus der Bedingung: An der Stelle $x = L$ ist $h = 0$
folgt (1) $0 = a \cdot \sin(b \cdot L)$

Aus der Bedingung: An der Stelle $x = \frac{L}{2}$ ist $h = 20$

folgt (2) $20 = a \cdot \sin\left(b \cdot \frac{L}{2}\right)$

(1) formen wir um zu $0 = a \cdot \sin\left(2b \cdot \frac{L}{2}\right)$ und finden in einer Formel-

sammlung $0 = a \cdot \sin\left(b \cdot \frac{L}{2}\right) \cdot \cos\left(b \cdot \frac{L}{2}\right)$

Mit unseren konkreten Werten haben wir damit:

(1) $0 = a \cdot \sin(50b) \cdot \cos(50b)$

(2) $20 = a \cdot \sin(50b)$

In (1) ersetzen wir „ $a \cdot \sin(50b)$ " durch „20" (aus (2))
$0 = 20 \cdot \cos(50b) \rightarrow 0 = \cos(50b)$ und haben a eliminiert!

Nun hilft die *Umkehrung* arccos weiter, um b zu separieren:

$\arccos(0) = \arccos(\cos(50b)) \rightarrow \frac{\pi}{2} = 50b$

$b = \frac{\pi}{2 \cdot 50} = 0.0314 = \frac{\pi}{L}$

b einsetzen in (2) ergibt: $a = \frac{20}{\sin(50 \cdot 0.0314)} = 20 = H$

Endgültige Binderfunktion: $h(x) = 20 \cdot \sin(0.0314x)$

Kleiner **Vorgriff auf „Funktionen"**
Die ganze Mühe war keineswegs umsonst, es bietet sich nämlich eine *Verallgemeinerung* an.
Die „normale" Sinuskurve $y = \sin(x)$ hat eine Wellen- bzw. Periodenlänge von 2π.

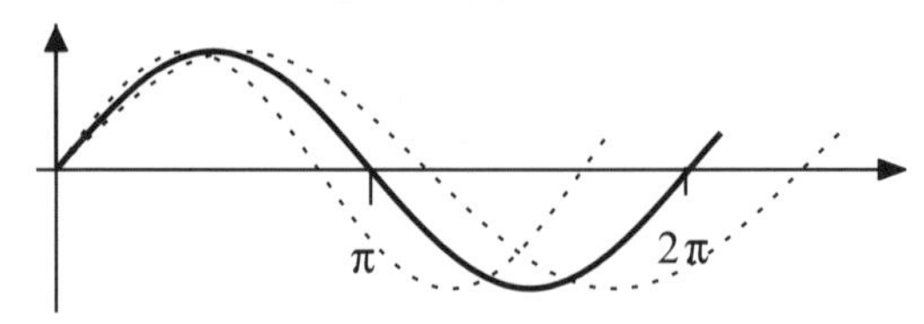

Der Wert b in $y = \sin(b \cdot x)$ bewirkt eine Streckung ($b < 1$) bzw. Stauchung ($b > 1$) des Graphen (Ziehharmonikaeffekt) und verändert damit die Periodenlänge. Allgemein kann man bei gegebener Periodenlänge p nach vorstehendem Muster b bestimmen:

$b = \frac{2\pi}{p}$. Umgekehrt errechnet sich bei gegebenem b die Periodenlänge zu: $p = \frac{2\pi}{|b|}$.

(Wenn Sie im Kapitel 6 Funktionen angekommen sind, blättern Sie noch einmal hierher zurück.) Angewandt auf unseren Binder ergibt sich wie gehabt $b = 2\pi / 2L = \pi / L$.

Zusätzlich zum Inhalt des Kapitels werden laufend über die Homepage http://4c.web.fh-koeln.de neue Aufgaben mit Lösungen ergänzt.

3 Vektoren

Ungefähr ein Jahrzehnt lang lernt man in der Schule Zahlen kennen: Natürliche Zahlen, Ganze Zahlen, Bruchzahlen, etc. Auch die Regeln, nach denen man mit ihnen sinnreich hantieren kann, sind uns in Fleisch und Blut übergegangen: Addition/Subtraktion, Multiplikation/Division und Klammerregeln.

Da kommt nun die Physik daher und behauptet, um mit den Zahlen in der rauen Wirklichkeit etwas anfangen zu können, müsse man noch festlegen, um was es sich jeweils handele, sprich: eine Einheit anhängen – 5 Stück (Äpfel), 125 €, 80 PS, 430 m², 26.5 °C, 13°° 30', 1020 Hektopascal ... All diese Größen nennt man „Skalare“. Sie können auf einer Skala aufgetragen bzw. von ihr abgelesen werden.

Damit ist es den Physikern aber immer noch nicht genug! Sie machen darauf aufmerksam, dass man bei gewissen Größen – z.B. bei Wegen, Geschwindigkeiten, Kräften – noch etwas Entscheidendes ergänzen könne/müsse:

- 235 m – aber wohin?
- 120 km/h – in welche Richtung?
- 400 N – unter welchem Winkel?

Es gibt somit physikalische Phänomene, die erst vollständig beschrieben sind durch die Mitteilung von **Größe und Richtung**. **Vektoren** nennt man diese Gebilde – mit 120 km/h in den Süden!

Einmal darauf aufmerksam geworden, stellt man fest, dass man buchstäblich von ganzen *Feldern* solch vektorieller Größen umgeben ist:

- Wind*geschwindigkeit*: Stärke 5 Beaufort aus westlicher Richtung
- Schwer*kraft*: 75 kg (senkrecht nach unten auf die Waage)
- Sonnen*strahlung*, Funkwellen, Erdmagnetismus, etc.
- Meeres*strömungen* sind den Küstenbewohnern bestens bekannt.

Der Umgang mit solchen *Vektorfeldern* ist Sache der Vektoranalysis.

Aber auch alltägliche Mitteilungen bergen versteckt die Angaben von Größe und Richtung: „Die Flugzeit von München nach Hamburg beträgt 1°°15'“ bedeutet: Man fliegt bei 480 km/h ca. 600 km in nördliche Richtung.

Man muss allerdings vorsichtig (oder genau?) sein: Die *Länge* 5 Meter ist ein Skalar; der *Weg* 5 Meter nach Norden ist ein Vektor. Auch zwischen *Masse* und *Gewicht*, *Absolutgeschwindigkeit* auf dem Autotacho und *Geschwindigkeit* etc. muss man klar unterscheiden.

Der Umgang mit Vektoren – die *Vektorrechnung* – ist nicht etwa eine weitere Spezialdisziplin der Mathematik, sie ist mehr ein Werkzeug, eine Sichtweise der Dinge und wurde **von Physikern erfunden** – in Physikbüchern wimmelt es nur so von *Vektorpfeilen*! Die Vielseitigkeit und der Bezug zur Praxis machen einen Teil des Reizes des Themas *Vektoren* aus. Heute findet man sie auch in den verschiedensten Gebieten der Mathematik: Lineare Algebra, Analytische Geometrie, Differenzialgeometrie, etc.

Es scheint also angebracht und lohnend, sich mit diesen „gerichteten Größen" und ihren Rechengesetzen zu beschäftigen.

Das haben die Mathematiker auch eingesehen, sich der Sache angenommen und sie gründlich durchleuchtet. Sie haben vereinfacht, verallgemeinert, abstrahiert, Definitionen ausgearbeitet, Axiome aufgestellt. Sie haben sich eine neue Terminologie zugelegt, alles in n-Tupel und Matrizen verpackt und einen „Vektorraum" gezimmert. Herausgekommen ist ein sauberes Skelett, auf der Strecke geblieben ist die Bedeutung, die Anschaulichkeit – der ganze Spaß an der Sache. Sich die Vektorrechnung von einem Mathematiker beibringen zu lassen, gleicht dem Versuch, bei einem Lebensmittelchemiker das Kochen zu lernen.

Wir werden den „evolutionären" Weg einschlagen und Bedeutung, Anschaulichkeit und Anwendung in den Vordergrund stellen. Vektorrechnung ohne Anwendung ist wie Fahrradfahren auf dem Heimtrainer! Den mathematischen Röntgenapparat werden wir nur gelegentlich einschalten.

Der rote Faden, das einfache Leitmotiv der folgenden Ausführungen: Mit welchen speziellen Rechenregeln kann man Vektoren mathematisch behandeln, um **sinnvolle** Ergebnisse und Voraussagen zu bekommen!

3.1 Gerichtete Größen

Fangen wir mit der einfachen Feststellung an:
Ein Vektor ist eine gerichtete Größe.
Er besteht aus einer Maßzahl (evtl. mit Einheit) und einer Richtungs-(Winkel-)Angabe. Über die Lage in Ebene oder Raum und über den Anfangspunkt ist nichts festgelegt.

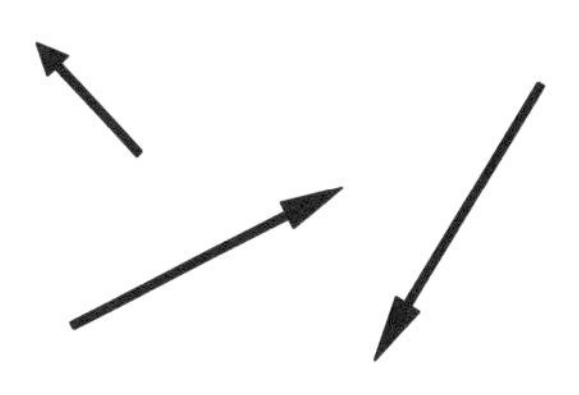

Ein Vektor ist beileibe kein Pfeil, es gibt aber kein besseres **Modell** für eine *gerichtete Größe* als einen Pfeil – er hat einfach alles, was man zur Veranschaulichung braucht. Auch im täglichen Leben (z. B. Straßenverkehr) ist er das Symbol für eine Richtung; wir nutzen noch die Möglichkeit, durch unterschiedliche Längen verschiedene Maßzahlen darzustellen.

Um etwas Konkretes vor Augen zu haben, stellen wir uns eine Kraft vor – die Kraft, die ein Arm ausüben kann. Die geometrische Interpretation wäre eine Punktverschiebung vom Pfeilfuß zur Spitze – ein Wegstück.

Zwei Vektoren (Pfeile) sind gleich, wenn sie in Maßzahl (Länge) und Richtung (Winkel zu einer Bezugsgeraden) übereinstimmen. Das heißt, alle rechts dargestellten Vektoren sind gleich. Anders ausgedrückt: Man darf einen Vektor parallel zu sich verschieben.

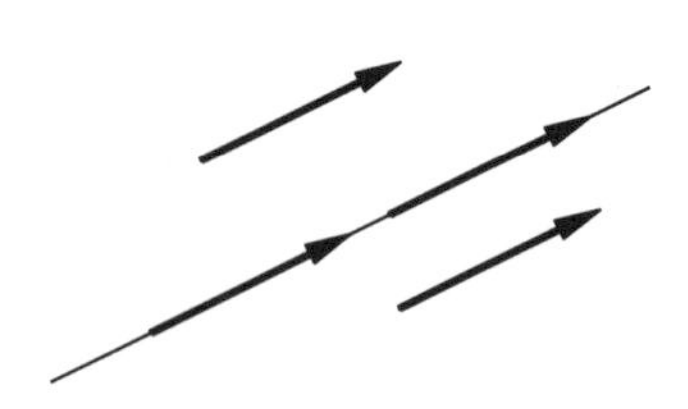

Das Ganze können wir uns in der Ebene oder im 3D-Raum vorstellen. Aus Gründen der Übersichtlichkeit werden wir uns vorerst in der Ebene aufhalten. Die Verallgemeinerung zu räumlichen Vektoren ist nicht weiter schwierig und wird zu gegebener Zeit nachgeholt.

Soweit so gut. – Wenn wir uns aber über Vektoren unterhalten wollen, müssen wir ihnen erst einmal einen Namen geben, eine Maßeinheit festlegen und eine Bezugsgerade für die Richtungsangabe vorge-ben.

Bei der Kennzeichnung von Vektoren herrscht in der Literatur babylonische Schriftverwirrung. Man findet Frakturbuchstaben, Fettdruck, Unterstriche etc. Die gängigste Version, der auch wir uns anschließen, sind übergesetzte Pfeilchen.

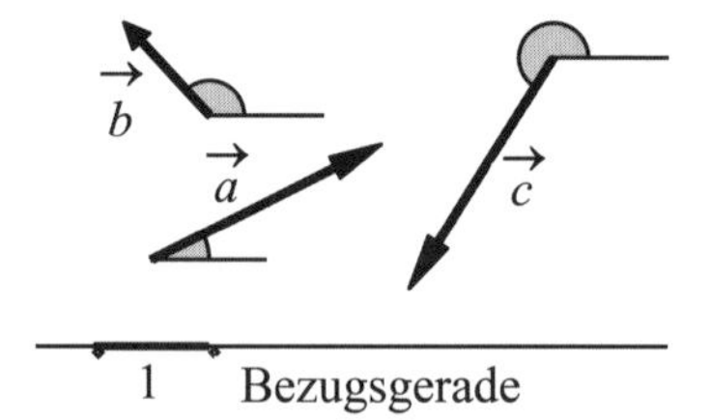

Einheitsstrecke und Winkelbezugsgerade ins Bild gefügt und wir können sagen: Vektor $\vec{a}$ hat eine Länge von 2.25 und den Winkel von 27° (zur Bezugsgeraden); Vektor $\vec{b}$ hat eine Länge von 1.10 etc.

Rechenregeln

Um etwas Sinnvolles mit Vektoren anfangen zu können, braucht man sinnvolle Rechenregeln. Es gibt deren zwei – mehr nicht! Man kann

- zwei Vektoren addieren und
- einen Vektor mit einer Zahl multiplizieren.

In beiden Fällen kommt wieder ein Vektor heraus.

Vektoraddition

Unter dem Addieren zweier Vektoren versteht man geometrisch das Aneinanderheften der beiden beteiligten Pfeile „Fuß an Kopf". Das Ergebnis ist der Pfeil vom Anfang des ersten zum Ende des zweiten Pfeils.

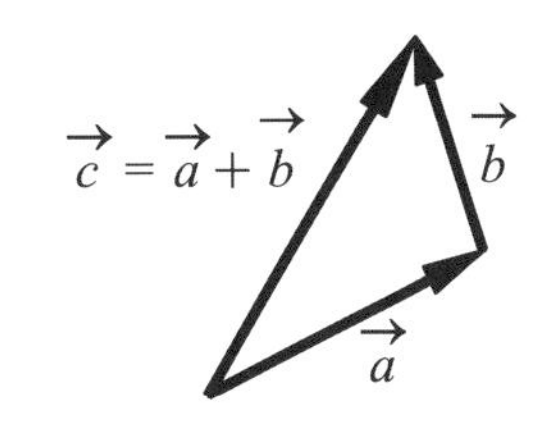

- Zwei Kräfte $\vec{a}$ und $\vec{b}$ kann man durch die „Resultierende" $\vec{c}$ ersetzen; wenn sie im Schnittpunkt der Einzelkräfte angreift, hat sie die gleiche Wirkung wie die beiden Einzelkräfte.
- Den Umweg über die beiden Einzelwege $\vec{a}$ und $\vec{b}$ kann man sich ersparen und auf direktem Weg das Ziel $\vec{c}$ ansteuern.

S(kalar)multiplikation
Die Multiplikation eines Vektors mit einer reellen Zahl, einem *Skalar*, bedeutet die Verlängerung bzw. Verkürzung des Pfeils um den entspre-chen-den Zahlenfaktor; die Richtung bleibt unverän-dert. (Mit den guten alten Strahlensätzen ist die S-Multiplikation sogar rein geometrisch ausführ-bar.)

$s \cdot \vec{a}$

$\vec{a}$

Zwei überaus nützliche Spezialvektoren hat man noch erfunden:

- den *Nullvektor*: $\vec{0}$ (keine Länge, keine Richtung, keine Darstellung!)
- den *Gegenvektor* zu $\vec{v}$: $-\vec{v}$ (Länge wie $\vec{v}$, Richtung entgegengesetzt)

$\vec{v}$ $-\vec{v}$

Mit dem Gegenvektor kann man durch die Hintertür das *Subtrahieren* ein- bzw. auf die Addition zurückführen:

$$\vec{a} - \vec{b} = \vec{a} + (-\vec{b}) = \vec{c}$$

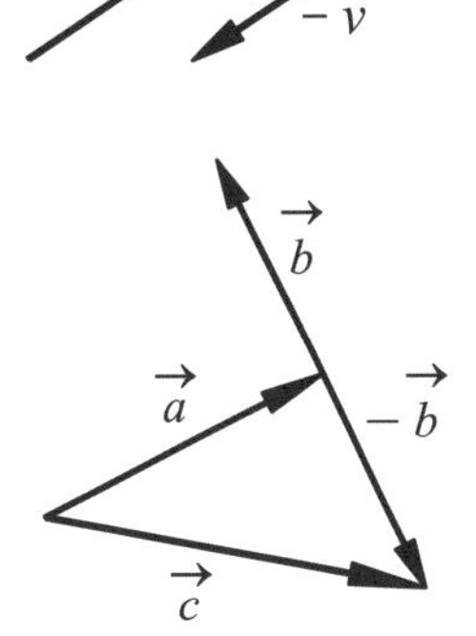

Man subtrahiert den Vektor $\vec{b}$, indem man den *inversen* Vektor $-\vec{b}$ addiert. Interessant wird die Subtraktion aber erst in der nächsten, der „rechnerischen" Phase.

Die Operationen kann man natürlich mit wechselnden Darstellern mehrfach nacheinander ausführen – die Reihenfolge ist für das Ergebnis gleichgültig.

$$\vec{R} = \vec{a} + \vec{b} + \vec{c} + 1.5\vec{a} - 0.5\vec{b} \quad = \quad \vec{b} + 1.5\vec{a} + \vec{a} - 0.5\vec{b} + \vec{c}$$

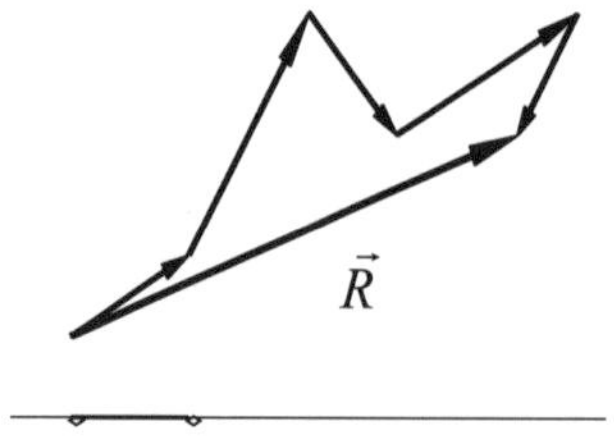

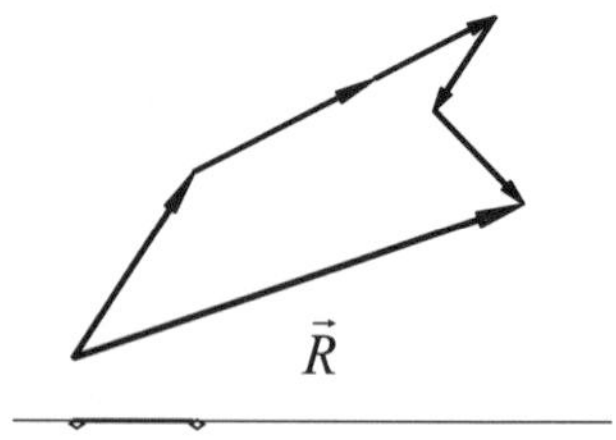

$\vec{R}$ $\vec{R}$

Das Ganze gilt nicht nur auf dem Papier, sprich: in der zweidimensionalen Ebene. Die Regeln behalten ihre Gültigkeit auch im 3D-Raum, wir bräuchten lediglich eine Verabredung über die Festlegung eines räumlichen Winkels.

Die Demonstration macht allerdings Schwierigkeiten, da selbst ein brauchbares Stück des Raumes leider nicht zwischen zwei Buchdeckel passt. In Kürze steht die Anschaffung eines Koordinatensystems ins Haus, mit dem perspektivische Darstellungen besser möglich sind. Wenn wir gar gelernt haben mit Vektoren zu rechnen, können wir sogar höherdimensionale Räume mit den gleichen Regeln behandeln – nur Vorstellungskraft und Darstellungskunst sind damit überfordert.

Eine Multiplikation im klassische Sinne – Vektor $\vec{a}$ · Vektor $\vec{b}$ = Vektor $\vec{c}$ – gibt es nicht. Es ergibt physikalisch keinen Sinn: Was sollte auch Kraft mal Kraft bedeuten? – eine Quadratkraft?

Man lasse sich auch nicht davon irritieren, dass ja Meter mal Meter den durchaus sinnvollen Quadratmeter ergibt. Bei der Flächenberechnung werden nur Maßzahlen (Skalare) multipliziert und ergeben etwas Neues – den Quadratmeter. Eine Richtung im Sinne eines Vektorweges kommt gar nicht ins Spiel.

An eine Division ist überhaupt nicht zu denken. – Damit entfallen natürlich auch die „gehobenen Rechenarten" Potenzieren, Wurzelziehen und Logarithmieren – halleluja! Mit Ungleichungen werden wir ebenfalls nichts zu tun bekommen. Wie sollte man bei zwei Vektoren von gleicher Länge aber mit unterschiedlichen Richtungen entscheiden, welcher „größer" ist?!

Sie meinen, das sei aber recht mager, damit könne man ja wohl nicht viel anfangen? Weit gefehlt!

Die *Navigatoren* aller Schiffe haben über Jahrhunderte bei jedem Kurswechsel penibel die abgelaufenen Meilen und den versegelten Kurs in die Seekarte eingetragen (umsichtige Skipper machen das trotz GPS noch heute) – *überlebensnotwendige* Vektoraddition.

Die *Baumeister* haben jahrhundertelang Lasten auf ihrem Weg vom Dachgestühl zum Fundament verfolgt und Kraftpfeile zusammengefasst und zerlegt (graphische Statik) – *katastrophenverhindernde* Vektoraddition. Man kann aus diesem „Verfolgen der Lasten und Kräfte" direkt ein Spiel machen: Abgespannte Masten, die Takelage von Segelschiffen, Brücken, Dachstühle von Kirchen und Scheunen eignen sich hervorragend als Studienobjekte. Gebaut wurde, was „zeichnerisch berechenbar" war: Man vergleiche einen griechischen Tempel mit einer gotischen Kathedrale. Von *stilbildender* Vektorrechnung zu sprechen erscheint nun aber doch etwas weit hergeholt.

Die Physiker sind besonders über die „koordinatenfreie", rein geometrische Einführung der Vektorrechnung erfreut. Wenn die Vektorrechnung irgendwelche Naturvorgänge sinnvoll beschreiben soll, sollte es schließlich gleichgültig sein, ob man sie von links, rechts oder vom Mars aus betrachtet.

3.2 Stabstatik

Das Kräfteparallelogramm, die beiden Grundaufgaben

Die Technische Mechanik hat mit Kräften zu tun und muss sie häufig zusammenfassen zu einer resultierenden Gesamtkraft oder eine Kraft in zwei vorgegebene Richtungen zerlegen – Aufgaben für die Vektoraddition!

Bereits an dieser Stelle müssen wir uns von der „Freiheit" der Vektoren verabschieden: Wenn wir die *Wirkung* einer Kraft auf „Irgendetwas" untersuchen wollen, ist es für das „Irgendetwas" von entscheidender Bedeutung, wo genau die Kraft angreift. Lediglich in ihrer *Wirkungslinie* dürfen wir die Kraft noch verschieben.

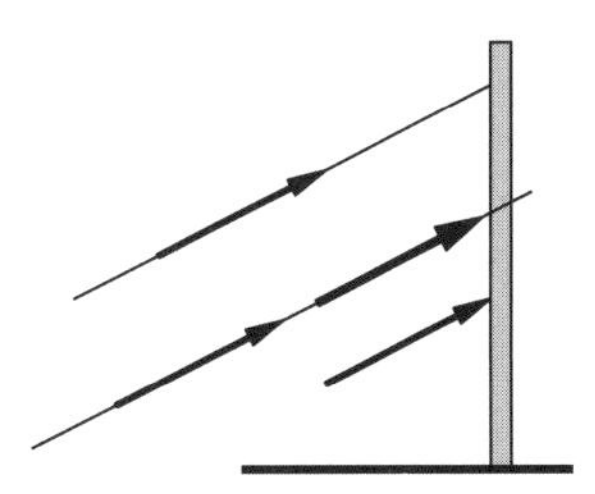

Bei der *Stabstatik* werden diese Kräfte von stabförmigen Bauteilen aufgenommen und weitergeleitet, die nur Druck- und/oder Zugkräfte aufnehmen können und gelenkig an den Knotenpunkten miteinander verbunden sind. Ein Seil wird damit auch als Stab angesehen – es kann nur Zugkräfte aufnehmen. Bei einer Stahlbrücke braucht man schon viel Abstraktionsvermögen, um die Stahlträger als Stäbe anzusehen und in den großen Knotenblechen Gelenke zu erkennen.

Für die Ermittlung der Kräfte in den Baugliedern hat man das Kräftedreieck erfunden und zum noch anschaulicheren Parallelogramm ergänzt. Ein Kräfteparallelogramm kann man nun vorwärts und rückwärts lesen.

1. Das Kräfteparallelogramm **vorwärts**:

   Gegeben: Zwei Kräfte $\vec{P}, \vec{Q}$

   Gesucht: Die Resultierende $\vec{R}$.

   Eine einfache **Addition**, wie sie im vorigen Abschnitt erläutert wurde.

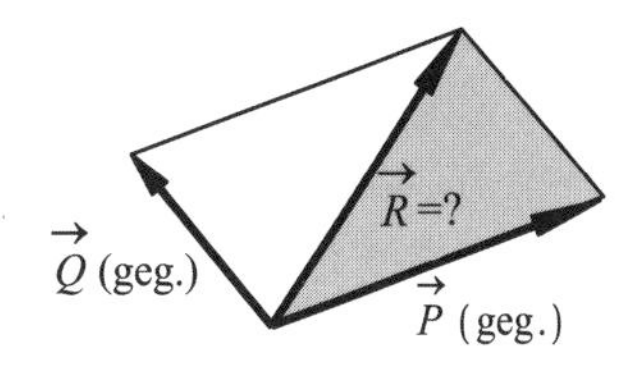

2. Das Parallelogramm **rückwärts**:

Gegeben: Die Kraft $\vec{R}$ und zwei Richtungen RP, RQ;

Gesucht: Die **Zerlegung** von $\vec{R}$ in die beiden Komponenten $\vec{P}$ und $\vec{Q}$.

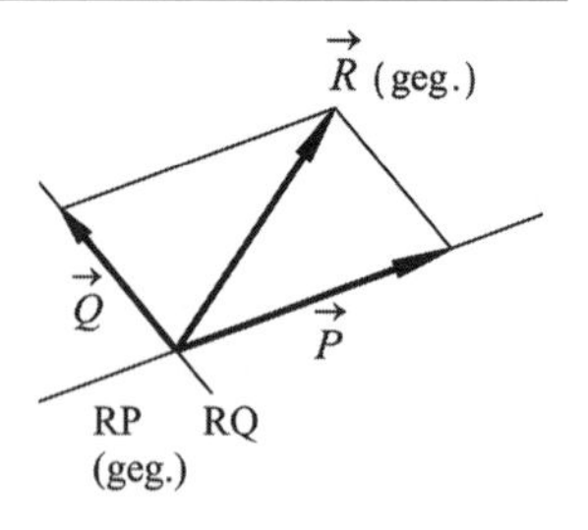

Anmerkung 1
Die Zerlegung einer Kraft ist in der 2D-Ebene nur in zwei Richtungen *eindeutig* zu bewerkstelligen. Im 3D-Raum kann eine Kraft *eindeutig* nur in drei Richtungen zerlegt werden.

Anmerkung 2
Bei den beiden Grundaufgaben muss man auf Folgendes aufpassen: Die *Statiker* interessieren sich oft dafür, welche Kräfte erforderlich sind, um vorhandene Lasten im Gleichgewicht zu halten – nur im Gleichgewicht bleibt alles in Ruhe – das erklärte Ziel jedes Statikers. Sie möchten die „Reaktion" auf die gegebenen Lasten sichtbar machen und drehen die ermittelten Pfeile um.

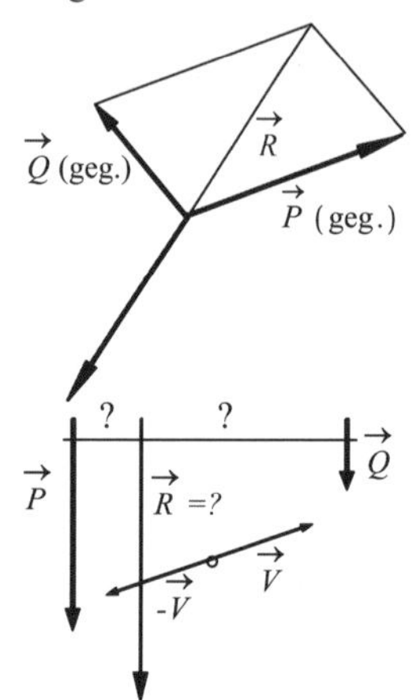

Preisfrage
Wie findet man die Resultierende zweier *paralleler* Kräfte?
Tipp: Es ändert sich nichts an den Verhältnissen, wenn man

- Vektoren in ihrer Wirkungslinie verschiebt,
- zwei gleich große, entgegengesetzte Vektoren ins Bild bzw. System bringt. (Man darf also einen Vektor addieren, sofort wieder subtrahieren und die Kräfte neu zusammenfassen.)

Ein paar *Beispiele* zeigen, wie man das Kräfteparallelogramm anwendet:

1) Die Außenlampe
Wir wollen eine ordentliche Lampe an der Wand neben unserem Eingang anbringen. 50 kg wiegt das massive Stück; eine dreieckige Befestigungskonsole ist im Lieferumfang enthalten – Dübel leider nicht. Nun stehen wir davor und rätseln, welche Dübelgröße wir nehmen sollen, damit die Lampe mit Sicherheit hängen bleibt und nicht den nächstbesten Besucher erschlägt.

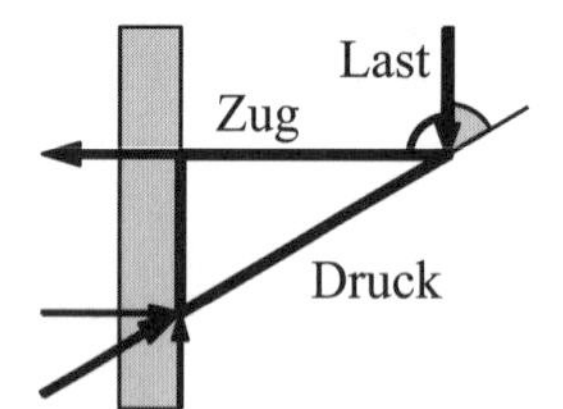

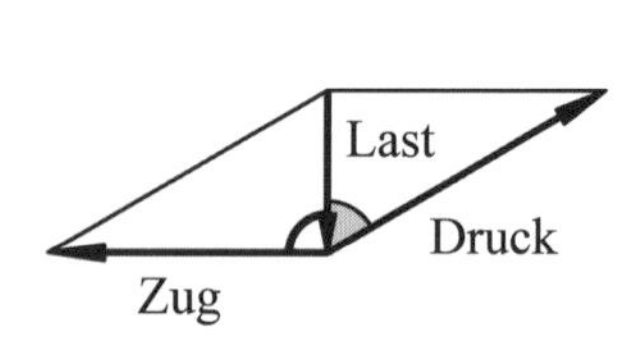

Kein Problem: Wir zeichnen maßstäblich ein Kräfteparallelogramm. Darin können wir abmessen, dass in der waagerechten Strebe eine Zugkraft von ca. 86 kg herrscht – diese Zugkraft muss unser Dübel (und die Wand) übernehmen können.

Für den unteren Konsolenpunkt könnte man die schräge Druckkraft von 100 kg wieder in die Komponenten senkrecht und parallel zur Wand zerlegen – lohnt aber meist den Aufwand nicht. Die Komponente senkrecht zur Wand wird klaglos von der Wand aufgenommen. Ein relativ kleiner Dübel verhindert mit Sicherheit das Abrutschen, dass die parallele Komponente bewirken möchte.

2) Die Hängematte

Das Mittagessen war gut und reichlich, die Sonne strahlt vom Himmel – Sie beschließen, das Mittagschläfchen im Garten zu machen. Sie holen die Hängematte vor und befestigen sie zwischen zwei mittelprächtigen Bäumchen.

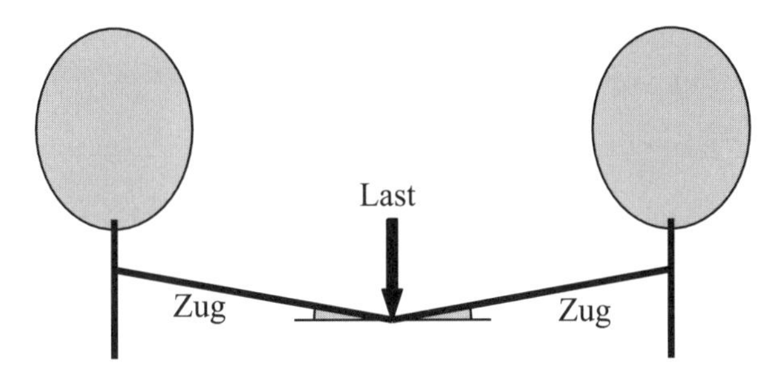

Beim Probesitzen bekommen Sie einen Schreck – trotz Ihrer lächerlichen 100 kg reißt es die Bäumchen fast aus dem Boden!

Sie wollen der Sache auf den Grund gehen, besorgen sich Bleistift und Papier und malen ein Kräfteparallelogramm.

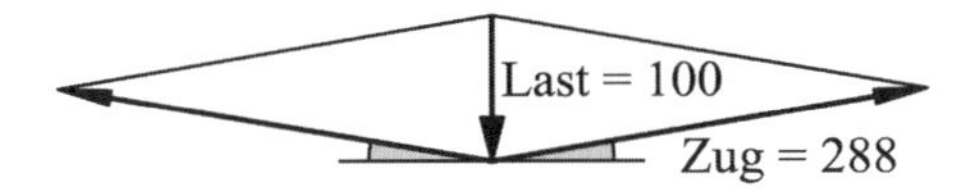

Mit Erleichterung stellen Sie fest, dass die enormen Kräfte an den Bäumen nichts mit Ihrem Gewicht zu tun haben – die Hängematte ist nur zu straff gespannt! Wenn die Winkel gegen 0 gehen, gehen die Zugkräfte gar gegen unendlich!

Messerscharfe Schlussfolgerung:
Da jedes Seil Eigengewicht hat, ist es unmöglich, ein horizontales Seil 100 %ig gerade zu ziehen – man bräuchte unendlich große Kräfte dafür. Das Seil wird immer etwas durchhängen!

3) Eine Fahnenstange

Wir wollen eine Fahnenstange im Garten errichten, um zu hohen Festlichkeiten, wie dem Schützenfest, Flagge zeigen zu können. Der Mast soll allen Stürmen gewachsen sein – ein Beton-Fundament muss gegossen werden.

Die Frage ist, wie groß das Fundament sein muss. *Antwort:* So groß, dass die Wirkungslinie der resultierenden Gesamtkraft noch innerhalb der Fundamentfläche liegt!
Wir wählen nach Gefühl, Erfahrung und vorhandenem Platz eine Fundamentgröße und kontrollieren. Das Problem, die Windlasten und das Eigengewicht von Mast und Fundament zu bestimmen, sehen wir einmal als gelöst an – dafür gibt es Normen.

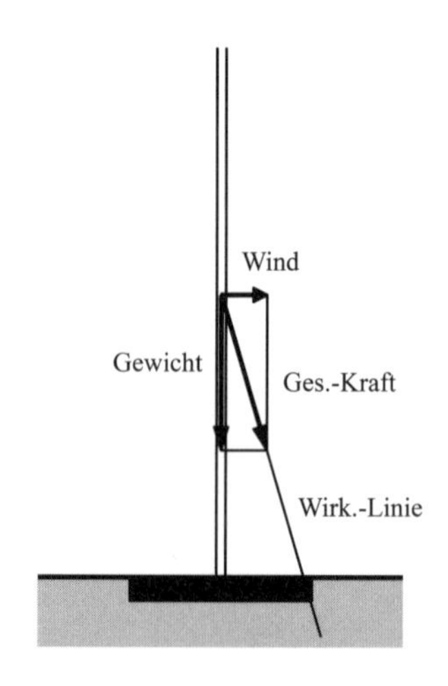

Bei dieser Wahl der Fundamentabmessung würde unsere Konstruktion bei Orkan gerade „auf der Kippe stehen" ein unangenehmes Gefühl.

Zwei Möglichkeiten der Änderung bieten sich an:

- Das Fundament verbreitern: Die Aufstandsfläche wird größer.
- Das Fundament dicker machen: Das Gesamtgewicht wird größer. (Die Wirkungslinie rückt damit näher an den Mastfuß.)

3.3 Hafenansteuerung bei Strom

… oder: Geschwindigkeit ist (k)eine Hexerei
… oder: Geschwindigkeiten sind Vektoren und *können* nicht nur addiert werden, sie *sollten* es auch – wie die nachfolgende Geschichte lehrt.

Ein schöner Segeltag geht zu Ende, die Hafeneinfahrt kommt in Sicht, man freut sich auf den Landgang. Der Skipper studiert kurz die Karte, liest die Geschwindigkeit ab – stolze 5 Knoten macht das Schiff – gibt dem Steuermann den Kurs mit 80° am Kompass an und verschwindet unter Deck.

Einige Zeit darauf knirscht es unterm Kiel, der Skipper stürzt an Deck und schnauzt den Steuermann an, was er denn nun für einen Bockmist gemacht habe. Hein Mück – der Rudergänger – ist sich keiner Schuld bewusst. Er hat genau das getan, was von einem guten Steuermann erwartet wird: Kurs gehalten.

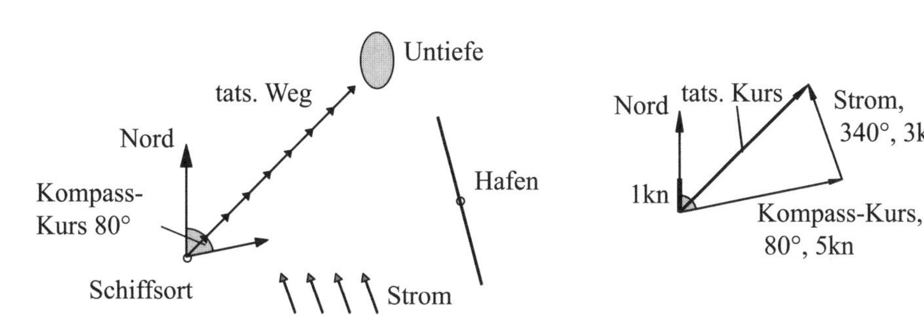

Der Skipper verschwindet wieder unter Deck, kramt in Büchern und erklärt kurz darauf etwas kleinlaut der Crew, er habe rausgefunden, dass man auf der Nordsee sei – Applaus seitens der Crew – die Nordsee Tidengewässer sei – stehende Ovationen! – und der auflaufende Strom das Schiff wohl ein wenig versetzt habe – „hört, hört!"-Rufe.

Der Skipper malt noch ein Dreieck, aus dem sauber abgelesen werden kann, wie der Strom das Schiff auf die Untiefe versetzt hat, der Rudermann ist rehabilitiert. Das auflaufende Wasser und die Maschine bringen den Kahn wieder flott und einige Zeit später sitzt man in der Hafenkneipe und schwingt Reden. Das Selbstvertrauen eines Skippers kann eine solch kleine Panne natürlich nicht erschüttern.

Zwei Wochen später, Sonnenschein, leichter SSO-Wind, gleiche Stelle – gleiche Welle. Obwohl Segler es mehr in den Armen haben, als im ... – Sie verstehen! – hat unser Skipper etwas gelernt und gibt Hein Mück die Anweisung, direkt auf die Hafeneinfahrt zuzuhalten und regelmäßig den Schiffsort in die Karte einzutragen, das GPS-Gerät sei eingeschaltet.

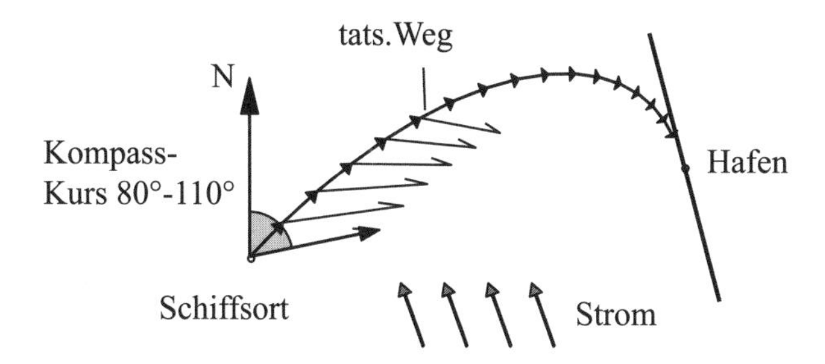

Es kratzt zwar nicht am Kiel, dafür fangen nach einiger Zeit die Segel an zu killen. Wieder muss die Maschine den Rest machen und der Skipper ist anschließend in der Kneipe etwas nachdenklich – jedoch nur für kurze Zeit.

Hafenansteuerung die dritte!
Beim nächsten Mal bleibt der Skipper etwas länger unter Deck, hantiert mit Dreiecken und murmelt Unverständliches vor sich hin.

(1) Das Schiff läuft mit 5 Knoten und soll über Grund 80° segeln.
(2) Der Strom setzt aber mit 3 Knoten unter 340°!
(3) Wenn wir also entsprechend vorhalten, addieren sich Schiff-durchs-Wasser und Strom zum gewünschten Sollkurs."

Es ergeht entsprechende Anweisung an den Rudergänger, die ausgemessenen 108° am Kompass anliegen zu lassen.

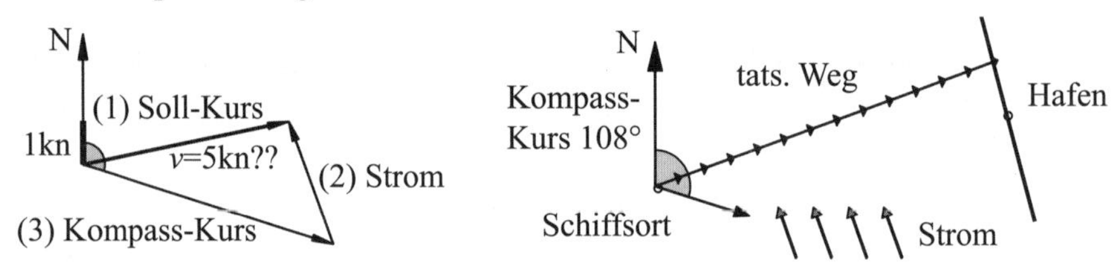

Das Ergebnis ist zwar nicht so schlecht, der Motor hilft, den kleinen Navigationsfehler auszubügeln, aber unseren Skipper wurmt es, dass seine wissenschaftlichen Überlegungen anscheinend fehlerhaft sind. Er beschließt einen befreundeten Mathematiker zu konsultieren.

Der Mathematiker lässt sich den Sachverhalt erklären, stellt präzise Fragen und denkt lange nach. Rechtzeitig zu Beginn der neuen Saison liegen Fehleranalyse und Therapievorschlag vor und er klärt unseren Skipper auf. In dem „Geschwindigkeitendreieck" des Skippers sei am *Sollvektor* Schiff → Hafen die effektive Schiffsgeschwindigkeit durchs Wasser mit 5 kn angesetzt – das sei natürlich nicht richtig. Tatsächlich sei diese Geschwindigkeit je nach Strom veränderlich. Um das korrekte Vektordreieck zu zeichnen, müsse zusätzlich zu den Kursdreiecken schon ein Zirkel bemüht werden.

Da unser Mathematiker um die Um- und Zustände auf See weiß, gibt er seinen Verbesserungsvorschlag in Form einer Waschzettelanweisung weiter:

(1) Richtung Schiff → Hafen zeichnen.
(2) Von einem beliebigen Punkt der Linie aus Stromrichtung und -geschwindigkeit antragen.
(3) Um den Anfangspunkt des Stromvektors einen Kreis mit der Schiffsgeschwindigkeit schlagen.

Damit sind alle bekannten Größen am richtigen Platz. Die Verbindung von Schnittpunkt Kreis/Richtung Schiff zum Hafen und Anfangspunkt Strompfeil gibt dann den Schiffskurs mit 116° am Kompass vor. Die Schiffsgeschwindigkeit über Grund gibt es gratis dazu: 3.5 Knoten.

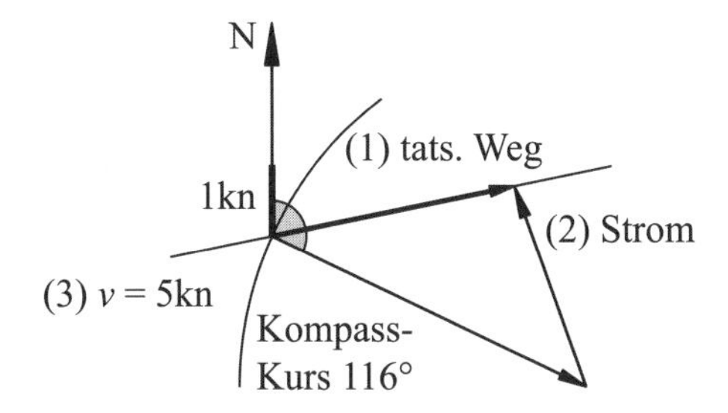

Der nächste Sommer kommt, ein Törn geht zu Ende, die Hafeneinfahrt kommt in Sicht...

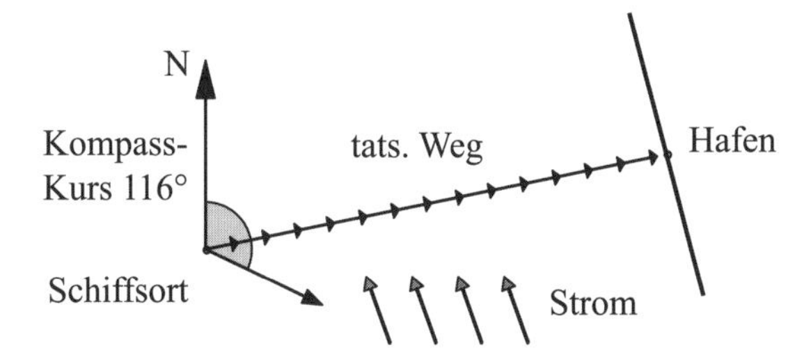

... 3-Punkt-Landung!

Nachspiel

Fünf Jahre später, dem Skipper sind inzwischen Seebeine gewachsen. Der Hafen kommt in Sicht, der Skipper gibt dem Steuermann die Anweisung, er solle den Kurs so einrichten, dass er die Hafeneinfahrt immer ungefähr unter dem gleichen Winkel peilt. Die Turbulenzen während seiner Lehrjahre sind längst vergessen.

Völlig unmathematische Anmerkungen

Seglerisches Fazit: GPS allein reicht nicht – GPS macht Nachdenken und/oder Erfahrung nicht überflüssig! Fehleinschätzungen können unangenehm werden, wenn die Schiffsgeschwindigkeit geringer als die Stromgeschwindigkeit ist. Ein Boot kann noch Anker werfen und warten, bis die Tide sich umkehrt. Ein Schwimmer (ohne Anker!) wird evtl. aufs offene Wasser getrieben.

Ändert man *Schiff* in *Flugzeug*, *Strom* in *Wind*, hängt ein paar Nullen an die Geschwindigkeitswerte und man ist bei der Fliegerei angekommen.

3.4 Vektoren – trigonometrisch

Bislang haben wir eifrig gezeichnet. Zeichnen ist schnell, übersichtlich und ungenau. Obwohl uns bislang immer noch kein Koordinatensystem zur Verfügung steht, können wir die Ergebnisse auch rechnerisch ermitteln – da ist ja noch die gute alte Trigonometrie. (Alles was man zeichnen kann, kann man auch irgendwie rechnen!) Großartige Theorien brauchen wir nicht – wir haben es mit Dreiecken zu tun.

1) Einfach ist die Rechnung, wenn ein **rechter Winkel** vorhanden ist.

a) Ein Flugzeug fliegt auf Ostkurs mit einer Geschwindigkeit von 500 km/h. Es herrscht Südwind mit einer Stärke (Geschwindigkeit) von 50 km/h. Der Pilot will graphisch und rechnerisch die Fluggeschwindigkeit über Grund und den Abdriftwinkel ermitteln.

$$v = \sqrt{500^2 + 50^2}$$

$$\alpha = \arctan\left(\frac{50}{500}\right) = 5.72°$$

b) Sie haben wieder einmal die Hängematte zwischen zwei Bäumchen gespannt, die 4.00 m auseinander stehen. Beim Probesitzen senkt sich die Mitte der Matte unter Ihrer „Last“ von 100 kg um 40 cm durch. Sie fragen sich wieder nach den Kräften in den Halteseilen.

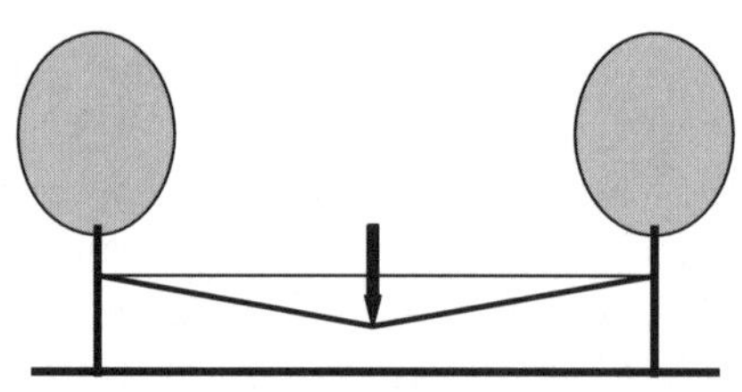

Zuerst die Geometrie:

$$\alpha = \arctan\left(\frac{0.40}{2.00}\right) = 11.3°$$

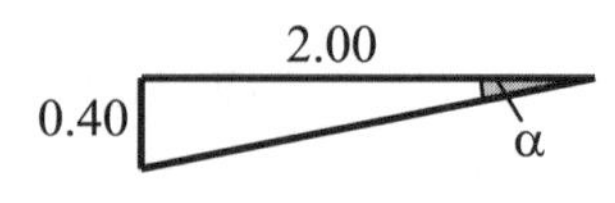

Danach die Kräfte:

$$Z = \frac{50}{\sin(11.3°)} = 255.2kg$$

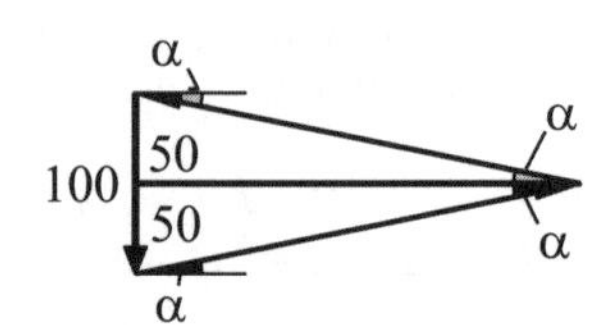

c) Auf einen Stützenkopf wirkt eine Last gemäß Skizze. Der Statiker sucht die Kraftanteile in vertikaler Richtung (Normalkraft) und horizontaler Richtung (Querkraft) per Zeichnung und Rechnung.

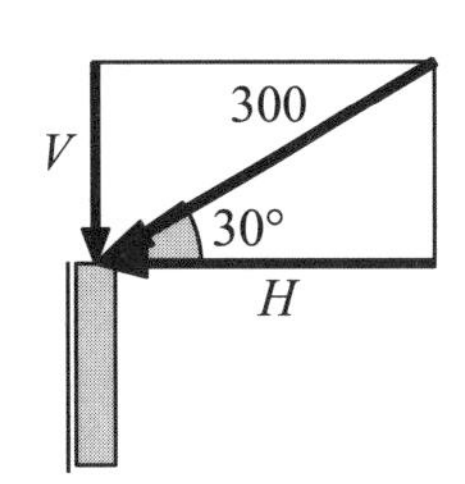

$$H = 300 \cdot \cos(\alpha) = 260$$

$$V = 300 \cdot \sin(\alpha) = 150$$

2) Auch **im allgemeinen Fall des schiefwinkligen Dreiecks** hat die Trigonometrie entsprechende Formeln zu bieten.

An einem Trägerende greifen zwei Kräfte gemäß Skizze an. Wie groß ist die resultierende Last nach Größe und Richtung?

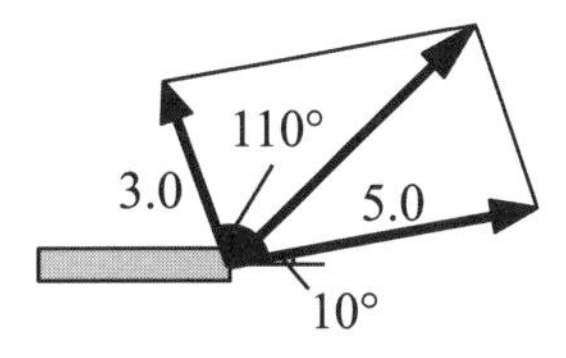

$$\gamma = 180° - 110° + 10° = 80°$$

c mit cos-Satz im schiefwinkligen Dreieck:

$$c^2 = a^2 + b^2 - 2ab \cdot \cos(\gamma)$$

$$c = \sqrt{5^2 + 3^2 - 2 \cdot 5 \cdot 3 \cdot \cos(80°)} = 5.38$$

= Größe der Resultierenden

c
$b = 3.0$
110°
γ
β
$a = 5.0$
10°
resultierender Winkel

β mit sin-Satz im schiefwinkligen Dreieck:

$$\frac{c}{\sin(\gamma)} = \frac{b}{\sin(\beta)}$$

$$\sin(\beta) = \frac{3 \cdot \sin(80°)}{5.38} = 0.55 \rightarrow \beta = \arcsin(0.55) = 33.3°$$

$$33.3° + 10° = 43.3° = \text{resultierender Winkel}$$

(Im Vergleich zur zeichnerischen Ermittlung schon recht aufwendig!)

Zusätzlich zum Inhalt des Kapitels werden laufend über die Homepage http://4c.web.fh-koeln.de neue Aufgaben mit Lösungen ergänzt.

4 Vektorrechnung

4.1 Arithmetik (gerechnete Geometrie)

Zeichnen ist etwas aus der Mode gekommen – endgültig seit dem Aufkommen des Computers ist Rechnen angesagt! Angefangen hat der Niedergang vor ca. 370 Jahren mit der Entdeckung des Koordinatenkreuzes durch René Descartes (1596 bis 1650); vorläufige Höhepunkte der Entwicklung sind PC und Computeralgebrasysteme wie Maple.

Bislang sind wir rein geometrisch vorgegangen und *ohne Achsenkreuz* ausgekommen, beim Rechnen geht es nicht mehr ohne. Wir führen das „kartesische" Koordinatensystem ein, benannt nach Kartesius – der Künstlername von Monsieur Descartes. Es ist keineswegs das einzig mögliche Koordinatensystem, aber für unsere Zwecke das weitaus bequemste. Vorerst halten wir uns aus Gründen der Übersichtlichkeit in der Ebene auf.

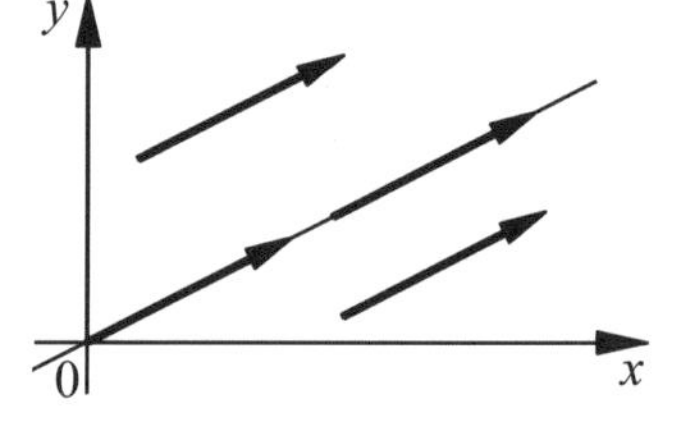

Unser erstes Ziel ist es, den geometrisch eingeführten Vektor in „Zahlen zu fassen". Wir platzieren dafür in diesem System *einen* Vektor in verschiedenen Lagen – wir hatten bereits festgestellt, dass die nebenstehend dargestellten Vektoren alle gleich sind, da sie in Größe und Richtung übereinstimmen.

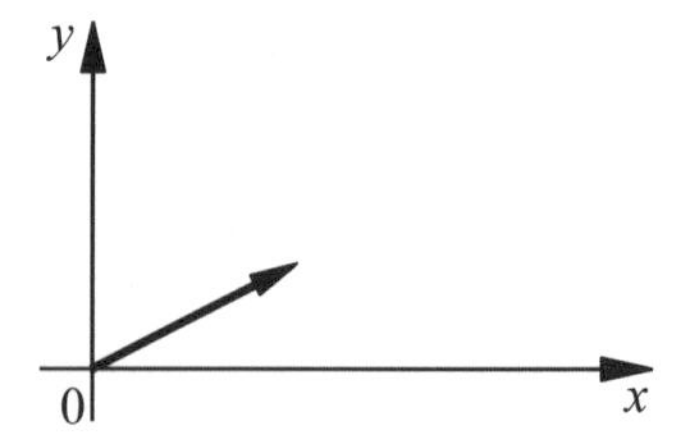

Von diesen Vektoren suchen wir uns wieder den für unsere Belange passenden aus: den, dessen „Fuß" am Nullpunkt angebunden ist und ernennen ihn zum *Repräsentanten* der ganzen Schar; in der Physik ist dafür der Name „Ortsvektor" gebräuchlich.

Für die zahlenmäßige Beschreibung bzw. Festlegung unseres *Repräsentanten* benutzen wir jetzt die Projektionen des Vektors auf die x-, y- (bzw. z-) Achse, die so genannten *Komponenten* des Vektors.

Komponentendarstellung eines Vektors

Ein Vektor wird bzw. ist festgelegt durch Angabe der Projektionslängen auf der x-, y- (bzw. z-) Achse. Zwei gleichwertige Schreibweisen stehen zur Verfügung:

$$\text{2D: } \vec{v} = \begin{pmatrix} v_x \\ v_y \end{pmatrix} = (v_x, v_y)$$

$$\text{3D: } \vec{v} = \begin{pmatrix} v_x \\ v_y \\ v_z \end{pmatrix} = (v_x, v_y, v_z)$$

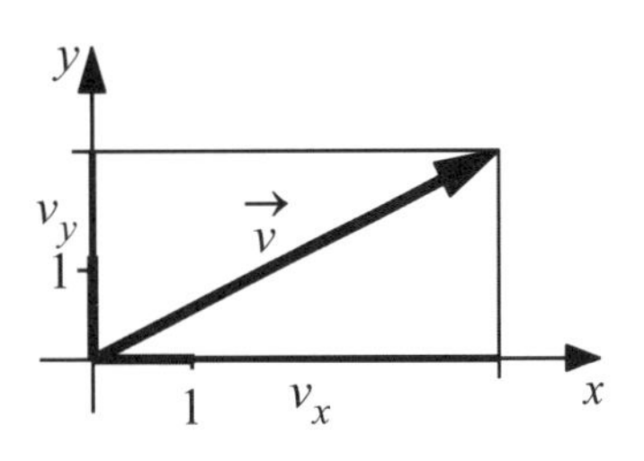

Die Spaltenversion ist von der Schule her bekannt und sinnvoll als Vorübung zur Linearen Algebra. Physik und Technik bevorzugen die Zeilenversion.

Die Komponentendarstellung ist die bevorzugte Schreibweise bei konkreten Überlegungen und Rechnungen. Sie hat sich so gut bewährt, dass wir ihr unsere ungeteilte Aufmerksamkeit widmen werden. Andere Versionen werden als Ausnahmen von dieser Standardform behandelt und ggf. auf unsere „Lieblingsform“ umgerechnet.

Ganz wichtig:

- Die Projektionen v_x, v_y des Vektors sind Längen, Skalare – *reelle Zahlen*!
- Die Darstellung (v_x, v_y) ist ein *Symbol* für den Vektor $\vec{v}$!

Der Vollständigkeit halber:

- Das *Nullelement* sieht wie folgt aus: $\vec{0} = (0, 0)$.
- Das zu $\vec{v}$ *inverse Element* lautet: $-\vec{v} = (-v_x, -v_y)$.

Obwohl wir mit der Komponentendarstellung der konstruierenden Geometrie entkommen sind, braucht man für diverse Zwecke die Länge eines Vektors und den Winkel zur x-Achse.

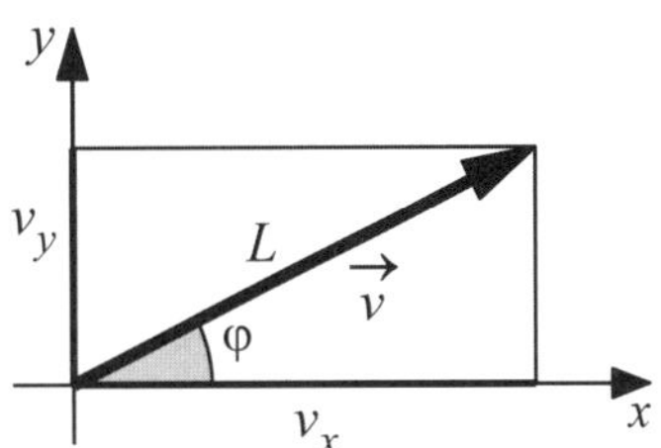

Die Länge $L(\vec{v})$ (lies: „ L von $\vec{v}$“) errechnet sich mit dem Satz des Pythagoras zu $L(\vec{v}) = \sqrt{{v_x}^2 + {v_y}^2}$. Sie hat die Bezeichnung *Norm* oder *Betrag* bekommen und wird in der Literatur mit Absolutstrichen $|\vec{v}|$ oder einfach als v gekennzeichnet:

$$L(\vec{v}) = \sqrt{{v_x}^2 + {v_y}^2} = norm(\vec{v}) = |\vec{v}| = v\,.$$

Den Winkel zur x-Achse liefert die Trigonometrie:

$$\tan(\varphi) = (v_y / v_x) \quad \rightarrow \quad \varphi = \arctan(v_y / v_x)$$

Das gilt nur im I. Quadranten (!). Also bitte nicht vergessen:

$$\varphi = \arctan(v_y / v_x) + \pi \text{ im II. und III. Quadranten;}$$

$$\varphi = \arctan(v_y / v_x) + 2\pi \text{ im IV. Quadranten.}$$

Unser Mustervektor in konkreten Zahlen: $\vec{v} = (v_x, v_y) = (4.0, 2.0)$

$$L(\vec{v}) = v = \sqrt{v_x{}^2 + v_y{}^2} = \sqrt{4^2 + 2^2} = 4.47$$

$$\varphi = \arctan(v_y / v_x) = \arctan(2/4) = 26.6°$$

Sollte jemand Ihnen einen Vektor anbieten, indem er die Länge L und den Winkel φ zur x-Achse angibt und Sie haben Ihr Geodreieck bereits der Mülltonne übereignet, rechnen Sie diese „Polarform" tunlichst rasch um; die Zusammenhänge sind aus dem obigen Bild ablesbar:

$$\vec{v} = (v_x, v_y) = (L \cdot \cos(\varphi), L \cdot \sin(\varphi)).$$

Gegeben sind die Vektorlänge $L(\vec{v}) = 4.47$ und der Winkel zur x-Achse $\varphi = 26.6°$. Umrechnung in die Komponentendarstellung:

$$\vec{v} = (v_x, v_y) = (4.47 \cdot \cos(26.6°), 4.47 \cdot \sin(26.6°)) = (4.0, 2.0)$$

Rechenregeln

Wir hatten oben gesagt, dass $\vec{v} = (v_x, v_y)$ lediglich ein Symbol ist. In den folgenden Rechenregeln wird nun festgelegt, was man unter Addition und S-Multiplikation der neuen Vektorsymbole verstehen will.

Addition:

$$\vec{a} + \vec{b} = (a_x + b_x, a_y + b_y)$$

Die jeweiligen Komponenten der beiden Vektorrepräsentanten werden addiert.

Mit $\vec{a} = (4.0, 1.5)$, $\vec{b} = (1.0, 2.0)$

wird

$$\begin{aligned} \vec{a} + \vec{b} &= (a_x + b_x, a_y + b_y) \\ &= (4.0 + 1.0, 1.5 + 2.0) \\ &= (5.0, 3.5) = \vec{c} \end{aligned}$$

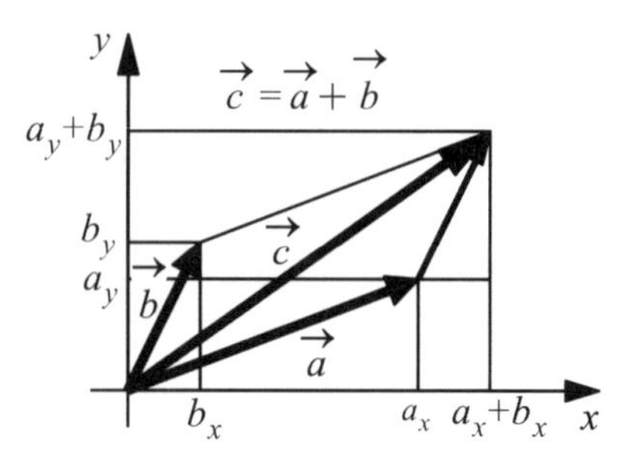

S-Multiplikation:

$$s \cdot \vec{a} = s \cdot (a_x, a_y) = (sa_x, sa_y)$$

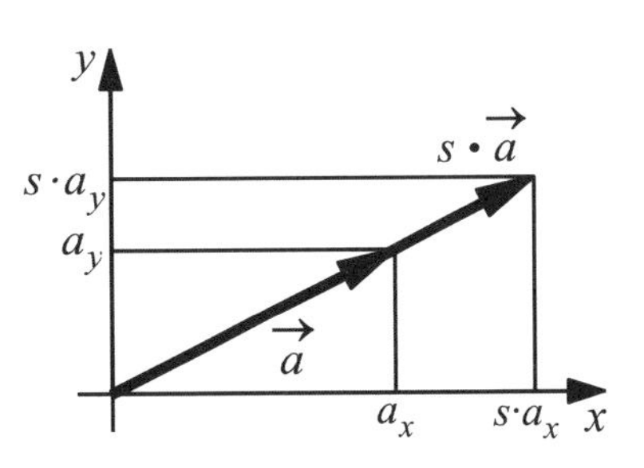

Die beiden Vektorkomponenten werden einzeln mit dem Skalar s multipliziert.

Die Rechnung mit $\vec{a} = (4.0, 2.0)$ und $s = 1.5$ ergibt $s \cdot \vec{a} = (1.5 \cdot 4.0, 1.5 \cdot 2.0) = (6.0, 3.0)$.

Die Bemerkungen aus der „Graphischen Einführung“ in Abschnitt 3.1 zu Subtraktion, Mehrfachoperationen etc. haben auch hier Gültigkeit.

Die 3D-Version macht ebenfalls keine Schwierigkeiten

$$\vec{a} + \vec{b} = (a_x, a_y, a_z) + (b_x, b_y, b_z) = (a_x + b_x, a_y + b_y, a_z + b_z)$$

$$s \cdot \vec{a} = s \cdot (a_x, a_y, a_z) = (sa_x, sa_y, sa_z)$$

Die Regeln sehen aus, als seien sie von den geometrischen Bildern abgeschrieben – sicherlich ist das kein Zufall. Die Frage, was eher da war, das Geometrie-Ei oder das Algebra-Huhn, ist leicht zu beantworten: Die Geometrie ist hier mit Längen das ältere Gewerbe.

Nachtrag: Die beiden Grundaufgaben der Vektorrechnung

Das Kräfte- (Weg-, Geschwindigkeiten-,...) **Parallelogramm** (-Dreieck).
Für die Berechnung haben wir die kurze Formel $\vec{a} + \vec{b} = \vec{c}$.

1. Die *Zusammenfassung* zweier Vektoren zu einer Resultierenden ist mit einem Blick auf die Definition der Addition bereits erledigt.

2. a) Bei der *Zerlegung* einer Kraft in Richtungen, die senkrecht aufeinander stehen, reicht die ganz normale Trigonometrie.
Schlittenfahrt: Druck senkrecht auf den Hang, Abtriebskraft parallel zum Hang.
Fadenpendel: Radialkraft im Faden, tangentiale Antriebskraft.

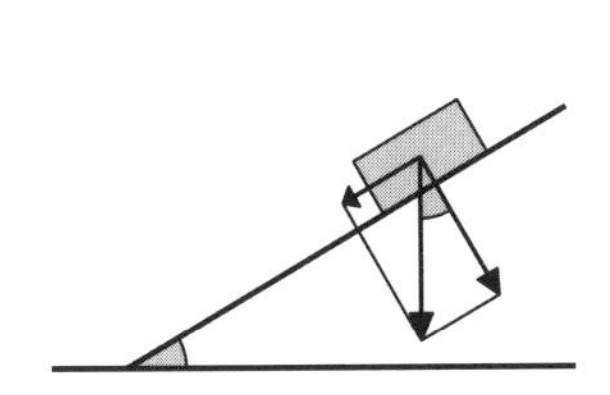

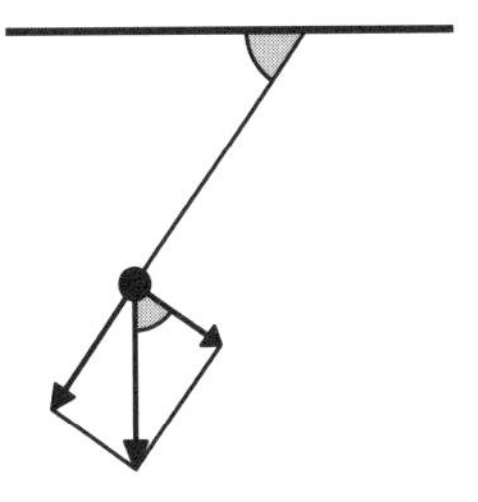

2. b) Beim *Zerlegen* eines Vektors in zwei vorgegebene allgemeine Richtungen greifen wir wieder auf die Formel $\vec{a} + \vec{b} = \vec{c}$ zurück.

Wir können allerdings nicht mit den ganzen Vektoren hantieren, es werden ja nur Stücke, die Längen verschiedener Vektoren, gesucht. Unsere Kurzschreibweise zeigt nur noch den Lösungsweg an. Mit einem Blick auf das Additionsbild und ein wenig Überlegung stellen wir jedoch fest, dass auch die folgenden Komponentengleichungen stimmen:

$$a_x + b_x = c_x$$
$$a_y + b_y = c_y$$

Das hilft immer noch nicht, wir können keine Winkel/Richtungen unterbringen. Wir zerlegen weiter

$$|\vec{a}| \cdot \cos(\alpha) + |\vec{b}| \cdot \cos(\beta) = |\vec{c}| \cdot \cos(\gamma)$$

$$|\vec{a}| \cdot \sin(\alpha) + |\vec{b}| \cdot \sin(\beta) = |\vec{c}| \cdot \sin(\gamma)$$

und schreiben etwas übersichtlicher

$$a \cdot \cos(\alpha) + b \cdot \cos(\beta) = c \cdot \cos(\gamma)$$
$$a \cdot \sin(\alpha) + b \cdot \sin(\beta) = c \cdot \sin(\gamma)$$

Damit haben wir zwei Gleichungen mit den Unbekannten $a = |\vec{a}|$ und $b = |\vec{b}|$, alle anderen Werte sind bekannt. Wir brauchen das lineare System nur zu lösen.

Ein *allgemeines Beispiel*:

Gegeben: $\vec{c}$: $c = 5.37$; $\gamma = 43.4°$ $\rightarrow \vec{c} = (3.89, 3.69)$

$\vec{a}$: $a = ?$; $\alpha = 10°$

$\vec{b}$: $b = ?$; $\beta = 110°$

Gesucht werden also die Vektorbeträge: $a = ?$ und $b = ?$

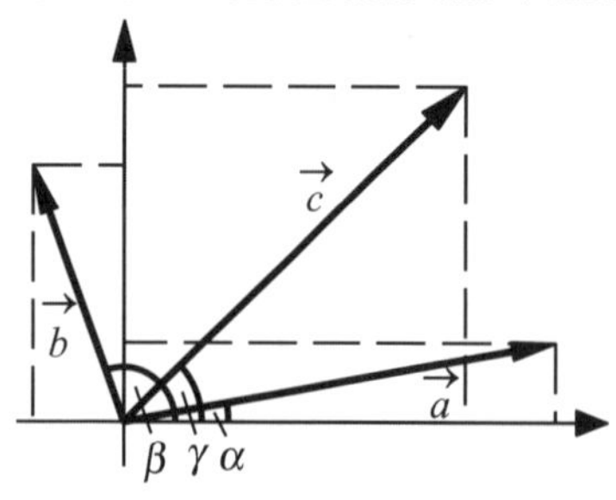

Das Gleichungssystem

$$a \cdot \cos(10°) + b \cdot \cos(110°) = 5.37 \cdot \cos(43.4°)$$
$$a \cdot \sin(10°) + b \cdot \sin(110°) = 5.37 \cdot \sin(43.4°)$$

Die Lösung ergibt: $a = 5.0$; $b = 3.0$

Wir bauen noch die Koordinatendarstellung zusammen

$$\vec{a} = 5.0 \cdot (\cos(10°), \sin(10°)) = (4.92, 0.87)$$
$$\vec{b} = 3.0 \cdot (\cos(110°), \sin(110°)) = (-1.03, 2.82)$$

Eine einfache Prüfung unserer Rechenkünste bietet sich an: $\vec{a} + \vec{b} = \vec{c}$?
$(4.92, 0.87) + (-1.03, 2.82) = (3.89, 3.69) = \vec{c}$ ...wie erwartet!

Knobelaufgabe
Versuchen Sie einmal mit obiger Methode den Vorhaltekurs in der Geschichte „Hafenansteuerung“ zu ermitteln. Sie werden einiges an Gelenkigkeit im Umgang mit Formeln brauchen und anschließend das „Hohe Lied“ der graphischen Methode singen.

Wir könnten nun munter mit Vektoren drauflos rechnen und den Abschnitt beschließen – wenn da nicht in den weiteren Abschnitten noch diese und jene theoretische *Formelherleitung* und praktische Notwendigkeit wäre. Wir kehren noch einmal zu der Darstellung von Einzelvektoren zurück.

Einheitsvektoren

Winkel sind unbeliebt, man hat stattdessen *Einheitsvektoren* kreiert. Es sind Vektoren mit der einheitlichen Länge 1 (daher der Name). Sie liefern somit nur eine Information über die *Richtung*. Der Einheitsvektor ist sozusagen eine „kartesische Winkelangabe“. Er bekommt ein eigenes Symbol $\vec{e}(\vec{v})$ (lies: „Einheitsvektor von $\vec{v}$“).
In Komponentenschreibweise lautet er:

$$\vec{e}(\vec{v}) = (e(\vec{v})_x, e(\vec{v})_y)$$
$$= (\cos(\varphi), \sin(\varphi))$$

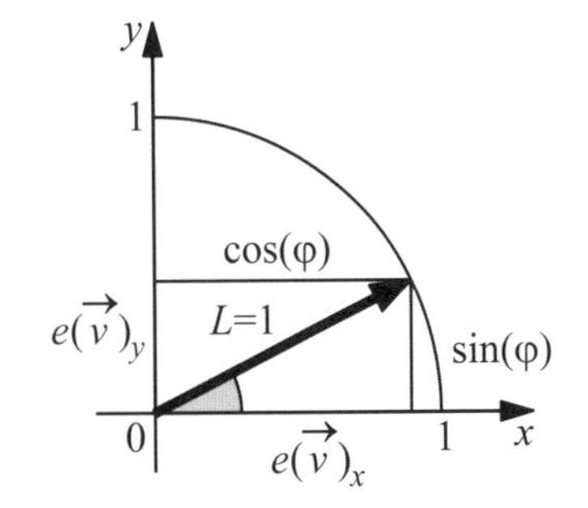

(Statt *Komponente* sagt man auch „Projektion auf die Achse“ oder „Richtungskosinus“.)

Auf rein vektoriellem Weg erhält man den Einheitsvektor eines Vektors $\vec{v}$, indem man ihn durch seine eigene Länge dividiert:

$$\vec{e}(\vec{v}) = \frac{\vec{v}}{|\vec{v}|} = \left(\frac{\overrightarrow{v_x}}{|\vec{v}|}, \frac{\overrightarrow{v_y}}{|\vec{v}|} \right)$$

(Man sagt, man habe den Vektor „normiert".)

Die *Division* geht hier in Ordnung. $|\vec{v}|$ ist ja ein Skalar und jede Division kann man als Multiplikation mit dem Kehrwert auffassen: $\frac{\vec{v}}{|\vec{v}|} = \vec{v} \cdot \frac{1}{|\vec{v}|}$.

Kurzschreibweise

Die Vektorrechnung ist häufig nur schwer les- und verstehbar: Sie ist in Stenografie geschrieben. Die Nützlichkeit dieser besonderen Kurzschrift wird einhellig von Mathematikern und Physikern beschworen. Wir werden also nicht darum herum kommen, uns damit zu beschäftigen.

Der Einheitsvektor

$\vec{v}$ ist das Kürzel für (v_x, v_y) oder im 3D-Fall (v_x, v_y, v_z)

$|\vec{v}|$ das Kürzel für $\sqrt{v_x{}^2 + v_y{}^2}$ oder $\sqrt{v_x{}^2 + v_y{}^2 + v_z{}^2}$.

Der Einheitsvektor von $\vec{v}$ hat das Kürzel $\vec{e}(\vec{v})$ bekommen und wird berechnet, indem man den Vektor durch seine eigene Länge dividiert:

$$\vec{e}(\vec{v}) = \frac{\vec{v}}{|\vec{v}|}$$

Es steht also als Kürzel (zur Erhöhung der dramatischen Wirkung) im 3D-Fall:

$$\vec{e}(\vec{v}) = \left(\frac{v_x}{\sqrt{v_x{}^2 + v_y{}^2 + v_z{}^2}}, \frac{v_y}{\sqrt{v_x{}^2 + v_y{}^2 + v_z{}^2}}, \frac{v_z}{\sqrt{v_x{}^2 + v_y{}^2 + v_z{}^2}} \right)$$

(Es werden nicht nur die Elemente, sondern auch die Operationen abgekürzt!)

Wenn man nichts weiter als einen Taschenrechner zur Verfügung hat, rechnet man am besten Stück für Stück.

Beispiel: $\vec{v} = (1, 2, 3)$

Die Länge von $\vec{v}$ ist: $|\vec{v}| = \sqrt{1^2 + 2^2 + 3^2} = 3.742$

Also ist der Einheitsvektor $\vec{e}(\vec{v})$ von $\vec{v}$:

$$\vec{e}(\vec{v}) = \left(\frac{1}{3.742}, \frac{2}{3.742}, \frac{3}{3.742} \right) = (0.2672, 0.5345, 0.8017)$$

Kontrolle: $\sqrt{0.2672^2 + 0.5345^2 + 0.8017^2} = 1$

Fazit:
Für theoretische Überlegungen, Herleitungen von Formeln etc. bringt die Kurzschreibweise Übersicht – praktische Berechnungen bleiben so lang und umständlich wie eh und je.

Einheitsvektorform eines Vektors

Nun können wir eine weitere Darstellungsart eines Vektors verstehen. Ein Vektor ist durch *seine* Länge und durch *seinen* Einheitsvektor festgelegt:

$$\vec{v} = L(\vec{v}) \cdot \vec{e}(\vec{v})$$

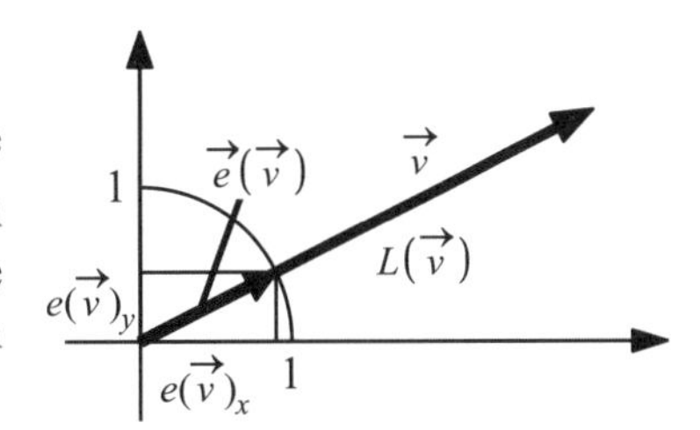

Die S-Multiplikation $L(\vec{v}) \cdot \vec{e}(\vec{v})$ macht die Normierung von $\vec{v}$ quasi rückgängig. Wenn man das Produkt ausmultipliziert, kommt die „normale" Komponentenversion wieder zum Vorschein.

Einheitsvektorkomponentenform

Spinnen wir das Garn noch etwas und führen eine spezielle Sorte Einheitsvektoren ein: Die Einheitsvektoren, die *in den Achsen* liegen.

- Einheitsvektor in der x-Achse: $\vec{e}(x) = (1, 0)$
- Einheitsvektor in der y-Achse: $\vec{e}(y) = (0, 1)$

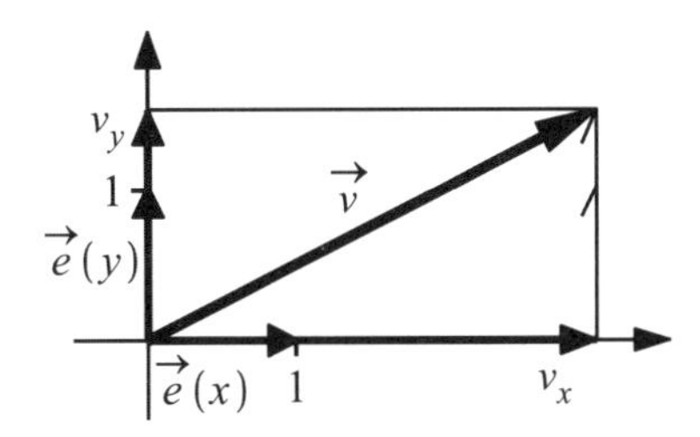

Damit kann ein Vektor $\vec{v}$ als Summe der S-Multiplikationen der gegebenen Komponenten v_x, v_y mit den entsprechenden Einheitsvektoren $\vec{e}(x)$, $\vec{e}(y)$ geschrieben werden:

$$\vec{v} = v_x \cdot \vec{e}(x) + v_y \cdot \vec{e}(y)$$

Im Bild sind drei Phasen zusammengefasst:

1. Bereitstellung der Zubehörteile $v_x,\ \vec{e}(x)\,;\ v_y,\ \vec{e}(y)$
2. Ermittlung der Vektorkomponenten $v_x\cdot\vec{e}(x)\,;\ v_y\cdot\vec{e}(y)$
3. Zusammenbau zum Vektor als Summe $\vec{v}=v_x\cdot\vec{e}(x)+v_y\cdot\vec{e}(y)$

Sie schütteln den Kopf und fragen sich/uns, was dieser Unsinn soll? Warten Sie ab! Diese etwas gesucht wirkende Darstellung wird sich bereits bei der Einführung und Herleitung der *Produktformeln* als überaus nützlich erweisen.

Als **Mustervektor** für Demozwecke nehmen wir: $\vec{v}=(v_x,v_y)=(3.0,1.5)$
mit $L(\vec{v})=\sqrt{3^2+1.5^2}=3.35$ und $\varphi=\arctan(1.5/3)=26.6°$

Der **Einheitsvektor** von $\vec{v}$ ist

$$\vec{e}(\vec{v})=\frac{\vec{v}}{|\vec{v}|}=\left(\frac{v_x}{|\vec{v}|},\frac{v_y}{|\vec{v}|}\right)=\left(\frac{3}{3.35},\frac{1.5}{3.35}\right)=(0.896,0.448)$$

Die Kontrolle ergibt: $L(\vec{e}(\vec{v}))=\sqrt{0.896^2+0.448^2}=1$

$e(\vec{v})_x=\cos(26.6°)=0.896\,;\ e(\vec{v})_y=\sin(26.6°)=0.448$ ...wie erwartet.

Die **Einheitsvektorform** des Vektors $\vec{v}$ lautet:
$\vec{v}=L(\vec{v})\cdot\vec{e}(\vec{v})=3.35\cdot(0.896,0.448)$
Kontrolle durch Ausmultiplizieren ergibt den Originalvektor:
$\vec{v}=(3.35\cdot 0.896,3.35\cdot 0.448)=(3.0,1.5)$

Die **Einheitsvektorkomponentenform** von $\vec{v}$ stellt sich wie folgt dar:
$\vec{v}=v_x\cdot\vec{e}(x)+v_y\cdot\vec{e}(y)=3.0\cdot\vec{e}(x)+1.5\cdot\vec{e}(y)$
Kontrolle: $\vec{v}=3.0\cdot(1,0)+1.5\cdot(0,1)=(3.0,1.5)$

Mit diesen Darstellungsformen der Vektoren kann man „regel(ge)recht" rechnen.

In der **Rückschau** ist die Entwicklung beängstigend. Die freie Schar der Vektoren wird erst in ein Koordinatensystem gezwängt, ein Häuptling ausgewählt, den man anschließend mit dem Fuß am Nullpunkt anbindet! Dann bekommt er einen Namen und einen anonymen Zahlencode! Und warum das alles? Nur um mit dem Vektorhaufen besser umgehen zu können!

Dieser Akt der *Abstraktion* hat natürlich den Vorteil, dass man nun *rechnen* kann – sogar beliebig genau. Man braucht kein Zeichenbrett mehr, nur noch Papier, Bleistift, den eigenen Kopf und/oder einen Taschenrechner.

Weiterer Vorteil: Das Modell ist mühelos *erweiterungsfähig*! Wir können die beengende Ebene verlassen und mit 3-, 4-, ... n-dimensionalen Vektoren rechnen! Die notwendigen Erweiterungen bereiten kein Kopfzerbrechen.

Beispiel: Die 3D-Version für räumliche Vektoren

Komponentendarstellung: $\vec{a} = \left(a_x, a_y, a_z\right)$

Einheitsvektor von $\vec{a}$: $\vec{e}(\vec{a}) = \left(e(\vec{a})_x, e(\vec{a})_y, e(\vec{a})_z\right)$

Einheitsvektoren in den Achsen: $\vec{e}(x) = (1,0,0)$, $\vec{e}(y) = (0,1,0)$, $\vec{e}(z) = (0,0,1)$ usw.

4.2 Mast legen (Kraftzerlegung)

Hein Mück hat im Frühjahr sein erstes Segelboot gekauft und eine spannende Saison versegelt. Nun ist es Herbst, das Boot soll „eingemottet" werden; der Mast muss gelegt werden! Kein Problem, schließlich ist der Mast im Fuß drehbar gelagert, wiegt nur 80 kg, von denen am Fuß und an der Spitze je 40 kg ankommen. Am Vortag wird ein Tampen befestigt, das Ende einmal um einen Poller auf dem Vorschiff gelegt und Hand über Hand lose gegeben.

Zu Anfang lässt sich die Sache auch gut an. Doch dann wird der Zug im Seil sehr schnell stärker – ist nicht mehr zu halten – der Mast kracht in die glücklicherweise vorbereitete Baumstütze!

Wir wollen einmal nachvollziehen, was passiert ist. Das Bild zeigt ein noch harmloses Zwischenstadium.

Die Maße: Vorlänge $V = 2$, Mastlänge $M = 8$, $\alpha = 40°$, $G = 40$ kg

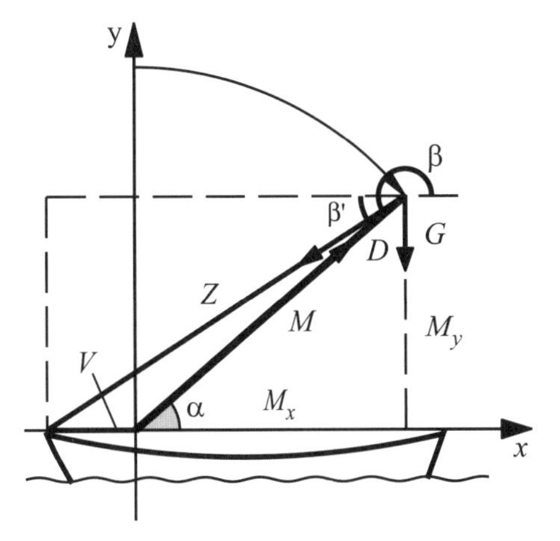

Wir bestimmen die Druckkraft D im Mast und die Zugkraft Z im Seil für den dargestellten Zustand.

1. Geometrie
Wir besorgen uns die fehlende Größe β.
Zuerst berechnen wir $\beta'(\alpha) \rightarrow \beta = 180° + \beta'$.

$$M_x = M \cdot \cos(\alpha)\,;\; M_y = M \cdot \sin(\alpha) \;\rightarrow\; \beta' = \arctan\left(\frac{M_y}{V + M_x}\right)$$

$$\beta(\alpha) = 180° + \arctan\left(\frac{M \cdot \sin(\alpha)}{V + M \cdot \cos(\alpha)}\right)$$

Mit den vorgegebenen Werten und $\alpha = 40°$ ergibt sich: $\beta = 212.4°$

2. Kräfte
Wir gehen zu Kräften über und machen uns die Gleichgewichtsbedingungen zunutze: $\Sigma V = 0\,, \Sigma H = 0$ ($\Sigma M = 0$ wird nicht gebraucht.)

Die Gleichgewichtbedingungen besagen: Wenn alle „V"ertikalen Kräfte, alle „H"orizontalen Kräfte und die Dreh„M"omente gleich Null sind, ist das ganze System in Ruhe, im Gleichgewicht.

Wir zerlegen **alle** Kräfte in ihre *x*-, *y*-Komponenten, stellen ein Gleichungssystem auf und lösen es nach *Z* und *D*.

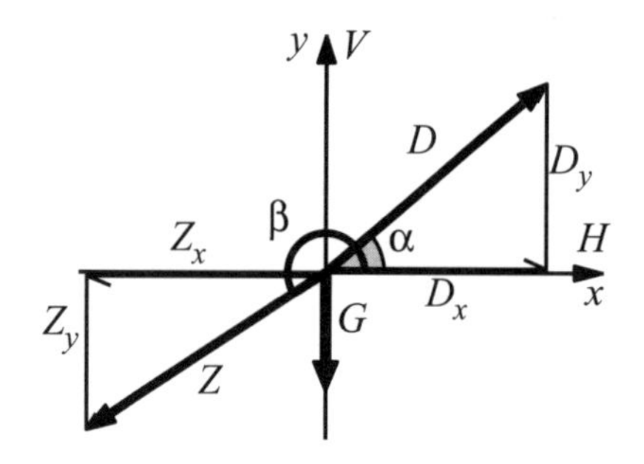

$$\Sigma V = \Sigma Y = 0 \quad \rightarrow \quad G + Z_y + D_y = 0$$

$$\Sigma H = \Sigma X = 0 \quad \rightarrow \quad Z_x + D_x = 0$$

Dem obigen Bild entnimmt man

$$Z_y = Z \cdot \sin(\beta)\,, \qquad Z_x = Z \cdot \cos(\beta)$$

$$D_y = D \cdot \sin(\alpha)\,, \qquad D_x = Z \cdot \cos(\alpha)$$

Einsetzen in die Gleichgewichtsbedingungen ergibt zwei Gleichungen mit den beiden Unbekannten *Z*, *D*:

(1) $G + Z \cdot \sin(\beta) + D \cdot \sin(\alpha) = 0$

(2) $\quad Z \cdot \cos(\beta) + D \cdot \cos(\alpha) = 0$

Wir setzen die konkreten Werte ein
$G = -40$ (Vorzeichen!); $\alpha = 40°$; $\beta = 212.4°$

(1) $-40 - 0.5346 \cdot Z + 0.6428 \cdot D = 0$

(2) $\quad -0.8451 \cdot Z + 0.7660 \cdot D = 0$

und bekommen die Ergebnisse
$Z = 229.1$; $D = 252.8$

Interessant ist das Verhalten der Kräfte bei Annäherung des Winkels α an 0°: Die Kräfte werden unendlich groß!

- Bei $\alpha = 10°$, $\beta = 188°$ sind Zug- und Druckkraft auf 1135 kg angewachsen!
- Bei $\alpha = 1°$, $\beta = 181°$ haben die Kräfte unhaltbare 11460 kg erreicht!

Kurz vor Erreichen von 0° zerbricht das als starr angenommene System, egal wie schwer der Mast ist – sagt die Theorie!

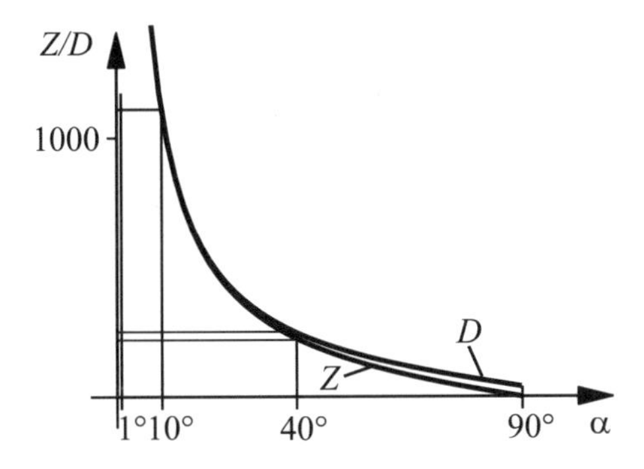

In der Praxis dehnen bzw. stauchen sich Seil und Mast, das System wird weich, die Last verteilt sich „irgendwie" auf beide Beteiligte – oder das Seil rutscht aus der Hand.

Für Ungeduldige, die nicht bis zum Kapitel 6 „Funktionen" warten können, die Herleitung der Funktionen, die im obigen Diagramm dargestellt sind:

Wir lösen Gleichung (2) auf nach *Z*: $Z = -\dfrac{D \cdot \cos(\alpha)}{\cos(\beta)}$.

Wie setzen *Z* in Gleichung (1) ein: $D = \dfrac{-Z \cdot \sin(\beta) - G}{\sin(\alpha)} = \dfrac{D \cdot \cos(\alpha) \cdot \sin(\beta)}{\cos(\beta) \cdot \sin(\alpha)} - \dfrac{G}{\sin(\alpha)}$

Wir lösen nach D auf, vereinfachen und bekommen die gesuchte Funktion $D(\alpha)$:

$$D = -\frac{G}{\sin(\alpha)\cdot\left(1-\cot(\alpha)\cdot\tan(\beta)\right)}$$

Auf dem gleichen Weg – auflösen von (2) nach D, einsetzen von D in (1) und auflösen nach Z – erhalten wir schließlich auch:

$$Z = -\frac{G}{\sin(\beta)\cdot\left(1-\cot(\beta)\cdot\tan(\alpha)\right)}$$

Da das oben ermittelte $\beta(\alpha) = 180° + \arctan\left(\frac{M\cdot\sin(\alpha)}{V + M\cos(\alpha)}\right)$ eine Funktion von α ist, haben wir automatisch auch $D(\alpha)$ und $Z(\alpha)$ und können die Funktionsgraphen zeichnen.

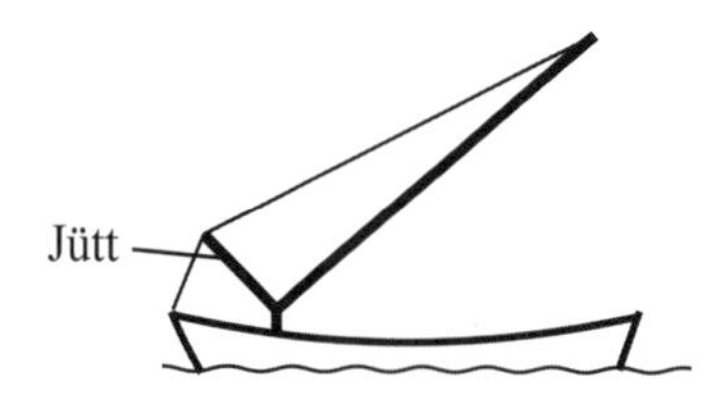

Bei diesem Stand der Dinge fiel Hein Mück ein Schuh am Mastfuß und eine passende, *nutzlos* herumliegende Spiere auf. Dieser „Jüttbaum“ wird beim Mastsetzen und -legen angeschlagen und verhindert, dass der Winkel zwischen Seil und Mast gleich Null wird – weiß er heute!

Auch bei Kranen aller Art sind häufig derartige „Sporne“ angebracht, um den Winkel zwischen Halteseil und Ausleger nicht Null werden zu lassen.

Produkte

... oder: Der Zweck heiligt die Mittel.

In der „Einführung“ hieß es, es gebe kein Vektorprodukt und nun kommen sie gleich im Doppelpack daher?! Um es noch mal klar zu sagen, es gibt kein Produkt zwischen zwei Vektoren der Art Vektor $\vec{a}$ ·Vektor $\vec{b}$ = Vektor $\vec{c}$. Wenn Ihnen im Laufe einer Bearbeitung so etwas wie $\vec{a}\cdot\vec{b}$ unterkommt oder unter dem Bruchstrich ein Vektor auftaucht, haben Sie etwas falsch gemacht.

Was wir gleich z.B. als *Skalar*- (Inneres, Punkt- oder dot-) Produkt definieren werden, trägt nur den Namen *Produkt*. Tatsächlich handelt es sich um ein Kürzel für eine Anweisung: „Nehme Vektor $\vec{a}$ und Vektor $\vec{b}$ und mache dies und das und jenes damit“.

Die Computerschreibweise lässt diesen Prozedurcharakter sichtbar werden: In der Literatur wird das Skalarprodukt $\vec{a}\cdot\vec{b}$ geschrieben, der Computer versteht nur „ $dotprod(\vec{a},\vec{b})$ “ – weitaus weniger irreführend und fehleranfällig.

4.3 Skalarprodukt

Der Satz „Die Physiker haben die Arbeit erfunden." ist so nicht richtig. Aber auch die Formulierung: „Die Physiker haben nicht grad die Arbeit erfunden" könnte bei falscher Betonung als rassistisch ausgelegt werden.

Tatsächlich haben die Physiker (nur) die Arbeit mess- und berechenbar gemacht: Arbeit = Kraft · Weg. Soweit Kraft und Weg in der gleichen Wirkungslinie liegen, ist das in Ordnung.

Wenn die beiden Vektoren jedoch in einem Winkel zueinander stehen, zählt nur der Kraftanteil in der Weglinie: Arbeit = Kraftanteil in Richtung Weg · Weg. Umgekehrt ist es auch richtig: Arbeit = Kraft · Weg in Kraftrichtung.

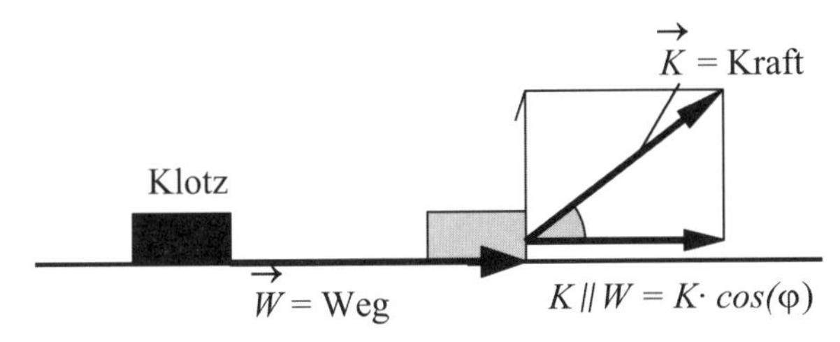

In Formeln: $A = K \cdot W \cdot \cos(\varphi)$. Wenn wir den vektoriellen Charakter von Kraft und Weg berücksichtigen wollen, muss es präziser heißen: $A = \left|\vec{K}\right| \cdot \left|\vec{W}\right| \cdot \cos(\varphi)$.

Damit wären wir eigentlich fertig, wenn da nicht die Physiker mit einem Anliegen bei den Mathematikern angeklopft hätten: „Da Kraft- und Weg-Vektoren normalerweise in Komponentenschreibweise vorlägen, störe (Sie ahnen es schon) der Winkel. Es wäre sehr hilfreich (bequem!), wenn man die Arbeit direkt aus den Komponenten berechnen könne!" „Nichts einfacher als das" – hieß es etwas großspurig. Herausgekommen ist das *Skalarprodukt*, so benannt, weil das Ergebnis ein *Skalar*, eine Zahl ist.

$$\vec{a} \cdot \vec{b} = \left|\vec{a}\right| \cdot \left|\vec{b}\right| \cdot \cos(\varphi) = a_x \cdot b_x + a_y \cdot b_y \qquad \text{(die 2D-Version)}$$

Mit $\vec{a} = (1,2)$ und $\vec{b} = (3,4)$ wird $\vec{a} \cdot \vec{b} = (1 \cdot 3 + 2 \cdot 4) = (3 + 8) = 11$

Das Skalarprodukt – nicht zu verwechseln mit der S(kalar)multiplikation aus der „Arithmetik" – hat sich als wertvolles mathematisches Instrument in vielen theoretischen und praktischen Bereichen herausgestellt. Es ist das bei weitem wichtigste Produkt, weil man damit (Längen von und) Winkel zwischen Vektoren berechnen kann. Wir werden ihm so häufig begegnen, dass es die Mühe der Herleitung und des Verstehens lohnt. Machen wir uns also an die Arbeit.

Wir gehen von der „cos(φ)“ -Version aus (s. oben):
$\vec{a} \cdot \vec{b} = |\vec{a}| \cdot |\vec{b}| \cdot \cos(\varphi)$.

Von diesem Skalarprodukt wissen wir:
Für $\varphi = 90°$ wird $\vec{a} \cdot \vec{b} = 0$ $(\cos(90) = 0)$

für $\varphi = 0°$ wird $\vec{a} \cdot \vec{b} = |\vec{a}| \cdot |\vec{b}| = a \cdot b$ $(\cos(0) = 1)$

Wir erinnern uns an die Einheitsvektoren. Das Skalarprodukt der Einheitsvektoren „in den x- und y-Achsen“ kennen wir:
$\vec{e}(x) \cdot \vec{e}(y) = \vec{e}(y) \cdot \vec{e}(x) = 0$, sie stehen senkrecht aufeinander ($\varphi = 90°$)
$\vec{e}(x) \cdot \vec{e}(x) = \vec{e}(y) \cdot \vec{e}(y) = 1$, sie sind parallel ($\varphi = 0°$)

Nun schreiben wir das Skalarprodukt in der „umständlichsten“ Vektorform, multiplizieren aus und berücksichtigen die Skalarprodukte der Einheitsvektoren (s. oben):

$$\vec{a} \cdot \vec{b} = (a_x \cdot \vec{e}(x) + a_y \cdot \vec{e}(y)) \cdot (b_x \cdot \vec{e}(x) + b_y \cdot \vec{e}(y))$$

$$\vec{a} \cdot \vec{b} = a_x \cdot b_x(\vec{e}(x) \cdot \vec{e}(x)) + a_x \cdot b_y(\vec{e}(x) \cdot \vec{e}(y)) + a_y \cdot b_x(\vec{e}(y) \cdot \vec{e}(x)) + a_y \cdot b_y(\vec{e}(y) \cdot \vec{e}(y))$$

$$\vec{a} \cdot \vec{b} = a_x \cdot b_x \cdot 1 \quad + a_x \cdot b_y \cdot 0 \quad + a_y \cdot b_x \cdot 0 + a_y \cdot b_y \cdot 1$$

Wir erhalten in Komponentendarstellung das übersichtliche Ergebnis:
$\vec{a} \cdot \vec{b} = a_x \cdot b_x + a_y \cdot b_y$

Nachlieferung, die 3D-Version: $\vec{a} \cdot \vec{b} = |\vec{a}| \cdot |\vec{b}| \cdot \cos(\varphi) = a_x b_x + a_y b_y + a_z b_z$.

Wir überzeugen uns mit einem Beispiel in 2D-Version, dass tatsächlich gilt:
$\vec{a} \cdot \vec{b} = |\vec{a}| \cdot |\vec{b}| \cdot \cos(\varphi) = a_x b_x + a_y b_y$

Mit $\vec{a} = (4.0, 1.5)$; $\vec{b} = (1.0, 2.0)$

$|\vec{a}| = 4.272$; $\alpha = 20.56°$; $|\vec{b}| = 2.236$; $\beta = 63.44°$

Der von ($\vec{a}$, $\vec{b}$) eingeschlossene Winkel lautet:
$\varphi = \beta - \alpha = 42.88° \rightarrow \cos(\varphi) = 0.733$

Also wird $SP_{trigo} = |\vec{a}| \cdot |\vec{b}| \cdot \cos(\varphi) = 4.272 \cdot 2.236 \cdot 0.733 = 7.00$

bzw. $SP_{vekt} = (4.0, 1.5) \cdot (1.0, 2.0) = 4.0 \cdot 1.0 + 1.5 \cdot 2.0 = 7.00$

Wir haben damit zwei Möglichkeiten, das Skalarprodukt (z.B. die Arbeit *A*) zu berechnen. Der Vorteil der vektoriellen Form ist halt, dass das Produkt allein aus den Komponenten der entsprechenden Vektoren errechnet werden kann.

Ein paar Anmerkungen und Rechenregeln:

$\vec{a}\cdot\vec{b}=\vec{b}\cdot\vec{a}$; (Die Reihenfolge ist gleichgültig.)

$\vec{a}\cdot(\vec{b}+\vec{c})=\vec{a}\cdot\vec{b}+\vec{a}\cdot\vec{c}$;

$s\cdot(\vec{a}\cdot\vec{b})=(s\cdot\vec{a})\cdot\vec{b}=\vec{a}\cdot(s\cdot\vec{b})$

Wichtig in verschiedenen Anwendungen wird die folgende Umkehrung. Aus „Für $\varphi=90°$ ist $\vec{a}\cdot\vec{b}=0$." folgt:

Ist ein Skalarprodukt gleich Null, stehen die beiden Vektoren senkrecht aufeinander (oder mind. ein Vektor ist gleich Null).

„Man kann mit dem Skalarprodukt (Längen von und) Winkel zwischen Vektoren berechnen" – hatten wir behauptet.

Mathematiker sagen gar, sie hätten durch die Einführung des Skalarprodukts überhaupt erst die Möglichkeit geschaffen, „Länge" und „Winkel" zu definieren!

Die Formelherleitung für die *Längenberechnung* eines Vektors $\vec{a}=(a_x,a_y)$ wirkt recht formal:

$$L=\sqrt{a_x{}^2+a_y{}^2}=\sqrt{a_xa_x+a_ya_y}=\sqrt{\vec{a}\cdot\vec{a}}$$

Für die Berechnung des *Winkels* zwischen zwei Vektoren brauchen wir nur eine Formelumstellung vorzunehmen:

$$\vec{a}\cdot\vec{b}=|\vec{a}|\cdot|\vec{b}|\cdot\cos(\varphi)\quad\rightarrow\quad\varphi=\arccos\left(\frac{\vec{a}\cdot\vec{b}}{|\vec{a}|\cdot|\vec{b}|}\right)$$

Bei der konkreten Berechnung muss man die Kurzschreibweise wieder in Langschrift rückübersetzen.

Hieraus wird in Komponentenschreibweise die Formel:

$$\varphi=\arccos\left(\frac{a_xb_x+a_yb_y+a_zb_z}{\sqrt{a_x{}^2+a_y{}^2+a_z{}^2}\cdot\sqrt{b_x{}^2+b_y{}^2+b_z{}^2}}\right)$$

Beispiel: $\vec{a} = (1, 2, 3),\ \vec{b} = (4, 5, 6)$

Der Zähler: $\vec{a} \cdot \vec{b} = 1 \cdot 4 + 2 \cdot 5 + 3 \cdot 6 = 32$

Der Nenner: $|\vec{a}| \cdot |\vec{b}| = \sqrt{1^2 + 2^2 + 3^2} \cdot \sqrt{4^2 + 5^2 + 6^2} = 32.84$

Also: $\varphi = \arccos\left(\dfrac{\vec{a} \cdot \vec{b}}{|\vec{a}| \cdot |\vec{b}|}\right) = \arccos\left(\dfrac{32}{32.84}\right) = \arccos(0.9744) = 12.9°$

Die Winkel eines Vektors zu den Achsen – *die Richtungswinkel* – bekommt man mit einem kleinen Trick: Man erfindet einen zweiten Vektor auf der jeweiligen Achse! Praktisch (bequem) sind dabei die Einheitsvektoren. Es liegt ja ganz sicher

- $\vec{e}(x) = (1, 0, 0)$ in der x-Achse
- $\vec{e}(y) = (0, 1, 0)$ in der y-Achse
- $\vec{e}(z) = (0, 0, 1)$ in der z-Achse.

Zu Beginn der Herleitung des Skalarprodukts $\vec{a} \cdot \vec{b} = |\vec{a}| \cdot |\vec{b}| \cdot \cos(\varphi)$ haben wir nur Längen und den Winkel zwischen den Längen benutzt – kein Koordinatensystem. Auch die anschließende Entwicklung ändert nichts daran – das Skalarprodukt ist *koordinatenunabhängig* – die Physiker wird's freuen.

Ein *Arbeitsbeispiel*
Gemäß Skizze wird ein Fahrzeug von einer Kraft verschoben.
$\vec{P} = (0, 1.5)$ (als Ortsvektor!); $\vec{S} = (3, 2)$

Wie groß ist die aufgewendete Arbeit?

$A = \vec{P} \cdot \vec{S} = (0 \cdot 3 + 1.5 \cdot 2) = 3$

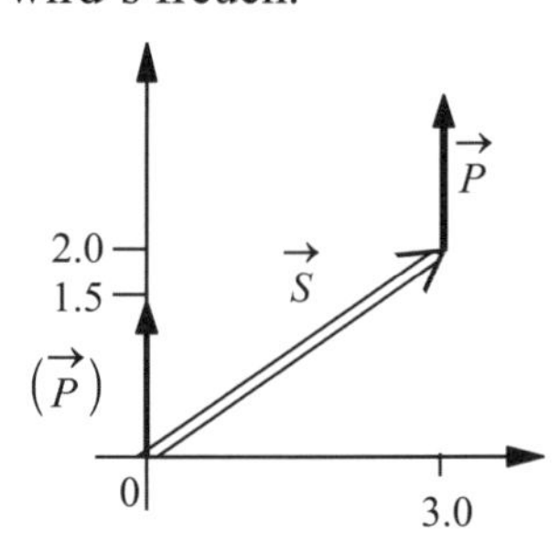

Etwas zum Nachdenken:

Was kann man aufgrund der folgenden Ergebnisse über den Winkel $\alpha = (\vec{a}, \vec{b})$ sagen?

a) $\vec{a} \cdot \vec{b} = 0$; b) $\vec{a} \cdot \vec{b} = |\vec{a}| \cdot |\vec{b}|$; c) $\vec{a} \cdot \vec{b} = \dfrac{|\vec{a}| \cdot |\vec{b}|}{2}$; d) $\vec{a} \cdot \vec{b} < 0$

4.4 Vektorprodukt

Nun betrachten wir das (weniger wichtige) Vektorprodukt (das es eigentlich nur in 3D gibt). Die Physiker waren hoch erfreut – und standen anderntags wieder in der Tür! „Das habe ja gut geklappt, ob sie wohl...? Es gäbe da eine weitere Größe, bei dessen Berechnung ein lästiger Winkel auftauche – die Drehwirkung. Sie hätten ihr den Namen Drehmoment gegeben: Drehmoment = Kraft · Hebelarm. Zugegebenermaßen keine glückliche Namensgebung, denn es hätte mit dem umgangssprachlichen „Einen Moment bitte" rein gar nichts zu tun. Soweit die Kraft rechtwinklig zum Hebelarm angreife, sei das einfach. Wenn Kraft und Hebelarm aber in einen Winkel zueinander stünden, müsse das Drehmoment nach der Formel $D = K \cdot H \cdot \sin(\varphi)$, genauer: $D = \left|\vec{K}\right| \cdot \left|\vec{H}\right| \cdot \sin(\varphi)$ berechnet werden. Ob man wohl...? – Ein paar kleine Zusatzschwierigkeiten seien allerdings noch dabei: Das Drehmoment sei weder ein richtungsloser Skalar, noch ein reinrassiger Vektor – es habe einen „Drehsinn" – linksherum oder rechtsherum! Und: Das Drehmoment habe eine Drehachse, die immer senkrecht auf der Ebene Kraft-Hebelarm stünde. Ob es trotzdem möglich wäre...?"

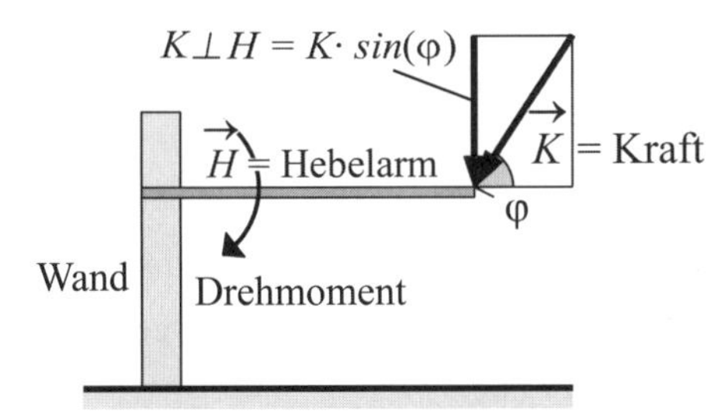

Es war möglich! – Kopfzerbrechen haben *Drehsinn* und *Drehachse* allerdings gemacht. Man hat dem Ergebnis der Produktentwicklung einen Vektor **zugewiesen**, der senkrecht auf der Ebene steht, in der die beiden „Produzenten" liegen.
Das Ganze hat man *Vektor*- (Äußeres, Kreuz- oder cross-) Produkt genannt – *Vektorprodukt*, weil das Ergebnis ein Vektor ist.

Für die 3D-Vektoren $\vec{a} = (a_x, a_y, a_z)$; $\vec{b} = (b_x, b_y, b_z)$ ist in Komponentendarstellung herausgekommen:

$$\vec{a} \times \vec{b} = (a_y b_z - a_z b_y, a_z b_x - a_x b_z, a_x b_y - a_y b_x)$$

Beispiel: Mit $\vec{a} = (1, 2, 3)$ und $\vec{b} = (4, 5, 6)$

wird $\vec{v} := \vec{a} \times \vec{b} = (2 \cdot 6 - 3 \cdot 5, 3 \cdot 4 - 1 \cdot 6, 1 \cdot 5 - 2 \cdot 4) = (-3, 6, -3)$

Die Kontrolle, ob $\vec{v}$ tatsächlich senkrecht auf $\vec{a}$ und $\vec{b}$ steht, kann nun mit dem Skalarprodukt bewerkstelligt werden – es muss ja gelten: $\vec{a}\cdot\vec{v}=\vec{b}\cdot\vec{v}=0$.

Die Rechnung funktioniert nur mit räumlichen Vektoren. 2D-Vektoren, die in der Papierebene liegen, müssen künstlich mit der Komponente $z=0$ zu 3D-Vektoren ergänzt werden!

$$\vec{a}\times\vec{b}=(a_x,a_y,0)\times(b_x,b_y,0)=(a_y\cdot 0-0\cdot b_y, 0\cdot b_x-a_x\cdot 0,, a_xb_y-a_yb_x)$$

$$\vec{a}\times\vec{b}=(0,0,a_xb_y-a_yb_x) \qquad \text{(die 2D-Version)}$$

Beispiel: Mit $\vec{a}=(4.0,1.5)=(4.0,1.5,0)$; $\vec{b}=(1.0,2.0)=(1.0,2.0,0)$
wird $\vec{v}=\vec{a}\times\vec{b}=(0,0,4.0\cdot 2.0-1.5\cdot 1.0)=(0,0,6.50)$

Die notwendige Erläuterung zu $\vec{v}$:

- Länge des Vektors → Größe des Drehmoments
- Vektorrichtung → senkrecht zu $\vec{a}$ und $\vec{b}$
- Drehung von $\vec{a}$ nach $\vec{b}$ im (mathematisch pos.) Gegenuhrzeigersinn → Vektor positiv (nach oben)
- Drehung von $\vec{a}$ nach $\vec{b}$ im (mathematisch neg.) Uhrzeigersinn → Vektor negativ (nach unten)

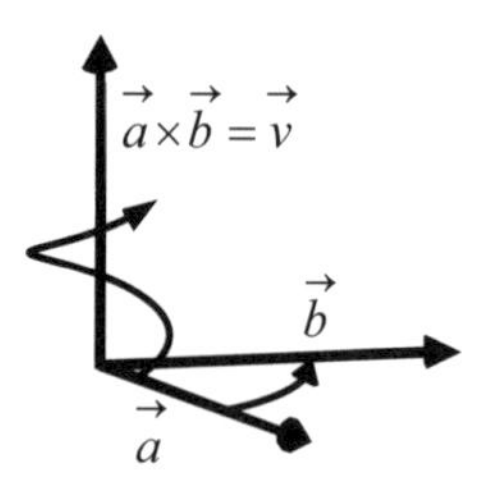

Anschaulicher: Die „Korkenzieherregel“
Dreht man den Korkenzieher im mathematisch positiven Gegenuhrzeigersinn von $\vec{a}$ nach $\vec{b}$, bewegt er sich in die positive Richtung nach oben und umgekehrt.

Die Herleitung, ob mit dem Konstrukt alle Physikerwünsche erfüllt sind, folgt ähnlichen Gedankengängen wie bei der Herleitung des Skalarprodukts. Sie ist doppelt so lang, dreimal so langweilig – wir schenken sie uns.

Anmerkungen und Regeln
Anders als bei Zahlen muss man auf die Reihenfolge der Produktvektoren aufpassen: Beim Vektorprodukt ist $\vec{a}\times\vec{b}=-(\vec{b}\times\vec{a})$.
(Drehrichtung anders herum → Ergebnisvektor in entgegengesetzter Richtung)

Klammerregeln:

$$\vec{a}\times(\vec{b}+\vec{c})=\vec{a}\times\vec{b}+\vec{a}\times\vec{c}\,;$$

$$s\cdot(\vec{a}\times\vec{b})=(s\cdot\vec{a})\times\vec{b}=\vec{a}\times(s\cdot\vec{b})$$

Wichtig ist wieder die Umkehrung. Aus „Für $\varphi = 0$ ist $\vec{a} \times \vec{b} = 0$“ folgt: Ist ein Vektorprodukt gleich Null, sind die beiden Vektoren parallel (oder mindestens ein Vektor ist gleich Null).

Das Vektorprodukt steht senkrecht auf der Ebene, die von $\vec{a}$ und $\vec{b}$ aufgespannt wird. Diese Eigenschaft kann benutzt werden, wenn man einen Vektor benötigt, der senkrecht auf einer Ebene stehen *soll*: Einfach das Kreuzprodukt aus zwei Vektoren bilden, die in der Ebene liegen!

Das Vektorprodukt ist ebenfalls *koordinatenunabhängig*.

Bei all dem Formelgeklingel um das Kreuzprodukt sollte man seine Herkunft nicht vergessen. Es gilt weiterhin, der Betrag, die Pfeillänge, ist:

$$\left|\vec{a} \times \vec{b}\right| = |\vec{a}| \cdot \left|\vec{b}\right| \cdot \sin(\varphi)$$

(Geometrische) Beobachtung am Rande:

$|\vec{a}| \cdot \left|\vec{b}\right| \cdot \sin(\varphi)$ ist zufälligerweise der Flächeninhalt des Parallelogramms, das von den beiden Vektoren „aufgespannt“ wird.

$$\text{F} = \text{Grundlinie} \cdot \text{Höhe} = |\vec{a}| \cdot \left|\vec{b}\right| \cdot \sin(\varphi)$$

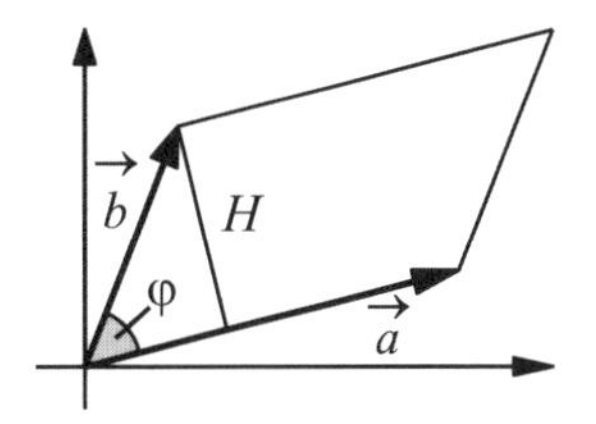

Eine gute Nachricht: Mehrfachprodukte in der Form $\vec{a} \cdot \vec{b} \cdot \vec{c}$ gibt es nicht. In mathematischen Herleitungen tauchen durchaus Ausdrücke wie $(\vec{a} \cdot \vec{b}) \cdot \vec{c}$ auf. Das geht auch in Ordnung. Die Klammer ergibt einen Skalar, an der weiteren Rechnung – Skalar mal Vektor $\vec{c}$ – ist nichts zu beanstanden.

Eine gewisse Bedeutung hat das gemischte *Spatprodukt*: $\vec{a} \cdot (\vec{b} \times \vec{c})$. Es lässt sich geometrisch interpretieren und zur Volumenberechnung eines Spates benutzen. Man kann dann damit testen, ob drei Vektoren ein Spat (Parallelepiped, schief gedrückter Schuhkarton) aufspannen oder in einer Ebene liegen (Spatvolumen gleich Null).

Auch gibt es nützliche *Identitäten*, z.B. den *Entwicklungssatz*:

$$(\vec{a} \times \vec{b}) \times \vec{c} = (\vec{a} \cdot \vec{c}) \cdot \vec{b} - (\vec{b} \cdot \vec{c}) \cdot \vec{a}$$

und, und, und. Bei passender Gelegenheit kommen wir darauf zurück.

Ergänzende Bemerkung:
Die beiden Produktbildungen sind nicht definitionsgemäß gegeben, sondern entspringen einem praktischen Bedürfnis und haben sich bei vielen mathematischen Fragestellungen bewährt.

Wir hätten auch aus unseren Zahlenpaaren ein Produkt wie folgt bilden können:

$$\vec{a} \cdot \vec{b} = \left(a_x b_x - a_y b_y, a_x b_y + a_y b_x\right)$$

Wir wären damit fast bei den komplexen Zahlen gelandet. Diese Produktbildung ist in der Physik aber weniger hilfreich.

Ein *Drehmomenten-Beispiel*
Wie groß ist das Drehmoment an der Tretkurbel bei den skizzierten Verhältnissen.

$\vec{P} = (0, -1, 0)$ (als Ortsvektor!); $\vec{H} = (-3, 2, 0)$;

$\vec{M} = \vec{P} \times \vec{H} = (0, 0, 3)$

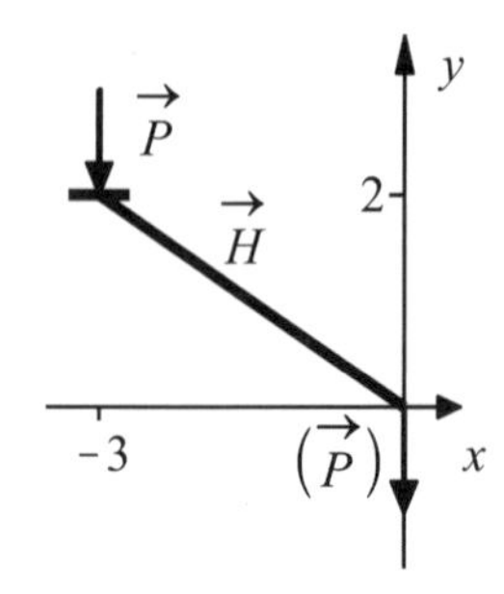

Zum Schluss: Es seien $\vec{a} = 2e_x$, $\vec{b} = 4e_y$ und $\vec{c} = -3e_z$.
Berechnen Sie (im/mit Kopf):
a) $\vec{a} \times \vec{b}$; b) $\vec{a} \times \vec{c}$; c) $\vec{c} \times \vec{a}$; d) $\vec{b} \times \vec{c}$; e) $\vec{b} \times \vec{b}$; f) $\vec{c} \times \vec{b}$

4.5 Nützliches

Im Folgenden sind ein paar Dinge zusammengestellt, die uns immer wieder begegnen werden. Wir nutzen gewissermaßen die **Eigenschaften der Begriffe** Subtraktion, Vektor-, Skalarprodukt etc.

1. Subtraktion: Verschiebung oder Abstand?

a) Die Verschiebung eines „freien" Vektors
Zur Erinnerung: *Rechen- und Produktregeln gelten nur für (gebundene) Ortsvektoren.* Einen „freien" Vektor müssen wir erst *berechenbar* machen.

Gegeben sind die beiden Punkte A und B. Wir fassen $A \to B$ als „freien" Vektor auf, verschieben ihn in zwei Schritten so, dass der Fußpunkt im Nullpunkt landet; wir haben dann einen *Ortsvektor*, mit dem wir rechnen können.

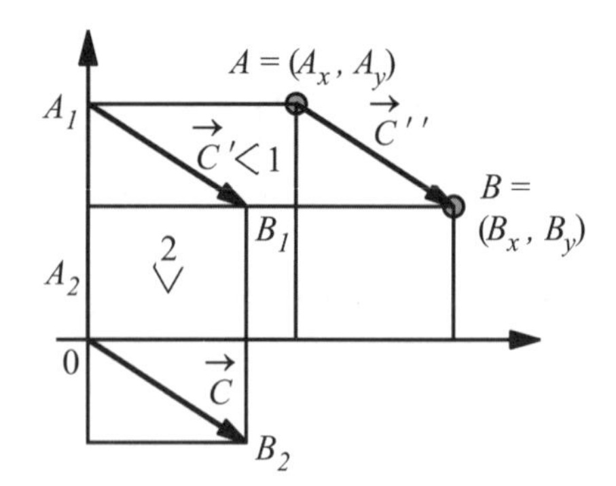

(1) Horizontaler Schritt: $\vec{C}'' \to \vec{C}'$

$A_1 = (A_x - A_x, A_y)$;

$B_1 = (B_x - A_x, B_y)$.

(2) Vertikaler Schritt: $\vec{C}' \to \vec{C}$

$$A_2 = (A_x - A_x, A_y - A_y);$$

$$B_2 = (B_x - A_x, B_y - A_y).$$

$$\vec{C} = \left(B_x - A_x, B_y - A_y\right) \to \textbf{Ortsvektor!}$$

Kurzfassung: $\vec{C} = \vec{B} - \vec{A}$.

Beispiel: Mit $\vec{A} = (2.1, 2.3)$; $\vec{B} = (3.7, 1.3)$
wird $\vec{C} = \vec{B} - \vec{A} = (1.6, -1.0)$.

Wichtig dabei ist der dynamische Aspekt: Die Subtraktion kommt einer Verschiebung gleich. Durch die Subtraktion wird aus dem „freien" Vektor ein „richtiger" Ortsvektor, mit dem wir nun rechnen können.

b) Der Abstand zweier Punkte bzw. Vektorenspitzen

Wir fassen jetzt $\vec{A}$ und $\vec{B}$ als Endpunkte zweier Ortsvektoren auf und schreiben die Gleichung: $\vec{A} + \vec{C} = \vec{B}$; gesucht ist das $\vec{C}$, das die Gleichung erfüllt.

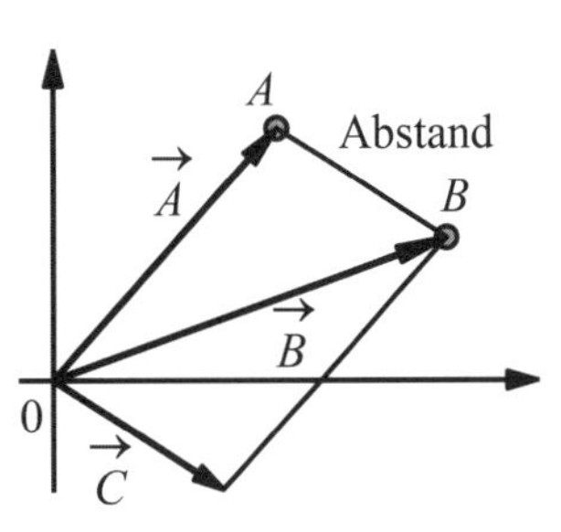

Wir finden in dieser mehr statischen Betrachtungsweise $\vec{C} = \vec{B} - \vec{A}$ und berechnen die Länge von $\vec{C}$, den Abstand von $\vec{A}$ und $\vec{B}$.

Kurzfassung: Abstand $= \left|\vec{C}\right| = \left|\vec{B} - \vec{A}\right|$

Die Rechnung mit	$\vec{A} = (2.1, 2.3)$, $\vec{B} = (3.7, 1.3)$
ergibt	$\vec{C} = \vec{B} - \vec{A} = (1.6, -1.0)$
bzw.	$Abstand = \left|\vec{B} - \vec{A}\right| = 1.887$

2. Flächenberechnung mit dem Vektorprodukt

a) Das Parallelogramm

Eine Rückbesinnung auf längst vergangene Unterrichtsstunden in elementarer Flächenberechnung ergibt: Von einem Parallelogramm sind gegeben Grund- und Seitenlänge g und s sowie der eingeschlossene Winkel φ: Berechne den Flächeninhalt.

Fläche = Grundlinie · Höhe; Höhe = Seitenlänge · sin(φ).

Wir bringen das ein wenig in Form(el): $F = g \cdot s \cdot \sin(\varphi)$.

Wenn wir schreiben $F = |g| \cdot |s| \cdot \sin(\varphi)$, sollte uns die Ähnlichkeit mit dem Vektorprodukt auffallen! Tatsächlich kann man das Vektorprodukt geometrisch als Flächeninhalt des Parallelogramms deuten, das durch die beiden Vektoren $\vec{g}$ und $\vec{s}$ „aufgespannt" wird.

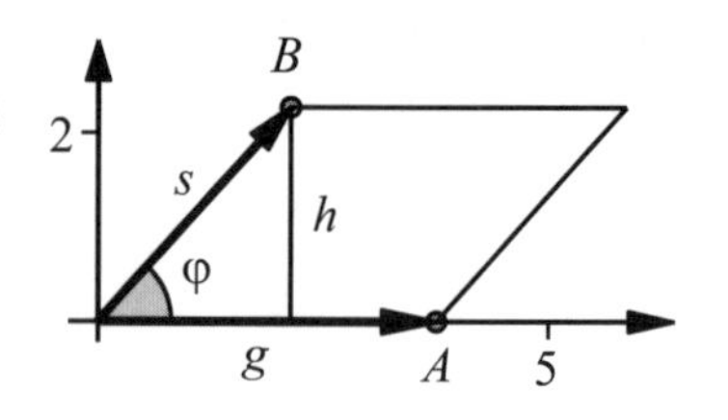

Ein Beispiel (Zur Abwechslung und Gewöhnung in Computerschreibweise):

$$\vec{A} = (3.7, 0, 0),\ \vec{B} = (2.1, 2.3, 0)$$

$$\vec{F} = \text{crossprod}(\vec{A}, \vec{B}) = (0, 0, 8.51),$$

$$F = \text{norm}(\vec{F}) = 8.51\,.$$

(Verkürzte) Kontrolle nach althergebrachter Art:

$$g = \text{norm}(\vec{A}) = 3.70\,;\ s = \text{norm}(\vec{B}) = 3.12\,,$$

$$\varphi = \text{angle}(\vec{A}, \vec{B}) = 47.6°\,;\ h = s \cdot \sin(\varphi) = 2.30\,,$$

$$F = g \cdot h = 8.51$$

Das funktioniert auch mit einem Parallelogramm, das aus der x-Achse gedreht ist und mit 3D-Vektoren im Raum; wir wollen uns aber die umständliche Kontrolle ersparen.

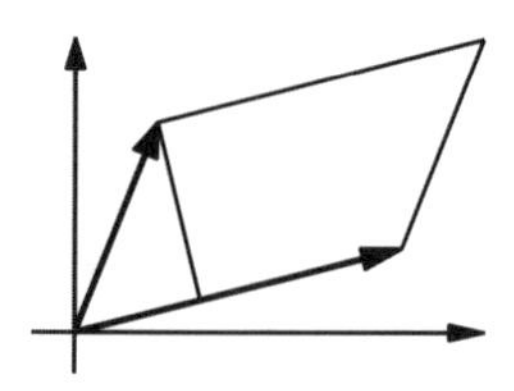

b) Das Dreieck

Die Bestimmung der Flächeninhalte von Dreiecken ist eine häufig auftretende Aufgabe. Jede beliebige Fläche lässt sich nämlich mit eingeschriebenen Dreiecken füllen (triangulieren). Bei krummlinig begrenzten Flächen muss man die Dreiecke nur hinreichend klein machen. Den Inhalt der Fläche kann man durch Aufsummieren der eingeschriebenen Dreiecksflächen berechnen bzw. annähern.

Wenn wir das Produkt bzw. Parallelogramm halbieren, erhalten wir den Flächeninhalt des Dreiecks, das durch die drei Punkte 0, A und B gegeben ist. Ein „freies" Dreieck müssen wir erst verschieben (subtrahieren), sodass eine Ecke im Nullpunkt landet und damit zwei rechenbare Vektoren übrig bleiben.

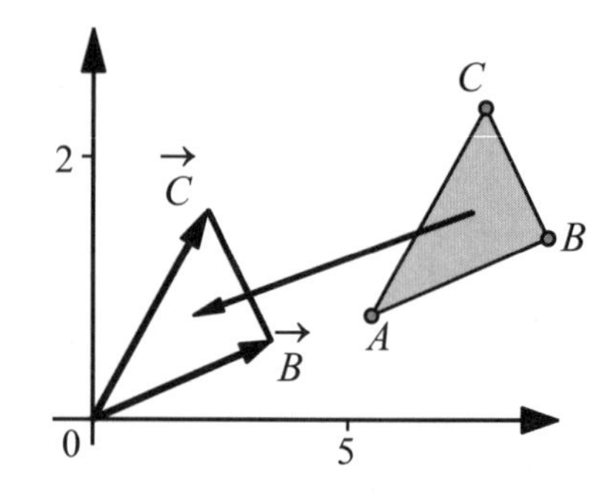

Beispiel:

Mit $\vec{A}=(2.2, 0.8, 0)$, $\vec{B}=(3.6, 1.4, 0)$, $\vec{C}=(3.1, 2.4, 0)$

wird $\vec{F}=\text{crossprod}(\vec{B}-\vec{A}, \vec{C}-\vec{A})/2=(0, 0, 0.85)$

bzw. $F=\text{norm}(\vec{F})=0.85$

3. Vektorzerlegung mit dem Skalarprodukt

Beschrieben wird die Projektion $\vec{b}_a$ eines Vektors $\vec{b}$ auf einen Vektor $\vec{a}$. Man sagt auch: $\vec{b}$ -Anteil parallel zu $\vec{a}$ oder / Komponente von $\vec{b}$ in Richtung $\vec{a}$.

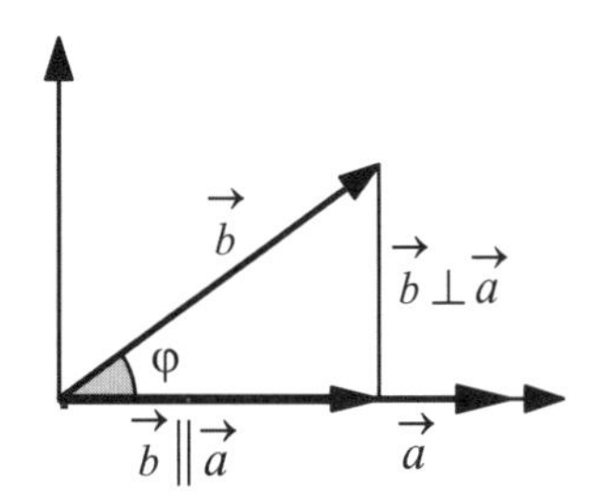

Gegeben: $\vec{a}$ und $\vec{b}$. Gesucht: $\vec{b}_a=\vec{b} \parallel \vec{a}$.

Diese Aufgabe ist uns bereits im Abschnitt „Produkte" begegnet. Für die Ermittlung der physikalischen Arbeit benötigten wir den Kraftanteil in Richtung Weg.

Wir rufen uns ins Gedächtnis:

$\vec{a}\cdot\vec{b}=|\vec{a}|\cdot|\vec{b}|\cdot\cos(\varphi) \rightarrow \dfrac{\vec{a}\cdot\vec{b}}{|\vec{a}|}=|\vec{b}|\cdot\cos(\varphi)$

und stellen weiter fest $|\vec{b} \parallel \vec{a}|=|\vec{b}_a|=|\vec{b}|\cdot\cos(\varphi)$ (Trigonometrie),

was eingesetzt ergibt $|\vec{b}_a|=\dfrac{\vec{a}\cdot\vec{b}}{|\vec{a}|}$ (Betrag von $\vec{b}_a$).

Die Richtungen von $\vec{b}_a$ und $\vec{a}$ sind gleich $\vec{e}_a=\dfrac{\vec{a}}{|\vec{a}|}$ (Richtung von $\vec{b}_a$).

Damit haben wir Betrag und Richtung $\vec{b}_a=|\vec{b}_a|\cdot\vec{e}_a \rightarrow \vec{b}_a=\dfrac{\vec{a}\cdot\vec{b}}{|\vec{a}|}\cdot\dfrac{\vec{a}}{|\vec{a}|}$.

Etwas umgestellt wird daraus $\vec{b}_a=\dfrac{\vec{a}\cdot\vec{b}}{|\vec{a}|^2}\cdot\vec{a}$.

Beispiel: $\vec{a} = (3.5, 0)$, $\vec{b} = (2.1, 1.5)$

$$\vec{b} \parallel \vec{a} = \left(\frac{\text{dotprod}\,(\vec{a}, \vec{b})}{\text{norm}\,(\vec{a})^2} \right) \cdot \vec{a} = (2.11, 0).$$

Braucht man jetzt noch z.B. für die Berechnung des Drehmoments den Anteil von $\vec{b}$ senkrecht zu $\vec{a}$, subtrahiert man einfach (vektoriell): $\vec{b} \perp \vec{a} = \vec{b} - \vec{b} \parallel \vec{a}$.

Natürlich funktioniert das auch mit Vektoren in allgemeiner Lage (wir sind ja koordinatenunabhängig!) und mit 3D-Vektoren.

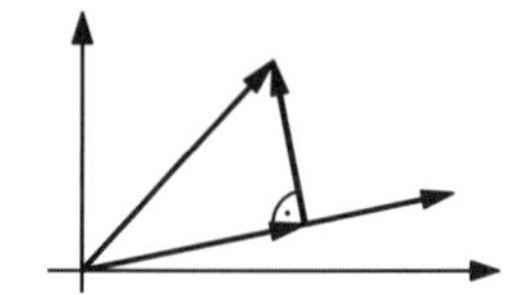

4.6 Geraden und Ebenen (Geometrie – Algebra)

Geraden und Ebenen kann man durch verschiedenste Formeln darstellen. Die für Physik und Technik wichtigste ist die *Parameterform*, weshalb wir auch unser Hauptaugenmerk auf sie richten werden.

Eine *Gerade* ist festgelegt durch einen Punkt und eine Richtung oder durch zwei Punkte.

Eine *Ebene* ist bestimmt durch einen Punkt und zwei Richtungen oder durch drei Punkte.

Ein Tisch mit drei Beinen wackelt nie, ein Tisch mit vier Beinen immer. Ein Tisch mit fünf und mehr Beinen wackelt nicht mehr als ein Tisch mit vier Beinen.

Zu erwähnen ist noch die *Normalenversion* einer Ebene: Eine Ebene wird bestimmt durch einen Punkt und einen Vektor, der senkrecht zur Ebene steht – ein Stehtisch. Eine Stehtischplatte ist rechtwinklig auf einem einzigen Tischbein montiert. Die Platte (Ebene) ist festgelegt durch die Lage des Befestigungspunktes von Tischbein und Platte im Raum und die Neigung des Tischbeins. Die Normalenform wird hauptsächlich zur Herleitung von Formeln benutzt.

Die Darstellungsart der Vektorrechnung hat in der Schule Teile der Analytischen Geometrie erobert und es könnte dort der Eindruck entstehen: Vektorrechnung ist gleich Analytische Geometrie. Dem ist natürlich nicht so! Die Einführung der Vektoren hat dort im Prinzip zwar keine Erkenntnisse mit sich gebracht, die mit den althergebrachten Methoden nicht schon entwickelt worden wären. Wenn man die Kurzformen der Vektorgleichungen für die konkrete Lösung einer Aufgabe wieder in die Langform zerlegen muss, tauchen häufig die alten analytischen Formeln wieder auf.

Die eigentliche Stärke der neuen Sichtweise zeigt sich erst in den Vektorfunktionen und -feldern und in der Anwendung der Infinitesimalrechnung darauf. Wir wollen die folgenden Beispiele also mehr als Demonstration auffassen, wie universell einsetzbar unser Vektorkalkül ist.

Eine Gerade

1. Die Punkt-Richtungsform

Wir beschaffen uns als Erstes eine vektorielle Darstellung einer Geraden: Die gängigste Art ist die Punkt-Richtungsform. Wir brauchen dafür einen Ansatzpunkt – dargestellt als Ortsvektor $\vec{A}$ – einen Richtungsvektor $\vec{R}$ und einen Laufparameter p. Der Parameter soll die reellen Zahlen der Zahlengerade durchlaufen.

Die parametrische (explizite) Geradenformel sieht so aus: $\vec{G} = \vec{A} + p \cdot \vec{R}$

2D: $\vec{G}(p) = (A_x, A_y) + p \cdot (R_x, R_y)$;

3D: $\vec{G}(p) = (A_x, A_y, A_z) + p \cdot (R_x, R_y, R_z)$

Das folgende Bild zeigt, wie die Punkte der Geraden erzeugt werden, man muss die Formel regelrecht lesen: „Man nehme einen Vektor $\vec{A}$ und füge p-mal den Richtungsvektor $\vec{R}$ an.“

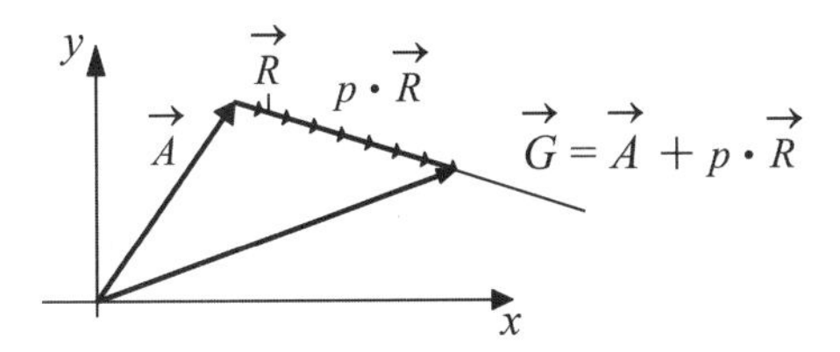

Wir halten uns wegen der besseren Darstellbarkeit vorerst wieder in der Ebene auf. Alles Gesagte ist aber ohne Weiteres in den 3D-Raum übertragbar – man muss nur 3D-Vektoren verwenden.

2. Die Punkt-Punkt-Form

Diese Form können wir im Vorübergehen erledigen – wir führen sie gewissermaßen auf die Punkt-Richtungsform zurück.

a) Von den zwei gegebenen Punkten $\vec{P_1}$ und $\vec{P_2}$, durch die unsere Gerade laufen soll, erwählen wie einen zum Ansatzpunkt: $\vec{P_1} = \vec{A}$.

b) Der Differenzvektor $\vec{P_2} - \vec{P_1}$ liegt wunschgemäß auf der Geraden – wir können ihn bedenkenlos als Richtungsvektor nehmen: $\vec{P_2} - \vec{P_1} = \vec{R}$.

Damit haben wir die Punkt-Punkt-Gleichung einer Geraden:

$$\vec{G} = \vec{A} + p \cdot \vec{R} = \vec{P}_1 + p \cdot (\vec{P}_2 - \vec{P}_1)$$

Mit den Formeln kann man Geradenpunkte erzeugen oder prüfen, ob ein gegebener Punkt auf der Geraden liegt.

Einen Geradenpunkt bzw. den entsprechenden Ortsvektor $\vec{Q}$ bekommt man, indem man ein p in die Formel einsetzt:

Ein 2D-Beispiel: $\vec{G} = \vec{A} + p \cdot \vec{R}$ mit $\vec{A} = (1.0, 0.5)$; $\vec{R} = (1.0, -0.2)$

Für $p_1 = 0.8$ wird $\vec{Q} = (1.0, 0.5) + 0.8 \cdot (1.0, -0.2) = (1.80, 0.34)$.

Ob ein gegebener Punkt ein Geradenpunkt $\vec{Q}$ ist, prüft man durch Einsetzen der Punktwerte in die Gleichung:

$$\vec{G} = \vec{A} + p \cdot \vec{R} \;\rightarrow\; \vec{Q} = (Q_x, Q_y) = (A_x, A_y) + p \cdot (R_x, R_y)$$

Wie aber soll man die Gleichung auflösen, worin soll die Prüfung bestehen? Es bleibt – wieder einmal – nur übrig, die Gleichung in die Komponenten zu zerlegen. Die Prüfung besteht dann darin, nachzuschauen, ob aus beiden Gleichungen das gleiche p herauskommt.

$$Q_x = A_x + p_x \cdot R_x \quad \rightarrow \quad p_x = (Q_x - A_x) / R_x$$
$$Q_y = A_y + p_y \cdot R_y \quad \rightarrow \quad p_y = (Q_y - A_y) / R_y$$

Das 2D-Beispiel: $\vec{G} = \vec{A} + p \cdot \vec{R}$ mit $\vec{A} = (1.0, 0.5)$; $\vec{R} = (1.0, -0.2)$

Der Prüfling: $\vec{Q} = (Q_x, Q_y) = (1.80, 0.34)$;

Die Prüfung: Ist $p_x = p_y$?

$$p_x = (Q_x - A_x) / R_x = (1.80 - 1.0) / 1.0 = 0.80\,;$$
$$p_y = (Q_y - A_y) / R_y = (0.34 - 0.5) / (-0.2) = 0.80\,.$$

Viel mehr können wir mit einer Geraden nicht anfangen.

Gerade und Punkt

Wir nehmen als nächsten Mitspieler einen Punkt $\vec{P}$ dazu und berechnen den Abstand d des Punktes von der Geraden $\vec{G} = \vec{A} + p \cdot \vec{R}$.

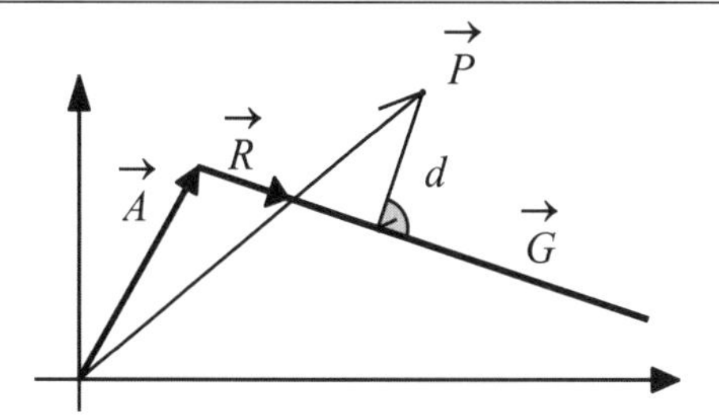

a) Wir verschieben (subtrahieren!) das ganze Gebilde so, dass $\vec{A}$ im Nullpunkt landet: $\vec{A}$ ist $\vec{0}$. Die Gerade geht durch den Nullpunkt und aus $\vec{P}$ ist $\vec{P}' = \vec{P} - \vec{A}$ geworden.

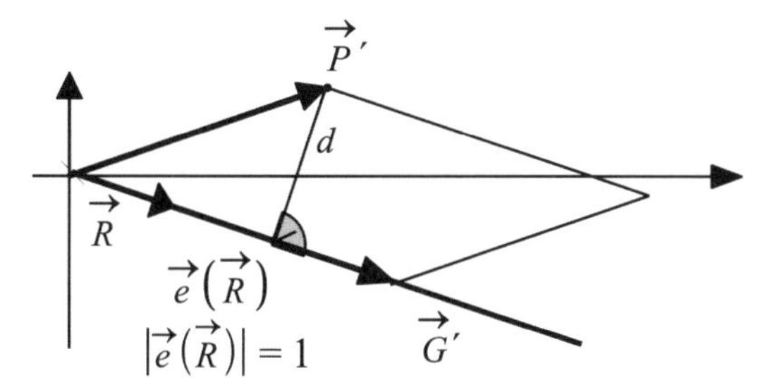

b) Wir ermitteln den Einheitsvektor $\vec{e}(\vec{R})$ des Richtungsvektors $\vec{R}$ und fügen ihn ins Bild: $\vec{e}(\vec{R}) = \frac{\vec{R}}{|\vec{R}|}$

c) Nun berechnen wir den Flächeninhalt des Parallelogramms, das durch $\vec{e}(\vec{R})$ und $\vec{P}'$ aufgespannt wird, auf zwei Arten:

$F = \text{Grundlinie} \cdot \text{Höhe} = \left|\vec{e}(\vec{R}) \cdot d\right| = 1 \cdot d = d$

$F = \text{Vektorprodukt} = \left|\vec{e}(\vec{R}) \times \vec{P}'\right|$,

und setzen gleich, dann gilt: $d = \left|\vec{e}(\vec{R}) \times \vec{P}'\right|$.

d) Wir setzen die oben ermittelten Teile wieder ein und erhalten:

$$d = \frac{\left|\vec{R} \times (\vec{P} - \vec{A})\right|}{\left|\vec{R}\right|} = \left|\frac{\vec{R}}{\left|\vec{R}\right|} \times (\vec{P} - \vec{A})\right|$$

Die Formel ist auch im 3D-Fall gültig!

Ein *2D-Beispiel* (mit 3-er Vektoren wegen des Kreuzprodukts!): $\vec{G} = \vec{A} + p \cdot \vec{R}$

mit $\vec{A} = (0.4, 0.7, 0)$; $\vec{R} = (0.3, 0.1, 0)$

und $\vec{P} = (1.15, 0.95, 0)$

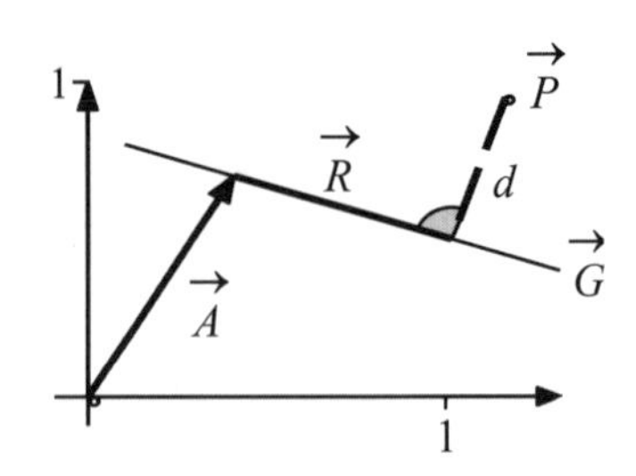

Die Vektoren kann man jetzt in die Formel einsetzen und rechnen. Muss man zu Fuß rechnen, bleibt nur stückweises Vorgehen: von „innen nach außen".

1. $\left|\vec{R}\right| = 0.316$
2. $\frac{\vec{R}}{\left|\vec{R}\right|} = \left(\frac{R_x}{\left|\vec{R}\right|}, \frac{R_y}{\left|\vec{R}\right|}, 0 \right) = (0.949, \; -0.316, \; 0)$
3. $\vec{P} - \vec{A} = (0.75, 0.25, 0)$
4. Vektorprodukt: $(0.949, -0.316, 0) \times (0.75, 0.25, 0) = (0, 0, 0.474)$
5. Endlich: $d = \left|(0, 0, 0.474)\right| = 0.474$ ... mühselig!

Interessanter als die ganze Rechnerei ist die Darstellung der Formel in Computersprache.

Die Vor- und Eingaben:

```
> G:=A+p*R: A:=[0.4,0.7,0]: R:=[0.3,-0.1,0]:
> P:=[1.15,0.95,0]:
```

Die Berechnung am Stück:

```
> d:=norm(crossprod(R/norm(R),P-A));
```

d := 0.4744

Zwei Geraden

Wir legen uns eine zweite Gerade zu. Zwei Geraden können verschiedene Lagen zueinander haben. Sie können parallel verlaufen, zusammenfallen, sich schneiden und im 3D-Raum windschief zueinander sein. Wir wollen ein paar Überlegungen anstellen, wie man rechnerisch die Lage der Geraden zueinander testen kann. Die beiden Geraden $\vec{G}_1 = \vec{A}_1 + p_1 \cdot \vec{R}_1$, bzw. $\vec{G}_2 = \vec{A}_2 + p_2 \cdot \vec{R}_2$ sind bestimmt durch ihre Ansatzpunkte (AP) $\vec{A}_1$, $\vec{A}_2$ und Richtungsvektoren (RV) $\vec{R}_1$, $\vec{R}_2$.

a) Zwei parallele Geraden erkennt man daran, dass ihre Einheitsrichtungsvektoren gleich sind:

$$\vec{e}(\vec{R}_1) = \frac{\vec{R}_1}{|\vec{R}_1|} = \vec{e}(\vec{R}_2) = \frac{\vec{R}_2}{|\vec{R}_2|}$$

Zweite Testmöglichkeit: Wir bilden das Kreuzprodukt der Richtungsvektoren. Ist es Null, sind die Geraden parallel: $\vec{R}_1 \times \vec{R}_2 = 0$

b) Haben wir zwei parallele Geraden ausgemacht, interessiert der Abstand. Wir wählen auf $\vec{G}_2$ einen beliebigen Punkt – der Bequemlichkeit wegen z.B. $\vec{A}_2$ – und greifen auf die Entwicklung zurück, die wir oben bei der Berechnung des Abstands eines Punktes von einer Geraden gemacht haben. Ist der Abstand Null, fallen die beiden Geraden zusammen – trivial! Sind die Geraden nicht parallel, schneiden sie sich in der *Ebene* immer.

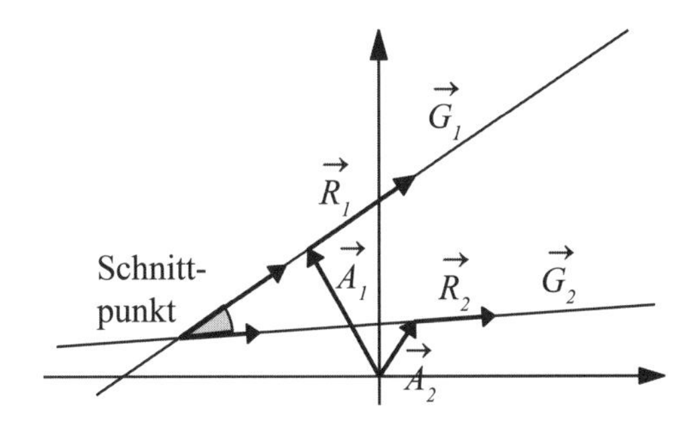

c) Für den *Schnittpunkt* müssen beide Geradengleichungen erfüllt sein. Wir setzen $\vec{G}_1 = \vec{G}_2$ bzw. $\vec{A}_1 + p_1 \cdot \vec{R}_1 = \vec{A}_2 + p_2 \cdot \vec{R}_2$, lösen in Komponenten auf

$$\vec{A}_{1x} + p_{1x} \cdot \vec{R}_{1x} = \vec{A}_{2x} + p_{2x} \cdot \vec{R}_{2x}$$
$$\vec{A}_{1y} + p_{1y} \cdot \vec{R}_{1y} = \vec{A}_{2y} + p_{2y} \cdot \vec{R}_{2y}$$

und haben zwei Gleichungen mit den beiden Unbekannten p_1, p_2. Den Schnittpunkt selbst erhalten wir durch Einsetzen von p_1 in $\vec{G}_1$ oder p_2 in $\vec{G}_2$.

d) Den *Schnittwinkel* können wir aus dem Winkel zwischen den beiden Richtungsvektoren ermitteln: $\varphi = \arccos\left(\frac{\vec{R}_1 \cdot \vec{R}_2}{|\vec{R}_1||\vec{R}_2|}\right)$.

Geraden im 3D-Raum kann man mit ähnlichen Überlegungen untersuchen und wir werden das auch im Beispiel der „Flugzeugbahnen“ tun.

An dieser Stelle nur noch eine Bemerkung bzw. Beobachtung: Geraden in der Ebene schneiden sich „fast immer“, Geraden im Raum „fast nie"! Räumliche Geraden sind fast immer „windschief“. Parallele oder sich schneidende Geraden kann man durch eine winzige Änderung *windschief machen.*

Wichtig ist es also, den minimalen Abstand d von Raumgeraden zu bestimmen. Wir ersparen uns die kniffelige Herleitung und schreiben die fertige Formel auf:

$$d = \frac{\left|\vec{R}_1 \cdot (\vec{R}_2 \times (\vec{A}_2 - \vec{A}_1))\right|}{\left|\vec{R}_1 \times \vec{R}_2\right|}$$

Ein *Beispiel* in der Ebene:

Gegeben: zwei Geraden mit $\vec{A}_1 = (0.2, 0.3)$; $\vec{R}_1 = (0.45, 0.03)$

bzw. $\vec{A}_2 = (-0.4, 0.7)$; $\vec{R}_2 = (0.6, 0.4)$.

Gesucht: Schnittpunkt und Schnittwinkel der beiden Geraden.

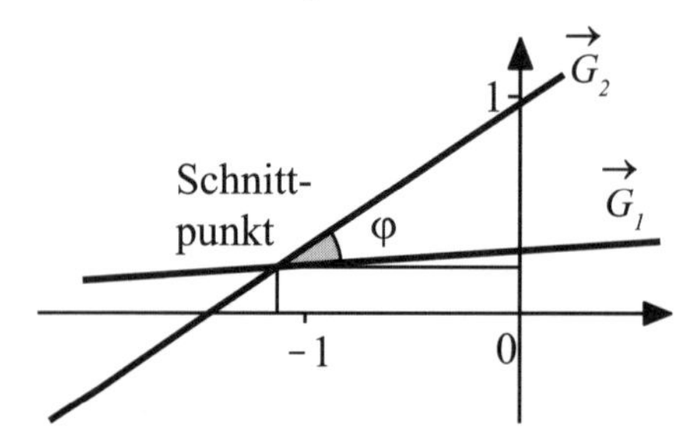

1. Aufstellen der beiden Geradengleichungen $\vec{G}_1$ und $\vec{G}_2$.

Gerade 1: $\vec{G}_1 = (0.2, 0.3) + p_1 \cdot (0.45, 0.03)$

Gerade 2: $\vec{G}_2 = (-0.4, 0.7) + p_2 \cdot (0.6, 0.4)$

2. Für den Schnittpunkt müssen beide Geradengleichungen bzw. die Gleichungen der Komponenten erfüllt sein.

(1) $\vec{A}_{1x} + p_1 \cdot \vec{R}_{1x} = \vec{A}_{2x} + p_2 \cdot \vec{R}_{2x}$

(2) $\vec{A}_{1y} + p_1 \cdot \vec{R}_{1y} = \vec{A}_{2y} + p_2 \cdot \vec{R}_{2y}$

Die beiden Komponentengleichungen für die Unbekannten p_1, p_2 mit konkreten Werten:

(1) $0.2 + 0.45 \cdot p_1 = -0.4 + 0.6 \cdot p_2$

(2) $0.3 + 0.03 \cdot p_1 = 0.7 + 0.4 \cdot p_2$

Die Lösung: $p_1 = -2.963$; $p_2 = -1.222$

Den Schnittpunkt selbst erhalten wir durch Einsetzen von p_1 in $\vec{G}_1$ oder p_2 in $\vec{G}_2$: $SchP = (-1.133, 0.2111)$

3. Den Schnittwinkel der Geraden bekommen wir als Winkel zwischen den beiden Richtungsvektoren: $\varphi = \arccos\left(\frac{\vec{R}_1 \cdot \vec{R}_2}{|\vec{R}_1||\vec{R}_2|}\right) = 29.8°$

Flugzeugbahnen oder Flugzeuge auf Kollisionskurs

Eine alltägliche Situation: Auf einem Sportflughafen befinden sich zwei Flugzeuge (auf gradlinigem Kurs) in der Luft. Im Kontrollturm rauft sich der zuständige Beobachter die Haare. Soll er die Piloten vor einem Zusammenstoss warnen oder nicht? Er ist auf Augenmass und Schätzen angewiesen. Er träumt davon, dass er die Flugdaten in den vorhandenen Computer eingibt und per Knopfdruck die entscheidende Information bekommt – die geringste Entfernung der beiden Kontrahenten während der nächsten Sekunden.

Wir wollen ihm helfen und werden die Flugbahnen an einem konkreten Beispiel nach allen Regeln der Kunst untersuchen.

Wir nehmen an, dass der Tower im Ursprung des Koordinatensystems liegt. Zur Zeit $t = 0$ sind die Koordinaten eines Flugzeugs *B*, das vor kurzem abgehoben hat und die Koordinaten eines anderen Flugzeugs *M*, das gerade abhebt

$B_0 = (5.0, 7.0, 0.5)$ und $M_0 = (2.3, 4.7, 0)$.

3.6 Sekunden später ($\Delta t = T = 0.001\,h$) sind die Koordinaten der Flugzeuge

$B_T = (4.75, 7.0, 0.6)$ und $M_T = (2.3, 4.95, 0.1)$.

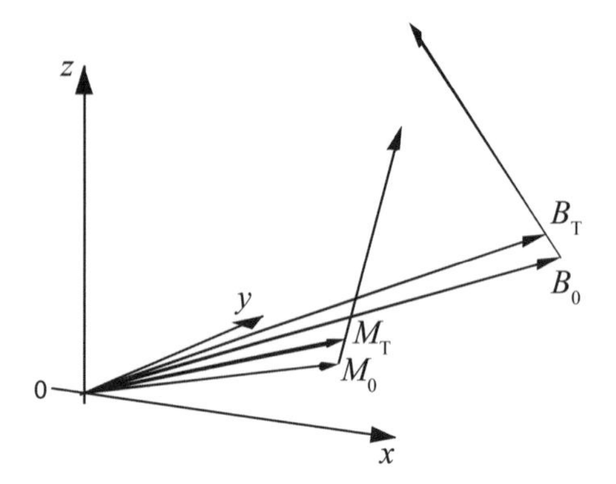

1. Die Gleichungen der Flugbahngeraden in Abhängigkeit von der Zeit
Das Aufstellen der Bahngleichung erfolgt am Beispiel des Flugzeugs B.

Den Ansatzpunkt $\vec{B}_0$ haben wir: $\vec{B}_0 = (5.0, 7.0, 0.5)$. Wir brauchen noch den Richtungsvektor $\vec{B}_{R1}$. Die Koordinaten von B zu zwei verschiedenen Zeitpunkten B_0 und B_T kennen wir und berechnen den Differenzvektor:

$$\vec{B}_{R1} = \vec{B}_T - \vec{B}_0 = (4.75, 7, 0.6) - (5, 7, 0.5) = (-0.25, 0, 0.1)$$

Übersichtlicher wird die Sache, wenn wir t (die Zeit) als Parameter nehmen. Wir ermitteln dafür aus $\vec{B}_{R1}$ den Geschwindigkeitsvektor $\vec{B}_R$

$$\vec{B}_R = \frac{\text{Wegvektor } \vec{B}_{R1}}{\text{Zeit } T} = \frac{\vec{B}_{R1}}{T} = \frac{\vec{B}_T - \vec{B}_0}{T}$$

$$\vec{B}_R = \frac{(-0.25, 0, 0.1)}{0.001} = (-250, 0, 100) \text{ (km/h)}$$

Die fertige Gleichung für B:

$$\vec{B}(t) = \vec{B}_0 + t \cdot \vec{B}_R \rightarrow \vec{B}(t) = (5, 7, 0.5) + t \cdot (-250, 0, 100)$$

Flugzeug M:

$$\vec{M}_{R2} = \vec{M}_T - \vec{M}_0 = (2.3, 4.95, 0.1) - (2.3, 4.7, 0) = (0, 0.25, 0.1)$$

$$\vec{M}_R = \frac{\vec{M}_{R2}}{T} = \frac{\vec{M}_T - \vec{M}_0}{T} = \frac{(0, 0.25, 0.1)}{0.001} = (0, 250, 100)$$

Die fertige Gleichung für M:

$$\vec{M}(t) = \vec{M}_0 + t \cdot \vec{M}_R \rightarrow \vec{M}(t) = (2.3, 4.7, 0) + t \cdot (0, 250, 100)$$

2. Lage der Geraden zueinander

a) Die Geraden sind nicht parallel, da die Richtungsvektoren nicht identisch und kein Vielfaches voneinander sind.

b) Die Prüfung auf evtl. vorhandenen Schnittpunkt ist gleichbedeutend mit der Frage: Gibt es einen Zeitpunkt t, an dem $\vec{B}(t)=\vec{M}(t)$ ist?

$$(5,7,0.5)+t_B(-250,0,100)=(2.3,4.7,0)+t_M(0,250,100)$$
$$(5-250\cdot t_B,7,0.5+100\cdot t_B)=(2.3,4.7+250\cdot t_M,100\cdot t_M)$$

Das kann man als ein System von 3 Gleichungen mit zwei Unbekannten deuten:

$$\begin{aligned} 5-250\cdot t_B &= 2.3+0\cdot t_M &&\rightarrow t_B=0.0108\\ 7+0\cdot t_B &= 4.7+250\cdot t_M &&\rightarrow t_M=0.0092\\ 0.5+100\cdot t_B &= 0+100\cdot t_M \end{aligned}$$

Setzt man t_B und t_M in die dritte Gleichung ein, ergibt sich ein Widerspruch:

$$100\cdot 0.0108+0.5>100\cdot 0.0092$$

Das System stellt sich damit als unlösbar heraus. Es gibt keinen gemeinsamen Zeitpunkt t, die Geraden haben keinen Schnittpunkt.

3. Die Geraden sind somit *windschief.*

a) Wir bestimmen deren kürzesten Abstand s mit der Formel:

$$s=\frac{\left|\vec{B}_R\cdot(\vec{M}_R\times(\vec{M}_0-\vec{B}_0))\right|}{\left|\vec{B}_R\times\vec{M}_R\right|}$$

Mit $\vec{B}_0=(5,7,0.5)$; $\vec{M}_0=(2.3,4.7,0)$;
$\vec{B}_R=(-250,0,100)$; $\vec{M}_R=(0,250,100)$

ergibt die Auswertung: $s=0.5745$

b) Zeitpunkt T_A der größten Annäherung

Wir berechnen die *Differenz* der beiden Geraden $\vec{M}-\vec{B}=\vec{D}$ und setzen den *Betrag des Differenzvektors* $\vec{D}$ gleich dem Wert s

$$|\vec{D}|=|\vec{M}-\vec{B}|=s$$
$$|(2.3,250\cdot t+4.7,100\cdot t)-(-250\cdot t+5,7,100\cdot t+0.5)|=0.5745$$
$$|(250\cdot t-2.7,-2.3+250\cdot t,-0.5)|=0.5745$$

Wir erhalten eine Gleichung mit der Variablen *t*, die wir nach *t* lösen

$$\sqrt{(250\cdot t-2.7)^2+(-2.3+250\cdot t)^2+(-0.5)^2}=0.5745$$

$$(250\cdot t-2.7)^2+(-2.3+250\cdot t)^2+(-0.5)^2=0.3299$$

$$125\,000\cdot t^2-2\,500\cdot t+12.83=0.3299$$

Die Lösung der quadratischen Gleichung: $t=T_A=0.01$

Aber bedenken Sie: Nur selten – wie in dem hier konstruierten Fall – sind der Abstand der *Bahnen* und der minimale Abstand der *Flieger* gleich. Normalerweise gibt es einen Unterschied und die obige quadratische Gleichung hat keine reelle Lösung. Um den minimalen *Fliegerabstand* zu ermitteln, müssen wir zu Funktionen und den Mitteln der Infinitesimalrechnung greifen. Wir kommen in Kürze in dem übersichtlicheren Beispiel „Schiffskollision" darauf zurück.

c) Die Koordinaten zum Annäherungszeitpunkt $T_A=0.01$

$$\vec{B}_A=(2.5,7,1.5);\qquad \vec{M}_A=(2.3,7.2,1)$$

Freiwillige Selbstkontrolle: Zum Annäherungszeitpunkt ist die Differenz der beiden Punkte $\left|\vec{M}_A-\vec{B}_A\right|=0.5745$ gleich dem kürzesten Abstand der Geraden.

Die Flugzeuge fliegen zum Zeitpunkt der größten Annäherung nicht direkt übereinander: Die *x*- und *y*-Koordinaten von $\vec{B}_A$ und $\vec{M}_A$ sind nicht gleich.

Kleine Analyse der Bahngleichungen:

$$\vec{B}(t)=(5,7,0.5)+t\cdot(-250,0,100)$$

$$\vec{M}(t)=(2.3,4.7,0)+t\cdot(0,250,100)$$

Bei genauerer Betrachtung kann man den Formeln direkt *ansehen:*

$\vec{B}$ fliegt senkrecht zur *y*-Achse;

$\vec{M}$ fliegt senkrecht zur *x*-Achse.

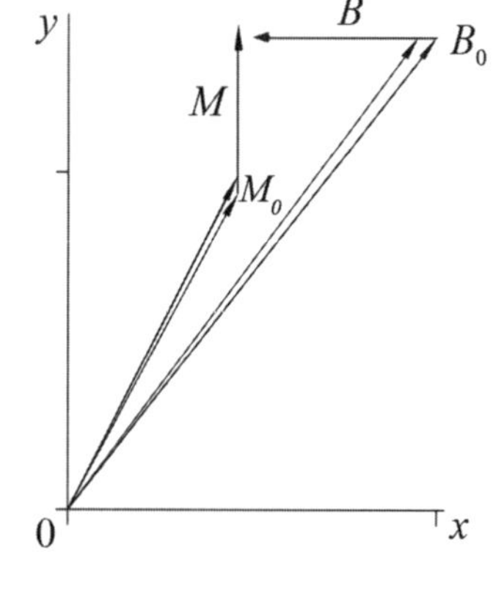

Eine Aufsicht bringt Klarheit:

- Beide Flieger haben die gleiche Absolutgeschwindigkeit.
- Beide Flieger haben die gleiche Steiggeschwindigkeit.
- Zum Zeitpunkt t = 0 ist $\vec{B}$ 0.5 km, $\vec{M}$ 0.0 km hoch.

Schlussfolgerung: Es besteht keine Gefahr für einen Zusammenstoß!

Eine Ebene in (expliziter) Parameterform

1. Die Punkt-Richtungs-Richtungsform

Wir erweitern unsere Gerade(-ngleichung) zu einer Ebene(-ngleichung). Ein weiterer Parameter und Richtungsvektor werden dafür benötigt.

Die parametrische Ebenenformel sieht so aus:

$$\vec{E} = \vec{A} + p_1 \cdot \vec{R}_1 + p_2 \cdot \vec{R}_2 .$$

Es ist – wie die Geradenformel – ein expliziter Bestimmungsausdruck. Man setzt p_1, p_2 ein und bekommt einen Ebenenpunkt heraus.

Das Bild zeigt, wie die Punkte der Ebene erzeugt werden – man muss wieder die Formel buchstäblich lesen: „Man nehme einen Vektor $\vec{A}$, füge p_1-mal den Richtungsvektor $\vec{R}_1$ an und füge daran p_2-mal den Richtungsvektor $\vec{R}_2$."

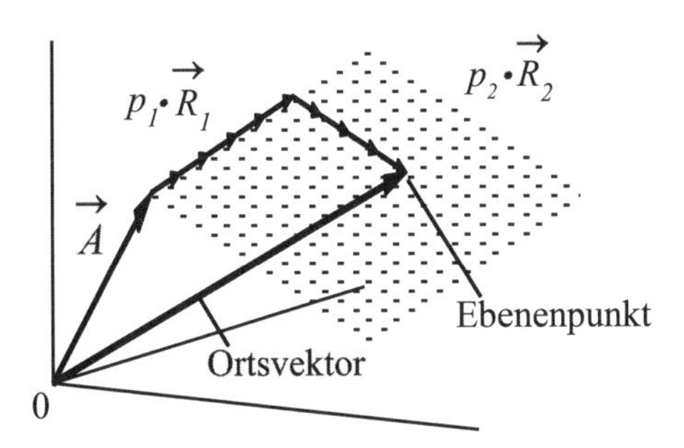

2. Die Drei-Punkte-Form

Wir verfahren bei der Aufstellung der Formel wie bei der Geraden und führen die Drei-Punkte-Form auf die obige Punkt-Richtungs-Richtungsform zurück.

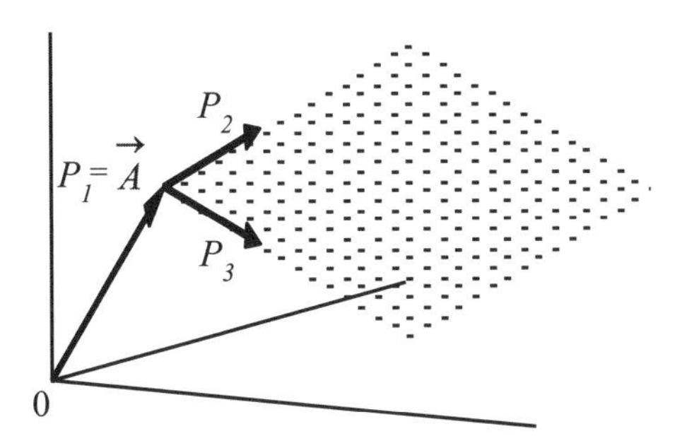

Einen Punkt nehmen wir als Ansatzpunkt: $P_1 = \vec{A}$. Die beiden Differenzvektoren $P_2 - P_1$ und $P_3 - P_1$ liegen selbstverständlich ordnungsgemäß in unserer Ebene – wir nehmen sie als Richtungsvektoren.

Die Ebenengleichung:

$$\vec{E} = \vec{A} + p_1 \cdot \vec{R}_1 + p_2 \cdot \vec{R}_2 = P_1 + p_1(P_2 - P_1) + p_1(P_3 - P_1)$$

Eine hilfreiche Ergänzung: Um etwas mit der Ebene anfangen zu können, schaffen wir einen weiteren Vektor an – einen **Normalenvektor** $\vec{N}$. Ein Normalenvektor steht immer senkrecht, „normal“ auf irgendetwas: Gerade, Ebene, Kurve, Fläche, etc.

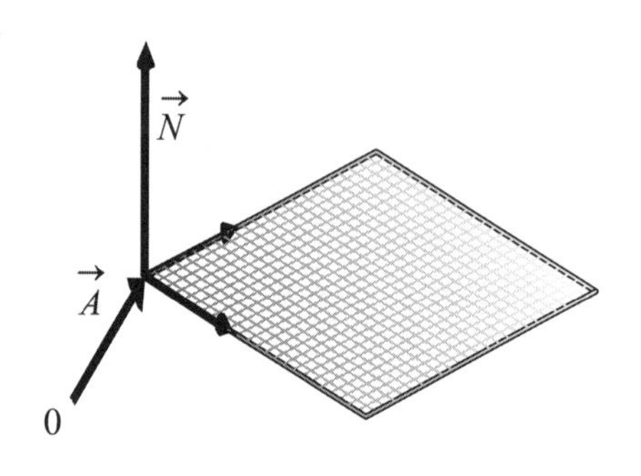

Die Einführung macht bei unserer Ebene keine Schwierigkeit. Wir bilden einfach mit den Richtungsvektoren der Parameterform das Kreuzprodukt: Per Definition ist das Ergebnis ein Vektor, der senkrecht auf der Ebene steht, die von den beiden Vektoren aufgespannt wird.

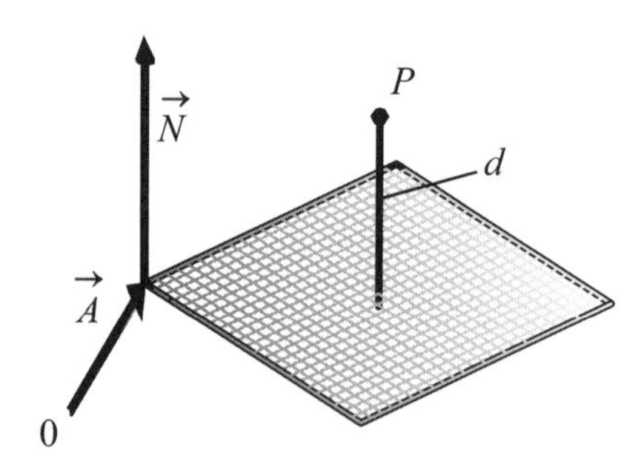

Nun können wir z.B. die Formel herleiten, mit der man den **Abstand eines Punktes von einer Ebene** berechnen kann.

Wir ermitteln den Differenzvektor $\vec{D}$:
$\vec{D} = \vec{P} - \vec{A}$.

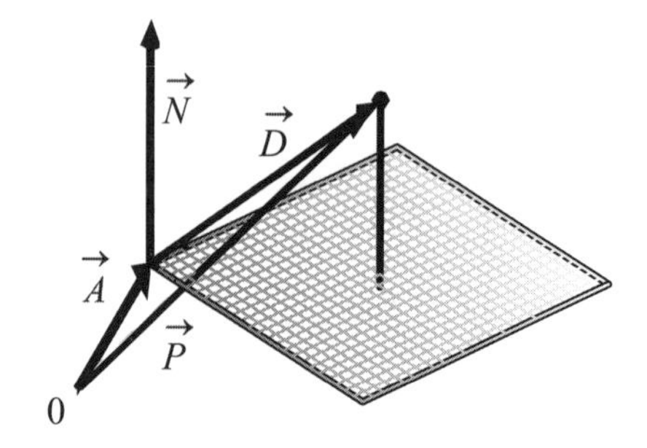

Wir projizieren $\vec{D}$ auf $\vec{N}$. Die Formel haben wir bereits entwickelt.

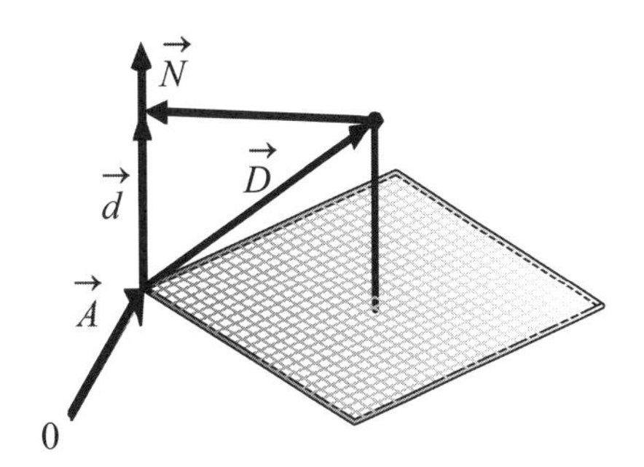

$$\vec{d}_N = \left(\frac{\vec{N}\cdot\vec{D}}{\left|\vec{N}^2\right|}\right)\vec{N} = \left(\frac{\vec{N}\cdot\left(\vec{P}-\vec{A}\right)}{\left|\vec{N}^2\right|}\right)\vec{N}$$

Wir stellen etwas um

$$\left|\vec{d}\,\right| = \left|\left(\frac{\vec{N}\cdot\left(\vec{P}-\vec{A}\right)}{\left|\vec{N}^2\right|}\right)\vec{N}\right| = \left(\frac{\left|\vec{N}\cdot\left(\vec{P}-\vec{A}\right)\right|}{\left|\vec{N}^2\right|}\right)\left|\vec{N}\right|$$

$$= d = \frac{\left|\vec{N}\cdot\left(\vec{P}-\vec{A}\right)\right|}{\left|\vec{N}\right|}$$ … und sind fertig!

Wir testen unsere Formel an einer Aufgabe, deren Lösung wir bereits kennen und schauen dabei zu, wie sie „arbeitet".

Wir nehmen eine horizontale Ebene durch den Nullpunkt.
Die Parameterebene: $\vec{E} = \vec{A} + p_1 \cdot \vec{R}_1 + p_2 \cdot \vec{R}_2$
mit $\vec{A} = (0,0,0)$; $\vec{R}_1 = (1,0,0)$; $\vec{R}_2 = (0,1,0)$
und suchen den Abstand zum Punkt $\vec{P} = (1,2,3)$.
Die Höhe über der horizontalen Ebene ist natürlich gleich 3.

1. Der Normalenvektor: $\vec{N} = \vec{R}_1 \times \vec{R}_2 = (0,0,1)$

2. Die Berechnung des Abstands
Der Zähler: $\vec{P} - \vec{A} = (1,2,3)$, $\vec{N}\cdot\left(\vec{P}-\vec{A}\right) = 3$, also $\left|\vec{N}\cdot\left(\vec{P}-\vec{A}\right)\right| = 3$
Der Nenner: $\left|\vec{N}\,\right| = 1$
d = Zähler / Nenner: $d = 3/1 = 3$ wie erwartet.

Zur Lösung der folgenden Aufgabe ist Vorstellungsvermögen gefragt (und ausreichend): Wie groß ist der Abstand d des Punktes $\vec{P}$ von der Ebene $\vec{E}$?
$\vec{P} = (1,2,3)$ und $\vec{E} = (3,2,1) + p_1 \cdot (2,1,0) + p_2 \cdot (1,2,0)$

Damit erklären wir die Demonstration der Vektorrechnung in der Geometrie für beendet. Wir könnten noch endlos weiter machen:

- Die (unbequeme implizite) *Normalenform* wäre zu besprechen.
- Schnittgeraden und -winkel zweier Ebenen könnte man berechnen.
- Der Durchstoßpunkt einer Geraden durch eine Ebene wäre zu bestimmen.

Die Herleitungen der entsprechenden Formeln werden so akrobatisch, dass man sie umgehend wieder vergisst. Bei einer der seltenen praktischen Anwendungen läuft es darauf hinaus, eine fertige Formel zu finden und anzuwenden. Dafür ist uns die Zeit zu schade.

Wir überlassen dies der einschlägigen Literatur. Grundsätzlich Neues ist nicht zu erwarten.

Bislang hatten wir es mit „fertigen" Geraden zu tun und die Rechnungen ergaben immer Einzelwerte. Das folgende Beispiel sieht zwar einfacher aus als z.B. die Flugbahnen, ist aber mit den bisherigen Mitteln der Geometrie nicht zu lösen. Wir überschreiten eine Grenze und erlauben uns ein paar Vorgriffe auf die nächsten Kapitel.

4.7 Schiffskollisionskurs – Vektoren in Bewegung

Auf der Seefahrtschule Bremen würde die Aufgabe sich wie folgt anhören:

Um 14:15 Uhr steht die MS Albatros auf 54° 45' nördlicher Breite, 4° 36' östlicher Länge und läuft mit 5 Knoten 35° rechtweisend am Kompass. Der Standort der MS Berta ist 54° 48' nördlicher Breite, 4° 42' östlicher Länge; Fahrt durchs Wasser 4 Knoten, KK 310°. Wind aus *NNW* Stärke 4, Strom setzt mit 2 Knoten nach *S 1/4 O*.

- Berechnen Sie, ob Kollisionskurs vorliegt. Falls ja, geben Sie Ort und Zeit der Havarie an.
- Ermitteln Sie den Zeitpunkt, zu dem die Mannschaften in die Boote müssen.
- Schätzen Sie für die Versicherung die Höhe des Schadens.

Überlassen wir es den Seekadetten, das Kuddelmuddel der Einheiten auseinander zu dröseln und machen eine vernünftige „Landrattenversion" daraus.

Die Vorgaben: Zum Zeitpunkt $t = 0$

- sind die Koordinaten von Schiff A: $\vec{A}_0 = (2.0, 2.0)$,
- von Schiff B: $\vec{B}_0 = (10.0, 4.0)$,
- A fährt mit $\alpha = 65°$ und einer Geschwindigkeit von $A_v = 8$ km/h ,
- B hat Kurs $\beta = 140°$ und eine Geschwindigkeit von $B_v = 6$ km/h.

Die Aufgabe: Ermittlung des geringsten Abstands der Schiffe ... kracht's oder kracht's nicht!?

Wir machen uns einen **Schlachtplan** (bei umfangreichen Aufgaben immer eine gute Idee):

1. Als Erstes zeichnen wir eine (maßstäbliche) **Skizze** der Gegebenheiten.

2. Dann stellen wir die Vektorenbahngleichungen $\vec{A}(t)$, $\vec{B}(t)$ der beiden Schiffe auf; Parameter $t = Zeit$.

Vorgriff 1: Einige Folgen

3. Wir berechnen im ¼-Stundentakt (eine Folge der) **Standorte** und **Entfernung** der Schiffe, stellen eine Wertetabelle auf und schätzen den minimalen Wert.

Vorgriff 2: Eine Funktion

4. Wir ermitteln die **reelle Funktion der Entfernung** in Abhängigkeit von der Zeit: $E(t)$.

5. Wir zeichnen den **Graphen** $E(t)$, entnehmen dem Diagramm die minimale Entfernung der Schiffe und den entsprechenden Zeitpunkt. (Bei $E(t) = 0$ liegt Kollisionskurs an!)

Vorgriff 3: Die Infinitesimalrechnung

6. Mit Hilfe der Differenzialrechnung ermitteln wir den **exakten Zeitpunkt** T_{min}, zu dem das Minimum auftritt und die **minimale Entfernung** E_{min}.

Soweit die Pflicht, nun zur **Kür** – der praktische Teil.

7. Was macht der Kapitän von A auf hoher See, um den minimalen Abstand der beiden Schiffe zu ermitteln? Weit und breit ist kein Koordinatensystem in Sicht, rechnen liegt ihm auch nicht gerade im Blut – er zeichnet lieber! (Die Antwort: „Er fragt seinen Navigator." wird nicht akzeptiert!)

Tipp: Laut Einstein ist ein Kapitän in gleichbleibender, geradliniger Bewegung nicht in der Lage zu entscheiden, ob er sich überhaupt bewegt. Wie *sieht* Kapitän A das Schiff B sich nähern? Wie *erscheint* ihm die Geschwindigkeit des Kontrahenten B? Wie ist die *relative* Geschwindigkeit von B in Bezug auf A?

8. Wir sind nun auf einem kleinen Segelboot A. B kommt am Horizont in Sicht, Radar gibt es nicht, GPS ist kaputt. Wie kann der Skipper von A feststellen, *ob* Kollisionskurs anliegt?

Tipp: Der Skipper von A kann seinen Gegner B nur *im Auge behalten* und die Veränderung des *Sichtwinkels*, der „Peilung", verfolgen. (Die Entfernung kann er nicht feststellen!)

Zu 1. Die Skizze

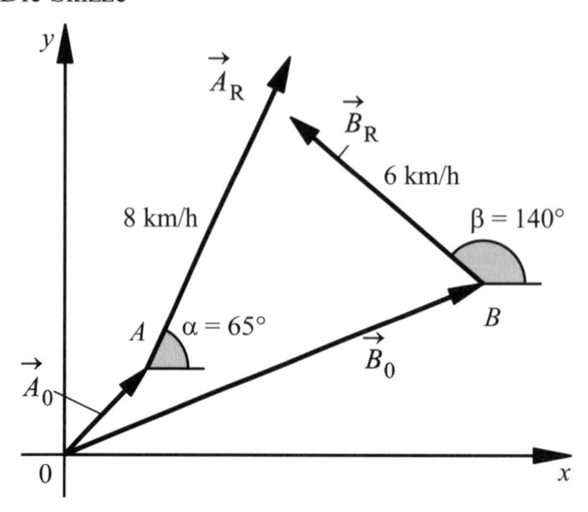

Zu 2. Die Vektorgleichungen der Schiffsbahnen

a) $\vec{A}(t)$ für Schiff A

Der Ansatzpunkt /-Vektor: $\vec{A}_0 = (2, 2)$

Wir möchten die Zeit t als Laufparameter benutzen. Dafür wandeln wir den Kurswinkel in einen Richtungseinheitsvektor $\vec{e}(\vec{A}_R)$ um:

$\alpha = 65°$; $\vec{e}(\vec{A}_R) = (\cos(\alpha), \sin(\alpha)) = (0.423, 0.906)$

Die Absolutgeschwindigkeit A_V wird nun in die x-, y-Komponenten zerlegt: Der Richtungsvektor $\vec{A}_R$ ist ein Geschwindigkeitsvektor!

$A_V = 8.0$; $\vec{A}_R = 8.0 \cdot (0.423, 0.906) = (3.384, 7.249)$

Die fertige **Bahngleichung für A**: $\vec{A}(t) = (2, 2) + t \cdot (3.384, 7.249)$

b) $\vec{B}(t)$ für Schiff B (in Kurzfassung)

$\vec{B}_0 = (10, 4)$

$\beta = 140°$; $\vec{e}(\vec{B}_R) = (\cos(\beta), \sin(\beta)) = (-0.7660, 0.643)$

$B_V = 6.0$; $\vec{B}_R = 6.0 \cdot (-0.766, 0.643) = (-4.598, 3.854)$

Die **Bahngleichung für B**: $\vec{B}(t) = (10, 4) + t \cdot (-4.598, 3.854)$

Zu 3. Standorte und Entfernung

a) Die Standorte der Schiffe zu einem bestimmten Zeitpunkt:

Einzelbeispiel : Zeitpunkt $t = 1.0$

$\vec{A}(1.0) = (2, 2) + 1.0 \cdot (3.384, 7.249) = (5.384, 9.249)$

$\vec{B}(1.0) = (10, 4) + 1.0 \cdot (-4.598, 3.854) = (5.402, 7.854)$

Die Wertetabelle

$\vec{A}(0)$	$= (2.0, 2.0)$;	$\vec{B}(0)$	$= (10.0, 4.0)$
$\vec{A}(0.25)$	$= (2.846, 3.812)$;	$\vec{B}(0.25)$	$= (8.850, 4.964)$
$\vec{A}(0.5)$	$= (3.692, 5.624)$;	$\vec{B}(0.5)$	$= (7.701, 5.927)$
$\vec{A}(0.75)$	$= (4.538, 7.437)$;	$\vec{B}(0.75)$	$= (6.552, 6.890)$
$\vec{A}(1.0)$	$= (5.384, 9.249)$;	$\vec{B}(1.0)$	$= (5.402, 7.854)$
$\vec{A}(1.25)$	$= (6.230, 11.06)$;	$\vec{B}(1.25)$	$= (4.252, 8.818)$

b) Die Entfernung der beiden Schiffe zu einem bestimmten Zeitpunkt:

Einzelbeispiel: $t = 1.0$

Der Differenzvektor $\vec{E}$ zweier Ortsvektorspitzen ist:

$\vec{E}(1.0) = \vec{B}(1.0) - \vec{A}(1.0) = (5.402, 7.854) - (5.384, 9.249) = (0.018, -1.395)$

Die Länge des Differenzvektors, die Entfernung der „Vektorspitzen“ ist:

$E(1.0) = \sqrt{E(1.0)^2{}_x + E(1.0)^2{}_y} = \left|\vec{B}(1.0) - \vec{A}(1.0)\right|$

$E(1.0) = \sqrt{0.018^2 + (-1.395)^2} = 1.395$

Die komplette Liste

$E(0)$	$= 8.246$
$E(0.25)$	$= 6.114$
$E(0.5)$	$= 4.020$
$E(0.75)$	$= 2.078$
$E(1.0)$	$= 1.395$
$E(1.25)$	$= 2.983$

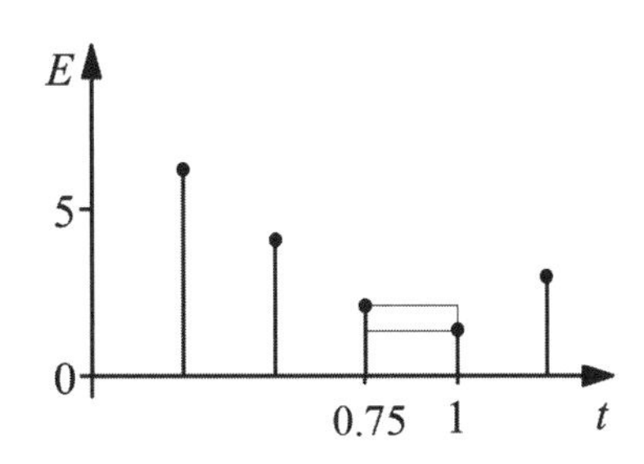

Anhand der Werte können wir nur sagen:

- Der Zeitpunkt der geringsten Entfernung liegt zwischen $t = 0.75$ und $t = 1.0$.
- Die Entfernung wird zwischen $E(0.75) = 2.078$ und $E(1.0) = 1.395$ betragen.

Die Schätzung wird besser, wenn wir die Werte in ein Koordinatensystem eintragen, freihand verbinden und die minimalen Werte abgreifen.
Also: $T_{min} \sim 0.95$ mit $E_{min} \sim 1.30$

Wir nehmen Zuflucht zum Begriff der **Funktion.**
Zu 4. Wir stellen die reelle Entfernungsfunktion auf:

Wir haben oben die Bahnfunktionen ermittelt mit
$\vec{A}(t) = (2,2) + t \cdot (3.384, 7.249)$ und $\vec{B}(t) = (10,4) + t \cdot (-4.598, 3.854)$,
die wir umschreiben können zu
$\vec{A}(t) = (3.384 \cdot t + 2, 7.249 \cdot t + 2)$ und $\vec{B}(t) = (-4.598 \cdot t + 10, 3.854 \cdot t + 4)$.

Der Differenzvektor zweier beliebiger Ortsvektorspitzen ist:
$\vec{E}(t) = \vec{B}(t) - \vec{A}(t)$
In unserem Fall wird daraus:
$\vec{E}(t) = (-7.982 \cdot t + 8.0, -3.395 \cdot t + 2.0)$

Die Länge des Differenzvektors, die Entfernung der Spitzen ist:
$$E(t) = \sqrt{E(t)_x^2 + E(t)_y^2} = \left|\vec{B}(t) - \vec{A}(t)\right|$$
$$E(t) = \sqrt{(-7.982 \cdot t + 8.0)^2 + (-3.395 \cdot t + 2.0)^2}$$

Damit haben wir die gesuchte reelle Entfernungsfunktion
$E(t) = \left|\vec{B}(t) - \vec{A}(t)\right|$ und somit $E(t) = \sqrt{75.24t^2 - 141.3t + 68.0}$.

Zu 5. Das Diagramm der Funktion $E(t)$
Die zeitliche Entwicklung der Entfernung aus der Sicht des Kapitäns!

Zum Zeitpunkt $t_{\text{min}} \sim 0.94$ h ist $E_{\text{min}} \sim 1.3$ km, reichlich Platz also!
(Die Entfernungsfunktion sagt nichts darüber, wo E_{min} liegt: nördlich, ...)

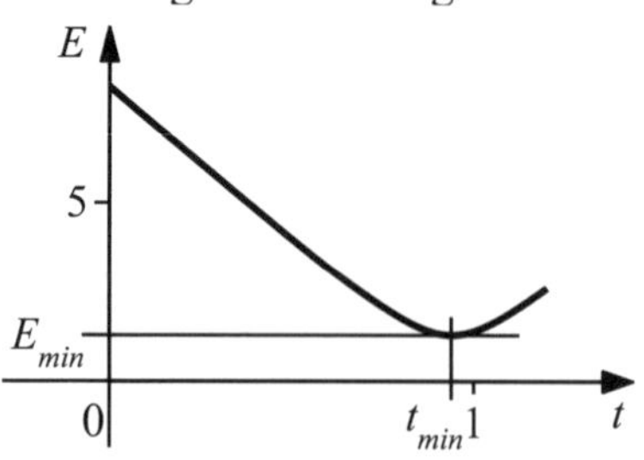

Dieses Ergebnis ist schon besser! Aber nun wollen wir es genau wissen. Wir bringen die **Infinitesimalrechnung** zum Einsatz.

Zu 6. Berechnung der exakten Minimalwerte in beliebter Oberstufenmanier:
a) Ableitung $E'(t)$ von E ermitteln

$$E'(t) = \frac{150.5 \cdot t - 141.3}{2 \cdot \sqrt{75.24 \cdot t^2 - 141.3 \cdot t + 68.0}}$$

b) Ableitung gleich Null setzen (Es reicht, den Zähler zu Null zu machen!)

$150.5 \cdot t - 141.3 = 0$ und nach t auflösen
$t = t_{\min} = 0.9382$

c) $E_{\min}$ = Funktionswert für $t_{\min}$ berechnen

$$E_{\min} = E(t_{\min}) = \sqrt{75.24 \cdot 0.9382^2 - 141.3 \cdot 0.9382 + 68.0} = 1.2884$$

und mit den Werten aus 5. vergleichen.

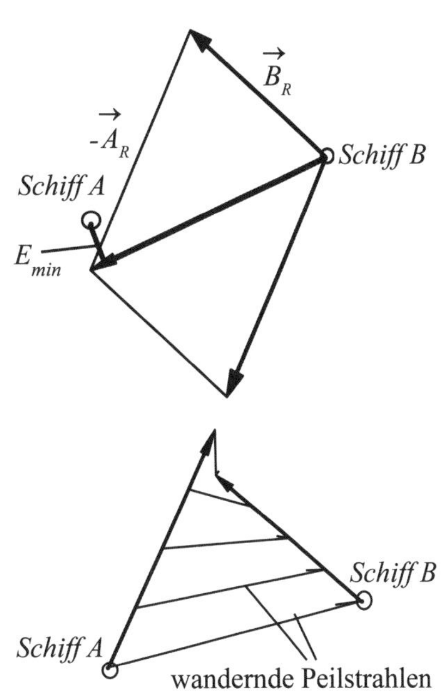

Die Auflösung der Rätselfragen:
Zu 7. Dem Kapitän von A *erscheint* es so, als ob sich B mit dessen Eigengeschwindigkeit *plus* der umgekehrten Geschwindigkeit seines eigenen Schiffes A nähert. Er zeichnet ein Geschwindigkeitsparallelogramm, ermittelt daraus die resultierende Geschwindigkeit und greift den minimalen Passierabstand $E_{\min}$ ab.

Zu 8. Der Skipper nimmt in regelmäßigen Abständen die „Peilung" von B. Wandert die Peilung aus, ist alles in Ordnung. Steht die Peilung, muss etwas unternommen werden, um einen Zusammenstoß zu vermeiden. Die Passierentfernung kann er allerdings nicht ermitteln.

Der alte Witz in Seglerkreisen ist nun verständlich(er):
„Schiff 30° Steuerbord voraus in Sicht, die Peilung steht" ruft der Steuermann aus. „Na, dann ist ja alles in Ordnung" brummelt der Skipper in der Kajüte vor sich hin – und widmet sich wieder seinem Kaffee/Cognac.

Zusätzlich zum Inhalt des Kapitels werden laufend über die Homepage http://4c.web.fh-koeln.de neue Aufgaben mit Lösungen ergänzt.

5 Folgen

5.1 Folgen und Grenzwert

Eine (Zahlen-) Folge a ist nichts weiter als eine Aneinanderreihung von Zahlen:

$$a = 1, 7, 4, 3.2, 654, \pi$$

Folgen sind im täglichen Leben hochinteressant! Denken Sie an die Folge der Lottozahlen, der Börsenkurse, Ihrer Fieberwerte. Kleiner aber entscheidender Nachteil: Es gibt kein *Bildungsgesetz*, weshalb die Mathematik diesen Folgen auch ziemlich hilflos gegenübersteht. Zudem muss man ehrlicherweise gestehen: Folgen und ihre Grenzwerte finden in der Praxis kaum unmittelbare Anwendung.

Erhebt sich die *Frage*: „Wozu dann der ganze Aufstand?"
Antwort 1: Als Vorbereitung auf die nun wirklich nützlichen *Funktionen* sowie die Differenzial- und Integralrechnung
Antwort 2: Es gibt eine interessante Fortsetzung bei den *Reihen*.

Lassen wir es uns nicht verdrießen und fangen an. Mathematisch kann man bei zu großer Allgemeinheit keine tiefen Aussagen erwarten, wir müssen uns einschränken. Willkürlich zusammengestellte Folgen sind uninteressant, endliche Folgen ebenfalls, willkürlich zusammengestellte endliche Folgen erst recht. Interessant sind Folgen mit unendlich vielen Gliedern, die gemäß einem Gesetz gebildet werden.

Beispiel: Die Folge der Quadratzahlen $b(n) = n^2$;
$n \quad = 1, \ 2, \ 3, \ 4, \ 5, \ldots$
$b(n) \ = 1, \ 4, \ 9, 16, 25, \ldots$

Auf der Zahlengeraden *sieht* man die Folgeglieder *gegen unendlich streben.*

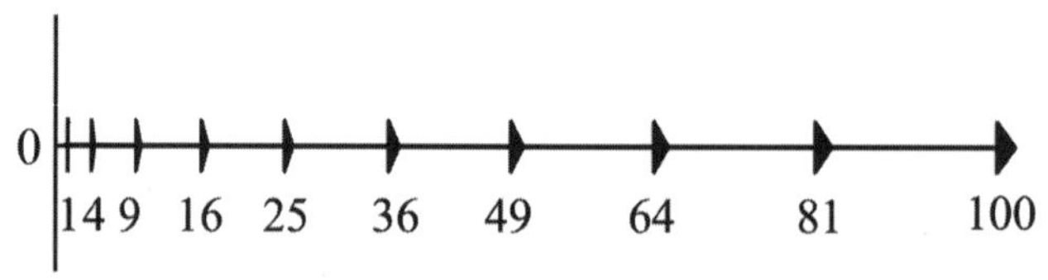

Es muss jedoch nicht unbedingt ein mathematisch-formelmäßiges Gesetz sein. Für die Folge der Primzahlen wurde bis heute kein Erzeugungsgesetz gefunden:
$c(n) = 2, 3, 5, 7, 11, 13, \ldots$
(Das „Sieb des Eratosthenes" ist kein *Erzeugungsgesetz*!)

Ferner gibt es rekursiv definierte Folgen, bei denen man wie bei der Iteration von einem oder mehreren Startwerten aus nach Vorschrift jeweils das nächste Mitglied der Folge berechnet.

Beispiel: Die Fibonacci-Folge, bei der die beiden zuletzt berechneten Werte benutzt werden.
Startwerte: $F_1 = 1$, $F_2 = 1$; Anweisung: $F_n = F_{n-2} + F_{n-1}$

$$d(n) = 1, 1, 2, 3, 5, 8, 13, 21, 34, 55, \ldots$$

Im Weiteren gilt unser Hauptaugenmerk den unendlichen Folgen, die tatsächlich nach einem mathematischen „Formelgesetz" gebildet werden, siehe die Quadratzahlenfolge oben.

Solche Folgen sind schon *fast* Funktionen. Man setzt *rechts* einen Wert n ein und bekommt den Wert für *links* heraus – ähnlich wie bei einer Maschine. Der einzige Unterschied besteht darin, dass als „Input" in die Maschine nur natürliche Zahlen zugelassen sind, die man der Reihe nach zu durchlaufen hat.

Die Frage, der wir bei der Untersuchung von Folgen nachgehen wollen, ist, ob sie konvergieren, die Glieder mit steigender Zahl einem endlichen Wert zustreben, wenn ja, welchem. Divergente Folgen, bei denen die Werte immer größer werden, sind wieder uninteressant, siehe unsere Quadratzahlenfolge.

Wir befinden uns damit ganz dicht vor der eigentlichen Analysis, denn wir bekommen es mit dem zentralen Begriff der Analysis, dem **Grenzwert** oder **Limes** zu tun.

Das entscheidende Merkmal der *Höheren Mathematik* ist, dass sie sich mit der *Unendlichkeit* beschäftigt. Man hat es mit unendlichen Summen zu tun, bildet Quotienten aus unendlich kleinen Werten, ständig *strebt* etwas gegen Unendlich oder einem Grenzwert zu, man *geht zur Grenze über* oder *macht einen Grenzübergang*, wird mit Zeichen wie $a_n \to a$ und $n \to \infty$ konfrontiert etc. Dieses dynamische *Streben gegen* ... und die *unendlich klein werdenden Größen* sind schwer zu fassen. Dynamik läuft während der Untersuchung weiter und evtl. weg.

Die Mathematiker haben sich von Leibniz und Newton bis Cauchy 200 Jahre lang über eine saubere Definition den Kopf zerbrochen. Herausgekommen ist eine eher statische Formulierung (Statik kann man in Ruhe studieren!).

Man hat den **Grenzwert** G_a einer Folge $a(n)$ wie folgt definiert:

Ein Grenzwert G_a liegt dann vor, wenn für beliebig große n in einer *Umgebung* ε um G_a „fast alle" Glieder der Folge $a(n)$ liegen. „Fast alle" kann auch ausgedrückt werden als: „alle, bis auf endlich viele".

Bei der Darstellung auf der Zahlengeraden *sieht* man wieder die Folgeglieder mit fortschreitenden Eingabewerten *gegen* G_a *streben*: $a(n) \rightarrow G_a$ für $n \rightarrow \infty$.

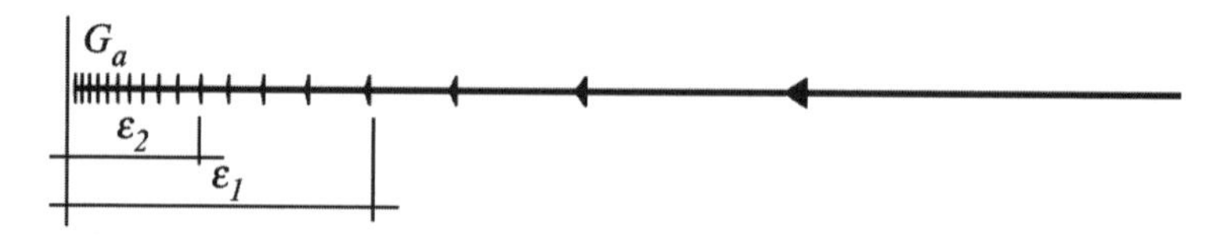

Diese sog. *Epsilon-Umgebung* kann man nun beliebig klein wählen. Wenn man *immer* eine Nummer n, die vom gewählten ε abhängt, angeben kann, sodass in der jeweiligen ε-Umgebung um G_a immer noch unendlich viele (fast alle) Folgeglieder liegen, wird G_a als der Grenzwert der Folge $a(n)$ bezeichnet.

Beispiel: Die *Nullfolge* $a(n) = 1/n$ mit Grenzwert $G_a = 0$.

Wählt man ein ε-Intervall von 0... 0.1, liegen ab $n > 10$ fast alle Folgeglieder in diesem Intervall.

Bei der Vorgabe eines Intervalls von $\varepsilon = 0... 0.01$ liegen ab $n > 100$ alle, bis auf endlich viele Glieder der Folge in dieser ε-Umgebung etc.

Nochmals: Der Grenzwert

Die Definition kann man auch als Test für Richtigkeit eines vermuteten Grenzwertes benutzen. Die etwas schwerfällige Nachweismethode hat wegen des ständigen Hantierens mit den ε-*Umgebungen* den Spitznamen „Epsilontik" bekommen. Die Epsilontik ist den Mathematikern so wichtig, dass sogar ein namhafter Mathematiker wie Richard Courant (1888 bis 1972) sie für wert befunden hat, in eine kleine Geschichte verpackt zu werden. Sie ist in unserem ultimativen Lieblings-Mathebuch „Was ist Mathematik" abgedruckt (erschienen 1941, letzte Auflage 2000!) und wir möchten Sie Ihnen auf keinen Fall vorenthalten.

> „Diese Definition (des Grenzwertes) lässt sich illustrieren durch einen 'Wettstreit' zwischen zwei Personen *A* und *B*.
> *A* stellt die Forderung auf, dass die $a(n)$ sich dem festen Wert a mit einem Genauigkeitsgrad annähern sollen, der besser ist als eine gewählte Fehlergröße $\varepsilon = \varepsilon_1$.

B erfüllt die Forderung, indem er eine ganze Zahl $N = N_1$ angibt, derart dass alle a_n, die hinter dem Element a_{n1} kommen, die ε_1-Forderung erfüllen. Nun wird A anspruchsvoller und stellt eine neue, kleinere Fehlergrenze $\varepsilon = \varepsilon_2$ auf. B entspricht wieder der Forderung von A, indem er eine (vielleicht viel größere) ganze Zahl $N = N_2$ aufzeigt.

Wenn A durch B zufriedengestellt werden kann, wie klein auch immer A die Fehlergrenze wählt, so haben wir die Situation, die durch $a_n \rightarrow a$ ausgedrückt wird.“

Trotz aller Vorteile der Epsilontik im Hinblick auf mathematische Sauberkeit werden wir im weiteren Verlauf keinen Gebrauch davon machen. Wir werden sie weiter unten ausprobieren und ansonsten frisch fröhlich mit unendlich kleinen, *infinitesimalen* Größen herumjonglieren – es ist einfach entschieden bequemer!

Nach der langen Vorrede und der exakten Zielformulierung – **Grenzwert!** – sollte jetzt eigentlich ein Rezept kommen, mit dem man den Grenzwert einer Folge berechnen kann – das gibt es aber nicht! Es gibt messerscharfe Definitionen, was ein Grenzwert ist (siehe oben). Es gibt Kriterien, mit denen man feststellen kann, ob ein Grenzwert vorliegt.

Aber: **Es gibt keine allgemeine Methode, den Grenzwert zu ermitteln!**

Zwischenbemerkung:
Statt „Grenzwert“ benutzt man gern den lateinischen Ausdruck „Limes“, abgekürzt zu „lim“.
$G_a = \lim\limits_{n \to \infty} a_n$ heißt rückübersetzt: Der Grenzwert G_a der Folge a_n für $n \to \infty$.

Wir können zwar schreiben $\lim\limits_{n\to\infty} a_n = \lim\limits_{n\to\infty}\left(\frac{1}{n}\right) = \frac{1}{\infty}$, sind damit aber kein Stück weiter:

$\frac{1}{\infty}$ ist ein bedeutungsloses Zeichen. Die Folge $b_n = \frac{n^2 - n + 1}{n^2}$ würde damit nach Grenzübergang $n \to \infty$ den Unsinn ergeben $G_b = \frac{\infty^2 - \infty + 1}{\infty^2} = ?$.

Ein praktisches, gängiges, offiziell verbotenes Verfahren sieht wie folgt aus:

- Große Zahlen für n einsetzen und die Folgewerte ausrechnen,
- Grenzwert erraten,
- Grenzwert mit der ε-Definition prüfen („Epsilontik").

5.2 Fundamentalfolgen und Regeln

Für einen eher an konkreten Ergebnissen Interessierten ist die Bilanz von alledem sicherlich ernüchternd. Wir werden die Sache anders anfassen (müssen):

- Wir listen einige Fundamentalfolgen mit bekanntem Grenzwert auf.
- Für zusammengesetzte Folgen stellen wir ein paar Regeln zusammen, mit denen man sie mit Glück auf Fundamentalfolgen zurückführen kann.

Zuerst verschaffen wir uns eine Vorstellung, ein Bild von einer Folge. Die Darstellung auf dem Zahlenstrahl war ein erster, aber besonders in der Nähe des Grenzwertes etwas unübersichtlicher Versuch.

Die Idee, ein Leiterdiagramm zu zeichnen, ist auch nicht besonders gut: Die Darstellung bringt nicht viel Ein- und Übersicht.

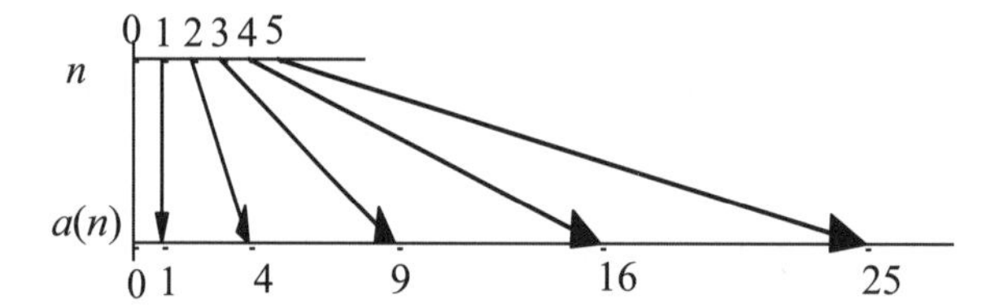

Wir machen es besser: Wir tragen über der Zahlengeraden senkrecht zum jeweiligen Inputwert n die Größe des entsprechenden Folgewertes auf; links zeichnen wir den verwendeten Maßstab der Folgewerte. Die Quadratzahlenfolge können wir uns damit wie folgt veranschaulichen:

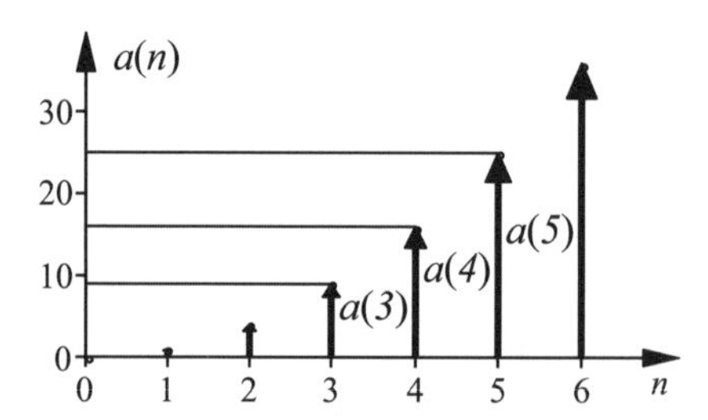

Einige Fundamentalfolgen

Hinweis zur Notation: Wenn nicht anders gesagt, soll

- n die Folge der natürlichen Zahlen durchlaufen „n aus **N**" oder „$n \to \infty$",
- G_a heißen „Grenzwert von a".

1. $a(n) = n$ **;** $a = 1, 2, 3, 4, 5, \ldots$

Die Folge der natürlichen Zahlen strebt gegen unendlich, sie ist divergent. Man schreibt dafür: $G_a := \lim\limits_{n \to \infty} n = \infty$;

2. $b(n) = \dfrac{1}{n}$ **;** $b = \dfrac{1}{1}, \dfrac{1}{2}, \dfrac{1}{3}, \dfrac{1}{4}, \dfrac{1}{5}, \ldots$

Die *harmonische* Folge strebt mit wachsendem n gegen den Grenzwert. Sie *konvergiert* gegen 0 und ist damit eine *Nullfolge.*

$$G_b = \lim_{n \to \infty} \left(\frac{1}{n} \right) = 0 .$$

Nullfolgen sind ebenfalls: $\dfrac{1}{n^2}$; $\dfrac{1}{n!}$; etc.

3. $c(n) = k + nd$, (k, d aus R)

Die Folge heißt *arithmetische* Folge.
Erkennungsmerkmal: Die Differenz zweier Nachbarglieder ist konstant = d.

Beispiel: $k = 0$, $d = 2$: $c = 2, 4, 6, 8, 10, \ldots \to$ die geraden Zahlen.
Grenzwerte: für $d_{positiv} \to \infty$; für $d = 0 \to k$; für $d_{negativ} \to -\infty$

4. $d(n) = k \cdot q^n$, (k, q aus R)

Die *geometrische* Folge ist wohl die wichtigste in der Mathematik.
Erkennungsmerkmal: Der Quotient zweier Nachbarglieder ist konstant gleich q.

Beispiel: $k = 1$, $q = \dfrac{1}{2}$: $d = \dfrac{1}{2}, \dfrac{1}{4}, \dfrac{1}{8}, \dfrac{1}{16}, \ldots$

Grenzwerte: für $q > 1 \to \infty$; für $q = 1 \to 1$; für $q < 1 \to 0$

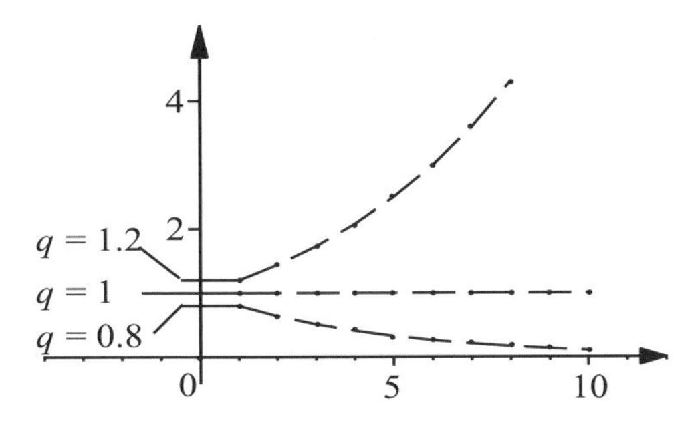

Auch die für Sie vielleicht langsamste Folge der Welt – die Folge der jährlichen Einträge in Ihrem Sparbuch – gehört hierher:

$$\text{Sparbucheintrag} = \mathit{Kapital} \cdot q^{\mathit{Jahre}} \text{ mit } q = 1 + \frac{\mathit{Zinssatz}}{100}$$

5. $e(n) = \sqrt[n]{k}$

Die Folge hat für $k > 0$ den Grenzwert $G_e = 1$.

Auch $\sqrt[n]{n}$ strebt mit steigendem n der 1 zu.

6. $f(n) = (-1)^n$, $f(n) = -1, 1, -1, 1, -1, \ldots$

Eine *oszillierende* Folge, der man keinen Grenzwert zuordnen kann:

$$G_f := \lim_{n\to\infty}(-1)^n = ?!?!$$

Mit dem Term $(-1)^n$ kann man hervorragend oszillierende Folgen *erzeugen*, z.B. $(-1)^n q^n$. Die Frage nach dem Grenzwert ist dadurch aber nicht gerade einfacher zu beantworten.

Epsilontik

Die aufgeschriebenen Grenzwerte sind sicherlich richtig, aber wir wollen an zwei Beispielen ausprobieren, wie man die ε-Definition als Prüfinstanz einsetzen kann, wie man „Epsilontik" betreibt.

1. Die Harmonische Folge: $a(n) = \frac{1}{n}$ mit Grenzwert $G_a = 0$.

Wir fragen, ab welchem n sind die Glieder von $a(n) = \frac{1}{n} < \varepsilon$?

Das ist sicherlich der Fall für das auf $n = \frac{1}{\varepsilon}$ folgende Glied.

a) Wir wählen ein ε-Intervall von 0 ... 0.1:

Ab $n = \frac{1}{\varepsilon} = \frac{1}{0.1} > 10$ liegen *fast alle* Folgeglieder in diesem Intervall.

b) Bei einer Vorgabe von ε = 0.01 liegen ab $n = \frac{1}{\varepsilon} = \frac{1}{0.01} > 100$ *alle, bis auf endlich viele* Glieder der Folge in dieser ε-*Umgebung*.

2. Wegen der Wichtigkeit als zweites Beispiel die geometrische Folge: $a(n) = q^n$; vermuteter Grenzwert: $G_a = 0$.

Gegeben sei ε = ... ; gesucht ist die natürliche Zahl *N*, für die $q^n < \varepsilon$ gilt.

Wir lösen die Gleichung: $q^n = \varepsilon \to n = \log_q(\varepsilon)$.

a) $q = 0.8 < 1$; Gewählt ε = 0.1

$n = \log_{0.8}(0.1) = 10.32$

Ab $n = 11$ liegen alle $a(n)$ in einer ε-Umgebung von 0... $0.8^{11} = 0.086$

b) Wir wählen ε = 0.01 und bekommen $n = \log_{0.8}(0.01) = 20.64$

Ab $n = 21$ liegen alle $a(n)$ in einer ε-Umgebung von $0 \ldots 0.81^{21} = 0.0092$ etc.

Ein Prüfverfahren muss auch negative Auskunft geben können, sonst ist es kein Prüfverfahren! Wir testen die Methode mit einer vorsätzlich getroffenen *falschen* Annahme:

c) Die gleiche Folge $a(n) = q^n$, aber $q = 1.2 > 1$

Wir vermuten *fälschlicherweise* $G_a = 0$ und wählen wieder ε = 0.1.

$n = \log_{1.2}(0.1) = -12.63$

$n = -12.63$ ist keine natürliche Zahl! Der Grenzwert ist falsch gewählt! Tatsächlich strebt diese Folge gen ∞ ; sie divergiert.

Kombinationen und Regeln

Bislang haben wir uns nur recht einfach gestrickte Exemplare mit einem *n* im Folgeausdruck angeschaut. Abwechslungsreicher wird die Sache, wenn wir zwei und mehr *n*-Terme zusammenbringen und sie mit den üblichen Rechenzeichen +, -, ·, / verbinden.

$$\frac{n}{n+1} = \frac{1}{2}, \frac{2}{3}, \frac{3}{4}, \frac{4}{5}, \ldots; \quad \frac{1}{n} \cdot \frac{1}{n} = 1, \frac{1}{4}, \frac{1}{9}, \frac{1}{25}, \ldots; \quad \frac{(-1)^n}{n} = -1, \frac{1}{2}, -\frac{1}{3}, \frac{1}{4}, \ldots$$

Das Gute an der Sache ist – die Grenzwerte sind „folgsam“! Man bekommt z.B. den *Grenzwert einer Summe aus zwei Folgen,* indem man die *Summe der Grenzwerte der beiden Einzelfolgen* bildet.

Die Summenregel: $\lim\limits_{n\to\infty}\left[u(n) + v(n)\right] = \lim\limits_{n\to\infty} u(n) + \lim\limits_{n\to\infty} v(n) = G_u + G_v$

Genauso funktionieren die Regeln für die Differenz, das Produkt und den Quotienten zweier Folgen.

Differenz: $\lim\limits_{n\to\infty}\left[u(n)-v(n)\right]=\lim\limits_{n\to\infty}u(n)-\lim\limits_{n\to\infty}v(n)=G_u-G_v$

Produkt: $\lim\limits_{n\to\infty}\left[u(n)\cdot v(n)\right]=\lim\limits_{n\to\infty}u(n)\cdot\lim\limits_{n\to\infty}v(n)=G_u\cdot G_v$

Quotient: $\lim\limits_{n\to\infty}\left[\dfrac{u(n)}{v(n)}\right]=\lim\limits_{n\to\infty}u(n)/\lim\limits_{n\to\infty}v(n)=G_u/G_v$

Der Nenner eines Quotienten darf allerdings nicht Null werden.

Die Anwendung der Regeln führt jedoch nur in einfachen Fällen zum Ziel. Bei der Vielzahl von Möglichkeiten eine Folge zu bilden, sind häufig Sonderüberlegungen notwendig.

Im Zweifelsfall:
Folgewerte für große n berechnen, Grenzwert erraten, mit „Epsilontik" prüfen.

Handhabung

Machen wir uns an einigen Beispielen klar, was uns die Regeln nützen.

a) Gesucht ist der Grenzwert von: $a(n)=\dfrac{n^2-n+1}{n^2}$

Wir *dividieren den Bruch durch*, kürzen also Zähler und Nenner

durch die höchste Potenz von n: $a(n)=\dfrac{1-\frac{1}{n}+\frac{1}{n^2}}{1}$

Lassen wir jetzt n gegen ∞ gehen, dürfen wir die Grenzwerte der *Einzelfolgen* bilden und erhalten: $G_a=\lim\limits_{n\to\infty}a_n=\dfrac{1+0+0}{1}=1$

b) $b(n)=\dfrac{5+n}{2n}=\dfrac{5}{2n}+\dfrac{n}{2n}=\dfrac{5}{2}\cdot\dfrac{1}{n}+\dfrac{1}{2}$; $G_b=\lim\limits_{n\to\infty}(\dfrac{5}{2}\cdot\dfrac{1}{n}+\dfrac{1}{2})=\dfrac{5}{2}\cdot 0+\dfrac{1}{2}=\dfrac{1}{2}$

c) $c(n)=\dfrac{\sqrt{n}}{n}=n^{\frac{1}{2}}\cdot n^{-1}=n^{-\frac{1}{2}}=\dfrac{1}{\sqrt{n}}$; $G_c=\lim\limits_{n\to\infty}\dfrac{1}{\sqrt{n}}=0$

d) $d(n)=\left(-\dfrac{1}{4}\right)^n-1$, (geom. Folge); $G_d=\lim\limits_{n\to\infty}\left(-\dfrac{1}{4}\right)^n-1=0-1=-1$

e) $e(n) = \frac{1}{n^k}$, (k aus **N**); $\frac{1}{n^k} = \frac{1}{n} \cdot \frac{1}{n} \cdot \frac{1}{n} \cdots \frac{1}{n}$;

$$G_e = \lim_{n \to \infty} \frac{1}{n^k} = 0 \cdot 0 \cdot 0 \cdot \ldots 0 = 0$$

Fast ein wenig spannend wird es, wenn der eine Term Richtung unendlich möchte, der andere als Ziel die 0 hat.

Wenn zwei sich streiten, freut sich der Dritte, heißt das Sprichwort. Es gibt aber weitere Möglichkeiten bei so einem Streit: Entweder gibt es einen Sieger oder einen Kompromiss.

Siegerbeispiel 1: $S_1(n) = n \cdot q^n$ $(q < 1)$

Hier gewinnt die Potenz q^n in jedem Fall die Oberhand: Der Grenzwert ist gleich Null.

Siegerbeispiel 2: $S_2(n) = \frac{x^n}{n!}$

Für alle x ist der Grenzwert gleich Null: $n!$ im Nenner ist eindeutig der Stärkere.

Kompromissbeispiel: $K(n) = \left(1 + \frac{1}{n}\right)^n$

$1/n$ strebt gegen 0, $(\ldots)^n$ gegen ∞. Man einigt sich auf die Grenzzahl $e = 2.71828\ldots$ und nennt sie „Eulersche Zahl“.

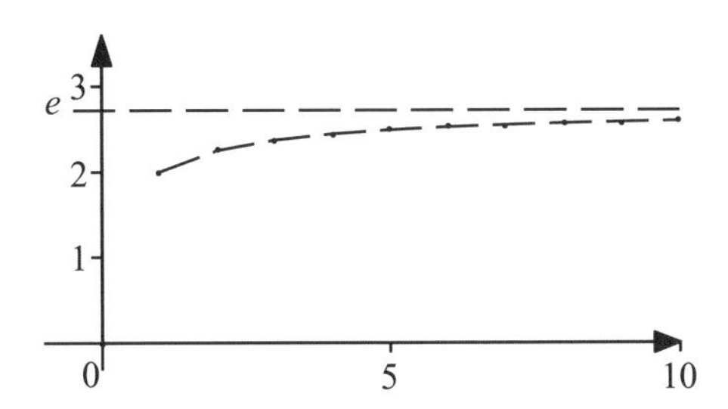

Bereits diese einfachen Exemplare sind übrigens mit den bisher vorgestellten Mitteln nicht zu knacken. Man muss für jedes Exemplar Sonderüberlegungen anstellen, um den Grenzwert zu bekommen. Für den Mathematiker fängt es genau hier an, interessant zu werden – wir machen an dieser Stelle Schluss.

Unsere Behandlung des Themas Folgen war und ist „zweckgebunden“: Wir haben die Folgen nur als „Fast-Funktionen“ aufgefasst und den ersten Umgang mit Grenzwerten daran geübt.

Grenzwert von Funktionen

Wenn wir bei den bisherigen Formeln nicht nur „n aus **N**“, sondern „n aus **R**“ zulassen, haben wir es mit Funktionen zu tun. Ersetzen wir noch n durch x, sehen sie sogar wie gewohnt aus:

$$a(x)=x\,;\quad b(x)=\frac{1}{x}\,;\quad c(x)=k+dx\,;\quad d(x)=kq^x \quad \text{...etc.}$$

Ein gesonderter Abschnitt hierüber erübrigt sich, alle vorstehenden Auslassungen können wörtlich übertragen werden. Ein paar Beispiele sollen das demonstrieren.

Bei den Folgen ging es immer aufwärts gegen ∞. Hier werden durchaus andere Grenzen sinnvoll – der Mechanismus zur Grenzbestimmung ist wie gehabt. Wichtig beim Grenzübergang $x \to 0$ ist, dass wir den Nenner sauber bekommen: Dividieren durch 0 ist weiterhin nicht erlaubt.

e) $\lim\limits_{x\to 0}\frac{x^2-1}{x-1}$; $\quad e(x)=\frac{x^2-1}{x-1}\cdot\frac{x+1}{x+1}=\frac{\left(x^2-1\right)\,(x+1)}{x^2-1}=x+1$;

$$G_e=\lim_{x\to 0}(x+1)=1$$

f) $\lim\limits_{x\to 0}\frac{\sin(2x)}{\sin(x)}$; $\quad f(x)=\frac{2\sin(x)\cos(x)}{\sin(x)}=2\cos(x)$;

$$G_f=\lim_{x\to 0}(2\cos(x))=2$$

g) $\lim\limits_{x\to 1}\frac{1-x}{1-\sqrt{x}}$; $\quad g(x)=\frac{1-x}{1-\sqrt{x}}\cdot\frac{1+\sqrt{x}}{1+\sqrt{x}}=\frac{(1-x)\,\left(1+\sqrt{x}\right)}{1-x}=1+\sqrt{x}$;

$$G_g=\lim_{x\to 1}\left(1+\sqrt{x}\right)=2$$

Anmerkung: **L'Hospital**
Wenn es überhaupt nicht klappen sollte und Ausdrücke wie 0 / 0, ∞/∞, ... übrigbleiben, warten Sie, bis Sie differenzieren können. Monsieur L'Hospital hat ein paar Tricks herausgefunden, die eventuell weiterhelfen. In jedem Lehrbuch sind sie zu finden.

Funktionenfolgen

Nicht nur aus Zahlen, sondern auch aus Funktionen kann man Folgen bilden,

$$f = x, x^2, x^3, x^4 \ldots \to f(n) = x^n \quad (x \text{ aus } \mathbf{R};\ n \text{ aus } \mathbf{N})$$

und sich fragen, wie wohl die *Grenzfunktion* aussieht.

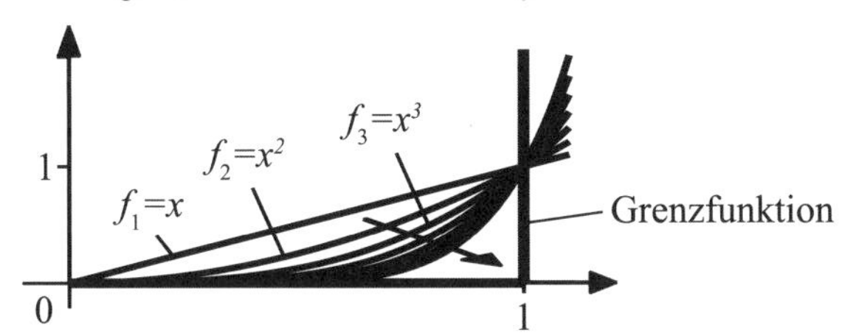

Es gibt dabei Funktionenfolgen mit „guter" und mit „schlechter" Grenzfunktion. Die im obigen Bild dargestellte Funktionenfolge hat eine *schlechte*, weil unstetige Grenzfunktion *mit Knick*!

Weitere Beispiele: $g_n = \dfrac{1}{1+x^{2n}}$; $h_n = n \cdot x \cdot (1-x)^n$.

Eine gute, sprich: stetige Grenzfunktion hat z.B. die Folge $k_n = \left(1+\dfrac{x}{n}\right)^n$

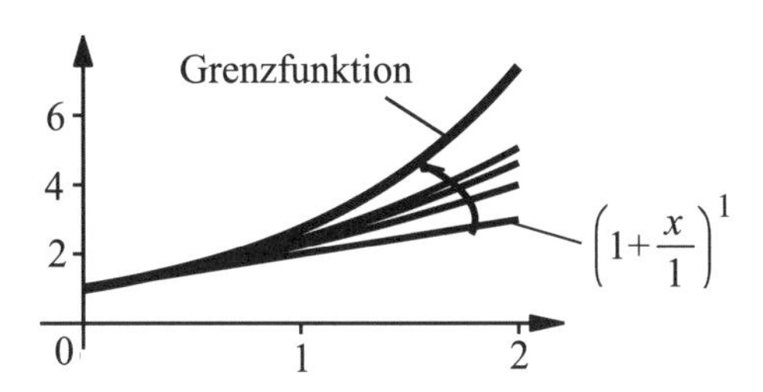

Die Grenzfunktion: $\lim\limits_{n\to\infty} k_n = \lim\limits_{n\to\infty}\left(1+\dfrac{x}{n}\right)^n = e^x$

Für dieses Thema wäre ein gesonderter Abschnitt notwendig, wir überlassen aber den Fachmathematikern das Feld.

Zusätzlich zum Inhalt des Kapitels werden laufend über die Homepage http://4c.web.fh-koeln.de neue Aufgaben mit Lösungen ergänzt.

6 Funktionen

Die Griechen hatten es mit der Geometrie, das Spezialgebiet der Araber war die Algebra. Der **Begriff Funktion** und die damit zusammenhängende Betrachtungs- und Behandlungsweise der Dinge ist der entscheidende Beitrag des Abendlandes zur Mathematik. Er spielt eine überragende Rolle in Analysis, Physik und Technik.

Gleichungen (und Algebra) sind *statisch* und *endlich*; die Lösung einer Gleichung liefert einzelne Werte.

Funktionen (und Analysis) sind *dynamisch* und *unendlich*; sie spiegeln einen Zusammenhang zwischen Größen bzw. Variablen wider. Wenn sich eine Variable ändert, gibt sie die Veränderung der anderen Variablen an.

Bei Beweisen ziehen die Mathematiker allerdings eine statische Betrachtungsweise vor, siehe z.B. die „Epsilontik". Statik kann man in Ruhe sezieren, sie läuft nicht davon.

Mit der Entwicklung von den *Gleichungen* zu den *Funktionen* war ein regelrechter Sinneswandel verbunden. Wir wollen uns den Unterschied an einem Beispiel klar machen.

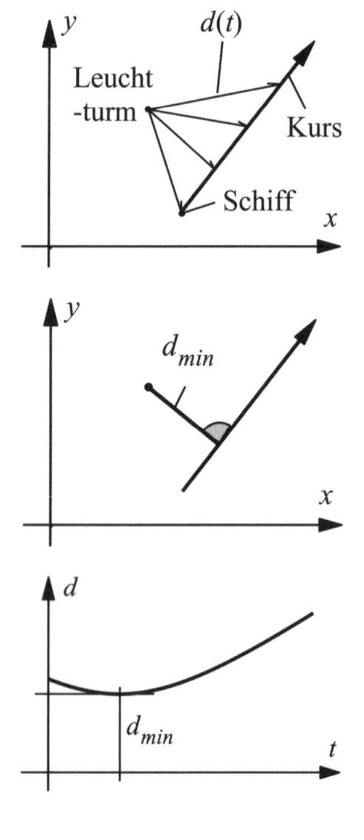

Ein (mathematisch vorgebildeter) Segler schippert bei Nacht und Nebel auf der Nordsee; in der Nähe seines Kurses zeigt die Karte einen Leuchtturm. Er interessiert sich aus naheliegenden Gründen für den Abstand d_{min}, mit dem er den Turm passieren wird.

Ist seine (mathematische) Stärke die Algebra, wird er *Gleichungen* aufstellen und die Werte d_{min} und t_{min}, den Zeitpunkt, an dem er den Turm querab hat, berechnen.

Hat er in der Schule mehr bei der Analysis aufgepasst, wird er die *Abstandsfunktion* $d(t)$ aufstellen und einen Graphen zeichnen. Dieses Diagramm zeigt ihm die Entwicklung des Abstandes „Boot → Turm" der nächsten Zeit. Natürlich kann er auch d_{min} und den Zeitpunkt t_{min} entnehmen.

Tatsächlich wird unser Skipper keins von beiden tun! Er wird seinen Kurs in die Karte eintragen und alle Informationen dort abgreifen. Auch mathematisch vorgebildete Segler rechnen nicht gern: Seeleute sind „Sehleute".

Bevor wir uns kopfüber in die Funktionen stürzen, sollten wir uns klar machen, was eine Funktion oder Abbildung eigentlich ist. Bemühen wir das in Mathe-Witzen gern vorgeführte Trio, so könnte man verschiedene **Definitionen** zusammenstellen.

Der *Mathematiker* wäre mit folgender Formulierung zufrieden:

Gegeben seien zwei nichtleere Mengen A und B. Es sei jedem Element x aus der Menge A auf eine bestimmte Weise genau ein Element y aus der Menge B zugeordnet. Diese Zuordnung heißt dann eine Funktion oder *Abbildung* (z.B. f). Die Menge A nennt man den Definitionsbereich oder die Urbildmenge, die Menge B den Wertebereich oder die Bildmenge.

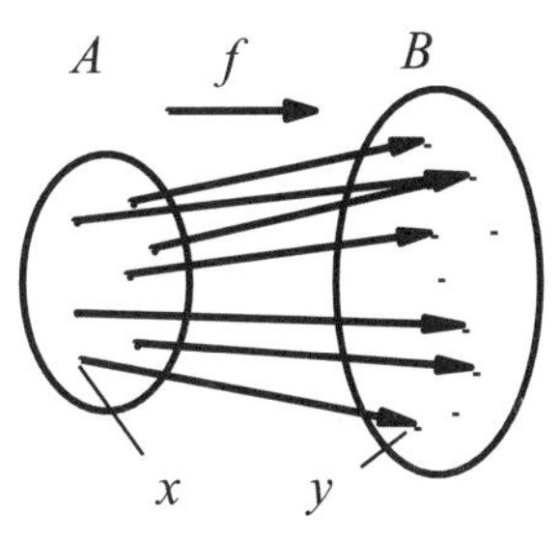

Der *Physiker* würde herausstellen, dass der Wert einer abhängigen Variable (z.B. y) gesetzmäßig vom Wert einer frei wählbaren unabhängigen Variablen (z.B. x) abhängt. Dieses Gesetz würde er *Funktion* nennen, ihm einen Namen geben (z.B. f) und sagen: „y gleich f von x" $\rightarrow$ $y = f(x)$

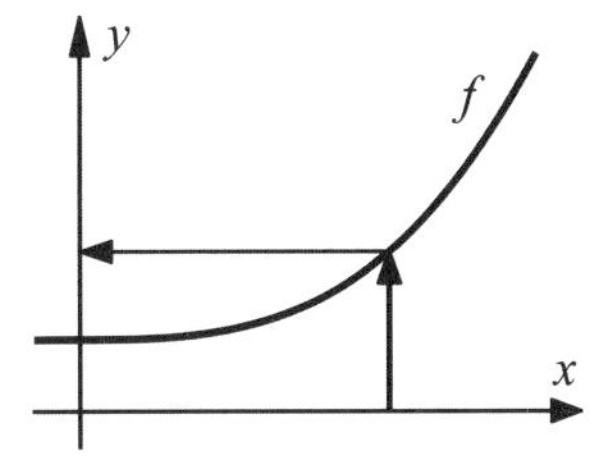

Der *Ingenieur* würde den maschinentechnischen Aspekt bevorzugen, den wir bereits bei den Folgen kennengelernt haben. Eine Funktion gleicht einer Maschine: Eingangsseitig füttert man x-Werte ein und erhält nach Bearbeitung durch die Maschine namens f am Ausgang die Werte y $\rightarrow$ $y = f(x)$.

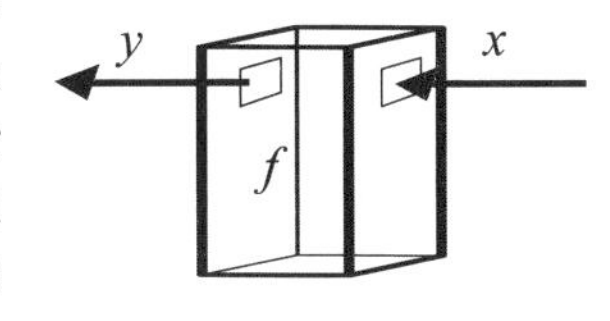

Wichtig ist die *eindeutige* Zuordnung:

$y = +\sqrt{1 - x^2}$ *ist* eine Funktion; dass verschiedene x-Werte den gleichen y-Wert haben, ist zulässig.

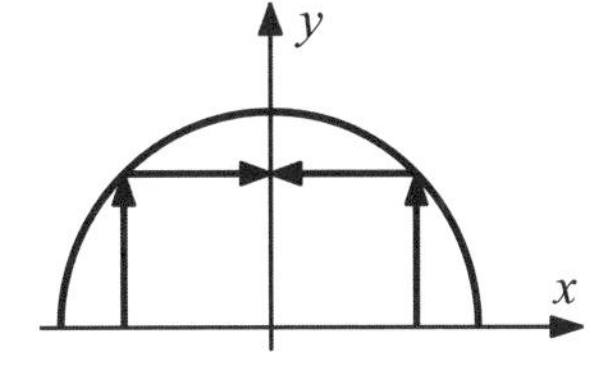

$y = \pm\sqrt{1-x^2}$ ist *keine* Funktion: ein x-Wert hat zwei y-Werte. Der Ausdruck ist nicht zweideutig, sondern *mehrwertig.*

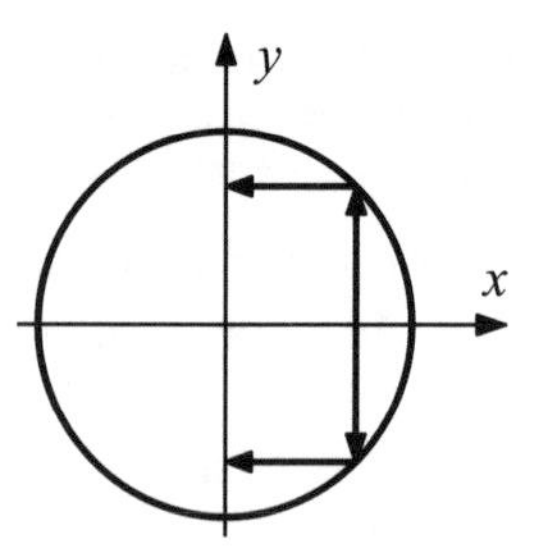

Das sind sehr weitgefasste Definitionen, die auch abstruse Vorschriften und Mengen zulassen. Lassen Sie sich einmal folgende Funktion auf der Zunge zergehen, die von keinem geringeren als L. Dirichlet, Nachfolger von C. F. Gauß in Göttingen, kreiert wurde:

y ist 0 für alle rationalen x,
y ist 1 für alle nichtrationalen x!

Denken oder blättern Sie zurück zum Abschnitt 1.2 „Zahlen". Dort hatten wir gewisse Schwierigkeiten, die irrationalen Zahlen auf der dicht an dicht mit rationalen Zahlen belegten Zahlengeraden unterzubringen und nun machen Sie sich ein Bild von der obigen Funktion!

Mathematiker haben ihre Freude an solchen Dingen. Verständlich, für einen Zoologen ist das australische Schnabeltier auch aufregender als die holländische Feld-, Wald- und Wiesenkuh.

Wir werden uns in Zukunft aber fast ausschließlich mit „braven", sprich: stetigen, glatten und in Formeln gefassten Funktionen befassen, die ggf. ein paar Fehlstellen haben.

Als Definitionsmenge der unabhängigen Variablen x (als Inputwerte) sind nunmehr die reellen Zahlen (x aus R!) zugelassen.

6.1 Darstellungsarten

Tabellarische Darstellung

Handgemachte Wertetabellen oder „Vierstellige Vollständige Logarithmische und Trigonometrische Tafel" sind mit der Verbreitung des Taschenrechners aus der Mode gekommen.

Graphische Darstellung

Die Darstellung bedarf nach der Vorbereitung bei den Folgen keiner langen Erklärung. Wir tragen über der Zahlengeraden senkrecht zum jeweiligen Inputwert x die Größe y des entsprechenden Funktionswertes auf; links zeichnen wir den verwendeten Maßstab der Funktionswerte. Da wir nun die reellen Zahlen als Definitionsbereich haben, entsteht eine Kurve in der Ebene.

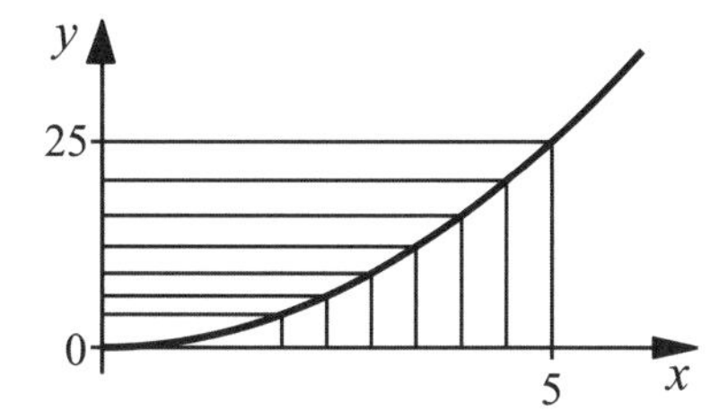

D. h.: Eigentlich ist die so entstandene *Kurve* gar keine! Der *Graph* ist neben Wertetabelle, Leiterdiagramm etc. nur eine spezielle *Darstellungsart* unserer Funktion.

Es gibt aber eine andere, mehr „kurvige" Lesart des Graphen: Man berechnet für jedes x das entsprechende y. Die so ermittelten Zahlenpärchen (x, y) fasst man als Koordinaten eines Punktes in der (x, y)-Ebene auf, zeichnet alle errechneten Punkte in die „koordinierte" Ebene und erhält als graphische Darstellung der Funktion eine Kurve.

Gerade wegen dieser Doppeldeutigkeit hat sich der Graph als das beste Mittel zur Veranschaulichung einer Funktion durchgesetzt. Im Zeitalter der Computer ist so ein Diagramm zudem blitzschnell erstellt.

Analytische Darstellung

Für die rechnerische Behandlung brauchen wir eine analytische Beschreibung, eine algebraische Formel. Das ist nun seit René Descartes (1596 bis 1650) und der Einführung der nach ihm benannten *Kartesischen Koordinaten* und dem dazu passenden Achsenkreuz kein Problem.

Wir wollen uns die gebräuchlichsten vier Darstellungsarten anschauen.

1. Die Explizite Form $y = f(x)$

ist eindeutig die für unsere Zwecke wichtigste und bequemste (nicht nur weil sie aus der Schule hinlänglich bekannt ist).

Der Einheits(halb)kreis: $y = +\sqrt{1 - x^2}$

Eine Parabel: $y = 3x^2 + 2$

Die Sinusschwingung: $y = \sin(2x)$

Wir werden alle wichtigen Gedanken und Methoden mit der Expliziten Form entwickeln. Auch die anderen, weiter unten angeführten Formen versucht man möglichst auf diese Form zurückzuführen.

Man wählt ein x-Intervall von x_A bis x_E, setzt jedes x in die Formel ein und bekommt durch direktes Ausrechnen das passende y. Man sagt auch: Das x-Intervall wird auf das entsprechende y-Intervall abgebildet.

$y = f(x)$ kann man als *Bestimmungsgleichung* ansehen.

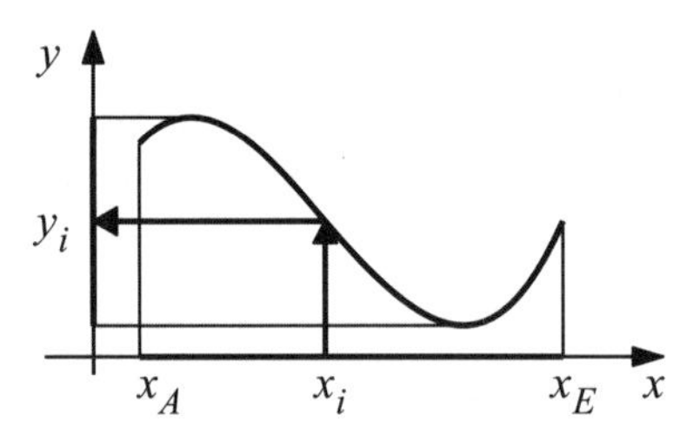

Die Vorschrift $y = f(x)$ sollte dabei *eindeutig* jedem Punkt des x-Intervalls genau ein y zuordnen, sonst verdient sie nicht *Funktion* genannt zu werden.

Wird auch noch verlangt, dass umgekehrt jedem y des y-Intervalls eindeutig genau ein Punkt des x-Intervalls zugeordnet werden kann, spricht man insgesamt von einer *eineindeutigen* Abbildung f (siehe Abschnitt 6.4 „Umkehrfunktionen“).

2. Die Parameterform $x(p) = f(p)$, $y(p) = g(p)$

mit p als *Parameter* bzw. Laufvariable

Sie bietet ein Höchstmaß an Freiheit, da man *zwei* Funktionen zur Beschreibung einer Kurve oder eines Bewegungsablaufs hat (und wird in vielen Bereichen der Mathematik eingesetzt).

Bevorzugte Parameter: die Zeit t, ein Winkel φ.

Eine Parabel: $x(t) = t$, $y(t) = t^2$; $t = t_A \ldots t_E$

in Kurzschrift: $f(t) = \big(x(t), y(t)\big) = \left(t, t^2\right)$

Der Einheits(voll)kreis: $x(\varphi) = 1 \cdot \cos(\varphi)$, $y(\varphi) = 1 \cdot \sin(\varphi)$; $\varphi = 0 \ldots 2\pi$

kurz und bündig: $g(\varphi) = \big(x(\varphi), y(\varphi)\big) = \big(1 \cdot \cos(\varphi), 1 \cdot \sin(\varphi)\big)$

(Physik und Technik formulieren 2D- und 3D-Wege und -Bahnen parametrisch.)

Wir haben gewissermaßen zwei *Bestimmungsvorschriften* vor uns, für jede Koordinate eine.

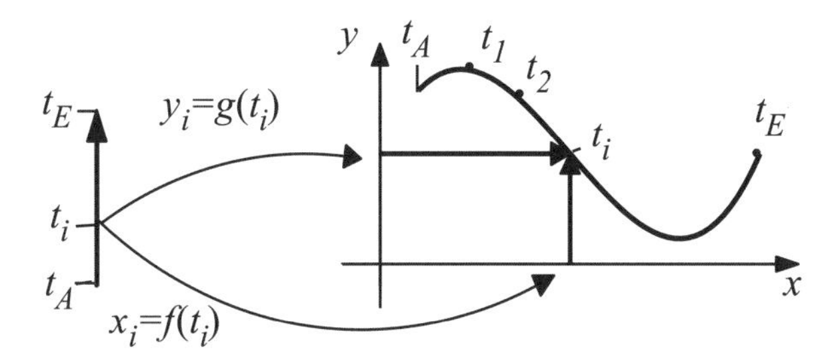

Man denke sich eine Laufvariable, z.B. die Zeit *t*. *t* soll alle Zahlenwerte von t_A bis t_E durchlaufen und rechne mit jedem (Parameter-)Wert *t* per Funktionsvorschrift 1 ($x = f(t)$) ein *x* und per Funktionsvorschrift 2 ($y = g(t)$) ein *y* aus. Die jeweils zu einem *t* gehörigen *x*- und *y*-Werte kann man zusammenfassen und in der *kartesischen Ebene* als „Punktekurve" darstellen.

Kleiner Nachteil: Der eigentliche Auslöser der Kurvenpunkte, der Parameter *t* taucht in der Ebene nicht mehr auf. (Man kann *t* aber durch entsprechende Markierungen an der Kurve wieder ins Bild mogeln.)

Großer Vorteil: Die Darstellung ist kein Graph, sondern eine echte *Kurve*, ein *Weg*, eine *Bahn*.

3. Die Polare Form $r(\varphi) = f(\varphi)$

(*r* ist abhängig von φ; *r* ist eine Funktion *f* von φ)

Sie ist recht nützlich wenn es „rund geht" (und es geht in Natur und Technik recht häufig rund).

Der Einheits(voll)kreis:	$r(\varphi) = 1$ (!)
Die Archimedische Spirale:	$r(\varphi) = a \cdot \varphi$ (φ im Bogenmaß)
Die logarithmische Spirale:	$r(\varphi) = e^{(a \cdot \varphi)}$, der wir einen eigenen Abschnitt widmen werden.

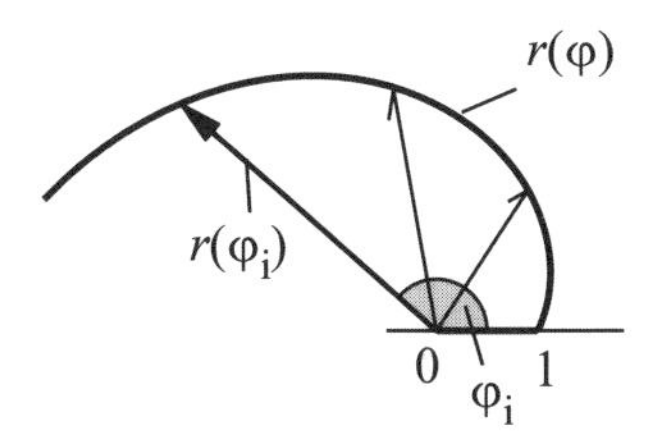

Es liegt wieder eine *Bestimmungsform* vor: Zu jedem gegebenen φ kann man nach Vorschrift *f* direkt einen Abstand *r* vom Nullpunkt aus berechnen und auf dem entsprechenden Winkelschenkel abtragen. Nicht einmal ein komplettes Achsenkreuz braucht man: Nur eine Bezugsgerade, von der aus man φ zählt, und eine *Einheit,* um *r* abtragen zu können.

Bei Bedarf kann man die Polarform in andere Formen umrechnen, wozu dann doch ein Achsenkreuz erforderlich ist.

4. Die Implizite Form $F(x,y)=0$

ist in der Handhabung recht unbequem (sofern man sie nicht durch Auflösung nach x oder y in die Explizite Form überführen kann).

Der Einheitskreis: $x^2+y^2-1=0$

Das Kartesische Blatt: $x^3+y^3-3\cdot x\cdot y=0$

Die Kegelschnitte sind häufig implizit formuliert.

Sie sieht aus wie eine Gleichung, kann aber zu einer Funktion uminterpretiert werden: Für jedes eingesetzte x gibt es ein davon abhängiges $y \to y(x)$.

Also: $x^2+y(x)^2-1=0$; $x^3+y(x)^3-3\cdot x\cdot y(x)=0$

$F(x,y)=0$ stellt nur eine *Bedingung* oder Forderung auf: „Finde zu einem vorgegebenen x ein y, sodass die Gleichung $F(x,y)=0$ erfüllt ist!“ Eine Handlungsanweisung gibt es nicht.

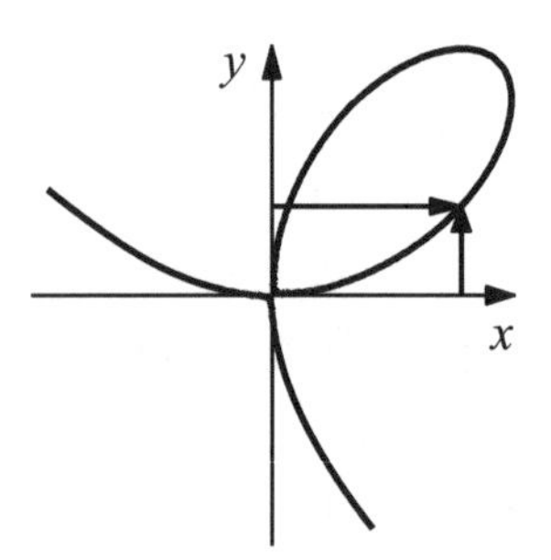

In vielen Fällen muss man ein kluges Buch, einen klugen Algebraiker oder einen Computer zu Rate ziehen. Der Computer benutzt im Zweifelsfalle die Holzhammermethode: Er setzt ein x in die Gleichung ein und testet eine lange Reihe von y's, bis er ein passendes gefunden hat.

Für einige gebräuchliche Kurven gibt es Gott sei Dank benutzerfreundlichere alternative Darstellungsformen. Der Blick in ein „Taschenbuch der Mathematik“ zeigt z.B. für die Ellipse die formelmäßige Darstellung in allen hier vorgeführten Formen. Nun ist es höchste Zeit, konkret zu werden.

6.2 Die Standardfunktionen

Der Katalog ist erfreulich kurz: Er besteht aus nur drei Grundtypen!

1. Die Potenzfunktionen: $y = x^k$ (die Universalfunktionen)
2. Die Exponentialfunktionen: $y = k^x$ (die Wachstumsfunktionen)
3. Die Trigonometrischen Funktionen: $y = \sin(x)$, $\cos(x)$, $\tan(x)$,...
   (die periodischen (Schwingungs-)funktionen)

Die Vielfalt der Funktionsvorschriften entsteht daraus, dass man diese Grundfunktionen (mit den üblichen Rechenzeichen) *kombinieren, umkehren, „auf den Kopf stellen“* (die Reziprokfunktion bilden) und *verketten* kann.

Für die *Umkehrfunktionen* werden wir uns einen kleinen eigenen Abschnitt gönnen und dort auch die *Reziprokfunktionen* vorstellen.

Neues verspricht die *Verkettung* von Funktionen $y = g(f(x))$. Eine *verkettete* oder *geschachtelte* Funktion liegt vor, wenn man erst die „innere“ Funktion $f(x)$ auswerten muss, um mit diesem Wert die „äußere“ Funktion $g(f(x))$ zu füttern.

> *Beispiel*: $y = \sin(2x^2)$: Man muss für jedes x erst die *innere* Funktion $f = 2x^2$ berechnen, um mit diesem Wert den *äußeren* Sinus ermitteln zu können.

Man kann Funktionen gewissermaßen als „Höhere Zahlen“ betrachten und behandeln. Neben den bekannten elementaren Rechenarten müsste man das Differenzieren und Integrieren der nächsten Abschnitte dann als „Höhere Rechenarten“ bezeichnen.

Zu 1. Die Potenzfunktionen: $y = x^k$

Die beiden einfachsten Vertreter: die konstante Funktion $y = a = konst.$, die identische Funktion $y = x = x^1$

Die erste „richtige“ Potenzfunktion: $y = x^2$

Lässt man als Exponenten die *rationalen* Zahlen zu, kann man auch die Wurzelfunktionen, die Umkehrfunktionen darunter abhandeln. Bei *irrationalen* Exponenten wie $y = x^{\sqrt{2}}$ muss man sich erinnern, dass man jede irrationale Zahl durch eine rationale Zahl, einen Bruch beliebig genau annähern kann.

Dargestellt: $y = x^2$ und die Umkehrung $y = \sqrt{x} = x^{\frac{1}{2}}$

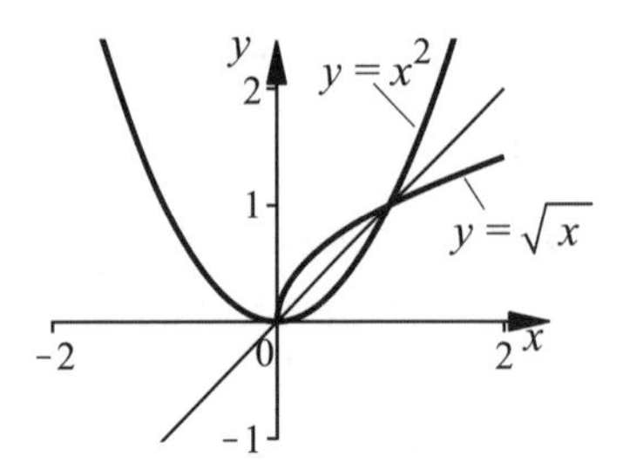

Mit den Potenzfunktionen kann man Polynome sowie ganz- und gebrochen-rationale Funktionen zusammenbauen. Ob man dabei eine Konstante als *Zahl* oder als *Konstante Funktion* ansieht, ist gleichgültig.

Das Bild zeigt $y = \dfrac{2x^2 + 4x}{x - 2}$

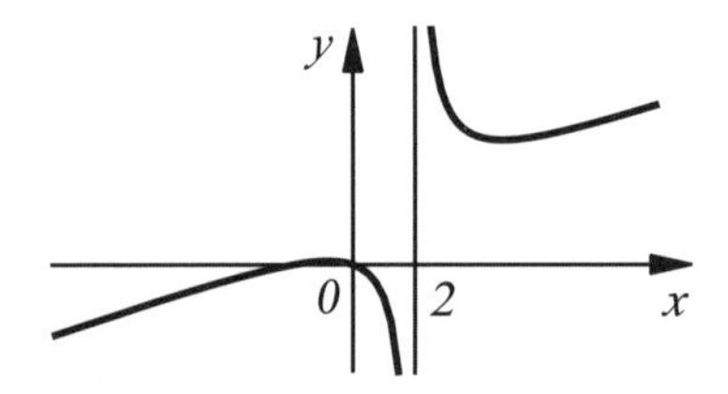

Hat man die Nullstellen eines Polynoms, kann man es als Produkt aus *Linear-faktoren* darstellen.

$y = x^3 - 2x^2 - 5x + 6$ hat Nullstellen bei $x_1 = -2$, $x_2 = 1$, $x_3 = 3$

und lässt sich damit umschreiben zu $y = (x+2)(x-1)(x-3)$.

Bei einer gebrochen-rationalen Funktion bekommt man die Nullstellen, wenn man den *Zähler* = 0 setzt. An Stellen, an denen bei gebrochen-rationalen Funktionen der *Nenner* gleich 0 wird, hat die Funktion eine Unendlichkeitsstelle, einen Pol, sofern nicht der Zähler an dieser Stelle eine Nullstelle besitzt.

Zu 2. Die Exponentialfunktion: $y = k^x$

Die Umkehrfunktion: $x = \log_k(y)$ (bzw. umbenannt: $y = \log_k(x)$)

Hervorzuheben sind die dekadische Basis $k = 10$ und die natürliche Basis $k = e$.

Im Bild: $y = 3^x$, die Umkehrung $y = \log_3(x)$

Die Logarithmusfunktion ist für negative x nicht definiert, was als Umkehrfunktion der Exponentialfunktion nur logisch ist.

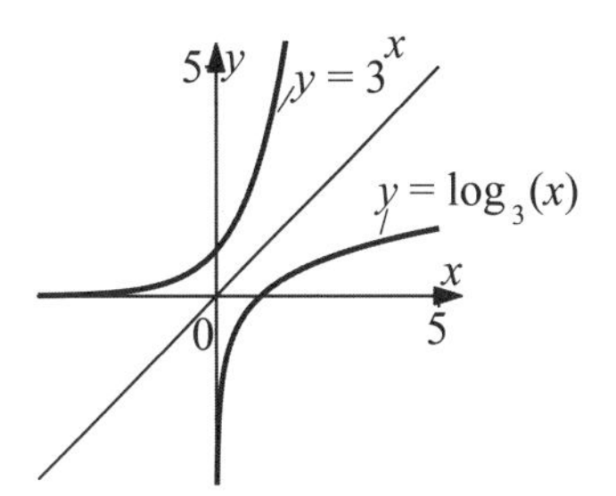

Die Exponentialfunktion strebt mit ziemlicher Geschwindigkeit gegen Unendlich (Stichwort: Exponentielles Wachstum); die Logarithmusfunktion kriecht mit entsprechender Langsamkeit dem gleichen Ziel entgegen.

Zu 3. Die Trigonometrischen Funktionen: $y = \sin(x), \cos(x), \tan(x), ...$

Die Umkehrfunktionen: x = arcsin(y), arccos(y), arctan(y), …

Wir lassen im Einheitskreis den Winkelschenkel wie einen Zeiger im *Gegen*-Uhrzeigersinn kreisen und übertragen die x-y-Werte in ein Koordinatenkreuz. (x ist hier der Drehwinkel!)

Darstellung: $y = \sin(x)$

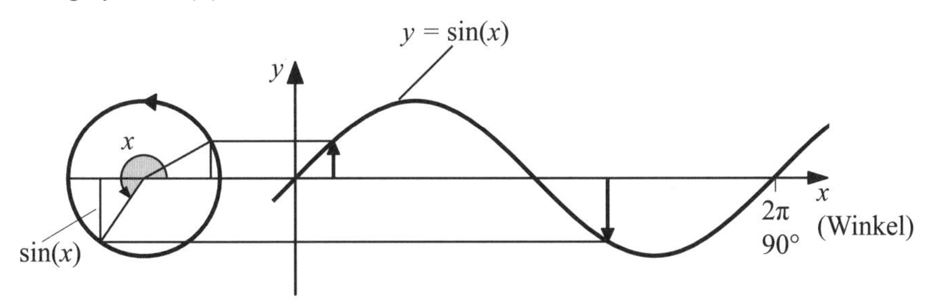

Ab $x = 2\pi$ wiederholen sich die y-Werte – eine besondere Art von Symmetrie. Man sagt $\sin(x)$ hat die Periode $p = 2\pi$; analytisch ausgedrückt:

$$\sin(x) = \sin(x + p)$$

Allein mit der sin-Funktion hat man bereits die cos- und tan-Funktionen im Griff:

$$\cos(x) = \sin(x + \frac{\pi}{2})$$

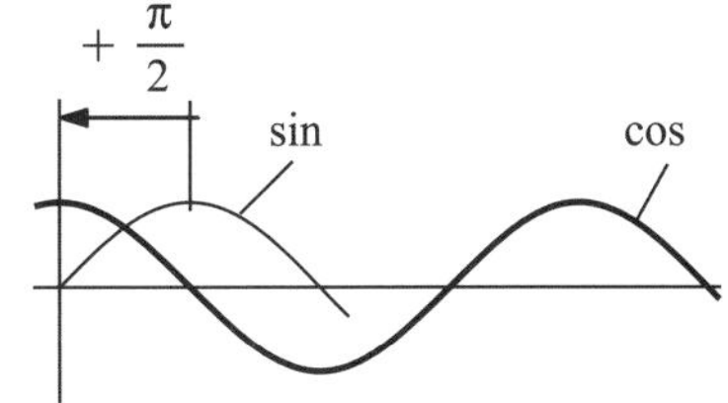

$\tan(x) = \dfrac{\sin(x)}{\cos(x)}$ (hat die Periode π)

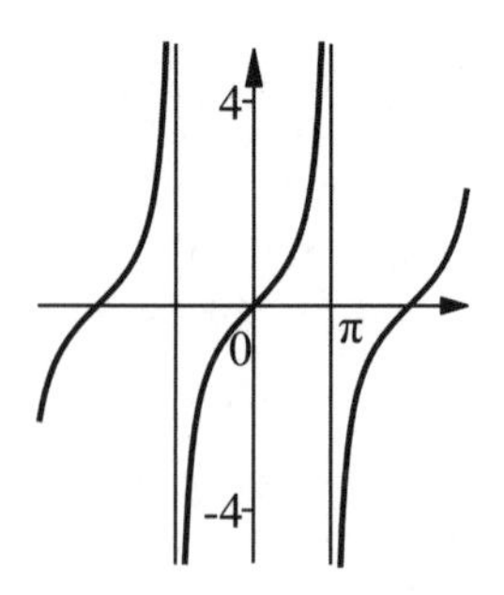

Die Umkehrfrage: Welcher Winkel x gehört zu einem vorgegebenen y-Wert? Die Frage nach der Umkehrfunktion – hat keine eindeutige Antwort. Man muss sich also auf ein *eindeutiges* Umkehrstück beschränken, den sog. *Hauptzweig* der Umkehrfunktion arcsin.

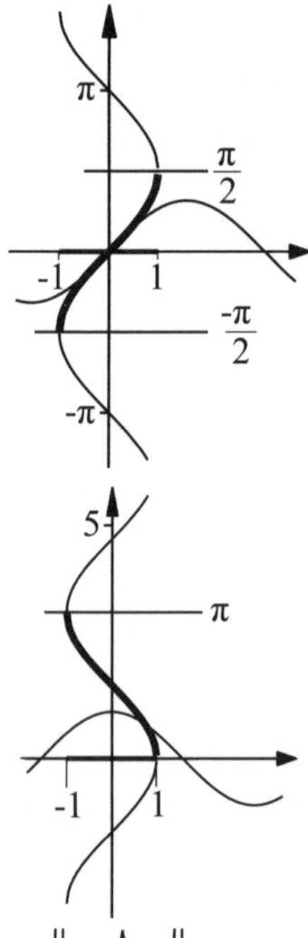

Der Graph von $y = \arcsin(x)$

Der Hauptzweig: $x = -1 \ldots 1$;

$y = -\dfrac{\pi}{2} \ldots + \dfrac{\pi}{2}$

Der Graph von $y = \arccos(x)$

Der Hauptzweig: $x = -1 \ldots 1$;

$y = 0 \ldots + \pi$

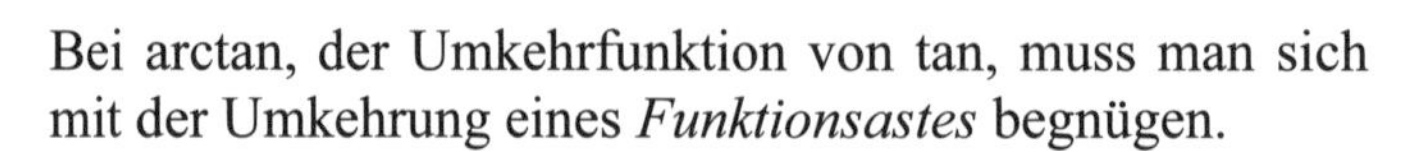

Bei arctan, der Umkehrfunktion von tan, muss man sich mit der Umkehrung eines *Funktionsastes* begnügen.

Zusammen im Bild: $y = \tan(x)$, $y = \arctan(x)$

Hauptzweig von $\arctan(x)$: $x = -\infty \ldots + \infty$;

$y = -\dfrac{\pi}{2} \ldots + \dfrac{\pi}{2}$

Die Fortsetzung des Funktionsgraphen-Einmaleins

Die *allgemeine* Sinusfunktion: $f(x) = a \cdot \sin(b \cdot x + c) + d$

a) Der Koeffizient a ist zuständig für die Höhe der Kurve, physikalisch ausgedrückt: für die Amplitude der Schwingung.

$$y = 2\sin(x)\,;\; y = \frac{1}{2}\sin(x)$$

b) Der Wert b bewirkt eine Streckung bzw. Stauchung des Graphen und verändert damit die Periodenlänge. Die Physiker sprechen von Wellenlänge und berechnen die Frequenz.

Die Periodenlänge berechnet sich zu: $p = 2\pi / |b|$

(Erinnern Sie sich noch an den Binder der Mehrzweckhalle im Abschnitt 2.4 „Gleichungssysteme"? Blättern Sie einmal zurück!)

$$y = \sin(2x)\,;\; y = \sin(x/2)$$

c) c verschiebt die Welle längs der x-Achse; positives c nach links, negatives nach rechts. Eine Phasenverschiebung nennen es die Physiker.

$$y = \sin(x + 2.25)\,,\; y = \sin(x - 1.25)$$

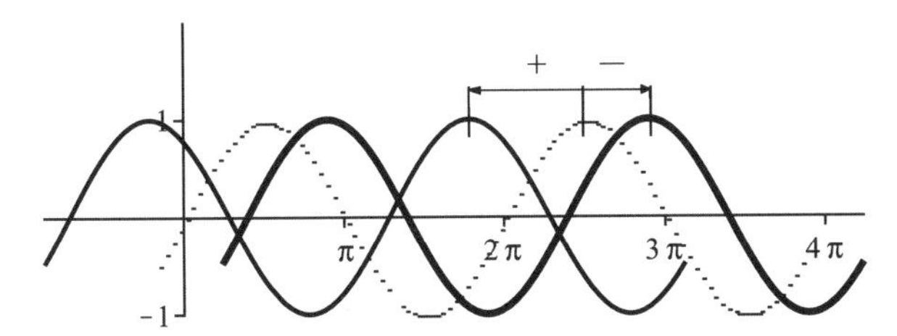

d) Nicht überraschend: d verschiebt die Kurve nach oben oder unten; ein Bild erübrigt sich.

$y = \sin(x) + 2 \rightarrow$ 2 Einheiten nach oben; $y = \sin(x) - 1 \rightarrow$ 1 Einheit nach unten.

Kombinationen

Eingangs hatten wir gesagt, dass die Vielfalt der Funktionsvorschriften daraus entsteht, dass man die Grundfunktionen durch Rechenzeichen verbinden, umkehren und verketten kann.

Tatsächlich streben die Kombinationsmöglichkeiten gegen Unendlich!

Als Demonstration nehmen wir lediglich die Zahl 2 und die Sinusfunktion. Zusätzlich zu den Grundveränderungen (Reziprokfunktion, Umkehrfunktion) ergibt sich schon aus der Kombination dieser beiden Elemente überraschende Formenvielfalt. Lassen Sie sich von dem folgenden Bilderbogen überzeugen.

Die Ausgangsfunktion: $y = \sin(x)$

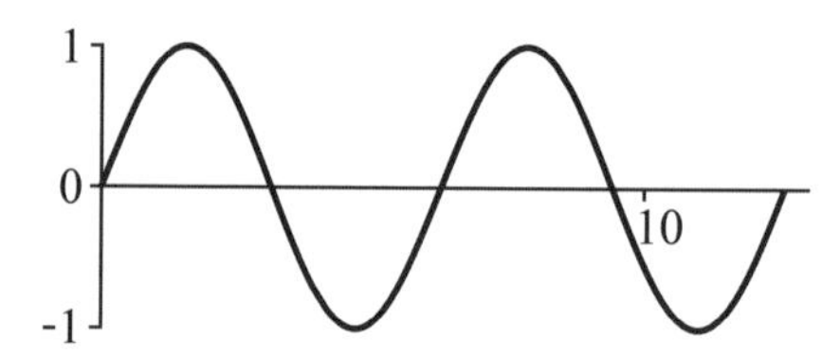

Die Reziprokfunktion: $y = \dfrac{1}{\sin(x)}$

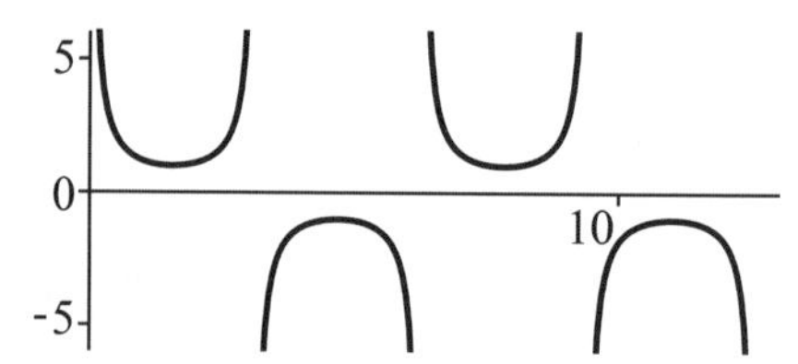

Weiter geht es mit

$y = \sin(|x|)$ $y = |\sin(x)|$

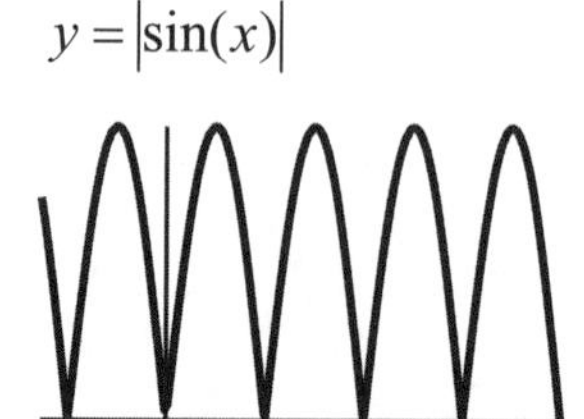

$y = \sin(x^2)$

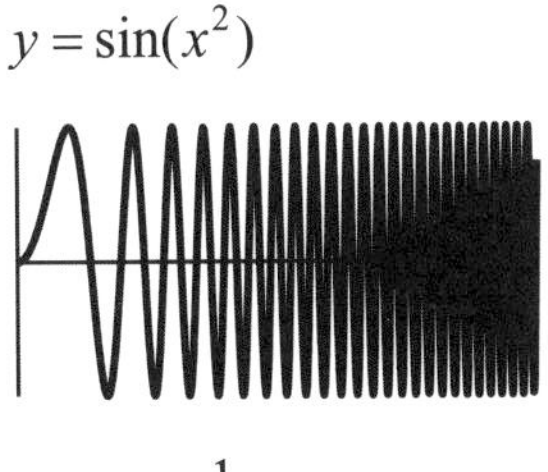

$y = \sin(x)^2$

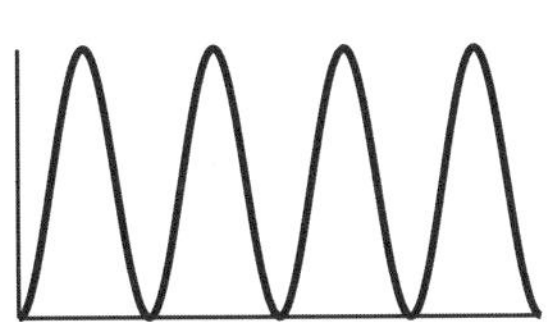

$y = \sin(\frac{1}{x^2})$

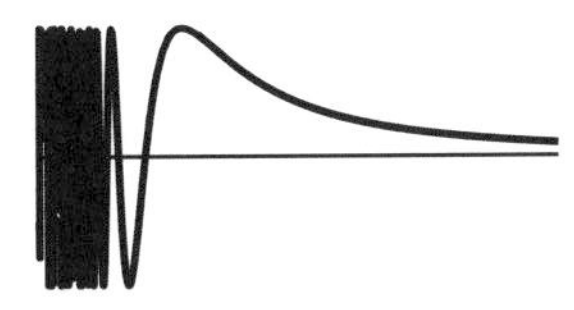

$y = \frac{1}{\sin(x)^2}$

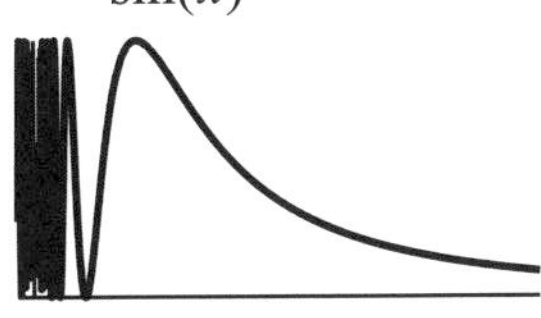

$y = \sin(x^{\frac{1}{2}}) = \sin(\sqrt{x})$

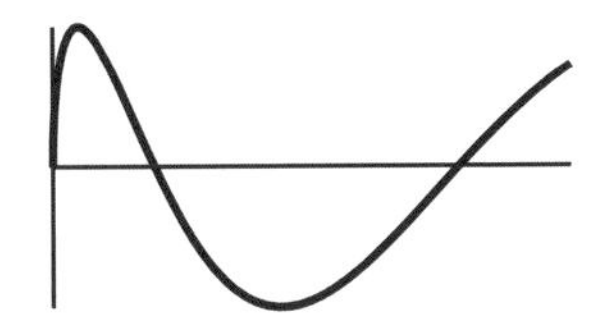

$y = \sin(x)^{(\frac{1}{2})} = \sqrt{\sin(x)}$

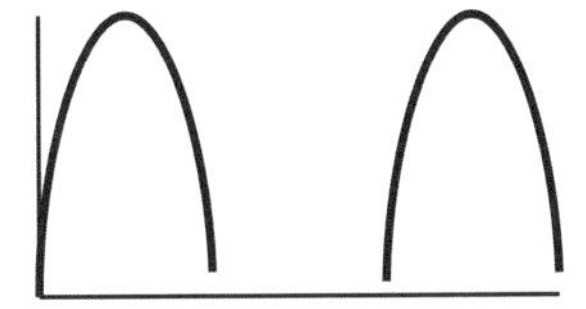

Die Möglichkeiten sind damit noch keinesfalls ausgeschöpft – aber es wird langsam exotisch! Versuchen Sie sich mal ein Bild zu machen von

$$y = 2^{\sin(x)} \text{ und } y = \log_2(\sin(x)).$$

6.3 Eigenschaften

Eine lange (monotone) Liste von Funktionseigenschaften ließe sich jetzt aufstellen und ein vorliegendes Exemplar daraufhin untersuchen und einsortieren.

Man kann Funktionen nach „inneren“, analytischen Eigenschaften einteilen in

- reell/komplex
- elementar/nicht-elementar
- algebraisch/transzendent
- rational/irrational

Weiterhin gibt es Unterschiede im „äußeren“ Erscheinungsbild einer Funktion.

monoton steigend (fallend) – streng monoton steigend (fallend)
(nie fallend (steigend)) – (ständig steigend (fallend))

monoton

streng monoton streng monoton

gerade (*y*-achsensymmetrisch) – ungerade (0-punktsymmetrisch)

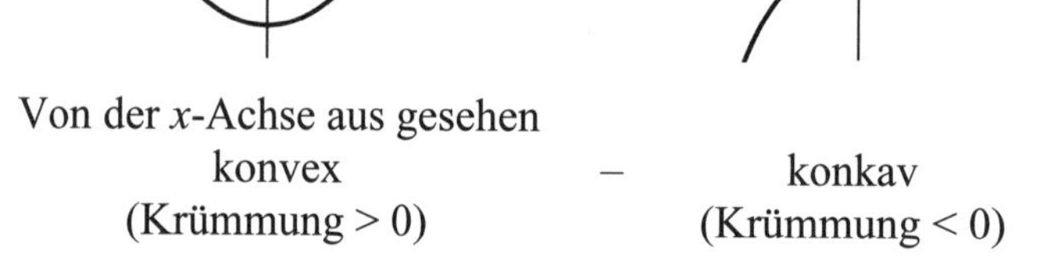

Von der *x*-Achse aus gesehen
konvex (Krümmung > 0) – konkav (Krümmung < 0)

All das lässt sich sauber analytisch definieren (evtl. mit Hilfe der 1. und 2. Ableitung im nächsten Abschnitt). Viel bringt es uns nicht zu wissen, in welche Schublade man eine Funktion einsortieren kann. Wer seine Freude daran hat, versuche sich selber daran oder schaue in einem schlauen Buch nach. Wir sehen von dieser Übung ab und machen uns stattdessen ein Bild der gerade aktuellen Funktion. Nachsehen und nachdenken bringt häufig mehr als definieren und katalogisieren.

Definitions- und Wertebereich

Bei einer Maschine darf man nicht beliebige Dinge hineinstecken und bekommt auch bei richtigem Input nur bestimmte Dinge heraus. Auf Funktionen übertragen heißt das: Man muss sich über den Input, den *Definitionsbereich,* und den Output, den *Wertebereich,* Gedanken machen.

Bei der Funktion $y = x^2$ kann man zwar alle x von $-\infty$ bis $+\infty$ als Maschinenfutter benutzen, bekommt aber nur positive Werte als Ergebnis. Die Funktion $y = \sqrt{x}$ ist nur für positive x-Werte definiert und man hat als Ergebnis, als Wertebereich wieder nur das Intervall von 0 bis $+\infty$.

Besondere Stellen und Punkte

Bei der individuellen Betrachtung eines Funktionsgraphen sollte man das Augenmerk auf folgende Punkte richten:

- Fehlstellen, Knicke, Sprünge, Lücken, Unendlichstellen (Pole) etc. An solchen Stellen lauern Gefahren und Fallen!
- Besondere Punkte: Null- und Extremstellen, Wende- und Sattelpunkte etc. (Die Infinitesimalrechnung der nächsten Kapitel hilft, die gesichteten Punkte exakt zu ermitteln.)

Bei den Gleichungen haben wir uns einen Überblick über die Lösungen verschafft, indem wir sie zu einer Funktion umgewandelt haben.

Um die b*esonderen Punkte* oder die *Umkehrfunktion* einer Funktion zu ermitteln, gehen wir reumütig den Weg zurück. Wir fassen eine Funktion als Gleichung auf und nutzen die begrenzten Möglichkeiten der Algebra, greifen auf die Numerik oder die Holzhammer-Methode des Computers zurück.

Symmetrie

Halten Sie Ausschau nach Symmetrie im weitesten Sinne! Das Auffinden von Symmetrie durchzieht die Mathematik wie ein roter Faden! Uns kann sie viel Arbeit ersparen.

Sie sollen die maximale Weite *maxW* und maximale Höhe *maxH* einer Geschossbahn ausrechnen, die sich mit der Formel $y = -x^2 + 5x + 4$ beschreiben lässt. Bevor Sie umständlich mit der Differenzialrechnung den Extremwert *maxH* ermitteln, machen Sie sich ein Bild! Sie werden eine auf dem Kopf stehende symmetrische Parabel entdecken.
Elementare Lösung somit: *maxW* ist eine der beiden Nullstellen, *maxH* liegt mittig zwischen den Nullstellen!

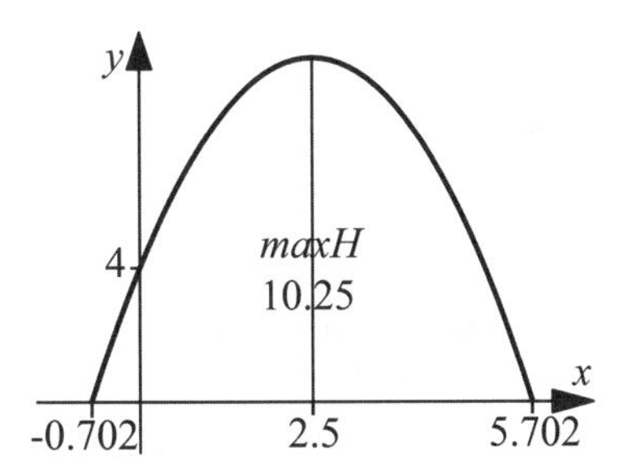

Beispiele zum Thema **„Definitions- und Wertebereich, Null- und Polstellen“**

a) $y = \dfrac{x^2 - 9}{x - 1}$

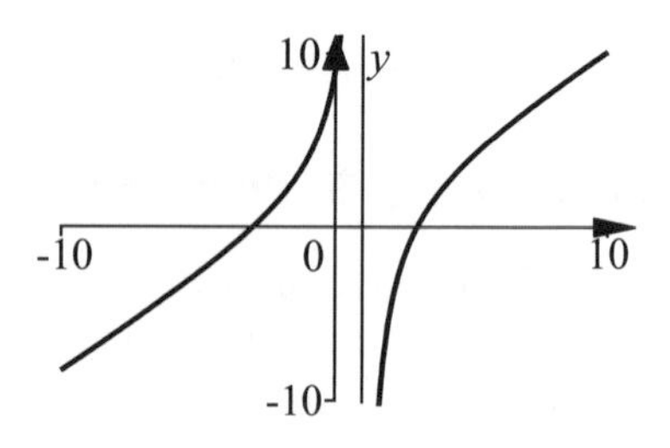

Zähler wird 0 bei $\pm 3 \rightarrow$ Nullstellen: $x_{1,2} = \pm 3$

Nennernullstelle bei 1 Pol bei $x = 1$

Definitionsbereich: $-\infty \ldots \infty$, ohne 1

Wertebereich: $-\infty \ldots \infty$

b) $y = \ln(|x|)$

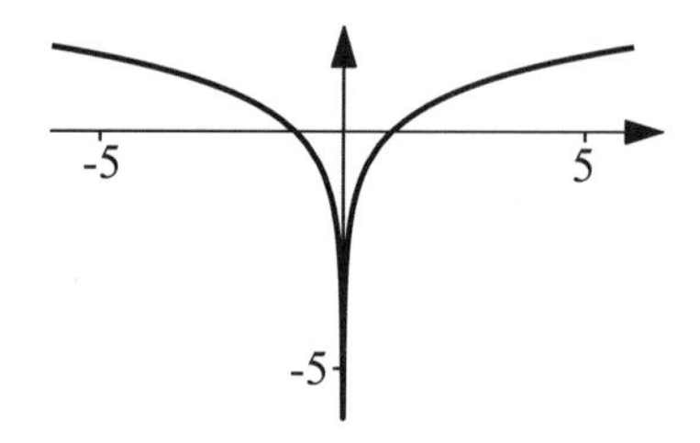

Nullstellen: $x = \pm 1$;

Pol bei 0

Definitionsbereich: $-\infty \ldots \infty$, ohne 0;

Wertebereich: $-\infty \ldots \infty$

c) $y = \dfrac{1}{\sin(x)}$

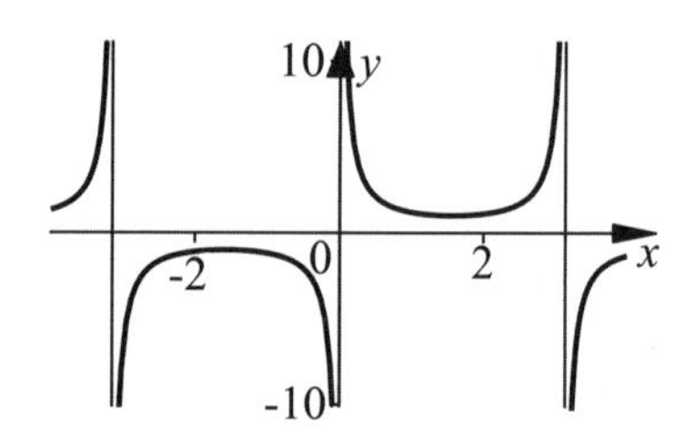

Nullstellen: keine (Zähler konst = 1);

Pole bei $k \cdot \pi$ (k aus **Z**)

Definitions- und Wertebereich: $-\infty \ldots \infty$,

ohne $k \cdot \pi$ (k aus **Z**)

Hin und wieder gibt es auch einzelne Definitionslücken. Kann man die Lücke durch eine „Zusatzvereinbarung“ schließen, nennt man die Definitionslücke *hebbar*.

Echte Unendlichstellen, sog. Pole wie bei der Funktion $y = 1/x$ an der Stelle $x = 0$, sind nicht (be-)hebbar. Die einfache Rechnung $y = 1/0 = \infty$ zählt zu den schwersten mathematischen Sünden: Durch 0 darf man nicht teilen und ∞ ist keine Zahl!

Und dann gibt es noch **Fallen**:

$$y = \frac{x^2 - 1}{x + 1} \text{ ergibt für } x = -1 \text{ den Ausdruck } \frac{0}{0}!$$

Im vorliegenden Fall handelt es sich um eine optische Täuschung und man kommt der Sache folgendermaßen auf die Schliche:

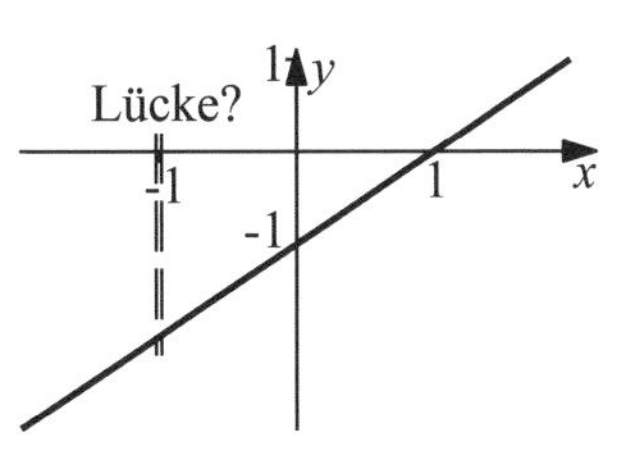

$$y = \frac{x^2 - 1}{x + 1} = \frac{(x-1)(x+1)}{x+1} = x - 1\,!$$

Bei **realen Aufgaben** schränken physikalisch-technische Gegebenheiten die Gültigkeitsbereiche evtl. weiter ein.

Beispielsweise erfährt man in der Statik, dass sich die Durchbiegung eines Kragbalkens unter Last beschreiben lässt durch $y = P \cdot (\frac{l \cdot x^2}{2} - \frac{x^3}{6})$

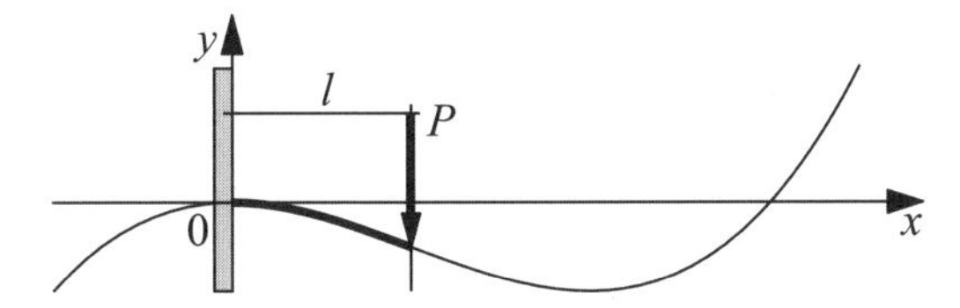

Alle x von $-\infty$ bis $+\infty$ sind erlaubt, technisch sinnvoll und praktisch interessant ist nur das Stück von $x = 0$ bis l.

6.4 Umkehrfunktionen

Die *Umkehrung* einer Funktion macht praktisch und begrifflich so häufig Schwierigkeit, dass ein kleiner Exkurs angebracht ist.

Zuerst einmal besteht Verwechselungsgefahr mit der Reziprokfunktion! Machen wir uns also den Unterschied klar.

Gegeben sei eine Funktion $f(x)$. Die **Reziprokfunktion** ist $\frac{1}{f(x)}$ und es wird

$$f(x) \cdot \frac{1}{f(x)} = 1\,.$$

Multipliziert man Funktion und Reziprokfunktion ergibt sich 1.

$$f(x) = x^2; \quad \frac{1}{f(x)} = \frac{1}{x^2} \quad \rightarrow f(x)\frac{1}{f(x)} = x^2 \frac{1}{x^2} = 1$$

$$f(x)=\sin(x)\,; \qquad \frac{1}{f(x)}=\frac{1}{\sin(x)} \quad \rightarrow f(x)\frac{1}{f(x)}=\sin(x)\frac{1}{\sin(x)}=1$$

Gegeben sei wieder die Funktion f.

Die **Umkehrfunktion** ist f^{-1} und es wird $f\left(f^{-1}(x)\right)=x$.

Wendet man nacheinander Umkehrfunktion und Funktion auf x an, *verkettet, verschachtelt* also die beiden Funktionen, bleibt x übrig. Die Wirkungen auf x heben sich gewissermaßen auf, die Funktionen löschen sich aus!

$$f(x)=x^2; \qquad f^{-1}(x)=\sqrt{x} \qquad \rightarrow f\left(f^{-1}(x)\right)=\left(\sqrt{x}\right)^2=x$$

$$f(x)=e^x; \qquad f^{-1}(x)=\ln(x) \qquad \rightarrow f\left(f^{-1}(x)\right)=e^{\ln(x)}=x$$

$$f(x)=\sin(x); \qquad f^{-1}(x)=\arcsin(x) \qquad \rightarrow f\left(f^{-1}(x)\right)=\sin(\arcsin(x))=x$$

„Umgekehrt" funktioniert es natürlich auch

$$\sqrt{x^2}=x; \qquad \ln\left(e^x\right)=x; \qquad \arcsin(\sin(x))=x$$

Es dreht sich im Folgenden um die **Umkehrfunktion** f^{-1} einer Funktion f!

Eine Funktion $y=f(x)$ weist jedem x ein *eindeutiges* y zu. Die entsprechende Umkehrfunktion $x=f^{-1}(y)$ sollte jedem y ein *eindeutiges* x zuweisen, sonst kann sie den Titel *Funktion* nicht beanspruchen. Um die Umkehrfunktion zu bekommen, müssen wir nur die *Gleichung* $y=f(x)$ nach x *auflösen* und erhalten $x=f^{-1}(y)$.

Gleichung auflösen ist allerdings leichter gesagt als getan, nur in wenigen, einfachen Fällen ist eine Auflösung in geschlossener Form zu bekommen.

Soweit so gut, aber die Schwierigkeiten gehen weiter: Eine eindeutige *globale* Umkehrbarkeit ist nur selten gegeben.

Schon die Umkehrung der einfachen Funktion $y=x^2$ hat ihre Tücken. Für negative y gibt es überhaupt keine x, für positive y gibt es gleich zwei x-Werte. Am Punkt $x=0$ ist die Tangente horizontal, die Ableitung der Originalfunktion $f'(0)=0$. Damit ist die Tangentensteigung der Umkehrung ∞, also nicht definiert.

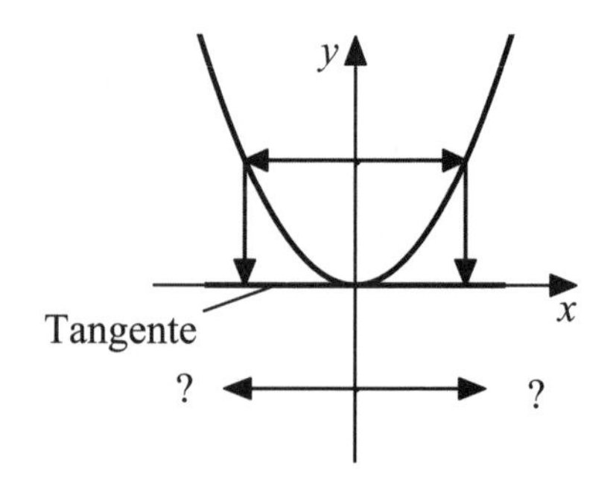

Um das gewohnte Funktionsbild zu erhalten, spiegeln wir quasi die Funktion an der Winkelhalbierenden $y = x$, benennen die Variablen um und haben wieder eine Funktion $y = g(x)$.

$y = f(x) = x^3$; $x = f^{-1}(y) = \sqrt[3]{y}$

Wir „spiegeln“ und benennen um zu $y = g(x) = \sqrt[3]{x}$

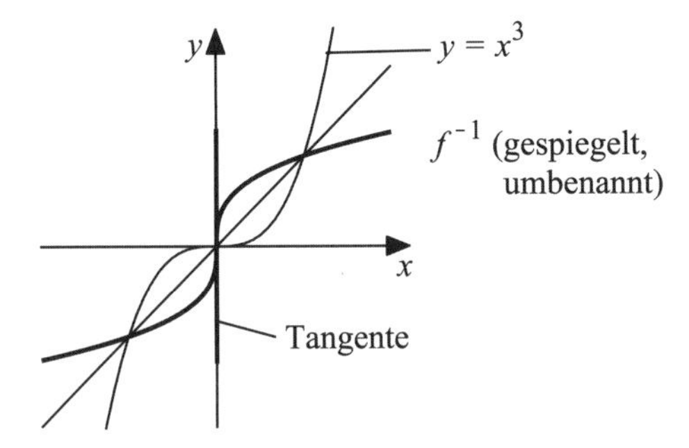

Die Umkehrfunktion $x = \sqrt[3]{y}$ bzw. wie dargestellt gespiegelt, umbenannt $y = \sqrt[3]{x}$, hat zu jedem x ein y zu bieten. Am Punkt $x = 0$ haben wir allerdings das gleiche Dilemma mit der Tangentensteigung wie oben. Differenzierbarkeit hätten wir aber schon gern: Was sollten wir sonst mit der Umkehrfunktion anfangen!

Fazit: Globale Umkehrbarkeit ist sehr selten. Häufig müssen wir uns mit eingeschränkten Definitionsintervallen begnügen: *Lokale* Umkehrbarkeit nennt man das.

Im Falle $y = x^2$ können wir das Definitionsintervall z.B. auf die positive x-Achse beschränken. Die Umkehrfunktion ist dann $x = +\sqrt{y}$ (bzw. nach der Umbenennung $y = +\sqrt{x}$), das Bildintervall die positive x- (bzw. y-) Achse.

Das folgende Bild zeigt, dass man zwischen *kritischen* Stellen ein *eingeschränktes* Definitionsintervall festlegen kann, in dem eine Umkehrfunktion existiert. Das Kurvenstück muss dort *streng monoton* steigend (oder fallend) sein.

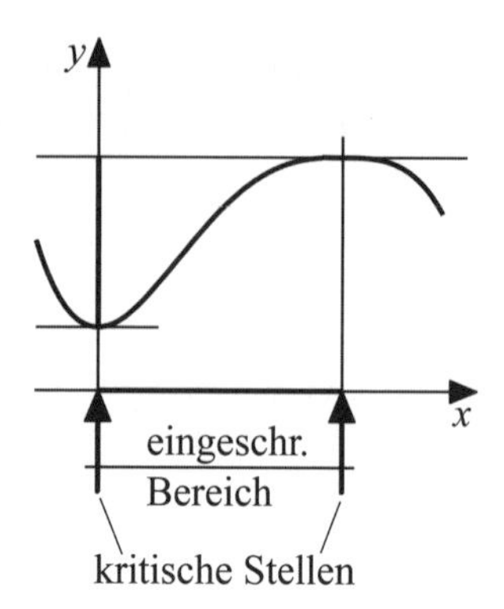

Zusammenfassung: Ist an einer Stelle x der Originalfunktion f die Ableitung $f'(x) \neq 0$, existiert in einer *Umgebung* von x eine *lokale* Umkehrfunktion f^{-1}. Ist aber $f'(x) = 0$, gibt es dort keine Umkehrmöglichkeit.

Es ist also wichtig, die *kritischen* Punkte, an denen die Kurvensteigung gleich 0 ist, festzustellen. Bereits die Schulmathematik hat das voll im Programm: Die Ableitung der Funktion bilden, sie gleich 0 setzen, nach x auflösen usw. Im nächsten Abschnitt 7.1 „Differenziation" werden wir das im Rahmen der beliebten *Kurvendiskussion* wiederholen.

6.5 Manipulation, Transformation

Funktionen sind weder gottgegeben noch fallen sie vom Himmel.

- Mathematiker erfinden und studieren sie gewissermaßen auf Vorrat,
- Physiker entdecken sie in der Natur (z.B. in der Himmelsmechanik),
- Ingenieure machen sie sich zunutze (z.B. bei der Planung einer Brücke).

In gewissem Rahmen kann man Lage und Eigenschaften einer vorliegenden Funktion verändern und sie den eigenen Wünschen oder irgendwelchen (Rand-) Bedingungen anpassen.

a) Man kann eine Funktion (besser gesagt: den Funktionsgraphen) verschieben.

Wir wollen die Funktion $y = x^2$ um 2 Einheiten nach „oben" schieben: $y - 2 = x^2 \rightarrow y = x^2 + 2$.

Nun soll $y = x^2$ um 3 Einheiten nach „rechts" verschoben werden: $y = (x-3)^2$

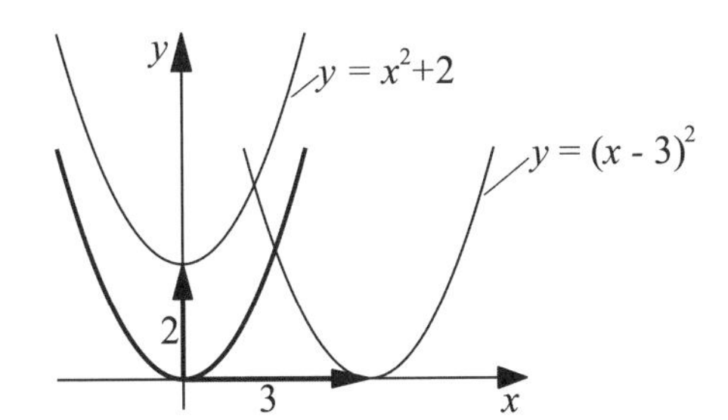

Es muss natürlich in einer komplizierteren Funktion *jedes* x entsprechend behandelt werden: $y = x^2 + 4x - 3 \;\; \rightarrow \;\; y = (x-3)^2 + 4(x-3) - 3$.

Parametrisch definierte Funktionen kann man gar drehen und spiegeln.

b) Man kann die Kurven*form* verändern: $y = x^2$; $y = 2x^2$; $y = 0.5x^2$.

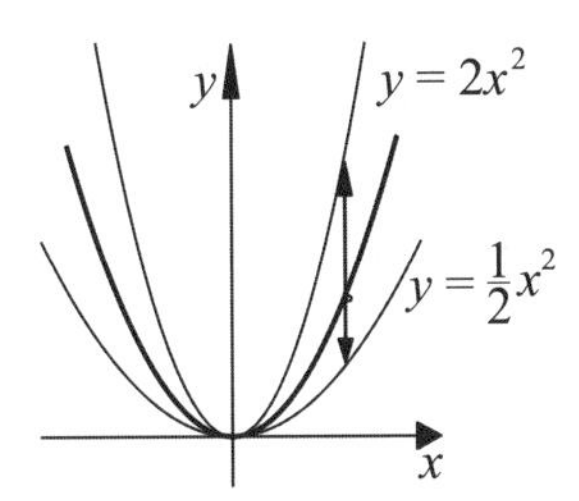

Weiterer Vorteil solcher Manipulationen: Man kann eine komplizierte Funktion vereinfachen.

Die etwas undurchsichtige Funktion $y = (x-3)^2 + 2$ erweist sich nach entsprechender Verschiebung als Normalparabel:
$y - 2 + 2 = (x - 3 + 3)^2 \;\; \rightarrow \;\; y = x^2$.

Natürlich kann man auch die Funktion lassen, wo sie ist, und dafür das Koordinatensystem verschieben, reine Geschmacksache.

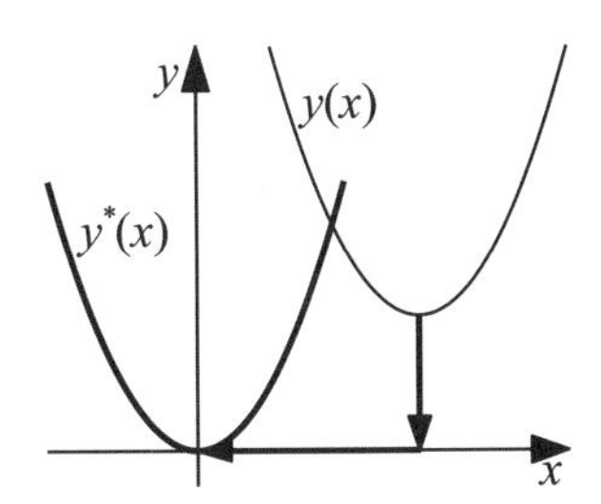

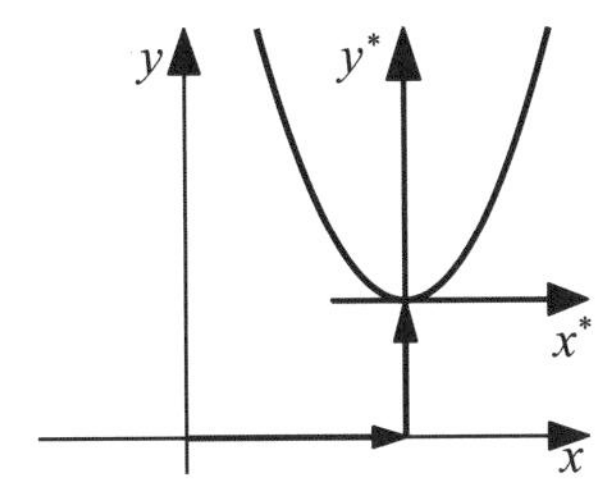

Durch geeignete Wahl der Koeffizienten kann man eine Funktionskurve durch gegebene Punkte schicken und/oder dort die Steigung vorschreiben. Die ersten Beispiele waren die „Bogenbrücke“ und die „Mehrzweckhalle“ im Abschnitt 2.4 „Gleichungssysteme“. Im Abschnitt 9.2 „Interpolation“ werden wir noch einmal darauf zurückkommen.

Aufpassen muss man allerdings, dass man nur Äquivalenzumformungen vornimmt, die Eigenschaften, die man untersuchen will, also nicht verzerrt werden oder verloren gehen.

c) Eine weitere Art der Transformation, die eine Vereinfachung in der Behandlung eines Problems mit sich bringen kann, ist, die *analytische Form* der Funktion zu ändern. Im Folgenden die wichtigsten Umwandlungen.

Explizit → Parametrisch. Explizit gegeben: $y = f(x)$
Wie folgt geht es immer: Setze $x = t$; automatisch ist $y = f(t)$.

Es gibt aber eine gewisse Wahlfreiheit. Eine Kurve kann je nach Bedarf durch eine andere Substitution in einer anderen *Parametrisierung* dargestellt werden.

Beispiel: Die „Neil´sche Parabel“. Explizite Form: $y = \sqrt[3]{x^2}$

1. Parametrisierung: Substitution $x = t$ ergibt $x = t$, $y = \sqrt[3]{t^2}$.

2. Parametrisierung: Substitution $x = t^3$ ergibt $x = t^3$ $y = \sqrt[3]{(t^3)^2} = t^2$.

Die lästige 3.Wurzel ist verschwunden!

Aber Vorsicht:

Die ersten Ableitungen werden im Nullpunkt beide gleichzeitig Null: $x' = 3t^2$, $y' = 2t$ ergibt für $t = 0 \to x' = 0$ $y' = 0$.
Man kann somit am Nullpunkt keine eindeutige Tangente zeichnen!

Umgekehrt geht es nicht immer ganz so leicht.

Parametrisch → Explizit. Gegeben: $f(t) = (x(t), y(t))$
Man muss *t eliminieren*, d.h. man muss versuchen, eine der beiden Gleichungen $x(t)$ oder $y(t)$ nach t aufzulösen und den Ausdruck in die andere Gleichung einzusetzen. Ergebnis: Die gewünschte Form $y = f(x)$ oder $x = g(y)$.

Beispiel: Gegeben die Parameterform: $x = t^3$; $y = t^2$

Wir bauen die erste Gleichung um: $t = \sqrt[3]{x}$, setzen das t in die zweite ein $y = \left(\sqrt[3]{x}\right)^2 = \sqrt[3]{x^2}$ und haben die Explizite Form.

Polar → Parametrisch. Polar gegeben: $r = f(\varphi)$

Parametrische Version: $x(\varphi) = f(\varphi)\cos(\varphi)$; $y(\varphi) = f(\varphi)\sin(\varphi)$.

Die geometrischen Zusammenhänge sind anhand des Bildes leicht (?) verständlich.

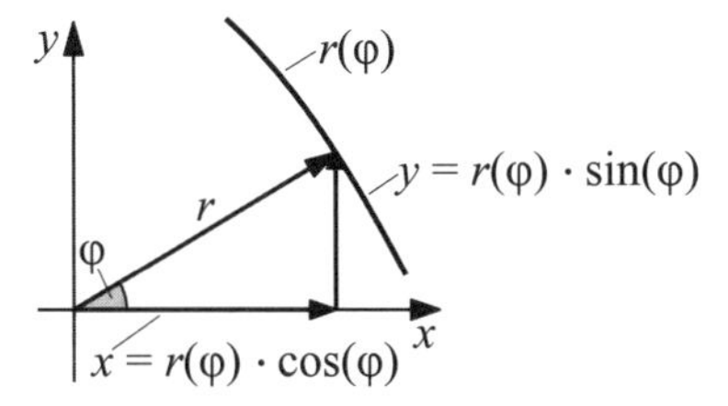

Beispiel: Gegeben die Logarithmische Spirale in Polarform: $r(\varphi) = e^{a\varphi}$.

Die Parameterform kann man direkt anschreiben:

$x(\varphi) = e^{a\varphi}\cos(\varphi)$; $y(\varphi) = e^{a\varphi}\sin(\varphi)$.

Die Weiterverarbeitung zur Expliziten Form macht (fast immer) Schwierigkeiten, man kann (fast immer) das φ nicht separieren.

Parametrisch → Polar. Gegeben: $f(\varphi) = (x(\varphi), y(\varphi))$

Man macht sich Pythagoras zunutze: $r(\varphi) = \sqrt{x(\varphi)^2 + y(\varphi)^2}$.

Beispiel: Parametrisch gegeben: $x(\varphi) = e^{a\varphi}\cos(\varphi)$; $y(\varphi) = e^{a\varphi}\sin(\varphi)$.

$$\begin{aligned}
r(\varphi) &= \sqrt{\left(e^{a\varphi}\sin(\varphi)\right)^2 + \left(e^{a\varphi}\cos(\varphi)\right)^2} \\
&= \sqrt{\left(e^{a\varphi}\right)^2 \cdot \left(\sin(\varphi)^2 + \cos(\varphi)^2\right)} \\
&= \sqrt{\left(e^{a\varphi}\right)^2 \cdot 1} \\
&= e^{a\varphi}
\end{aligned}$$

Der Sinn solcher (Koordinaten-)Transformationen (Verschiebung, Umwandlung in Polarkoordinaten etc.) ist immer: Man möchte die Funktion in eine Version bringen, die man „bequemer“ handhaben kann. Außer den Grundfunktionen gibt es natürlich eine Vielzahl von speziellen Funktionen.

6.6 Sonder- und Spezialfunktionen

Diese spielen in bestimmten Bereichen der Mathematik, Physik und Technik eine Rolle.

Funktionsklassen

- Betrags-, Sprung-, Treppenfunktionen
- Stückweise definierte Funktionen
- Hyperbolische (Area-) Funktionen (aus *e*-Funktionen zusammengesetzt)
- Parameterintegrale (Flächen-, Bogenlängenfunktion, Klothoide)
- Zykloiden (parametrische Rollkurven)
- Spiralen (polar definierte Schneckenhäuser, Tannenzapfen, Sonnenblumen)
- Blätter (implizit definiert)
- Kegelschnitte (implizit vorgegeben: Kreis, Ellipse, Hyperbel, Parabel)

Einzelfunktionen

- Gammafunktion
- Dirac-Funktion

Funktionen in Physik und Technik

Erstaunlich ist, dass ein Großteil der Physik und Technik mit den paar Grundfunktionen und Kombinationen daraus auskommt. Schauen Sie in die entsprechende Literatur, ein Blick genügt, um sich davon zu überzeugen. Von Galileo Galilei stammt der Spruch: „Die Physik ist in der Sprache der Mathematik geschrieben."

Alltägliche Funktionen

Auch im Alltag begegnen uns (meist recht einfache) Funktionen. In der Fahrschule z.B. lernt man eine Formel für den **Sicherheitsabstand**:

$$\text{Sicherheitsabstand} = 1/2 \text{ Tacho}$$

In einem schlauen Buch findet man für den **Bremsweg**:

$$s = \text{reiner Bremsweg} + \text{Weg in der Schrecksekunde} + \text{Wagenlänge}$$

$$s = \frac{v^2}{100} + \frac{v}{3.6} + 6 \quad (s \text{ in m; } v \text{ in km/h})$$

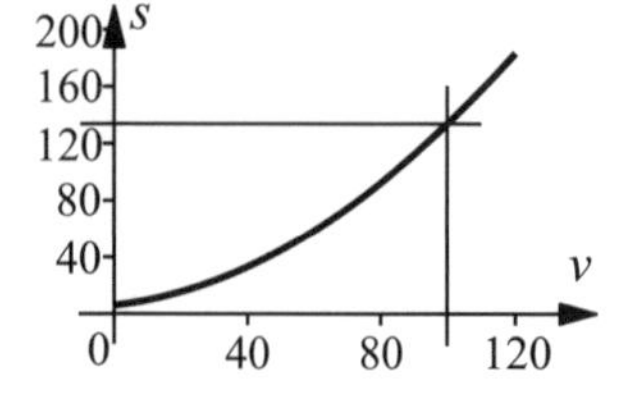

Die **Verkehrsdichte** wird damit festgelegt: $f(v) = \frac{1000 \cdot v}{s}$ (Fahrzeuge / h)

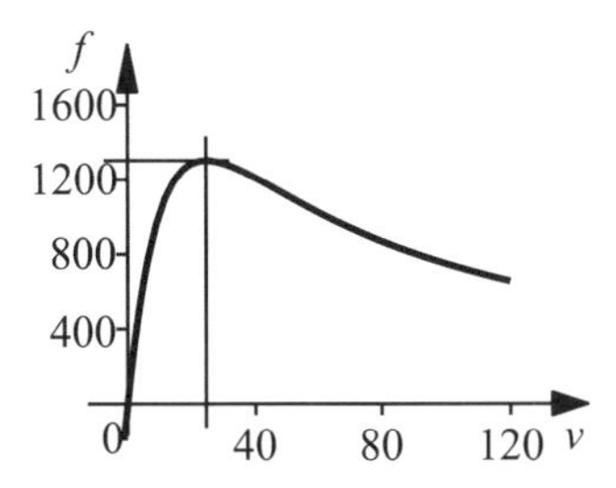

Die meisten Autos pro Std. können eine Straße bei ca. 25 km/h passieren! Erhebt sich die Frage: Warum wird an Autobahnbaustellen die Geschwindigkeit auf 60 km/h eingeschränkt!?

Weitere Fundstücke:

Die offizielle „**Barometrische Höhenformel**" gibt an, wie sich der Luftdruck mit zunehmender Höhe verringert: $p(h) = 1.013\ e^{-h/7991}$ (p in bar; h in Meter)

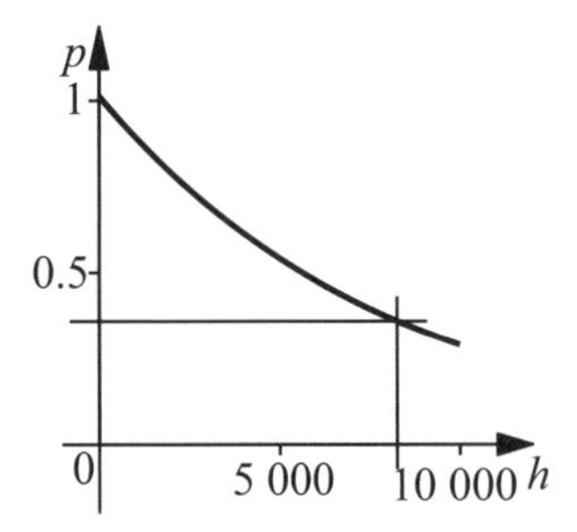

Wenn Sie die Umkehrfunktion $h = h(p)$ bilden bzw. das Diagramm „umgekehrt" lesen, können Sie Ihr Barometer als Höhenmesser verwenden:

$$\frac{p}{1.013} = e^{-\frac{h}{7991}} \quad \rightarrow \quad \ln\left(\frac{p}{1.013}\right) = -\frac{h}{7991} \quad \rightarrow \quad h = -7991 \cdot \ln\left(\frac{p}{1.013}\right)$$

Nach tagelanger anstrengender Kletterei zeigt Ihr Druckmesser $p = 0.34$. Die Ausrechnung von $h(p)$ mit diesem Wert ergibt eine Höhe von $h = 8724$ Meter. Sie befinden sich knapp unter dem Gipfel des Mt. Everest im Himalaya. Womit erwiesen ist, dass sich ein Barometer auch zur Bestimmung eines Standortes eignet.

Die „**Windchill-Funktion**":

Die *gefühlte Temperatur* $T_{gef} = \left(0.478 + 0.237 \cdot \sqrt{v} - 0.012v\right)(T - 33)$.

Eine Funktion mit den zwei unabhängigen Variablen v und T. (Gefühle auf 3 Stellen hinter dem Komma genau!)

Der folgende Formelunsinn gibt die empfohlene **Absatzhöhe für Frauen** an, je nach Anzahl der Cocktails: $h = Q(12 + 3s/8)$

Persönliche Funktionen

Spritmenge
Sie haben ein Motorboot im Düsseldorfer Yachtclub liegen und eine Vorliebe für frisch gezapftes Kölsch. Bei den häufigen Touren von Düsseldorf nach Köln haben Sie Zeit für tiefsinnige Überlegungen:

1. Sprit wird immer teurer, Kölsch auch.
2. Sparen ist angesagt, tunlichst am Sprit!
3. Der Rhein fließt von Köln nach Düsseldorf.
4. Je schneller ich fahre, desto mehr Diesel verbraucht der Motor.
5. Je langsamer ich fahre, desto länger brauche ich für die Strecke und der Motor verbraucht länger Sprit. (Fahre ich genau mit Stromgeschwindigkeit gegen den Strom an, komme ich überhaupt nicht vorwärts und verbrauche am meisten Sprit.)
6. Eigentlich müsste es eine optimal-sparsame Geschwindigkeit geben! (Der Rückweg macht in der Hinsicht kein Kopfzerbrechen: Mit dem Strom treiben lassen ist die sparsamste Geschwindigkeit.)

Nun wird es schwierig:
Sie wollen den Spritverbrauch für einen Schiffsweg über Grund $W_{üG}$ von 1 km für verschiedene Bootsgeschwindigkeiten durchs Wasser V_{dW} ermitteln.

Sie finden in der Motorbetriebsanleitung eine Formel für den Spritverbrauch $SpVb$ in Abhängigkeit von V_{dW}:

$$SpVb = f(V_{dW}) = 0.1 \cdot V_{dW}^2 + 3 \text{ (Liter pro Betriebsstunde).}$$

Die Rheinströmung V_{Str} nehmen Sie mit 5 km / h an.

Erste Überlegung:
In Prosa: Schiffsweg über Grund = Schiffsgeschw. über Grund * Zeit

In Formel: $W_{üG} = V_{üG} \cdot t$, woraus folgt $t = \frac{W_{üG}}{V_{üG}}$. ($t$ = Zeit in h)

Zweite Überlegung:
Schiffsgeschw. ü. Grund = Schiffsgeschw. d. Wasser – Stromgeschw.
$V_{üG} = V_{dW} - V_{Str}$

Zwischenfolgerung: $t = \dfrac{W_{üG}}{V_{dW} - V_{Str}}$

Dritte Überlegung:
Verbrauchte Spritmenge = Zeit * Spritverbrauch pro Zeit
$SpMg = t \cdot SpVb$

Schlussfolgerung: Die Spritmenge für den Weg über Grund ergibt sich zu

$$SpMg = \frac{W_{üG}}{V_{dW} - V_{Str}} \cdot \left(0.1 \cdot V_{dW}^2 + 3\right)$$

Die Funktion $SpMg = SpMg(V_{dW})$ bringen Sie für ein $W_{üG} = 1$ km zu Papier

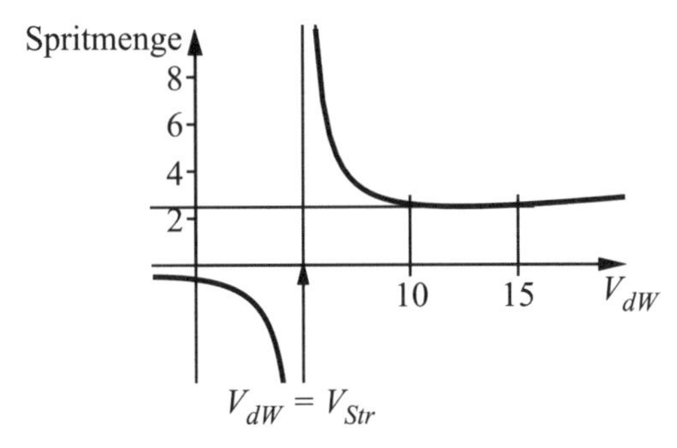

Sehr beruhigend, das Diagramm: Bei 10 bis 15 km/h auf dem „Tacho“ liegt ein „breites Minimum“ vor. Es ist nahezu egal für Ihre Spritvorräte, wie schnell Sie der Kölner Altstadt entgegen eilen. (Der negative Ast hat keinen praktischen Sinn: Spritgewinn durch Rückwärtsfahrt?! – die Technik steckt da noch in den Anfängen.)

Vorhaltekurs

Wenn Sie mit Ihrem Boot nicht gerade im Kölner Yachthafen liegen und die Altstadt frequentieren, sind ihre bevorzugten Ausflugsziele aus naheliegenden Gründen die rheinaufwärts liegenden Weinanbaugebiete.

Es ist allerdings ein Kreuz: Immer wenn am gegenüberliegenden Ufer eine verlockende Straußenwirtschaft auftaucht, geht es im Schlingerkurs darauf zu. Mal halten Sie zu weit vor, mal zielen Sie zu weit stromabwärts – peinlich! Sie möchten sich die Sache ein für alle mal vom Halse schaffen und formulieren als allgemeine Frage: „Wo lande ich bei einer Rheinüberquerung bei festem Kurs am anderen Ufer?“

Sie machen eine Skizze und präzisieren die Frage:

Wie hängt mein Auf- oder Abtrieb AT bei fester Stromgeschwindigkeit V_{Str} und Bootsgeschwindigkeit durchs Wasser V_{dW} vom Kurswinkel β zum Strom ab?

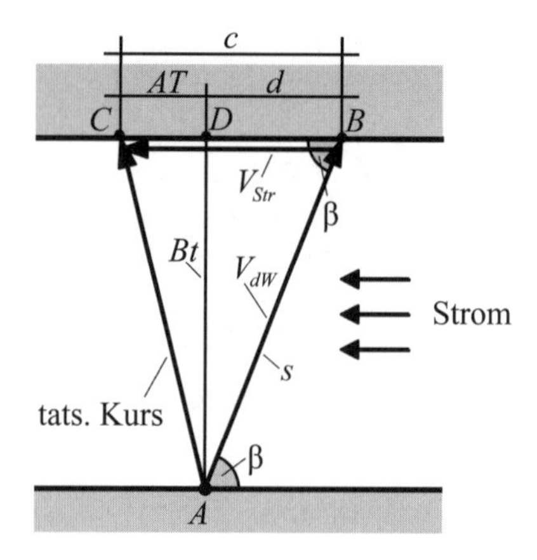

Ein wenig elementare Geometrie und Trigonometrie sind gefragt:

Im Δ ABC gilt $\dfrac{V_{dW}}{V_{Str}} = \dfrac{s}{c}$, im Δ ABD $s = \dfrac{Bt}{\sin(\beta)}$.

Es folgt $\dfrac{V_{dW}}{V_{Str}} = \dfrac{Bt}{\sin(\beta)} \cdot \dfrac{1}{c} \rightarrow c = \dfrac{Bt}{\sin(\beta)} \cdot \dfrac{V_{Str}}{V_{dW}}$.

Im Δ ABD ist $d = s \cdot \cos(\beta) = \dfrac{Bt}{\sin(\beta)} \cdot \cos(\beta)$,

ferner lesen Sie ab $AT = c - d$.

Sie bauen zusammen $AT = \dfrac{Bt}{\sin(\beta)} \cdot \dfrac{V_{Str}}{V_{dW}} - Bt \cdot \dfrac{\cos(\beta)}{\sin(\beta)}$.

Die Formel zeigt sehr richtig, dass es für $\beta = 0$ oder $\beta = 2\pi$ unendlich lange dauern würde, das andere Ufer zu erreichen. Und: Winkel zwischen π und 2π führen über Land!

Das Diagramm, das Sie sich aufs Steuerpult kleben, ist gezeichnet für

$$V_{Str} = 5; V_{dW} = 10; Bt = 400$$

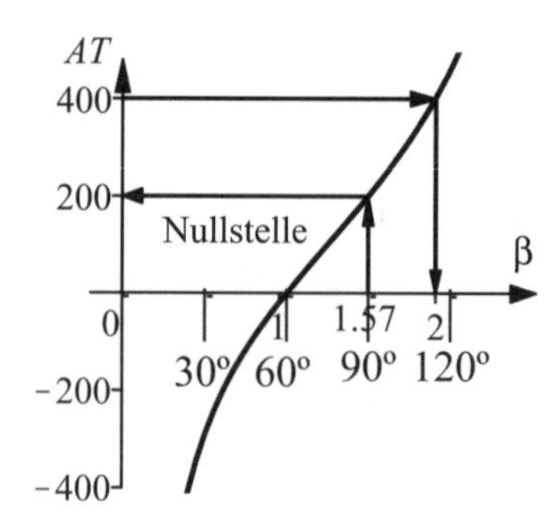

Bei einem Winkel β von beispielsweise 1.57 rad = 90° schiebt der Strom Sie während der Überquerung ca. 200 m weiter.

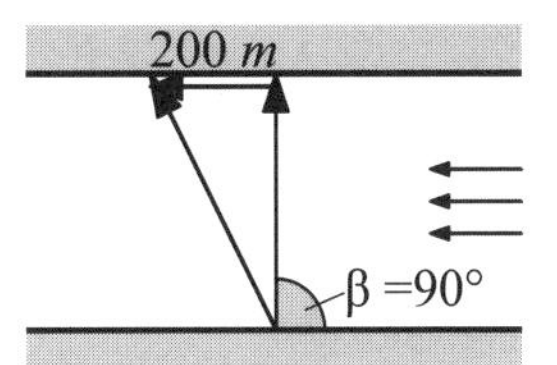

Die Nullstelle der Funktion $AT = AT(\beta)$ entnehmen Sie dem Diagramm. Bei einem Winkel von ca. 1.05 rad = 60° haben Sie gar keinen Auf- oder Abtrieb: Sie kommen an dem direkt gegenüberliegenden Punkt an.

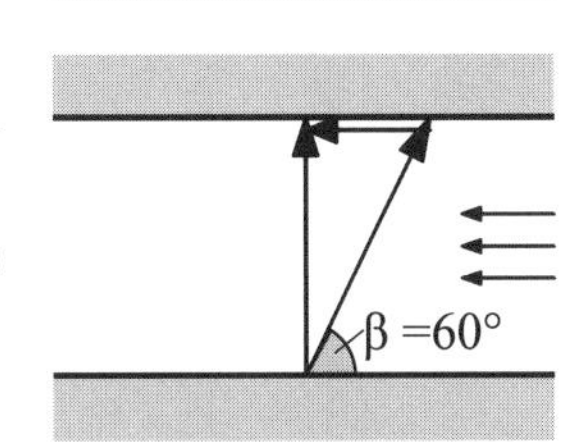

Jeder Kapitän einer Rheinfähre löst das Problem übrigens im wahrsten Sinne des Wortes aus den Augenwinkeln. Er stellt seine Fähre in einem Winkel zum Strom, sodass er die gegenüberliegende Anlegestelle während der Überfahrt immer im gleichen *Sichtwinkel* hat.

Natürlich können Sie das Diagramm auch „andersherum" lesen. Wenn Sie z.B. 400 m stromabwärts einen ansprechenden Landeplatz sehen, entnehmen Sie dem Bild, dass Sie einen Winkel von ca. 2.00 rad = 114° zum Strom fahren müssen, um ohne peinliches Schlingern die Anlegestelle zu erreichen.

Die Rechnerei auf hoher See oder dem Rhein hat einen kleinen Haken. Sie steuern nach Kompassgraden, müssen aber mit Mathematikgraden rechnen. Bekanntlich gibt es Unterschiede.

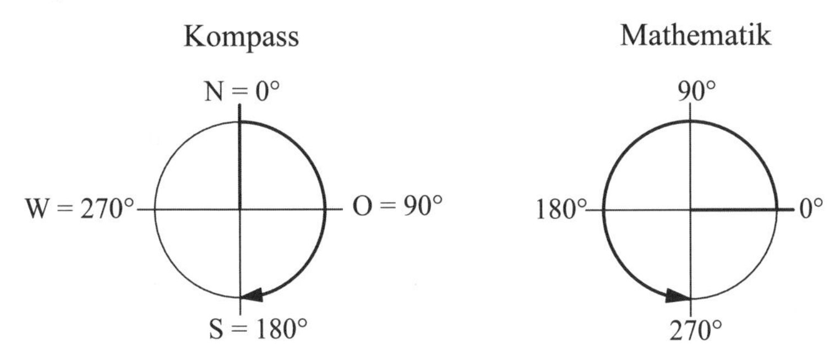

Sie sind es leid, ständig nachdenken zu müssen und entwickeln eine (stückweise definierte) Umrechnungsformel:

$$\text{Mathematikgrad} = \begin{cases} 90° - \text{Kompassgrad} & \text{für Kompassgrad} < 90° \\ 450° - \text{Kompassgrad} & \text{für Kompassgrad} > 90° \end{cases}$$

Auch der Umgang mit der Formel ist auf Dauer lästig – eine Grafik muss her. Das Diagramm, das Sie sich schließlich aufs Steuerpult kleben, ist wieder universell verwendbar:
Man kann damit *Kompass°* $\rightarrow$ *Mathematik°* und *Mathematik°* $\rightarrow$ *Kompass°* umrechnen.

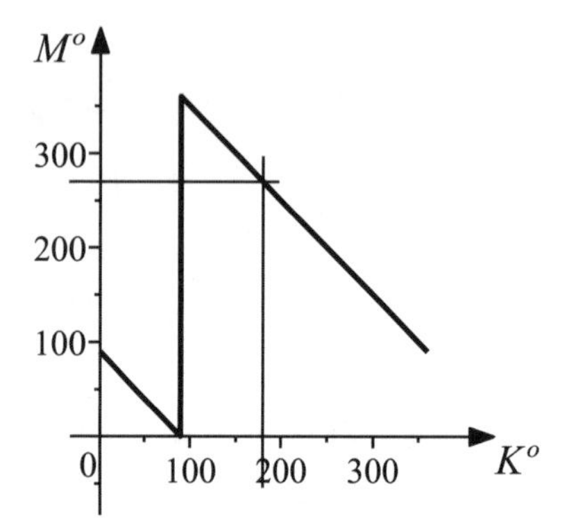

Wir haben uns ausgiebig mit Funktionen der expliziten Form $y = f(x)$ beschäftigt, die für alle grundlegenden Dinge wichtig sind. Nun wollen wir noch eine Form behandeln, die vor allem in Physik und Technik benutzt wird:

6.7 Die Parameterform

Nehmen wir als Beispiel eine der alltäglichsten Kurven: die Parabel. Wenn wir vom Luftwiderstand absehen, fliegt jeder Fußball, jede Gewehrkugel in dieser Form, ein Wasserfall folgt ihr, etc. Um sich ein Bild des Kurvenverlaufs zu machen, brauchen Sie nun keineswegs mit schwerem Geschütz in der Gegend herumzuschießen – ein Gartenschlauch tut viel besseren Dienst. Sie können Neigungswinkel und Austrittsgeschwindigkeit des Wassers ganz einfach variieren und auch noch die Bahn des Wassers in aller Ruhe studieren. Wir haben es noch besser – wir simulieren die Wasserbahn trockenen Fußes am Computer.

Die Wasserstrahlparabel

Beim Austritt aus dem Schlauch hat der Wasserstrahl eine bestimmte Geschwindigkeit v_0 und einen Winkel α zum horizontalen Boden.

Gäbe es Erdanziehung und Luftwiderstand nicht, würde der Strahl endlos geradeaus schießen. Den Luftwiderstand vernachlässigen wir, die Gravitation nicht. Nach Verlassen des Schlauches zieht es die Wasserteilchen also mit in der Zeit t zunehmender (!) Geschwindigkeit $v_{zu} = g \cdot t$ zum Boden zurück. (Warum das so ist, erfahren Sie im Physikunterricht.)

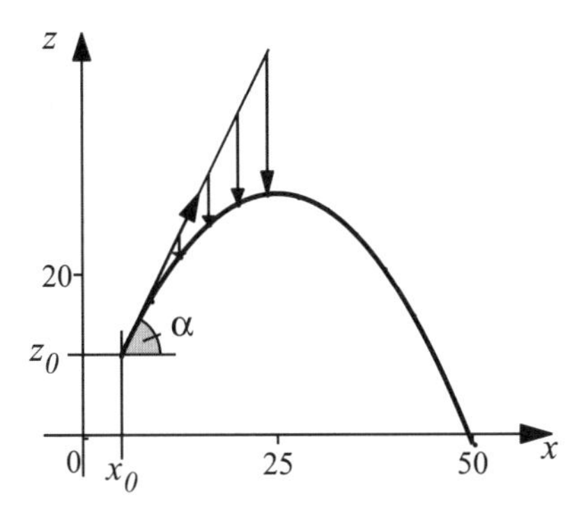

Die Bezeichnungen und konkreten Vorgaben:
$x_0 = 5.0$; $z_0 = 10.0$ sind die Koordinaten des Startpunktes; z ist hier die Höhe.
$v_0 = 22.4$; $\alpha = 63.4°$ sind Anfangsgeschwindigkeit und -winkel.

Winkel mögen wir nicht, wir rechnen v_0 und α um:
$v_x = v_0 \cdot \cos(\alpha) = 10.0$ ist die horizontale Geschwindigkeit,
$v_{zo} = v_0 \cdot \sin(\alpha) = 20.0$ ist die vertikale Geschwindigkeit.
$v_{zu} = -g \cdot t$ ist der Schwerkraftterm mit der Gravitationskonstanten g
($g \sim 10$ m/s^2; der Term ist negativ, weil er den Weg abwärts bestimmt)

Die Geschwindigkeit eines Wassertröpfchens im Strahl setzt sich also aus drei Teilgeschwindigkeiten zusammen:

Horizontal: $v_x = 10.0$

Vertikal nach oben: $v_{zo} = 20.0$

Vertikal nach unten: $v_{zu} = -g \cdot t = -10t$ (zeitabhängig)

Uns interessieren mehr die Wege als die Geschwindigkeiten. In der Zeiteinheit setzt sich der Weg eines Wassertropfens wieder aus drei Teilwegen zusammen:

Horizontal: $s_x = 10.0t$

Vertikal nach oben: $s_{zo} = 20.0t$

Vertikal nach unten: $s_{zu} = -\frac{g \cdot t^2}{2} = -\frac{10}{2} \cdot t^2 = -5t^2$

(Warum das so ist, erfahren Sie später bei der Integralrechnung.)

Die hier entstandenen Gleichungen bauen wir jetzt zu einer Parameterfunktion $\vec{s}(t)$ zusammen.

$$P_{x,z} = \vec{s}(t) = (s_x(t), s_z(t));$$

$$s_x(t) = x_0 + v_x t; \qquad s_z(t) = z_0 + v_{zo} t - g\left(\frac{t^2}{2}\right); \qquad t = t_A \ldots t_E$$

$$\vec{s}(t) = \left(x_0 + v_x t,\ z_0 + v_{zo} t - g\left(\frac{t^2}{2}\right)\right)$$

Mit unseren konkreten Werten:

$$\vec{s}(t) = (5 + 10t,\ 10 + 20t - 5t^2);\ t_A = 0;\ t_E = 4.5$$

Im Abschnitt 6.7 „Parameterform" hatten wir bereits festgestellt, dass der Parameter in der Skizze gar nicht mehr auftaucht. Um den Zusammenhang zwischen t und den Koordinatenpunkten wieder sichtbar zu machen, sind für gleichmäßige Zeitabstände t Punkte berechnet und in der Kurve eingezeichnet.

An den unterschiedlichen Abständen zwischen den Punkten sieht man deutlich, dass es sich nicht um einen festen Weg in einer x-z-Ebene handelt – der Ausdruck „Bahn" eines Fußballs/Geschosses/Wasserteilchens trifft die Sache besser.

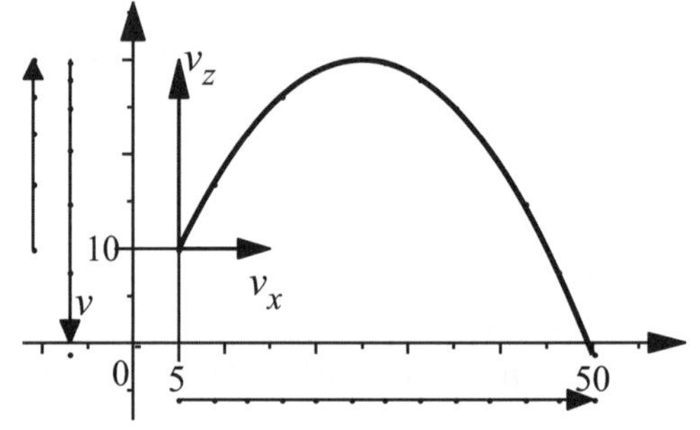

In der obigen Kurve haben wir den Fortschritt in x-Richtung $(5 + 10t)$ und z-Richtung $(10 + 20t - 5t^2)$ getrennt ermittelt und zu einem Gesamtfortschritt zusammengefasst.

Mathematisch kann man ja vieles vereinbaren, dass wir damit aber auch etwas Sinnvolles gemacht haben, besagt das grundlegende Superpositionsgesetz der Physik. Es erlaubt die Überlagerung mehrerer Wege zu einem Gesamtweg, mehrerer Kräfte zu einer resultierenden Kraft mit gleicher Wirkung, mehrerer Wellen zu einer einzigen Welle etc.
Diese Betrachtungs- bzw. Behandlungsweise war bereits G. Galilei bekannt. Das Entscheidende ist, die Natur kennt das Gesetz und hält sich daran!

Wir wollen uns den *Unterschied* zwischen der Parameterform einer Funktion und der landläufigen expliziten Form klar machen.

Die Parameterform der Funktion $\vec{s}(t) = (x(t),\, z(t))$, kurz $\vec{s}(t) = (x,\, z)$
bzw. $\vec{s}(t) = (5 + 10t,\, 10 + 20t - 5t^2)$
mit $x = 10t + 5$ und $z = -5t^2 + 20t + 10$
bauen wir um zur expliziten (schulmäßigen) Form $z = f(x)$.

Dafür lösen wir $x = 10t + 5$ nach *t* auf $\rightarrow\ t = \dfrac{x-5}{10}$

und setzen *t* ein in $z = -5t^2 + 20t + 10$

$$\rightarrow\ z = -5\left(\frac{x-5}{10}\right)^2 + \frac{20(x-5)}{10} + 10\,.$$

Wir erhalten schließlich $z(x) = -\dfrac{x^2}{20} + \dfrac{5x}{2} - \dfrac{5}{4}$.

Die Aufgaben/Fragen, die sich daran anschlossen, begannen immer mit „wo“:

Wo – an welcher Stelle x – trifft das Geschoss/der Ball die Erde?
($z = 0$ setzen und nach x auflösen).
Wo – an welcher Stelle x – liegt der Scheitelpunkt/das Maximum?
(1. Abltg. z' bilden, = 0 setzen, nach x auflösen; Höhe: x in $z = f(x)$ einsetzen).

Bei unserer Form mit dem Parameter *t* (= Zeit) müssen wir fragen „wann“.
Wann – zu welchem Zeitpunkt *t*, bei welchem Parameterwert *t*?

Wenn wir den Zeitpunkt/Parameterwert herausgefunden haben, zu dem das Geschoss/der Ball/der Wasserstrahl z.B. die Erde berührt, können wir im zweiten Schritt das *t* in die Formel einsetzen und das „wo“ beantworten.

Üben wir ein wenig das Fragen (und Antworten)! Wenn wir die richtigen Fragen gestellt haben, sind die Antworten, sprich: Berechnungen, recht einfach.

a) Wann – genauer: wie viel t_{zo} Std./Min./Sek. nach dem Abschuss schlägt das Geschoss/der Ball/der Wasserstrahl auf?
Besser gefragt: Wann ist die z-Komponente der Bahngleichung = 0?
$z = -5t^2 + 20t + 10 = 0$
Die Lösung der quadratischen Gleichung ergibt: $t_{zo} = -0.45$ oder 4.45.
Einsetzen des (physikalisch sinnvollen) positiven t_{zo} in $\vec{s}(t)$ ergibt den Ort $\vec{x}_{zo} = (49.5,\, 0)$ (Die Kontrolle, dass $z = 0$ ist, wird gleich mitgeliefert.)

b) Wann wird der höchste Punkt der Bahn erreicht?
Besser: Wann sind Aufwärts- und Abwärtsgeschwindigkeit gleich, heben sich gegenseitig auf, – präziser: Wann ist die Summe $v_{zo} - v_{zu} = 0$?

$20 - 10t = 0 \rightarrow t = t_{\max} = 2$

Einsetzen von $t_{\max}$ in $\vec{s}(t)$ ergibt den Ort $\vec{x}_{z\max} = (25,\ 30)$

c) Wir errichten bei $x = 42$ eine Wand und fragen: Wann erreicht das Geschoss die Wand?

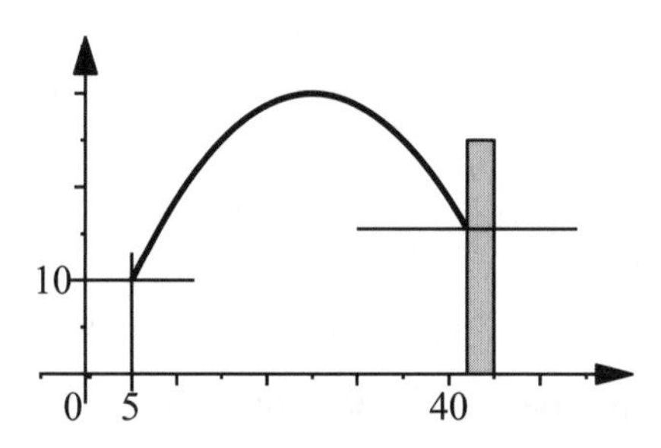

Besser gefragt: Bei welchem $t = t_W$ ist $x = 42$?

Antwort: $x = 10t + 5 = 42 \rightarrow t = t_W = 3.70$

Mit dieser *Grundgröße* t_W finden wir weiter die Antwort auf die Frage:
In welcher Höhe z_W wird die Wand getroffen? – wie groß ist $z(t_W)$?
Einsetzen von t_W in $\vec{s}(t)$ ergibt $\vec{x}_{zW} = (42.00,\ 15.55)$
Also: $z_W = 15.55$ (einschl. Kontrolle von $x_W = 42.00$!)

Schön, wie gesehen kann man mit der Parameterform rechnen! – aber weiter? – was kann man sonst anfangen mit einem Gebilde wie

„$x(t) = f(t);\ \ y(t) = g(t);\ \ t = a...b$"?

Wir fassen in Kurzschrift zusammen $h(t) = (x(t),\ y(t))$; $t = a...b$
und nennen $x(t), y(t)$ die **Koordinatenfunktionen** von $h(t)$.

Nun die Antwort:
Mit der Parameterfunktion $h(t)$ können Sie so gut wie alles machen. Sie dürfen/können/müssen nur **jede Koordinatenfunktion einzeln behandeln**! Sie können eine Parameterfunktion mit einer Zahl multiplizieren, zwei Parameterfunktionen dürfen sie addieren etc.

Bei der Differenziation gibt es lediglich Schwierigkeiten mit der Interpretation (siehe Abschnitt 7.1 „Differenziation“ und 9.4 „Weg, Geschwindigkeit, Beschleunigung“). Bei der Integration liegen echte Begriffsschwierigkeiten vor.

Kleines *Beispiel*: **Pirouette auf dem Eis**
Eine Eislaufprinzessin setzt zu einer Pirouette an, die sich beschreiben lässt mit

$$f(t) = (x(t),\ y(t)) = \left(\cos(t)\cdot 2^{-0.2t} + 1,\ \sin(t)\cdot e^{-0.1t} + 1\right)$$

Wo liegt der endgültige „Drehpunkt“?

Wie bereits gesagt: Sie dürfen, ja müssen jede Koordinatenfunktion einzeln behandeln, anders geht es gar nicht! In diesem Fall heißt das, dass Sie sowohl für $x(t)$ als auch für $y(t)$ den Grenzwert, den Limes, gesondert ermitteln:

$$x_M = \lim_{t\to\infty}\left(\cos(t)\cdot 2^{-0.2t} + 1\right) = 0 + 1.0 = 1.0$$

$$y_M = \lim_{t\to\infty}\left(\sin(t)\cdot e^{-0.1t} + 1\right) = 0 + 1.0 = 1.0$$

Der Drehpunkt liegt also bei $DP = (x_M,\ y_M) = (1.0,\ 1.0)$

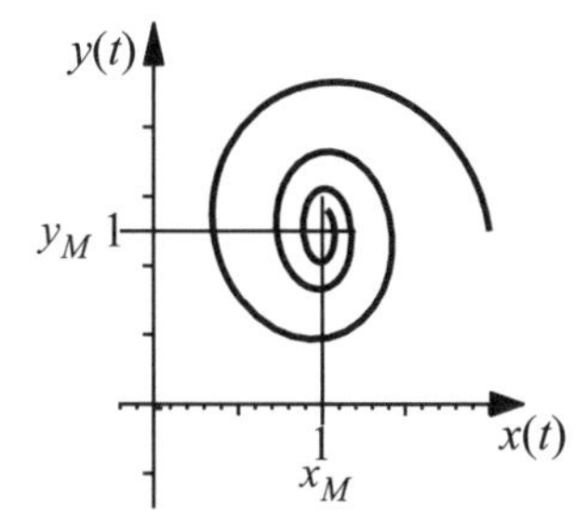

wie das Bild bereits vermuten lässt.

Kurven, Wege, Bahnen

Spannend wird es, wenn wir uns die Sichtweise des *Naturforschers* Sir Isaac Newton (1643 bis 1727) zueigen machen – für ihn war alles in Bewegung! Für diese Betrachtungsweise eignet sich unsere Parameterdarstellung einer Funktion bestens (unabhängige Variable ist die Zeit t).

Bleiben wir vorerst in der Ebene, setzt sich die Bewegung eines Teilchens zusammen aus einem Anteil in x-Richtung und einem Anteil in y-Richtung.

Der Fortschritt in x-Richtung erfolgt nach einem Gesetz $x(t)$, in y-Richtung nach einem anderen Gesetz $y(t)$. Die ganze Bewegung lässt sich beschreiben durch diese beiden Koordinatenfunktionen: $f(t) = (x(t),\ y(t))$.

Damit kann man zu jedem Zeitpunkt t_i den Ort des Teilchens durch die Koordinaten $x(t_i), y(t_i)$ angeben und die Kurve, die Bahn bekommt einen Durchlaufsinn, eine „Orientierung“.

Wem „Teilchen“ zu abstrakt ist, der stelle sich einen Eisläufer vor, der seine kunstvolle Bahn ins Eis kratzt. Für den 3D-Fall kann man sich einen Flieger vorstellen, der seine Flugbahn mit einem Kondensstreifen an den Himmel malt.

$$f(t) = \left(2t^2 + 2, -t^3 + 2t + 5\right); \quad t_A = 0, \quad t_E = 2$$
$$f(0) = (2, 5); \quad f(1) = (4, 6); \quad f(1.5) = (6.50, 4.623)$$

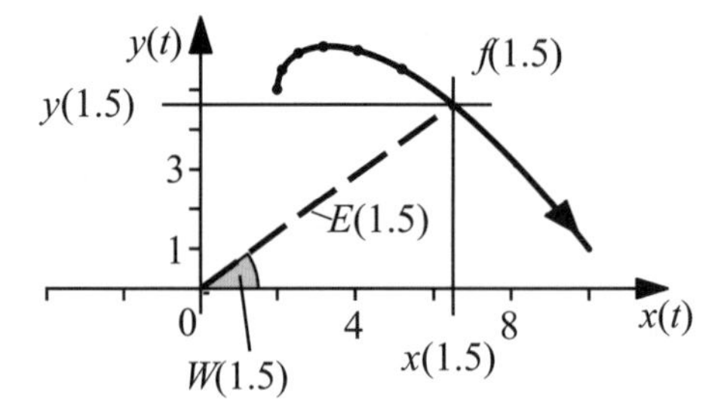

Es ist nun durchaus sinnvoll, zu einem Zeitpunkt t_i nach der Entfernung $E(t_i)$ des Eisläuferteilchens vom 0-Punkt oder dem Winkel $W(t_i)$ zur x-Achse zu fragen:

$$E(t_i) = \sqrt{x(t_i)^2 + y(t_i)^2}; \quad W(t_i) = \arctan\left(\frac{y(t_i)}{x(t_i)}\right)$$

Wir machen es gleich allgemein und schreiben für *alle* Zeitpunkte t

$$E(t) = \sqrt{x(t)^2 + y(t)^2}; \qquad W(t) = \arctan\left(\frac{y(t)}{x(t)}\right)$$

Damit erhalten wir „ganz normale“ explizite Funktionen, die uns die zeitliche Entwicklung des *Abstands* vom 0-Punkt $E(t)$ bzw. des *Winkels* zur x-Achse $W(t)$ angeben.

In unserem konkreten Fall sieht das so aus:

$$E(t) = \sqrt{(2t^2 + 2)^2 + (-t^3 + 2t + 5)^2}$$
$$= \sqrt{12t^2 + 29 + t^6 - 10t^3 + 20t}$$

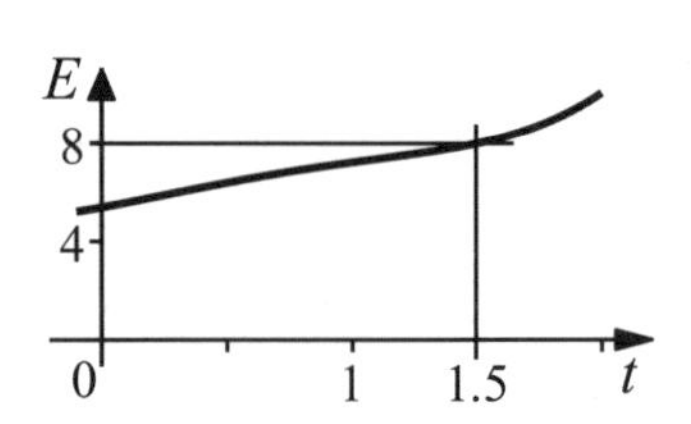

$$W(t) = \arctan\left(\frac{-t^3 + 2t + 5}{2t^2 + 2}\right)$$

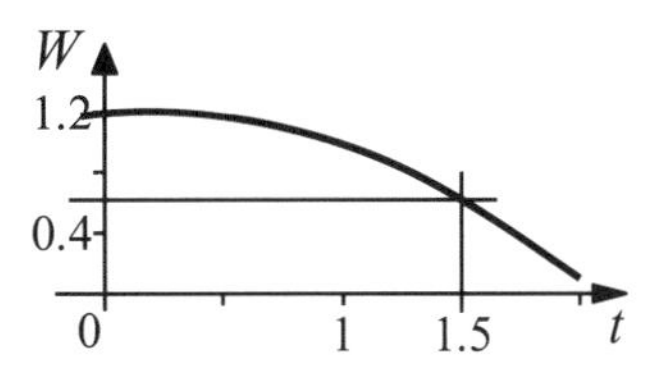

Eine Fortsetzung findet die Sache im Abschnitt 9.4 „Weg, Geschwindigkeit, Beschleunigung“.

Ebenfalls kann man die *Entfernung zweier Läufer* $E(t_i)$, die zur gleichen Zeit nach unterschiedlichen Bewegungsgesetzen ihre Runden auf dem Eis drehen, zu einem bestimmten Zeitpunkt t_i ermitteln bzw. die allgemeine Funktion $E(t)$ der zeitlichen Entwicklung aufstellen:

$$E(t) = \sqrt{(g_x(t) - f_x(t))^2 + (g_y(t) - f_y(t))^2}$$

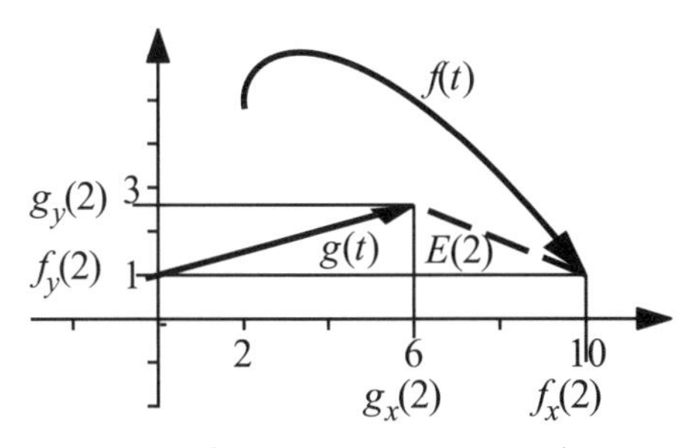

Konkret: $f(t) = \left(2t^2 + 2,\ -t^3 + 2t + 5\right)$; $g(t) = \left(3t,\ 1 + 0.8t\right)$

$$\begin{aligned} E(t) &= \sqrt{(3t - (2t^2 + 2))^2 + (1 + 0.8t - (-t^3 + 2t + 5))^2} \\ &= \sqrt{18.44t^2 - 20t^3 - 2.4t + 1.6t^4 + 20 + t^6} \end{aligned}$$

Zum Zeitpunkt $t_i = 2.0$ ist die Entfernung $E(2) = 4.31$

Gönnen wir uns eine Verschnaufpause, sehen einem Eislaufpaar bei seiner Kür zu und gehen der spannenden Frage nach: Krachen sie zusammen oder nicht?

Paarlauf auf dem Eis
Die Eislaufprinzessin setzt zu einer Pirouette an, ihr Partner fährt in elegantem Bogen „mitten hindurch“!

Die Pirouettenfunktion: $Pir(t) = \left(\cos(t) \cdot 2^{-0.2t} + 1,\ \sin(t) \cdot e^{-0.1t} + 1\right)$

Die Bogenfunktion: $Bogen(t) = \left(0.2t,\ 0.5 \cdot \sqrt{t}\right)$

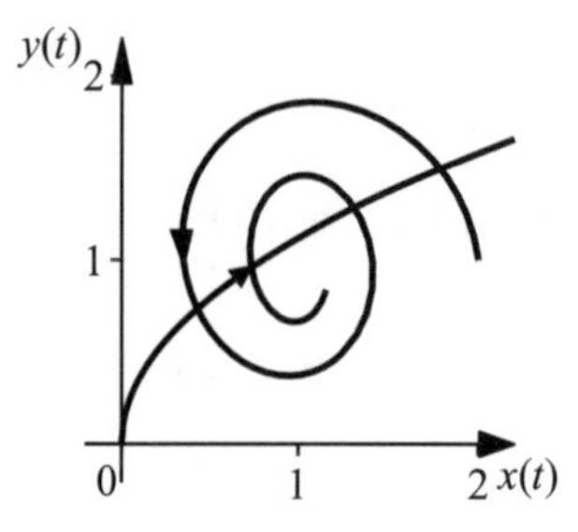

Die „ganz normale" (explizite), nur von t abhängige Entfernungsfunktion der beiden Eisläufer:

$$E(t) = \sqrt{(x_{Pir} - x_{Bogen})^2 + (y_{Pir} - y_{Bogen})^2}$$

$$E(t) = \sqrt{((\cos(t) \cdot 2^{-0.2t} + 1) - (0.2t))^2 + ((e^{-0.1t} \cdot \sin(t) + 1) - (0.5 \cdot \sqrt{t}))^2}$$

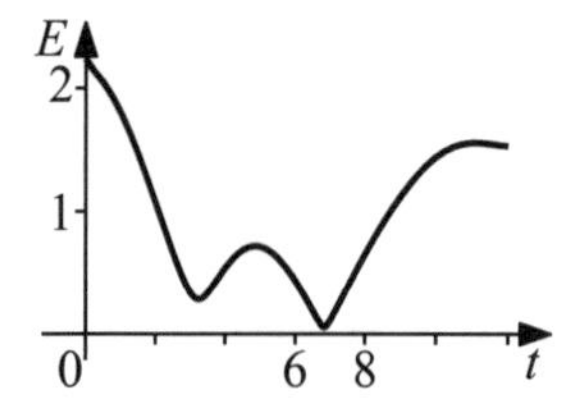

Nach wenigen Sekunden wird es brenzlig! Eine Sensation bahnt sich an! Das Publikum reißt es von den Stühlen! Wir stoppen das Paar nach 6.8 s und schauen uns die Situation an: Einer der beiden sollte dringend etwas an seiner Bahnfunktion ändern!

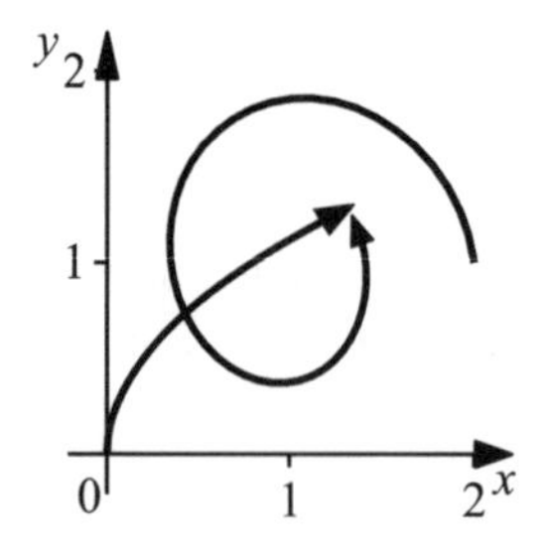

Die Erweiterung der Parameterfunktionen auf 3 (und mehr) Dimensionen können wir in einer kurzen Anmerkung abhandeln. Wir müssen nur entsprechende Koordinatenfunktionen hinzufügen: $\vec{s}(t) = \left(s_x(t),\ s_y(t),\ s_z(t)\right)$

Beispiel:
Die Funktion $\vec{s}_K = (R \cdot \cos(\varphi),\, R \cdot \sin(\varphi))$ stellt einen Kreis in der Ebene mit Radius R dar; Parameter ist der Winkel φ.

Durch Erweiterung der Funktion um eine z-Koordinatenfunktion erhalten wir eine räumliche Spirale mit der Ganghöhe $H = A \cdot 2\pi$:

$\vec{s}_S = (R \cdot \cos(\varphi),\, R \cdot \sin(\varphi),\, A \cdot (\varphi))$; (φ im Bogenmaß)

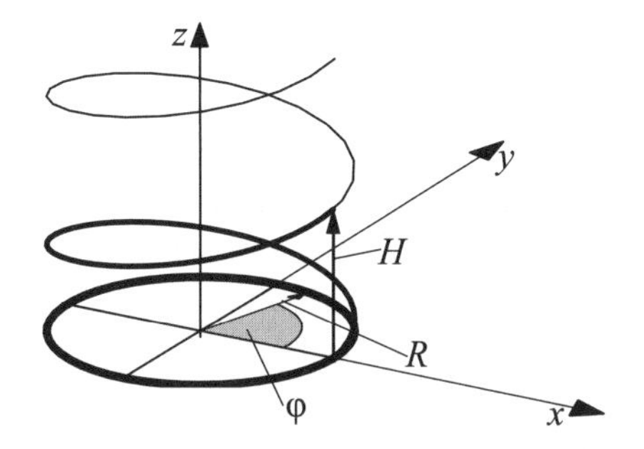

Zusätzlich zum Inhalt des Kapitels werden laufend über die Homepage http://4c.web.fh-koeln.de neue Aufgaben mit Lösungen ergänzt.

7 Differenzialrechnung

Es folgt eine Übersicht, sozusagen *der Wald*, den Sie vielleicht bald vor lauter Bäumen nicht mehr sehen.

Was ist Analysis? Gute Frage! – Nächste Frage. (Einfach zu schwer zu beantworten!)

Versuchen wir es anders:
Wann kommt die Differenzial- oder Integralrechnung zum Einsatz? Analysis wird gebraucht, wenn Sie *etwas* berechnen wollen, und das *Etwas* ist krumm (Steigungen von Kurven, Bogenlängen, krummlinig begrenzte Flächen, etc.). Die „normale Mathematik" kann nur hervorragend mit gradlinig begrenzten Dingen umgehen, mit Geraden, Dreiecken, etc.

Aber Vorsicht, keine voreiligen Schlüsse! Auch Umfang und Flächeninhalt eines *Kreises* hat Kirios Archimedes mit einer frühen Integrationstechnik, seiner Exhaustionsmethode durch um- und eingeschriebene gradlinige Polygone angenähert!

Was macht die Analysis?
Sie vergrößert mit einem Supermikroskop die krumme Kurve an einem Punkt soweit, dass die Krummheit verschwindet, das Kurvenstückchen gerade wird – und wendet dann die „normale Mathematik" an!
Analysis kümmert sich also um eine *lokale* Eigenschaft einer Kurve; sie begradigt, *linearisiert* die Kurve an dem betrachteten Punkt.

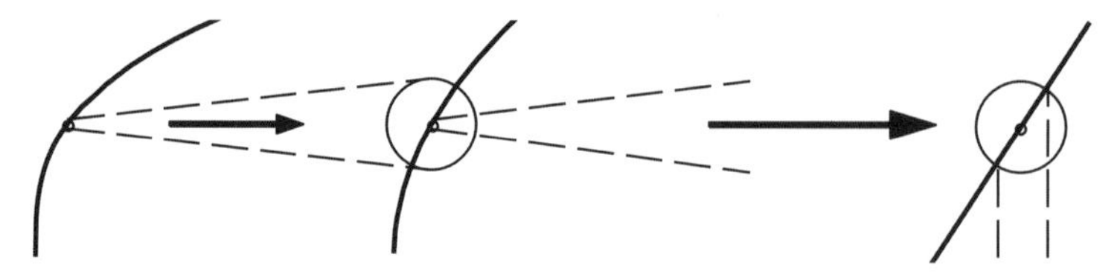

Wie bewerkstelligt sie diese Vergrößerung?
Das Werkzeug ist die *Grenzbetrachtung*, der *Grenzübergang*!

Bei der Differenziation rückt sie mit einer Sekante immer dichter (unendlich dicht) an den betrachteten Punkt. Ergebnis in der Grenzlage: die Kurvensteigung.

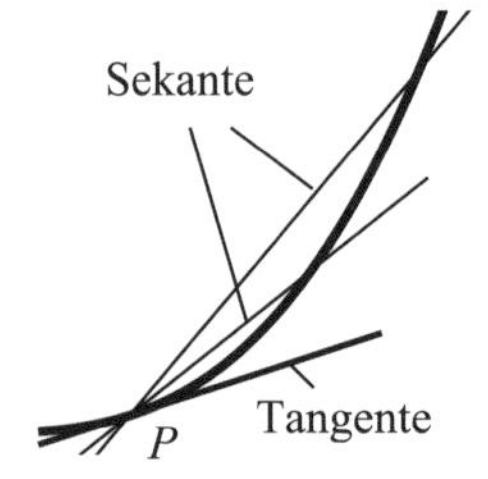

Bei der Integration unterteilt sie ein Flächenstück in immer schmalere (unendlich schmale) Streifen und summiert die Streifen. Ergebnis nach dem Grenzübergang: die Fläche unter der Kurve.

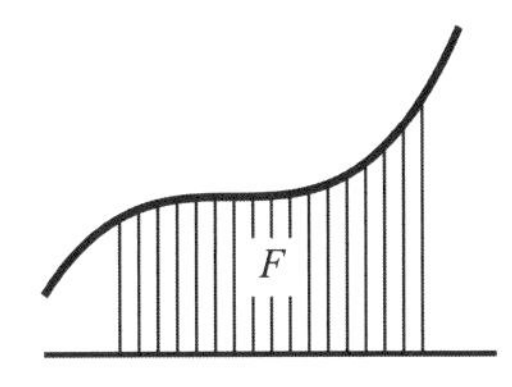

Wo und wann braucht man so etwas?
Gute Frage! – Nächste Frage. (Die Liste würde einfach zu lang!)

Anmerkung:
Wir werden es auf den folgenden Seiten ständig mit „unendlich kleinen Größen" zu tun bekommen, „unendlich nah" an einen Punkt gehen, werden ein Δx gegen 0 gehen lassen und dafür dann dx schreiben usw. Dieser Umgang mit der Unendlichkeit war bereits den Erfindern der Infinitesimalrechnung suspekt, einem heutigen Mathematiker treibt es dabei den Schweiß auf die Stirn. Ungeachtet aller philosophischen Schwierigkeiten mit diesen infinitesimalen Größen sind die überragenden Leistungen auf dem Gebiet der Analysis von den Großen der Mathematik – Leibniz, Bernoulli, Euler, etc. – genau mit diesen Werkzeugen erbracht worden. Erst Jahrhunderte später hat man den „richtigen" Zugang gefunden und die arg schwerfällige *Epsilontik* kreiert, die wir bei den Folgen kurz kennengelernt haben. Wir werden den sportlichen Weg mit der Leibnizschen Schreibweise nehmen – er ist einfach um so vieles bequemer.

Falls Ihnen die vorstehende Rede etwas dunkel erscheint, machen Sie sich nichts draus: Das Dunkel lichtet sich bis zum Ende des Buches von alleine.

Zwei **Anforderungen** haben wir an unsere Untersuchungsobjekte: **Stetigkeit und Differenzierbarkeit.**

Bevor wir mit dem schweren Geschütz der Differenzialrechnung an eine vorgelegte Funktion herangehen, sollten wir uns vergewissern, dass sie „brav" ist: keine Löcher, Unendlichkeitsstellen, Sprünge und Knicke hat, mathematisch ausgedrückt: dass sie stetig und glatt ist.

Die **Stetigkeit** eines Graphen kann man sich wie folgt klarmachen:
Nein, nein, nicht: „Eine Kurve ist stetig, wenn man sie ohne Absetzen des Bleistifts zeichnen kann" – das ist verpönt, obwohl es den Kern der Sache trifft.
Eine Kurve ist in *einem Punkt* x_0 stetig, wenn bei Annäherung an x_0 von links und rechts die entsprechenden Funktionswerte demselben Wert $y_0 = f(x_0)$ zustreben (∞ ist dabei kein zugelassener Wert).

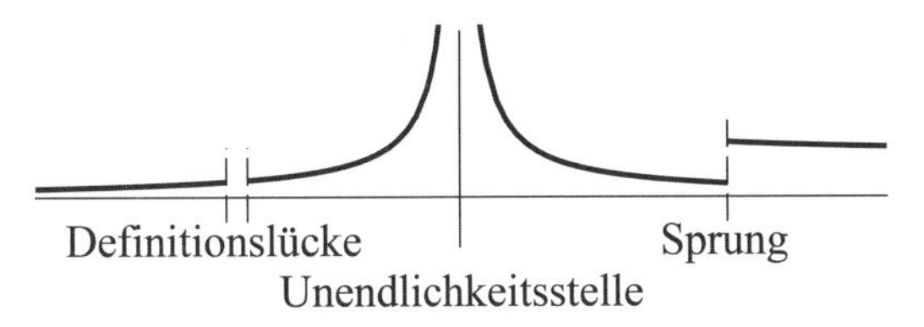

Fachmännisch sagt man:
Eine Funktion f heißt stetig in einem Punkt x_0 ihres Definitionsbereiches, wenn für *alle Folgen* (x_n) mit $x_n \rightarrow x_0$ stets gilt: $\lim_{n\to\infty} f(x_n) = f(x_0)$. Ist f stetig in *jedem Punkt* des Definitionsbereiches, spricht man von einer *stetigen Funktion.*

Für die **Differenzierbarkeit** einer Kurve darf sie am betrachteten Punkt keine Ecken und Spitzen besitzen. An jeder Stelle sollte man eine bestimmte Tangente zeichnen können, die Kurve sollte *glatt* sein. Eine senkrechte Tangente mit der *Steigung unendlich* ist ebenfalls nicht erwünscht.

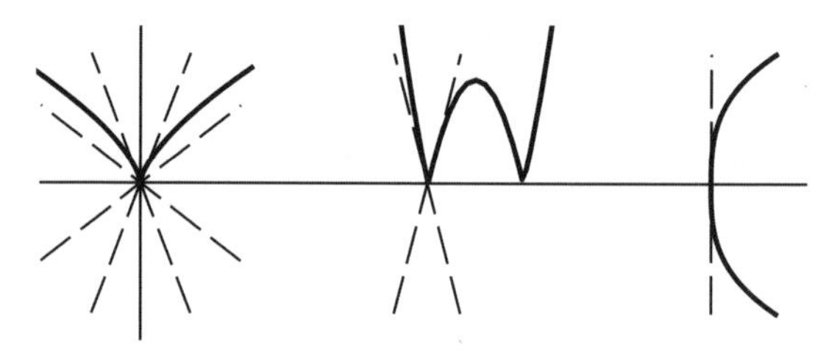

Ist f *glatt in jedem Punkt* des Definitionsbereiches, spricht man allgemein von einer *glatten Funktion.*

Bei der *analytischen* Definition tut sich die Fachliteratur schwer. Sie definiert die Differenzierbarkeit mit der Existenz des Differenzialquotienten – treibt sozusagen den Teufel mit dem Belzebub aus.

In renommierten Schulbüchern für die Oberstufe sind ähnliche Formulierungen zu lesen wie:

> Definition:
> Eine Funktion $f: x \rightarrow f(x)$ heißt *im offenen Intervall*] a; b [aus D_f differenzierbar, wenn sie an jeder Stelle x_0 aus] a; b [differenzierbar ist.

... Demnach heißt eine Gleichung lösbar, wenn sie lösbar ist – gut zu wissen! Erlauben wir es uns einfach, Differenzierbarkeit undefiniert zu lassen.

Übrigens: Eine *glatte* (differenzierbare) Funktion ist auch automatisch *stetig.* Wenn eine Kurve schon unangenehme Punkte und Stellen hat, sollte sie wenigstens *stückweise* stetig und glatt sein, sodass man sie halt Stück für Stück untersuchen kann. Mehr Ansprüche haben wir vorerst nicht!

7.1 Differenziation

Was fällt uns ein bei „Differenziation einer Funktion $y = f(x)$"? Bei der Betrachtung des bekannten Bildes sollten Erinnerungen wach werden:

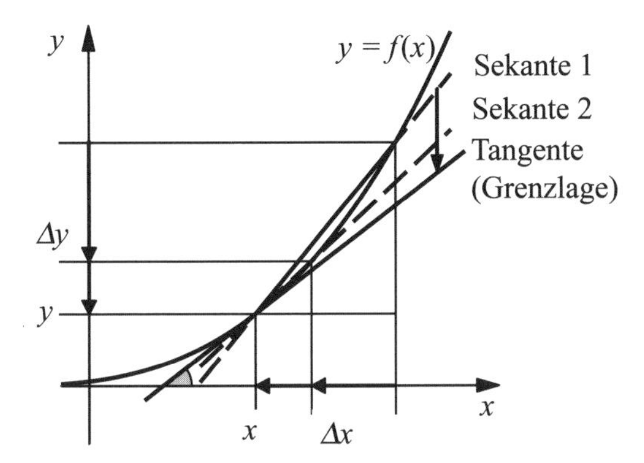

Die Differenziation ist ein Grenzwertprozess

$$\lim_{\Delta x \to 0} \frac{f(x+\Delta x) - f(x)}{\Delta x} = \frac{df(x)}{dx} = \frac{dy}{dx} = f'(x) = y'$$

Geometrisch gesehen gibt die Ableitung f' am Punkt x_0 die *Steigung* $\tan(\alpha)$ *der Tangente* an diesem Punkt an. Mit dem Begriff der Ableitung kann man *Kurven diskutieren* und Extremstellen einer Funktion bestimmen.

Soweit die Schule. Es gibt aber noch zwei weitere Interpretationen des Begriffs Differenziation:

- In der Reinen Mathematik bevorzugt man die Lesart: Die Funktion der Tangentengeraden *approximiert* die Kurve in der Nähe des betrachteten Punktes.
- Die Physik sieht in der Ableitung die *Änderungsquote* oder *Änderungsgeschwindigkeit* der Kurve am jeweiligen Punkt.

Wir werden bald sehen, dass man mit der Differenzialrechnung eine Menge theoretischer und konkreter Aufgaben bewältigen kann und man findet sie in vielen anderen Mathematikgebieten wieder (Analysis in mehreren Variablen, Vektoranalysis, Differenzialgeometrie, Funktionentheorie, ...)

Wir wollen im Folgenden der Sache auf den Grund gehen. Was passiert, wenn man eine Funktion differenziert, *ableitet*, was ist das Ergebnis? Wir stellen gewissermaßen die Frage neu, auf die wir in der Schule bereits eine spezielle Antwort bekommen haben: „Ableitung = Tangente an eine Kurve".

Wir knüpfen dafür an die Schulkenntnisse an und nehmen als Beispiel eine Funktion f in expliziter Form: $y = f(x) = \frac{x^3}{4}$

So eine Kurve hat verschiedene Eigenschaften: Sie hat eine Länge, sie ist krumm – noch fundamentaler ist die Beobachtung: *sie ändert sich*!

Präziser: Mit fortschreitenden x-Werten ändern sich die zugehörigen y-Werte in unterschiedlichem Maße. Wenn man z.B. vom Punkt $x = 1$ ein Stückchen $\Delta x = 0.5$ weitergeht, ändert sich der y-Werte weniger, als wenn man vom Punkt $x = 2$ um 0.5 weitergeht.

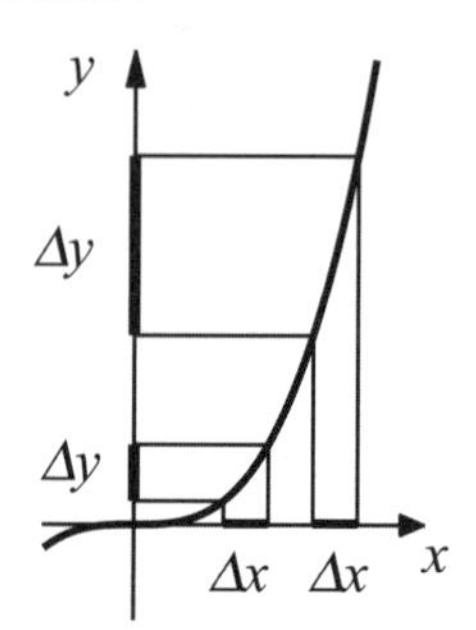

$$\Delta y_1 = f(1+0.5) - f(1) = 0.595\,;$$
$$\Delta y_2 = f(2+0.5) - f(2) = 1.90$$

Um Änderungen besser vergleichen zu können, bedient man sich gern eines Tricks: Man führt die absoluten Werte auf die Einheit zurück.

Die Zunahme von 3.0 Mio. Arbeitslosen auf 3.2 Mio. in den Monaten April bis Juli (einschl.) entspricht einer Steigerung von 3.2 - 3.0 Mio. AL / 4 Mon = 0.05 Mio. AL / 1 Mon – und man spricht von einer *Änderungsquote*.
Stillschweigend ist man bei dieser Rechnung davon ausgegangen, dass die Zunahme gleichmäßig, *linear* erfolgte, was in Wirklichkeit nicht der Fall ist. Wenn sich die Zahlen z. B. gemäß unserer obigen Kurve entwickelt haben, war die Änderung monatlich/wöchentlich/täglich/... sehr unterschiedlich. Eine Zeitung, die mit der publikumswirksamen Schlagzeile aufmacht: „Die Zahl der Arbeitslosen stieg in den letzten 4 Monaten um 70 pro Stunde!" – verbreitet in den Augen eines Mathematikers *groben* Unfug.

Zurück zu unserer Kurve.
Der Änderungsquotient vom Punkt $x = 1$ bis $x = 1 + 0.5$ beträgt (gradliniger Verlauf zwischen diesen Punkten vorausgesetzt):

$$\frac{f(1+0.5) - f(1)}{0.5} = 1.188$$

Dieser Quotient aus den Differenzen $f(x+\Delta x) - f(x)$ und Δx ist der so genannte *Differenzenquotient*: $\frac{\Delta f(x)}{\Delta x} = \frac{f(x+\Delta x) - f(x)}{\Delta x}$

Wir sind Genauigkeitsfanatiker, der Unterschied zwischen der krummen Kurve und der gradlinigen Berechnung stört uns: Wir machen die Abstände vom Punkt x, also das Δx kleiner.

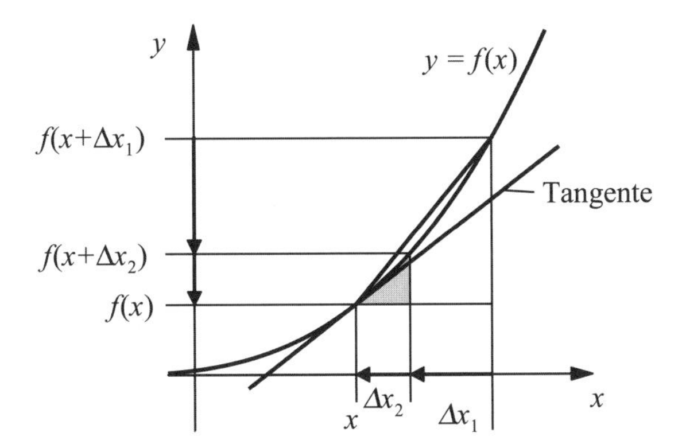

Zeichnerisch sind wir ziemlich rasch am Ende, rechnerisch können wir das Spiel erheblich weiter treiben.

$$\left(f(1+0.1)-f(1)\right)/\,0.1=0.828$$
$$\left(f(1+0.01)-f(1)\right)/\,0.01=0.758$$
$$\left(f(1+0.001)-f(1)\right)/\,0.001=0.7518$$

... usw.

Am liebsten hätten wir die Änderungsquote *am* Punkt x! Der Unterschied zwischen Kurve und Sekante wird immer geringer, je näher man an den Punkt x herankommt: wir müssen nur Δx gegen 0 gehen lassen. In der Grenzlage $\Delta x = 0$ gibt es gar keinen Unterschied mehr.

Wir haben die Änderungsquote am Punkt *x*!

Den Limesausdruck schreibt man gern kürzer und nennt ihn nach vollzogenem Grenzübergang den *Differenzialquotienten.* Der eigentliche Grenzprozess heißt *Differenziation* oder *Ableitung*.

$$\lim_{\Delta x\to 0}\frac{f(x+\Delta x)-f(x)}{\Delta x}=\frac{df(x)}{dx}=\frac{dy}{dx}=f'(x)=y'$$

Fazit: Die Differenziation gibt Auskunft über das Änderungsverhalten einer Funktion. **Das Zauberwort der Differenziation ist *Änderungsquote*** – nicht „Tangente an eine Kurve".

Der **Grenzprozess** gilt ganz *allgemein für eine komplette Funktion*: Man *differenziert* bzw. *leitet die Funktion ab*. Der geschlossene Ausdruck, die *Ableitung* ist gültig für alle x. Um die Änderungsquote an einem speziellen Punkt x zu bekommen, setzten wir nur noch das x in den Ableitungsausdruck ein.

Ein einfaches Beispiel mit Variationen

Gesucht: Die Ableitung der Funktion $y(x) = x^2$.

Version 1:

Lassen wir x um ein Stückchen dx wachsen, so erhalten wir $x+dx$, entsprechend wächst y um dy auf $y+dy$.

In unserem Fall heißt das $\quad y + dy = (x + dx)^2$.

Wir multiplizieren aus $\quad y + dy = x^2 + 2 \cdot x \cdot dx + (dx)^2$

Nun überlegen wir: dx ist eine „Kleine Größe"; $(dx)^2$ ist im Vergleich mit den anderen Größen so klein, dass wir es vernachlässigen können. (Man sagt: $(dx)^2$ ist eine „Kleine Größe 2.Ordnung").

Damit bleibt $\quad y + dy = x^2 + 2 \cdot x \cdot dx$,

wir subtrahieren die Funktion $\quad y = x^2$

und erhalten $\quad dy = 2 \cdot x \cdot dx$

Beidseitiges Dividieren durch dx ergibt schließlich: $\dfrac{dy}{dx} = 2x$!

Version 2: (Die von Physikern und Ingenieuren bevorzugt wird)

Der Differenzialquotient $\quad \lim\limits_{\Delta x \to 0} \dfrac{f(x+\Delta x) - f(x)}{\Delta x} = \lim\limits_{\Delta x \to 0} \dfrac{(x+\Delta x)^2 - x^2}{\Delta x}$

wird ausmultipliziert $\quad \lim\limits_{\Delta x \to 0} \dfrac{x^2 + 2 \cdot x \cdot \Delta x + \Delta x^2 - x^2}{\Delta x}$,

vereinfacht $\quad \lim\limits_{\Delta x \to 0} (2x + \Delta x)$

und ergibt $\quad f'(x) = 2x$.

Version 3:

Dieses sorglose Hantieren mit den Δx-Größen behagt den Mathematikern gar nicht. Sie würden die Sache wie folgt angehen: Sie bezeichnen den Wert an der Stelle $x + \Delta x$ mit x_1.

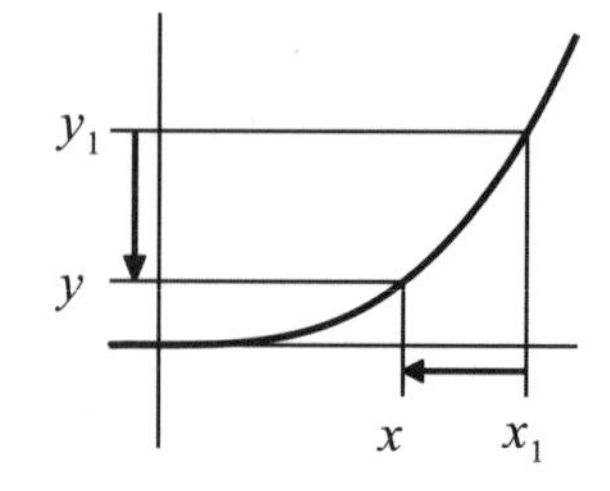

Damit wird der Differenzialquotient $\quad \lim\limits_{x_1 \to x} \dfrac{f(x_1) - f(x)}{x_1 - x} = \lim\limits_{x_1 \to x} \dfrac{x_1^2 - x^2}{x_1 - x}$.

Das lässt sich darstellen als $\lim_{x_1 \to x} \frac{(x_1 - x)(x_1 + x)}{x_1 - x} = \lim_{x_1 \to x} (x_1 - x)$

und wird nach Grenzübergang zu $f'(x) = 2x$

wie gehabt.

So einfach geht es nur selten! Mit viel Hirnschmalz hat man aber alle wichtigen Grundfunktionen geknackt, sprich: den Grenzübergang durchgeführt.

Die Ableitungen der gängigen Standardfunktionen sind unten zusammengestellt. Die *Herleitung* der interessantesten und wichtigsten Funktionen kommt für Neugierige und Unerschrockene im Abschnitt 7.7 „Formalismus“.

7.2 Standardableitungen

Die Polynome (auch für rationale und irrationale n):

$$y = konst \quad \to \quad y' = 0$$

$$y = x \quad \to \quad y' = 1$$

$$y = x^n \quad \to \quad y' = n \cdot x^{n-1}$$

Die Exponentialfunktionen:

$$y = a^x \quad \to \quad y' = a^x \cdot \ln(a)$$

(speziell: $y = e^x \to y' = e^x$)

$$y = \ln(x) \quad \to \quad y' = \frac{1}{x}$$

Die trigonometrischen Funktionen:

$$y = \sin(x) \quad \to \quad y' = \cos(x)$$

$$y = \cos(x) \quad \to \quad y' = -\sin(x)$$

$$y = \tan(x) \quad \to \quad y' = \frac{1}{\cos^2(x)} = 1 + \tan^2(x)$$

Die Umkehrfunktionen zu den trigonometrischen Funktionen:

$$y = \arcsin(x) \to y' = \frac{1}{\sqrt{1 - x^2}}$$

$$y = \arccos(x) \to y' = -\frac{1}{\sqrt{1 - x^2}}$$

$$y = \arctan(x) \rightarrow y' = \frac{1}{(1+x^2)}$$

In unserem Musterbeispiel $\quad y = f(x) = \frac{1}{4}x^3$

ist die Ableitung allgemein $\quad y' = f'(x) = \frac{1}{4} \cdot 3 \cdot x^2$,

speziell am Punkt $x = 1$ $\quad f'(1) = 0.75$.

Höhere Ableitungen

Die 1. Ableitung f' kann man als eine Funktion $g(x) = f'(x)$ auffassen, sie ableiten und bekommt $g'(x) = f''(x)$.
Die 2. Ableitung f'' kann man als eine Funktion $h(x) = g'(x) = f''(x)$ auffassen, sie ableiten und bekommt $i(x) = h'(x) = g''(x) = f'''(x)$, ... usw.

Im *Beispiel* $\quad y = f(x) = \frac{1}{4}x^3$

ist die 1. Ableitung $\quad y' = f'(x) = g(x) = \frac{1}{4} \cdot 3 \cdot x^2$,

die 2. Ableitung $\quad y'' = f''(x) = g'(x) = h(x) = \frac{3}{4} \cdot 2 \cdot x$.

Anmerkung zu einigen **Merkwürdigkeiten** in der Ableitungstabelle:

a) Dass $\sin(x)' = \cos(x)$ ist, ist schon merkwürdig genug, aber es geht weiter. Bei der fortgesetzten Differenziation von $y = \sin(x)$ wird man im Kreis geführt:

$y = \sin(x) \rightarrow y' = \cos(x) \rightarrow y'' = -\sin(x)$ (das Vorzeichen passt noch nicht)
$\rightarrow y''' = \cos(x) \rightarrow y'''' = \sin(x)$ ... und nun beginnt es von vorne.

b) Ferner kann man sich in ruhiger Stunde über die Unregelmäßigkeit in folgender Kette $f(x) \rightarrow f'(x)$ Gedanken machen. Alle positiven und negativen Potenzen lassen sich ableiten nach der Anweisung

$$y = x^n \rightarrow y' = n \cdot x^{n-1}$$

Die schöne Regelmäßigkeit in der Abfolge der Exponenten von links nach rechts gerät in der Mitte aus dem Tritt. Besonders merkwürdig ist das völlig unmotivierte Auftauchen von $\ln(x)$.

Funktion: $f(x): ...x^2 \to x^1 \to x^0 \to ?\ln(x)? \to \ x^{-1} \quad \to x^{-2}$

Ableitung: $f'(x): ...2x \to x^0 \to 0 \to \quad x^{-1} \quad \to -1x^{-2} \to -2x^{-3}$

c) Besondere Beachtung verdient die e-Funktion: sie ist die einzige Funktion, bei der die Ableitung wieder gleich der Urfunktion ist. Die gebührende Beachtung bekommt die e-Funktion bei den Differenzialgleichungen.

Eine Eselsbrücke: Irgendwo auf dem Weg von $y = 2^x$ nach $y = 3^x$ überholt die Ableitungsfunktion y' die eigene Funktion. Dazwischen gibt es eine Zahl, nennen wir sie „e“, bei der Funktion und Ableitung gleich sind:
$y = e^x$ und $y' = e^x$.

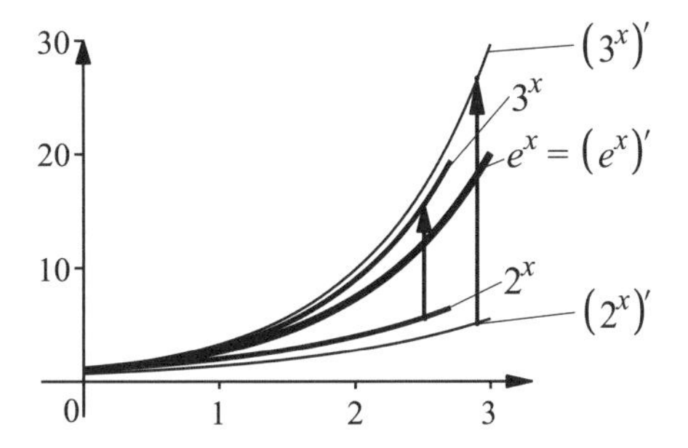

Diesen drei Phänomenen werden wir uns später ausführlich widmen.

7.3 Regeln

Mit den Standardableitungen kommen wir nicht weit. Das Erfreuliche ist: Die Differenziation von zusammengesetzten, komplizierten Funktionen kann man mit einer Handvoll Regeln auf die Differenziation der Standardfunktionen zurückführen.

Die beiden einfachsten Regeln, die man sich auch graphisch klar machen kann:

1. Konstanter Faktor: $f(x) = k \cdot g(x) \quad \to f'(x) = k \cdot g'(x)$

2. Summe, Differenz: $f(x) = g(x) \pm k(x) \quad \to f'(x) = g'(x) \pm k'(x)$

Für die Herleitung der nächsten Regeln schaue man im Abschnitt 7.7 „Formalismus“ nach.

3. Produkt: $f(x) = g(x) \cdot h(x) \quad \to f'(x) = g'(x) \cdot h(x) + g(x) \cdot h'(x)$

4. Quotient: $f(x) = \dfrac{g(x)}{h(x)} \quad \to f'(x) = \dfrac{g'(x) \cdot h(x) - g(x) \cdot h'(x)}{h^2(x)}$

5. Kettenregel: $f(x) = h(g(x)) \quad \to f'(x) = h'(g) \cdot g'(x)$

6. Umkehrregel: $y = f(x)$ mit $x = g(y) \rightarrow f'(x) = \frac{1}{g'(y)} = \frac{1}{g'(f(x))}$

(Die Umkehrregel bewährt sich vor allem bei theoretischen Überlegungen)

Die Regeln sind recht einfach zu verstehen und zu handhaben. Die Schwierigkeit liegt eher darin, bei einer vorliegenden Aufgabe zu erkennen, welche Regel man anwenden kann oder muss.

Ein paar einfache *Beispiele*:

zu **1.** und **2.** $y = (x^2 + c) + (ax^4 + b)$

Mit *Faktor- und Summenregel* bekommt man $y' = 2x + 4ax^3$
(Die Konstanten c und b werden 0 und entfallen damit.)
Bei der Funktion $y = (x^2 + c) \cdot (ax^4 + b)$
kann man ausmultiplizieren zu $y = ax^6 + acx^4 + bx^2 + bc$
und gliedweise differenzieren $y' = 6ax^5 + 4acx^3 + 2bx$

zu **3.** Beim vorherigen *Beispiel* $y = (x^2 + c) \cdot (ax^4 + b)$
kann man auch die *Produktregel* $y = f(x) = g(x) \cdot h(x)$ einsetzen.
Wir setzen $g(x) = x^2 + c$; $h(x) = ax^4 + b$
und stellen bereit $g'(x) = 2x$; $h'(x) = 4ax^3$.
Wir bauen zusammen $y' = 2x \cdot (ax^4 + b) + (x^2 + c) \cdot 4ax^3$
und vereinfachen zu $y' = 6ax^5 + 4acx^3 + 2bx$ siehe oben.

zu **4.** $y = f(x) = \frac{bx^5 + c}{x^2 + a} = \frac{g(x)}{h(x)}$ – ein Fall für die *Quotientenregel*.

Wir stellen bereit $g'(x) = 5bx^4$, $h'(x) = 2x$ und $h^2(x) = (x^2 + a)^2$,

setzen zusammen $y' = \frac{5bx^4 \cdot (x^2 + a) - (bx^5 + c) \cdot 2x}{(x^2 + a)^2}$

und vereinfachen $y' = \frac{3bx^6 + 5bx^4 a - 2cx}{(x^2 + a)^2}$

zu **5.** $y = \left(x^2 + a^2\right)^{\frac{3}{2}}$

Eine *geschachtelte* oder *verkettete* Funktion $f(x) = h(g(x))$.

Der Wert der *inneren* Funktion $g(x) = x^2 + a^2$

wird von der *äußeren* Funktion $h(g) = g^{3/2}$ weiterverarbeitet.

Die *Kettenregel* ist zuständig!

Mit $\quad h'(g) = \frac{3}{2} g^{\frac{1}{2}} = \frac{3}{2}\left(x^2 + a^2\right)^{\frac{1}{2}}$ und $g'(x) = 2x$

wird $\quad y' = \frac{3}{2}\left(x^2 + a^2\right)^{\frac{1}{2}} \cdot 2x = 3x\sqrt{x^2 + a^2}$.

zu **6.** (Ein triviales *Beispiel*) $\quad y = f(x) = \sqrt{x}$

mit der Umkehrfunktion $\quad x = g(y) = y^2$

Nach der *Umkehrregel* gilt $\quad y'(x) = \frac{1}{g'(y)} = \frac{1}{2y}$

und mit $y = \sqrt{x}$ wird $y' = \frac{1}{2\sqrt{x}} = \frac{1}{2} x^{-\frac{1}{2}}$.

Das würde natürlich auch mit $y = x^n \rightarrow y' = n \cdot x^{n-1}$ herauskommen.

Das Ganze gibt es zur Freude aller Schüler und Studenten auch gemixt.

a) $y = e^{2x^3 - 4}$; $\quad g(x) = 2x^3 - 4$; $\quad g'(x) = 6x^2$;

$h(g) = e^g$; $\quad h'(g) = e^g$;

$\rightarrow y' = 6x^2 \cdot e^{2x^3 - 4}$

b) $y = 3\cos(6x)$; $\quad g(x) = 6x$; $\quad g'(x) = 6$;

$h(g) = \cos(g)$; $\quad h'(g) = -\sin(g)$;

$\rightarrow y' = 3 \cdot 6 \cdot \left(-\sin(6x)\right) = -18\sin(6x)$

c) $y = A\,e^{-x} \sin(2\pi x)$; $\quad g(x) = e^{-x}$; $\quad g'(x) = -e^{-x}$;

$h(x) = \sin(2\pi x)$; $\quad h'(x) = 2\pi \cdot \cos(2\pi x)$ (Kettenregel);

$\rightarrow y' = A \cdot \left(-e^{-x} \cdot \sin(2\pi x) + e^{-x} \cdot 2\pi \cdot \cos(2\pi x)\right)$

Wir belassen es mit Hinweis auf bereits erlittene Qualen in Schule und Studium dabei.

Differenziation anderer Funktionsformen

Wir haben über der Differenziation der expliziten Funktionsform fast vergessen, dass es ja auch noch andere Darstellungsformen einer Funktion gibt. Diese Lücke wollen wir nun schnellstens schließen.

Die Parameterform der Kurve $x = f(t)$, $y = g(t)$.

Um die Formel für die Steigung, also die 1.Ableitung der Funktion, herzuleiten, gehen wir rein formal vor.

Hinsichtlich der Notation machen wir eine Anleihe bei der *Analysis in mehreren Variablen.*

Wir schreiben z.B. für die 1. Ableitung von $x = f(t)$: $\frac{dx}{dt} = x_t$, sprich: *x* nach *t.*

Die 2. Ableitung sieht in dieser Schreibweise so aus: $\frac{d^2x}{dt^2} = x_{tt}$

Wir möchten bilden $y' = \frac{dy}{dx} = y_x$, haben aber $x = f(t)$, $y = g(t)$.

Nun ist $\frac{dx}{dt} = x_t$, $\frac{dy}{dt} = y_t$ bzw. $dx = x_t \cdot dt$, $dy = y_t \cdot dt$.

Wir setzen zusammen $y' = \frac{dy}{dx} = y_x = \frac{y_t dt}{x_t dt} = \frac{y_t}{x_t} = \frac{g'(t)}{f'(t)}$ – *fertig.*

Das ging geradezu unglaublich schnell und reibungslos! Wir wollen es gleich an einem Beispiel testen.

Die explizite Kurvendarstellung $y = x^2 - 0.5x$

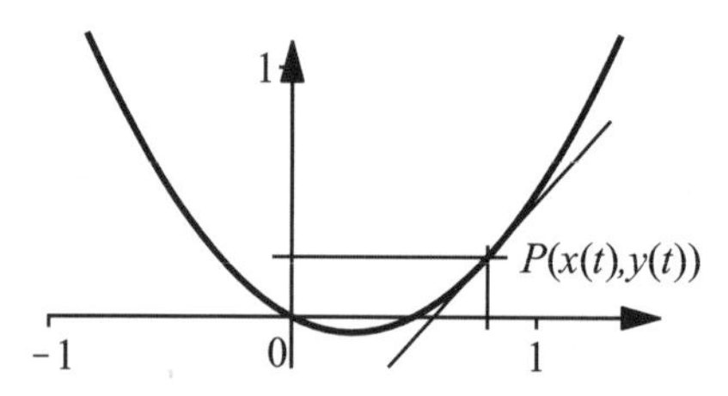

wird mit der Substitution $x = t$

umgewandelt in die Parameterform $x = t$, $y = t^2 - 0.5t$.

Die Ableitung nach *t* ergibt $x_t = 1$, $y_t = 2t - 0.5$.

Die Kurvensteigung für beliebiges t wird damit

$$y' = \frac{dy}{dx} = \frac{y_t}{x_t} = \frac{2t-0.5}{1} = 2t-0.5,$$

was bei direkter Differenziation der expliziten Form auch herauskommt.

Da wir gerade dabei sind, legen wir uns noch für spätere Verwendung die 2. Ableitung zurecht. Das Ziel unserer Bemühungen: $y'' = \dfrac{d(y')}{dx}$.

Wir differenzieren $y' = \dfrac{y_t}{x_t}$ zunächst (unter Anwendung der Quotientenregel) mit der Kettenregel nach t und anschließend t nach x:

$$y'' = \frac{d\left(\frac{y_t}{x_t}\right)}{dt} \cdot \frac{dt}{dx} = \frac{y_{tt}x_t - y_t x_{tt}}{x_t^2} \cdot \frac{1}{x_t} = \frac{x_t y_{tt} - x_{tt} y_t}{x_t^3}$$

In unserem Beispiel $x = t$, $y = t^2 - 0.5t$

haben wir $x_t = 1$, $y_t = 2t - 0.50$

und $x_{tt} = 0$, $y_{tt} = 2$.

Also ist $y'' = \dfrac{1 \cdot 2 - 0 \cdot (2t-0.5)}{1^3} = 2$.

D.h.: Für jedes t ist die 2. Ableitung konstant. Ein nicht unerwartetes Ergebnis bei einer Parabel.

Anmerkung:
Wir hatten im vorigen Abschnitt gefordert, dass nicht *beide* 1. Ableitungen gleichzeitig 0 sein dürfen. Wenn wir den Ausdruck $y' = y_t / x_t$ anschauen, wird diese Forderung sinnvoll.

- Für $y_t = 0$ wird $y' = 0 / x_t$ und wir erhalten eine horizontale Tangente mit Steigung 0.
- Bei $x_t = 0$ ist der Ausdruck $y' = y_t / 0$ nicht definiert, mit gutem Willen kann man ihm noch die Steigung ∞ zuordnen – eine senkrechte Tangente.
- Für $y_t = 0$ und $x_t = 0$ wird $y' = "0/0"$. Ein unbestimmter Ausdruck "0/0" kann beliebige Werte annehmen, eine eindeutige Tangente ist nicht mehr zeichenbar!

Anmerkung:
Wir haben mit der obigen Entwicklung die Steigung einer Parameterkurve in der Ebene bekommen. Etwas völlig anderes erhält man, wenn man die Parameterform einfach koordinatenweise differenziert: Es ergibt sich wieder eine Parameterfunktion. Wir gehen im Abschnitt 9.4 „Weg, Geschwindigkeit, Beschleunigung“ der Sache nach.

Kurvendarstellung in Polarkoordinaten $r = r(\varphi) = f(\varphi)$

Wir machen von unseren bisherigen Erkenntnissen Gebrauch. Zuerst verwandeln wir die Polarkoordinaten in kartesische Koordinaten.

Polar → Parametrisch: $x(\varphi) = r(\varphi)\cos(\varphi)$, $y(\varphi) = r(\varphi)\sin(\varphi)$

und haben damit auch schon die Parameterdarstellung der Kurve.

Nun erinnern wir uns $y' = \dfrac{y_t}{x_t}$ bzw. in unserem Fall $y' = \dfrac{y_\varphi}{x_\varphi}$

und bekommen (mit der Produktregel)

$$y' = \frac{y_\varphi}{x_\varphi} = \frac{r(\varphi)\sin(\varphi)}{r(\varphi)\cos(\varphi)} = \frac{r_\varphi \sin(\varphi) + r(\varphi)\cos(\varphi)}{r_\varphi \cos(\varphi) - r(\varphi)\sin(\varphi)}$$

Beispiel: $r(\varphi) = 1 + \cos(\varphi)$; $r'(\varphi) = -\sin(\varphi)$

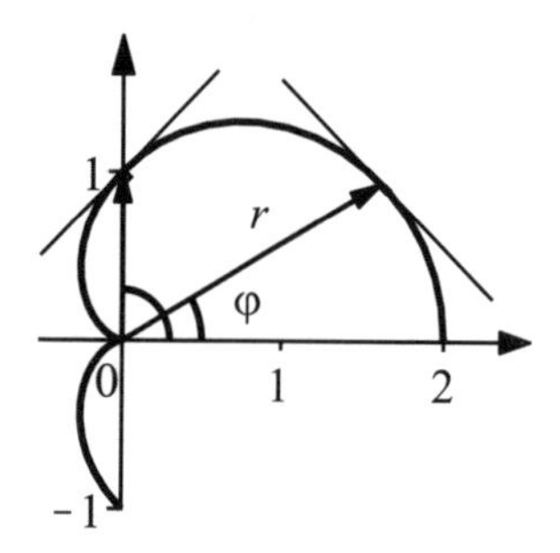

$$y' = \frac{y_\varphi}{x_\varphi} = \frac{-\sin^2(\varphi) + (1+\cos(\varphi))\cos(\varphi)}{-\sin(\varphi)\cos(\varphi) - (1+\cos(\varphi))\sin(\varphi)} = \ldots = \frac{(2\cos(\varphi)-1)\cdot\sin(\varphi)}{2\cos^2(\varphi) - \cos(\varphi) - 1}$$

Im Bild eingezeichnet: $y'(30°) = -1$; $y'(90°) = 1$

Die implizite Darstellung einer Kurve $F(x, y) = 0$

Mit den Mitteln der Analysis in mehreren Variablen und den partiellen Ableitungen $F_x(x, y)$ (y wird konstant gesetzt) und $F_y(x, y)$ (x wird konstant gesetzt) kann man die Formel für die 1. Ableitung herleiten:

$$y' = \frac{F_x(x, y)}{F_y(x, y)}$$

Beispiel: Die Funktion (Gleichung?)

$$2y^3+6x^3-24x+6y=0$$

$$F=2y^3+6x^3-24x+6y$$

$$F_x=18x^2-24 \qquad F_y=6y^2+6$$

$$y'=-\frac{F_x}{F_y}=-\frac{18x^2-24}{6y^2+6}=-\frac{3x^2-4}{y^2+1}$$

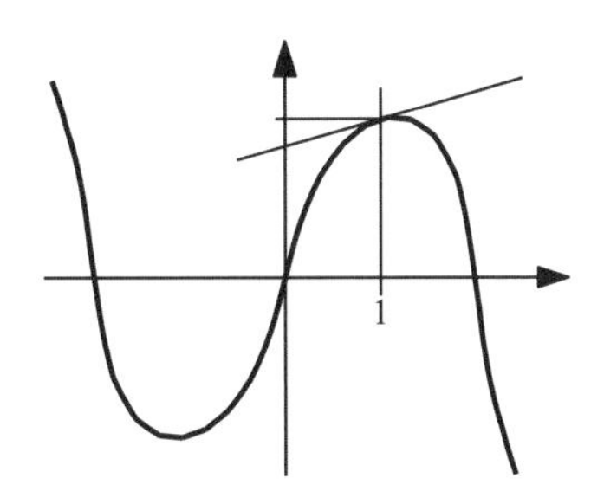

Das Bemerkenswerte ist: y' ist eine Funktion in *zwei* Variablen! Um die Steigung an einem bestimmten Punkt x zu bekommen, muss man das passende y ermitteln – und da liegen die eigentlichen Schwierigkeiten, wie wir schon im Kapitel 6 „Funktionen" bemerkt haben. Versuchen Sie beispielsweise für $x = 1$ das passende y zu bekommen. Die Steigung der Kurve an diesem Punkt bekommen Sie durch einfaches Einsetzen der Werte in y'.

Wir übergehen das und lassen alle Exemplare der Spezies $F(x, y) = 0$, die sich nicht in eine der oben behandelten Formen umwandeln lassen, unbemerkt in der Versenkung verschwinden.

Damit sind wir soweit, dass wir nach Herzenslust Kurven diskutieren können. Unverfänglicher ausgedrückt: Wir können Kurvendiskussion betreiben, Extremalprobleme angehen, etc. Alles Dinge, die wir in der Schule so reichlich genossen haben, dass wir sie höchstens noch einmal mit der massiven Unterstützung eines Computerprogramms angehen wollen.

7.4 Aspekte der Differenzialrechnung

Tangente an eine Kurve

Wir haben nun so viel über Steigungen und Tangenten gehört, dass es an der Zeit ist, konkret die *Funktion der Tangente* an einem Kurvenpunkt zu ermitteln.

Wir nehmen wieder unsere Musterfunktion $y=\frac{x^3}{4}$

und den Musterpunkt $P(x, y) = P(1.0, y(x)) = P(1.0, 0.25)$.

Die allgemeine Ableitung der Funktion ist $y'(x)=\frac{1}{4}\cdot 3x^2$;

am Punkt $x = 1$ ist die Steigung $y'(x_1=1)=y'(1)=m_1=\tan(\alpha_1)=0.75$.

Für unsere Geradengleichung der Tangente haben wir damit einen Punkt und die Steigung an diesem Punkt. Die *Punkt-Steigungs-Form einer Geraden* entnehmen wir einer Formelsammlung:

$$y = m \cdot (x - x_1) + y_1 = y'(x_1) \cdot (x - x_1) + y_1 .$$

In unserem Fall ist $m = m_1 = y'(x_1) = 0.75$.

Damit haben wir die *Funktion der Tangente*:

$$y_{Tgt} = y'(x_1) \cdot (x - x_1) + y_1$$

$$y_{Tgt} = 0.75 \cdot (x - 1) + 0.25 = 0.75x - 0.50$$

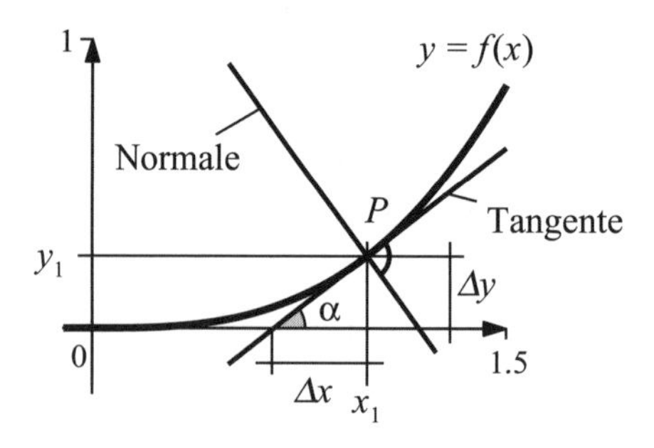

Wir können nun auch die *Funktion der Normalen*, die senkrecht auf Tangente und Kurve steht, ermitteln. Wir müssen uns nur erinnern, dass die Steigung einer Geraden, die senkrecht auf einer anderen Geraden steht, $m_{Nml} = -\frac{1}{m_{Tgt}}$ ist.

$$y_{Nml} = -\frac{1}{y'(x_1)}(x - x_1) + y_1$$

$$y_{Nml} = -\frac{1}{0.75}(x - x_1) + 0.25 = -1.33x + 1.58$$

Kurvendiskussion, Extrema

Das Bestimmen von Extremstellen einer Funktion $y = f(x)$ ist in der Oberstufe ein beliebter Sport und man kann damit auch recht hübsche „praktische“ Aufgaben lösen.

Ausgehend von der Beobachtung, dass an einer Extremstelle die Tangente horizontal verläuft, wird messerscharf geschlossen:
Tangente horizontal → *Steigung* = 0 → *erste Ableitung* = 0.

Folgerichtig wird also die erste Ableitung f' der Funktion gebildet, gleich 0 gesetzt und nach x aufgelöst. Den Wert y der zugehörigen Extremstelle bekommt man durch Einsetzen des x-Wertes in die Funktion.

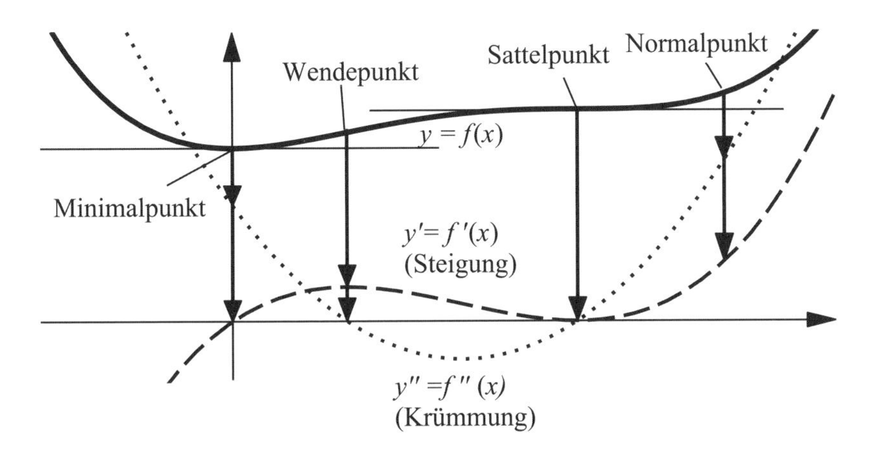

Eine kleine Unannehmlichkeit tritt durch die Beobachtung auf, dass es so genannte Sattelpunkte in einem Funktionsgraphen geben kann, die zwar eine horizontale Tangente besitzen, aber dennoch nicht als Extremstellen angesehen werden können. Also heißt es: 2. Ableitung f'' bilden.

Die 2. Ableitung f'' ist ein Maß für die Krümmung der Kurve!

- Ist die Krümmung f'' am Punkt positiv, liegt eine Minimalstelle vor.
- Bei negativer 2. Ableitung f'' haben wir eine Maximalstelle.
- Wenn an der Untersuchungsstelle die 2. Ableitung das Vorzeichen wechselt, eine echte Nullstelle vorliegt, haben wir einen Sattelpunkt erwischt.
- Schlussendlich gibt es noch die Wendepunkte, bei denen zwar eine Kurvensteigung aber keine Krümmung vorhanden ist:
  $f'(x_0) = pos./neg.;\ f''(x_0) = 0$.

Die Bedingungen für die verschiedenen Punkttypen fassen wir zusammen in einer Tabelle (mit der wir die ganze Kurvendiskutiererei auf einen Blick haben).

	Normal-Punkt	Min-/Max-Punkt	Wende-Punkt	Sattel-Punkt
f' (Steigung)	$\neq 0$	$= 0$	$\neq 0$	$= 0$
f'' (Krümmung)	$\neq 0$	+/-	$= 0$	$= 0$

Das Bild auf der vorigen Seite sagt wahrscheinlich mehr als tausend Worte.

Die Funktion $f(x)=\frac{x^4}{4}-\frac{4x^3}{3}+2x^2+6$

Die 1. Ableitung $f'(x)=x^3-4x^2+4x=x\cdot(x^2+4x+4)$

$x\cdot(x^2+4x+4)=0$ ergibt die Nullstellen von $f':0,2$ (Doppelnullstelle)

Die 2. Ableitung $f''(x)=3x^2-8x+4$

$3x^2-8x+4=0$ ergibt die Nullstellen von $f'':\frac{2}{3},2$

Anmerkung:
Wenn Sie die oben angeführten Tests auf Minimal-/Maximal- und Sattelpunktstellen vergessen haben sollten, gibt es eine unwissenschaftliche, aber praktische Alternative: Berechnen Sie die Funktionswerte jeweils ein Stückchen Δx links und rechts der fraglichen x-Stelle und vergleichen Sie sie mit dem Funktionswert bei x.

Zwei weitere Diskussionsbeiträge

a) Funktion $y=\frac{2x^3}{3}-2x^2-6x$

1. Ableitung: $y'=2x^2-4x-6$

2. Ableitung: $y''=4x-4$

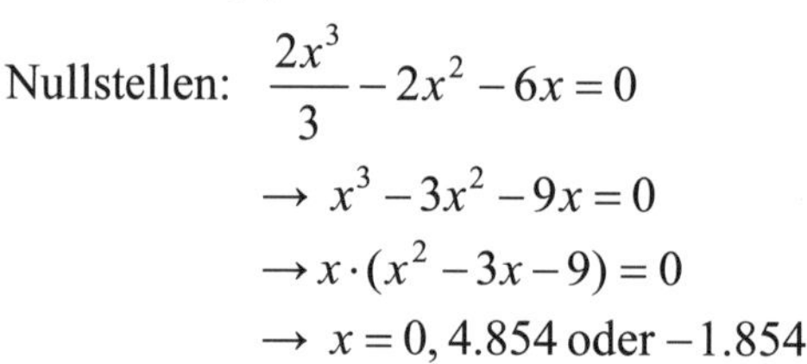

Nullstellen: $\frac{2x^3}{3}-2x^2-6x=0$

$\rightarrow x^3-3x^2-9x=0$

$\rightarrow x\cdot(x^2-3x-9)=0$

$\rightarrow x=0, 4.854 \text{ oder } -1.854$

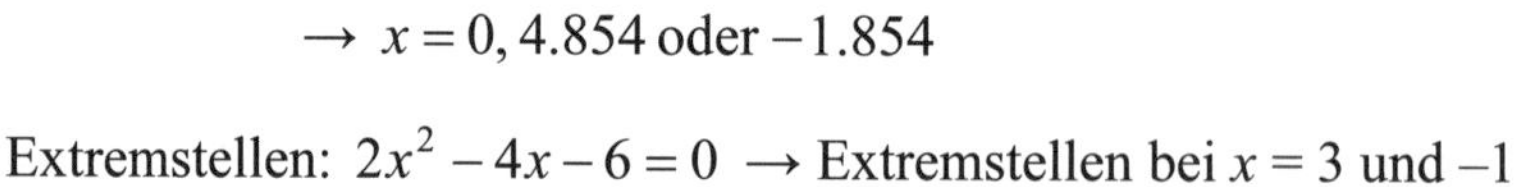

Extremstellen: $2x^2-4x-6=0 \rightarrow$ Extremstellen bei $x=3$ und -1

Extremwert 1 $y(3)=-18$

Max/Min? $y'(3)=0$; $y''(3)=+8$

$\rightarrow$ Minimalpunkt bei (3, -18)!

Extremwert 2 $y(-1)=3.333$

Max/Min? $y'(-1)=0$; $y''(-1)=-8$

$\rightarrow$ Maximalpunkt bei (-1, 3.333)!

Kontrollen:

Nullstellen: $y(0)=0$; $y(4.854)=-0.0022$; $y(-1.854)=0.00085$

Extremwert 1: $y(2.9) = -17.96 > -18$; $y(3.1) = -17.96 > -18$
$\rightarrow$ Minimalpunkt
Extremwert 2: $y(-1.1) = 3.29 < 3.333$; $y(-0.9) = 3.29 < 3.333$
$\rightarrow$ Maximalpunkt

b) Funktion $y = \cos(x) + 0.6$

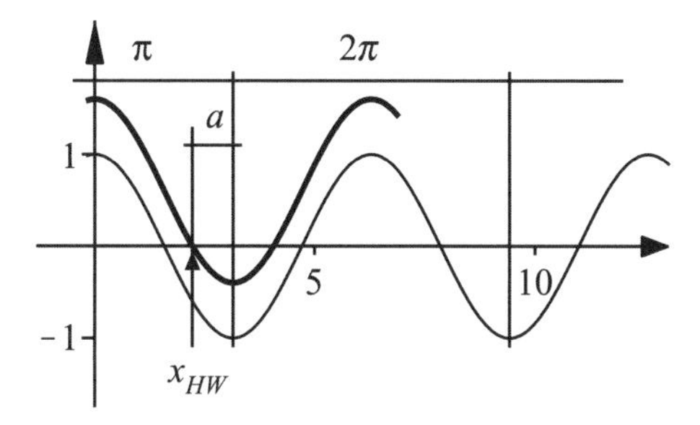

Nullstellen: $\cos(x) + 0.6 = 0 \rightarrow \cos(x) = -0.6$
$\rightarrow \arccos(\cos(x)) = \arccos(-0.6)$
$\rightarrow x = x_{HW} = \arccos(-0.6) = 2.2143$ (der Hauptwert)

Mit $a = \pi - x_{HW}$ bekommt man aus Symmetriegründen die weitere Nullstelle $\pi + a = \pi + (\pi - 2.2143) = 4.070$.

Alle Nullstellen: x_n = Minimalstellen von $\cos(x) \pm a = \pi + 2k\pi \pm a$
Folglich: $x_n = (\pi + 2k\pi) \pm (\pi - x_{HW})$, ($k$ aus **Z**)

Nun können und wollen wir die **persönliche Spritmengenfunktion**, die wir im Kapitel 6 gefunden hatten, zu Ende führen.

Spritmenge – die Zweite
Als Spritmengenfunktion hatte sich ergeben:

$$SpMg = \frac{W_{üG}}{V_{dW} - V_{Str}} \cdot \left(0.1 \cdot V_{dW}^2 + 3\right)$$

Bezeichnungen:
$SpMg$ = Spritmenge; V_{Str} = Geschwindigkeit des Stroms;
$W_{üG}$ = Weg des Schiffs über Grund; V_{dW} = Geschw. des Schiffs durchs Wasser

Wir berechnen die *Extremstelle* der Funktion:

Wir setzen $W_{üG} = 1$ km und $V_{Str} = 5$ km/h und erhalten die handlichere Version:

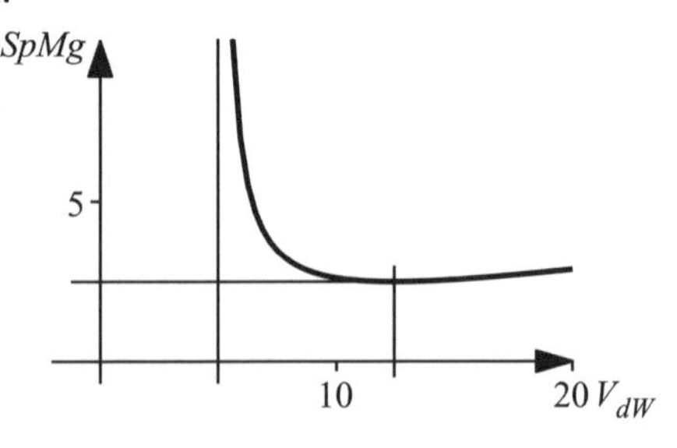

$$SpMg = \frac{0.1 \cdot V_{dW}^2 + 3}{V_{dW} - 5}$$

Die 1. Ableitung von *SpMg* nach V_{dW} ist

$$SpMg' = \frac{0.1 \cdot \left(V_{dW}^2 - 10 \cdot V_{dW} - 30\right)}{\left(V_{dW} - 5\right)^2}$$

Den Zähler von $SpMg'$ gleich 0 setzen und auflösen nach V_{dW} ergibt die Minimalstelle V_{dW} min =12.42 km/h.

Nach Einsetzen von V_{dW} min in die *SpMg*-Formel ergibt sich der minimale Verbrauch von *minSpMg* = 2.48 l/km.

7.5 Lineare Approximation einer Funktion

Nach der *Tangentensteigung* wollen wir einen weiteren Aspekt der Differenziation beleuchten, der von den Mathematikern sogar als der wichtigere erachtet wird: *Die Linearisierung einer Funktion an einem Punkt.* Wir machen uns zuerst an einem Beispiel klar, was damit gemeint ist.

In einer Berechnung brauchen Sie die Werte der Funktion $y = \ln(x)$ in Nähe des Punktes $x_0 = 3$. Die ln-Funktion ist unbequem – Sie *linearisieren* sie, d.h. ersetzen sie durch die Kurventangente am Punkt $x_0 = 3$.

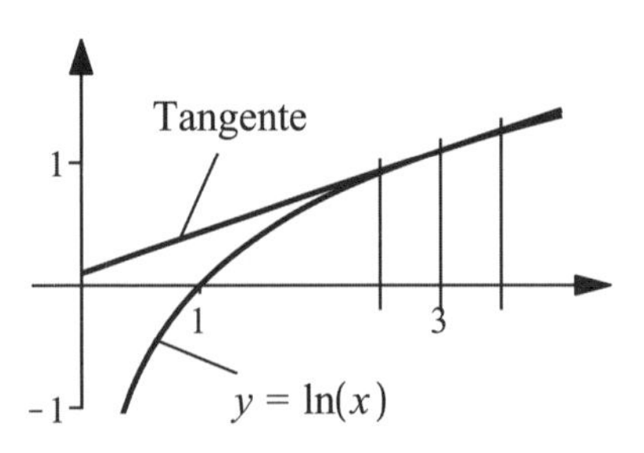

Funktion, Ableitung: $y = \ln(x) \rightarrow y' = \frac{1}{x}$

Der Punkt: $x_0 = 3;\ y(x_0) = y_0 = 1.099$

Steigung am Punkt: $m = y'(3) = \frac{1}{3} = 0.333$

Punkt-Steigungs-Form einer Geraden: $y_T = m(x - x_0) + y_0$

Tangentenfunktion $y_T = 0.333 \cdot (x-3) + 1.099 = 0.333x + 0.099$

Sie berechnen mit dieser Näherungsfunktion die Funktionswerte an den Stellen $x_1 = 2.5$ und $x_2 = 3.5$ und vergleichen das Ergebnis mit den *exakten* Werten.

Vergleichswerte:

$y(2.5) = 0.9163;\ y_T(2.5) = 0.9323;$ Fehler: $\frac{(0.9323 - 0.9163) \cdot 100}{0.9163} = 1.75\,\%$

$y(3.0) = 1.099;\ y_T(3.0) = 1.099$ kein Fehler

$y(3.5) = 1.253;\ y_T(3.5) = 1.266;$ Fehler: $\frac{(1.266 - 1.253) \cdot 100}{1.253} = 1.04\,\%$

Fazit: Wenn Sie bei Ihrer (überschlägigen) Berechnung, bei der Werte von ln(2.5) bis ln(3.5) gebraucht werden, einen max. Fehler von 2 % in Kauf nehmen können, können Sie statt der ln-Funktion die einfachere *lineare* Tangentenfunktion benutzen.

Fassen wir das Ganze in mathematischen Jargon und erklären gleich noch den Begriff des **Differenzials**, der in diesem Zusammenhang häufig auftritt.

Mit der 1. Ableitung kann man an einem Kurvenpunkt eine Kurve $f(x)$ durch eine Gerade $g(x)$ annähern, *approximieren.* Die Gerade bzw. die Tangente durch den betrachteten Kurvenpunkt mit der 1. Ableitung als Steigung hat in der näheren Umgebung des Punktes *annähernd* die gleichen Werte wie die Kurve.

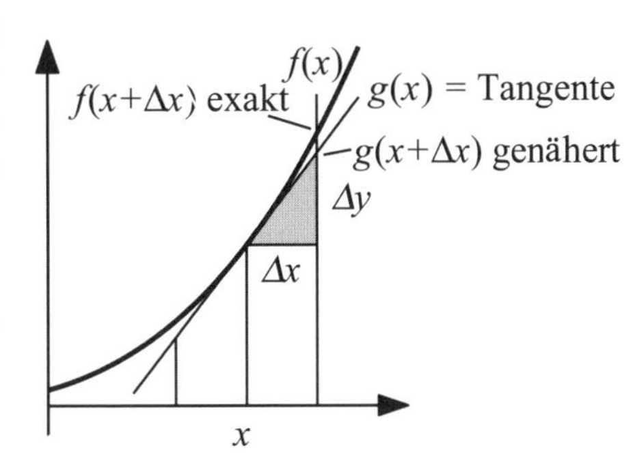

Anders ausgedrückt: Ein Stückchen Δx vom Punkt x entfernt, ist der Wert der Näherungsgeraden um

$$\Delta y = m \cdot \Delta x = f'(x) \cdot \Delta x$$

größer oder kleiner.

Zwischen Geraden- und Kurvenwert ist also bei $x+\Delta x$ ein Unterschied. Lassen wir Δx gegen x gehen, wird der Unterschied geringer; im Grenzfall $\Delta x=0$ stimmen Geraden- und Kurvenwert überein. Wir schreiben nach erfolgtem Grenzübergang $dy = f'(x)dx = \frac{dy(x)}{dx}dx$ und haben das *Differenzial der Funktion* $y = y(x)$.

Beispiel: Sie brauchen angenähert den Wert $\sqrt{27}$.

Sie interessieren sich also für die Funktion $y = f(x) = \sqrt{x}$ in der Nähe des bekannten Punktes $x = 25$.

Die 1. Ableitung ist $f'(x) = \frac{1}{2\sqrt{x}}$, am Punkt $x = 25$ somit $f'(25) = 0.1$.

Der genäherte Wert von $\sqrt{27}$ ergibt sich mit der obigen Überlegungen zu

$$y(27) = f(x) + f'(x)\cdot\Delta x = \sqrt{25} + \frac{1}{2\sqrt{25}}\cdot 2 = 5 + 0.1\cdot 2 = 5.2$$

Der exakte Wurzelwert ist übrigens 5.1961.

Das sind nun keine umwerfend wichtigen Anwendungen. Das Differenzial kommt auch mehr bei theoretischen Überlegungen und für Formelherleitungen zum Einsatz.

Außer mit der anschaulichen, geometrischen Version kann man sich die Sache auch rein *formal*, abstrakt klar machen.

Die 1. Ableitung einer Funktion haben wir geschrieben als $\frac{dy}{dx} = f'(x)$.

Wir multiplizieren beidseitig mit dx:

$dy = f'(x)\cdot dx$, schreiben $dy = \frac{dy(x)}{dx}\cdot dx$

und nennen den Ausdruck *Differenzial der Funktion* $f(x)$.

7.6 Geschwindigkeit

Um 1600 ließ ein Italiener von einem schiefen Turm Steine auf seine Mitmenschen fallen. Das wäre eigentlich nur ein Fall für die Ordnungskräfte gewesen und sicherlich dem Vergessen der Geschichte anheim gefallen, wenn Signor Galilei nicht Sanduhr und Zollstock dabei gehabt hätte.

Die Gerätschaften nutzte er intensiv und fand heraus, dass die Steine unabhängig von ihrer Größe

- 1 Sekunde nach Loslassen 5 Meter
- nach 2 Sekunden 20 Meter,
- nach 3 Sekunden 45 Meter gefallen waren,
- nach 4 Sekunden 80 Meter erreicht hätten,

wenn der Turm hoch genug gewesen wäre!

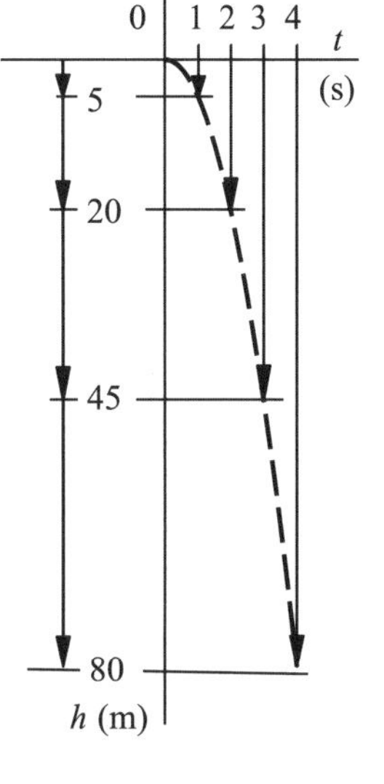

Weg und Zeit hingen scheinbar irgendwie zusammen! Irgendwann fand Galileo Galilei den Zusammenhang:

Der Weg s ist $5 \cdot Zeit^2$

$$\boldsymbol{s = 5 \cdot t^2}.$$

„s ist eine Funktion der Zeit t" sagt man heute und schreibt $s = f(t)$. f ist dabei nur ein Name der Funktion.

Natürlich hing auch der *Zuwachs* des Weges von der „verfallenen" Zeit ab.

Der Stein fiel im Laufe der

- 1. Sekunde 5 Meter,
- 2. Sekunde 15 Meter,
- 3. Sekunde 25 Meter.
- 4. Sekunde 35 Meter.

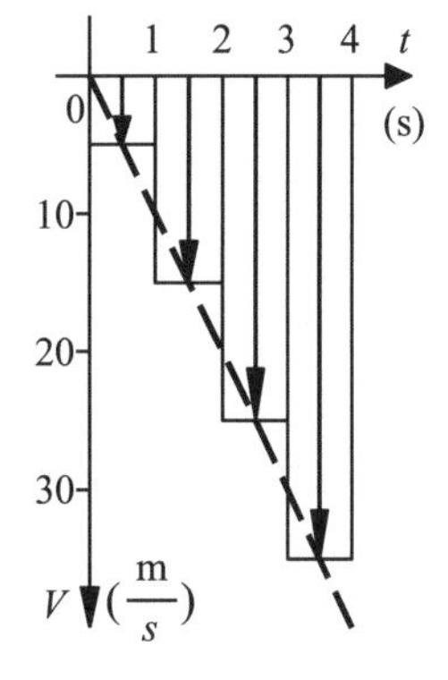

Für diese Änderungsrate begann man sich brennend zu interessieren und gab ihr erst einmal einen Namen – *Geschwindigkeit.*

Nun ändert der Stein ja offensichtlich nicht zu jeder vollen Sekunde sprunghaft seine Geschwindigkeit, um während der nächsten Sekunde mit konstanter erhöhter Geschwindigkeit zu fallen. Die Natur macht keine Sprünge, sie lässt die Steingeschwindigkeit stetig wachsen. Der Gedanke, die „Treppen" auszugleichen lag nahe und führte zu einer Geraden. Man konnte nun die Geschwindigkeit zu jedem Zeitpunkt ablesen:

$$\boldsymbol{v = 10 \cdot t}$$

Wieder tauchte die Frage nach einem Zusammenhang auf. Welcher Algorithmus führt von der Wegfunktion $s = 5 \cdot t^2$ zur Geschwindigkeitsfunktion $v = 10 \cdot t$? Die Beantwortung ließ ein paar Jahrzehnte auf sich warten. Um 1680 erfanden Mr. Newton und Herr Leibniz endlich die Differenzialrechnung.

Bei der Ableitung der Funktion $s = 5 \cdot t^2$ ergab sich automatisch $s' = 10 \cdot t$. Messerscharfer Schluss:

Die Geschwindigkeit ist die 1. Ableitung der Wegfunktion nach der Zeit!

Alle Messungen haben seither dieses Ergebnis bestätigt, sodass man heute den obigen Satz fast als Definition der Geschwindigkeit präsentiert bekommt.

Weiter brauchen wir diese Geschichte nicht zu verfolgen, wir sind wieder am Anfang des Abschnitts angekommen.

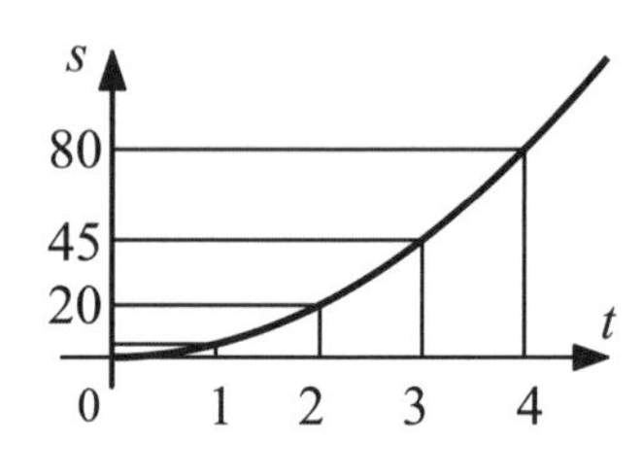

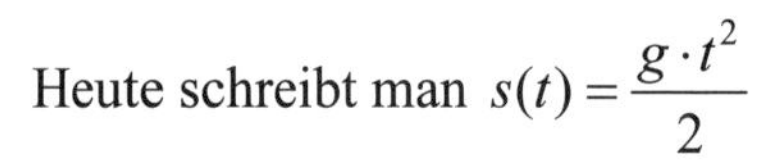

Heute schreibt man $s(t) = \frac{g \cdot t^2}{2}$

(g = Gravitationskonstante $\sim 10 \frac{\text{m}}{\text{s}^2}$)

Man leitet ab $s'(t) = v(t) = g \cdot t$

und nennt $s'(t) = v(t)$ die *Geschwindigkeit*.

Zum Zeitpunkt $t_2 = 2\,\text{s}$ hat der Stein somit die Momentangeschwindigkeit:

$$v(2) = 10 \cdot 2 \frac{\text{m}}{\text{s}} = 20 \frac{\text{m}}{\text{s}}$$

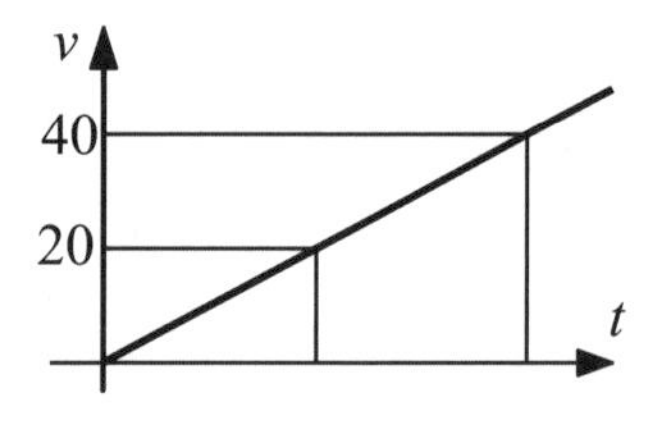

Die 2. Ableitung $s''(t) = v'(t) = a(t) = g$

hat in diesem (physikalischen) Zusammenhang den Namen *Beschleunigung* bekommen. Sie ist für unseren Stein:

$$a(t) = konst = g \sim 10 \frac{\text{m}}{\text{s}^2}.$$

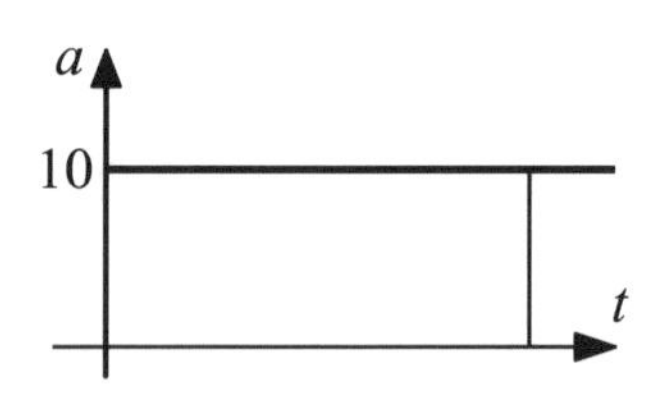

Das Verfahren ist natürlich auch bei einer Autofahrt auf einer *geraden* Strecke anwendbar. Wie man auf krummen Wegen vorankommt, werden wir im Abschnitt 9.4 „Weg, Geschwindigkeit, Beschleunigung" sehen.

Es geht im Feierabendverkehr nur zäh und stockend voran. Ihr Vorankommen entspricht in etwa dem Weg-Zeit-Gesetz

$$s(t) = -\sin(t) + 0.1 \cdot t^2$$

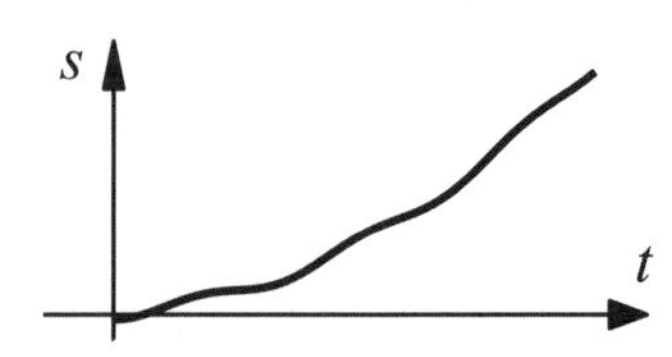

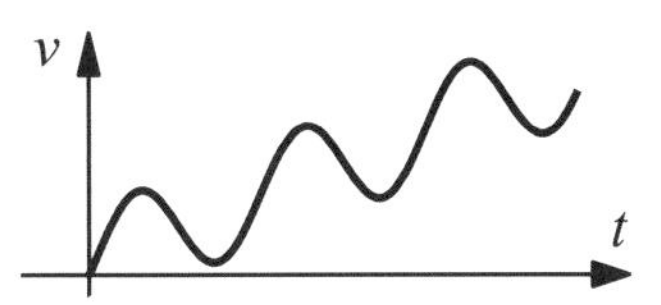

Die 1. Ableitung von $s(t)$ bringt die Entwicklung der Geschwindigkeit

$$v(t) = -\cos(t) + 0.2 \cdot t .$$

Unter 0 sollte die Geschwindigkeit nicht fallen! Das würde Rückwärtsfahrt und eine Karambolage mit Ihrem Hintermann bedeuten.

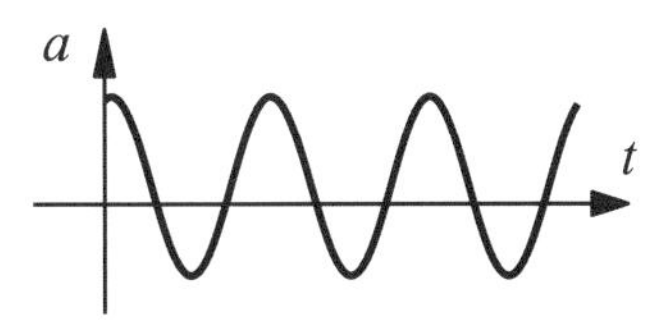

Die 2. Ableitung von $s(t)$ ergibt die Beschleunigung

$$a(t) = \sin(t) + 0.2 .$$

Das Auf und Ab entspricht in etwa der Bewegung Ihres Fußes auf dem Gaspedal; die Teile unterhalb der x-Achse geben die Bremswirkung des Motors wieder.

7.7 Formalismus

Herleitung von Ableitungen

Wir wollen nun keineswegs alle Differenziationsformeln unserer Tabelle beweisen, lediglich vier Beziehungen sollen herausgegriffen werden:

$y = x^n \quad \rightarrow \quad y' = n \cdot x^{n-1}$ – ist die wichtigste

$y = \sin(x) \quad \rightarrow \quad y' = \cos(x)$ – ist die zweitwichtigste für die Lösung von Differenzialgleichungen (DGln)

$y = e^x \quad \rightarrow \quad y' = e^x$ – ist die wichtigste für die Lösung von DGln

$y = \ln(x) \quad \rightarrow \quad y' = \frac{1}{x}$ – ist die merkwürdigste.

„$\left(x^n\right)'$"

Die Funktion $y = x^2$ haben wir im Abschnitt 7.1 „Differenziation" hergeleitet, sie ist aber nur eine Spezialversion der allgemeinen Form $y = x^n$. Diese Funktion ist aber so wichtig, dass wir uns der geringen Mühe unterziehen wollen, sie in klassischer Art und Weise per Differenzialquotient herzuleiten. Übrigens kann der Binomische Lehrsatz hier zeigen, dass er zu etwas nütze ist.

Der Differenzialquotient $\left(x^n\right)' = \lim\limits_{\Delta x \to 0} \frac{(x+\Delta x)^n - x^n}{\Delta x}$ wird ausmultipliziert

$$\lim_{\Delta x \to 0} \frac{x^n + n \cdot x^{n-1}\Delta x + \left(\frac{n(n-1)}{1 \cdot 2}\right) \cdot x^{n-2} \cdot (\Delta x)^2 + \ldots - x^n}{\Delta x}$$ und vereinfacht

$$\lim_{\Delta x \to 0} \frac{n \cdot x^{n-1}\Delta x + \left(\frac{n(n-1)}{1 \cdot 2}\right) \cdot x^{n-2} \cdot (\Delta x)^2 + \ldots}{\Delta x}$$

Ganz wichtig: Vor dem Grenzübergang $\Delta x \to 0$ muss Δx aus dem Nenner verschwinden, gekürzt werden (können)

$$\lim_{\Delta x \to 0} n \cdot x^{n-1} + \left(\frac{n(n-1)}{1 \cdot 2}\right) \cdot x^{n-2} \cdot \Delta x + \ldots$$

Das Ergebnis: $\left(x^n\right)' = n \cdot x^{n-1}$

„sin′"

Der Differenzenquotient für unsere Funktion $y = \sin(x)$ sieht wie folgt aus

$$\frac{\Delta y}{\Delta x} = \frac{\sin(x+\Delta x) - \sin(x)}{\Delta x}$$

Wir fassen $(x + \Delta x)$ als *einen* Winkel auf und finden in einer Formelsammlung für die Differenz zweier Winkel die Umbaumöglichkeit

$$\sin(x+\Delta x) - \sin(x) = 2\sin\left(\frac{x+\Delta x - x}{2}\right) \cdot \cos\left(\frac{x + \Delta x + x}{2}\right)$$
$$= 2\sin\left(\frac{\Delta x}{2}\right) \cdot \cos\left(\frac{2x+\Delta x}{2}\right)$$

Damit können wir schreiben

$$\frac{\Delta y}{\Delta x} = \frac{2\sin\left(\frac{\Delta x}{2}\right) \cdot \cos\left(\frac{2x+\Delta x}{2}\right)}{\Delta x} = \frac{\sin\left(\frac{\Delta x}{2}\right)}{\frac{\Delta x}{2}} \cdot \cos\left(x + \frac{\Delta x}{2}\right)$$

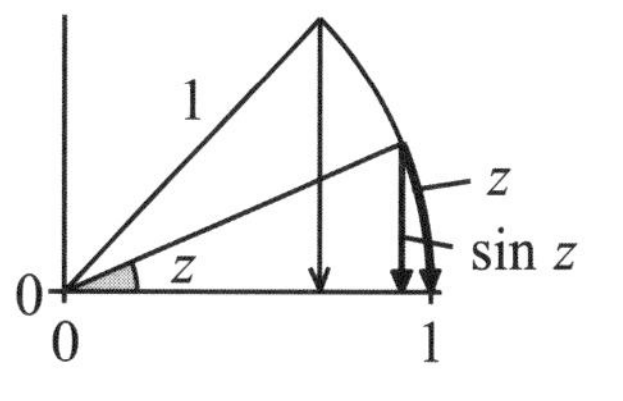

Ohne Beweis sei angeführt: $\lim\limits_{z \to 0} \frac{\sin(z)}{z} = 1$

Ohne Beweis „einsichtig“: Mit kleiner werdendem Winkel z nähern sich $\sin(z)$ und z immer mehr einander an.

Mit $z = \frac{\Delta x}{2}$ bekommen wir $\lim\limits_{\Delta x \to 0} \frac{\sin\left(\frac{\Delta x}{2}\right)}{\frac{\Delta x}{2}} = 1$

Damit sind wir so gut wie am Ende.

Wir lassen noch $\Delta x \to 0$ gehen, damit strebt $\cos\left(x + \frac{\Delta x}{2}\right) \to \cos(x)$

und wir haben $\frac{\Delta y}{\Delta x} = \frac{d}{dx}\sin(x) = \sin(x)' = \cos(x)$.

Auf ähnlich verschlungenen Wegen kann man herleiten:
$\frac{\Delta y}{\Delta x} = \frac{d}{dx}\cos(x) = \cos(x)' = -\sin(x)$

Die Bedeutung für die Lösung von Differenzialgleichungen liegt allerdings erst in der Hintereinanderschaltung: $\sin(x)' = \cos(x)$; $\cos(x)' = -\sin(x)$

Das heißt zusammengefasst: $\sin(x)'' = -\sin(x)$

Mit dem Sinus hat man eine Funktion y, die (bis auf das Vorzeichen) mit ihrer zweiten Ableitung übereinstimmt: $y'' = -y$.

„e, e^x, $(e^x)'$“

Was ist eigentlich an der „krummen“ Zahl $e = 2.71828...$, um die in der *Höheren Mathematik* so viel Aufhebens gemacht wird, so *interessant*? Was ist so *wichtig* an ***e***, dass man sie sogar zur Basis eines Logarithmus gemacht hat? Eigentlich nichts!

Interessant wird ***e*** erst als Funktion e^x! Und das auch nur, weil diese Funktion eine einmalige, besondere Eigenschaft hat: $(e^x)' = e^x$ – die Ableitung ist wieder die Funktion selber! Sehr interessant, aber wichtig!

Wichtig wird e^x durch besagte Eigenschaft als „Lösungsansatz“ bei den nun unbestreitbar wichtigen gewöhnlichen Differenzialgleichungen! Und damit ist natürlich die Zahl $e = 2.71828...$ höchst interessant und wichtig!

„e“

Wir gehen von der merkwürdigen Folge $(1+1/n)^n$ aus (n aus **N**; $n \to \infty$), bei der sich $\frac{1}{n}$ und $(...)^n$ um die Größe des Zuwachses streiten. (Im Kapitel 5 „Folgen“ sind wir ihr schon einmal begegnet.)

Wir ermitteln ein paar Folgewerte

$$\left(1+\frac{1}{1}\right)^1 = 2.0; \quad \left(1+\frac{1}{10}\right)^{10} = 2.5937...; \quad \left(1+\frac{1}{100}\right)^{100} = 2.7048...; \text{ usw..}$$

Den Grenzwert nennen wir „e“!

$$\lim_{n\to\infty}\left(1+\frac{1}{n}\right)^n = 2.71828... = e$$

Für den weiteren Gang der Handlung verkomplizieren wir die Sache:

Wir betrachten $\left(1+\frac{1}{n}\right)^n$ als Binom $(a+b)^n$ mit $a=1$ und $b=\frac{1}{n}$.

Das Binom multiplizieren wir aus $\left(1+\frac{1}{n}\right)\cdot\left(1+\frac{1}{n}\right)\cdot\left(1+\frac{1}{n}\right)\cdot...$ (n-mal), sortieren sinnvoll (oder benutzen den Binomischen Lehrsatz).

$$(a+b)^n = a^n + n\cdot\frac{a^{n-1}b}{1!} + n(n-1)\cdot\frac{a^{n-2}b^2}{2!} + n(n-1)(n-2)\cdot\frac{a^{n-3}b^3}{3!} + ... + b^n$$

Wir bekommen

$$\left(1+\frac{1}{n}\right)^n = 1^n + n\cdot\frac{1^{n-1}\left\{\frac{1}{n}\right\}}{1!} + n(n-1)\cdot\frac{1^{n-2}\left\{\frac{1}{n}\right\}^2}{2!} + n(n-1)(n-2)\cdot\frac{1^{n-3}\left\{\frac{1}{n}\right\}^3}{3!} + ...$$

$$= 1 + \frac{n}{n\cdot 1!} + \frac{n(n-1)}{n^2\cdot 2!} + \frac{n(n-1)(n-2)}{n^3\cdot 3!} + ...$$

Nun lassen wir n wachsen, gegen ∞ streben:

Die Klammerausdrücke $(n-1)$, $(n-2)$,... wachsen dann jeweils so schnell wie n und können praktisch gleich n gesetzt werden.

Es bleibt $e = 1+\frac{1}{1!}+\frac{1}{2!}+\frac{1}{3!}+\frac{1}{4!}+...$

eine weitere Darstellung der Zahl e!

„e^x"

Nichts hält uns davon ab, mit der Verkomplizierung fortzufahren.

Wir hatten festgestellt $e = \left(1 + \frac{1}{n}\right)^n$ für $n \to \infty$.

Analog können wir schreiben $e^x = \left(\left(1 + \frac{1}{n}\right)^n\right)^x = \left(1 + \frac{1}{n}\right)^{nx}$.

Wir multiplizieren aus, sortieren (oder wenden den Binomischen Satz an).

$$
\begin{aligned}
e^x &= 1^{nx} + nx \frac{1^{nx-1}\left(\frac{1}{n}\right)^1}{1!} + nx(nx-1)\frac{1^{nx-2}\left(\frac{1}{n}\right)^2}{2!} + nx(nx-1)(nx-2)\frac{1^{nx-3}\left(\frac{1}{n}\right)^3}{3!} + \dots \\
&= 1 + x + \frac{n^2x^2 - nx}{2!\,n^2} + \frac{n^3x^3 - 3n^2x^2 - 2nx}{3!\,n^3} + \dots \\
&= 1 + x + \frac{x^2 - \frac{x}{n}}{2!} + \frac{x^3 - \frac{3x^2}{n} - \frac{2x}{n^2}}{3!} + \dots
\end{aligned}
$$

Wird nun n genügend groß, vereinfacht sich der ganze Ausdruck zu

$$e^x = 1 + x + \frac{x^2}{2!} + \frac{x^3}{3!} + \frac{x^4}{4!} + \dots$$

und wir haben die berühmte Exponentialreihe!

„$(e^x)' = e^x$"

Der eigentliche Knackpunkt kommt erst jetzt!

Wir differenzieren beide Seiten des Reihenausdrucks

$$
\begin{aligned}
(e^x)' &= 0 + 1 + \frac{2x}{1\cdot 2} + \frac{3x^2}{1\cdot 2\cdot 3} + \frac{4x^3}{1\cdot 2\cdot 3\cdot 4} + \frac{5x^4}{1\cdot 2\cdot 3\cdot 4\cdot 5} + \dots \\
&= 1 + x + \frac{x^2}{1\cdot 2} + \frac{x^3}{1\cdot 2\cdot 3} + \frac{x^4}{1\cdot 2\cdot 3\cdot 4} + \dots \\
&= 1 + x + \frac{x^2}{2!} + \frac{x^3}{3!} + \frac{x^4}{4!} + \dots
\end{aligned}
$$

Rechts steht wieder die ursprüngliche Reihe für e^x!

Kurz gesagt: $(e^x)' = \frac{d}{dx}e^x = e^x$ (oder $y' = y$)

Die Funktion e^x stimmt mit ihrer 1. Ableitung überein! Ende gut, alles gut.

„$\ln(x)' = \frac{1}{x}$"

Den dritten Teil unserer Merkwürdigkeiten aus dem Abschnitt 7.1 „Differenziation" können wir nun formal erledigen, Stichwort: selbstdenkender Formalismus.

Nichts spricht dagegen, $e = 2.71828...$ zur Basis eines Logarithmus zu machen; wir bekommen den *natürlichen Logarithmus* $\ln(x)$.

Nun präzisieren wir mit $y = \ln(x)$ unser Ziel: Gesucht $\frac{dy}{dx} = \frac{d}{dx}\ln(x) = ?$

Die Gleichung $y = \ln(x)$ formen wir um zu $e^y = e^{\ln(x)} = x$.

Da die Ableitung von e^y durch die unveränderte Funktion dargestellt wird, ist

$\frac{dx}{dy} = e^y$ oder – wenn wir zur ursprünglichen Funktion zurückkehren

$$\frac{dy}{dx} = \frac{1}{\frac{dx}{dy}} = \frac{1}{e^y} = \frac{1}{x}$$

Damit sind wir schon fertig, wir müssen nur noch schreiben

$$\frac{dy}{dx} = \frac{d}{dx}\ln(x) = \frac{1}{x}$$

Ohne die ganze Vorarbeit wäre es recht mühselig gewesen, dieses Ergebnis herzuleiten.

Der „selbstdenkende" Formalismus

Der *Übergang* vom Differenzenquotient $\frac{\Delta y}{\Delta x}$ zum Differenzialquotienten $\frac{dy}{dx}$ *arbeitet* dank seiner Schreibweise wie eine Maschine. Man kann mit ihm nicht nur Funktionen ableiten, sondern auch gleich noch die zugehörigen Regeln herleiten.

Prolog: Die ausführlichen Regelherleitungen sind arg technisch und langweilig, wie die folgende klassische Herleitung der Produktregel zeigt.

Die Produktregel: Herleitung per Differenzenquotient

$$y' = \lim_{\Delta x \to 0} \frac{g(x+\Delta x)\,h(x+\Delta x) - g(x)\,h(x)}{\Delta x}$$

Man addiert und subtrahiert im Zähler $g(x)\,h(x+\Delta x)$:

$$y' = \lim_{\Delta x \to 0} \frac{1}{\Delta x}\left(g(x+\Delta x)\,h(x+\Delta x) - g(x)\,h(x+\Delta x) + g(x)\,h(x+\Delta x) - g(x)\,h(x)\right)$$

und „klammert um", sodass Differenzenquotienten entstehen:

$$y' = \lim_{\Delta x \to 0} \frac{1}{\Delta x}\left(\left[g(x+\Delta x) - g(x)\right]h(x+\Delta x) + g(x)\left[h(x+\Delta x) - h(x)\right]\right)$$

$$= \lim_{\Delta x \to 0} \frac{g(x+\Delta x) - g(x)}{\Delta x} \cdot h(x+\Delta x) + \lim_{\Delta x \to 0} g(x) \cdot \frac{h(x+\Delta x) - h(x)}{\Delta x}$$

$$= g'(x) \cdot h(x) + g(x) \cdot h'(x)$$

Das geht mit dem „selbstdenkenden Formalismus" einfacher; wir werden ihn an drei Beispielen demonstrieren.

1. Die Produktregel

Gesucht: Die 1. Ableitung der Funktion $y(x) = u(x) \cdot v(x)$.

Wächst x zu $x + dx$, so wird y zu $y + dy$, u zu $u + du$ und v zu $v + dv$.

$y + dy = (u + du)(v + dv) = u\,v + u\,dv + v\,du + du\,dv$

$du\,dv$ können wir als *Kleine Größe 2.Ordnung* fortlassen,

es bleibt $\quad y + dy = u\,v + u\,dv + v\,du$.

Wir subtrahieren $\quad y = u\,v$,

erhalten $\quad dy = u\,dv + v\,du$,

dividieren durch dx $\quad \dfrac{dy}{dx} = u\dfrac{dv}{dx} + v\dfrac{du}{dx}$

und schreiben kürzer $\quad y' = u\,v' + v\,u'$,

was mit unserer oben angegebenen Produktformel übereinstimmt.

2. Die Kettenregel

Gesucht: Die 1. Ableitung der Funktion $y(x) = h(g(x))$.

Wir bilden einerseits $\dfrac{dy}{dg}$, andererseits $\dfrac{dg}{dx}$.

Nun multiplizieren wir die beiden Ableitungen und bekommen

$$\frac{dy}{dg}\cdot\frac{dg}{dx}=\frac{dy}{dx} \text{ bzw. } y'=\frac{dy}{dx}=\frac{dy}{dg}\cdot\frac{dg}{dx} \quad \text{– fertig!}$$

Dieses Hexeneinmaleins ist sicherlich ohne *erläuterndes Beispiel* nicht zu verstehen.

Gesucht: Die 1. Ableitung der Funktion $y(x)=h\big(g(x)\big)=a^x$

Zur Vorbereitung erinnern wir: Man kann jede Zahl a schreiben als $a=e^{\ln(a)}$.

Damit wird $a^x=e^{x\cdot\ln(a)}$.

Nun setzen wir $g=x\ln(a)$,

nennen $h(g)=e^g$ die *äußere* Funktion,

$g(x)=x\ln(a)$ die *innere* Funktion.

Wir bilden einerseits die *äußere* Ableitung $\frac{dy}{dg}=e^g=e^{x\ln(a)}=a^x$,

andererseits die *innere* Ableitung $\frac{dg}{dx}=\ln(a)$,

multiplizieren $\frac{dy}{dg}\cdot\frac{dg}{dx}$ zu $y'=\frac{dy}{dx}=a^x\ln(a)$

und haben eine unserer Standardformeln hergeleitet.

3. Die Umkehrregel

Gesucht: Die 1. Ableitung der Funktion $y=f(x)$

Bekannt ist die Umkehrfunktion $f^{-1}:\ x=g(y)$ und

– der Witz an der Sache – die Ableitung $x'=\frac{dg(y)}{dy}$ ist leicht zu bekommen.

Wir schreiben $\frac{df(x)}{dx}=\frac{dy}{dx}$ und $\frac{dg(x)}{dy}=\frac{dx}{dy}$,

multiplizieren ungeniert und stellen fest $\frac{dy}{dx}\cdot\frac{dx}{dy}=1$.

Daraus folgt $\frac{dy}{dx}=\frac{1}{\frac{dx}{dy}}$ bzw. $f'(x)=\frac{1}{g'(y)}$.

Wir müssen nur noch y durch $f(x)$ ersetzen.

Man hat also in gewisser Weise bei der Herleitung von Grundableitungen die Wahl: Man kann mühselig und trickreich Grenzübergänge durchführen oder virtuos mit den Regeln hantieren.

Ein *nicht-triviales* Beispiel für die Anwendung der Umkehrregel:
Gegeben: $y = \arcsin(x)$ mit der Umkehrfunktion $x = \sin(y)$; Gesucht: $y' = ?$

Also: $$\frac{d\arcsin(x)}{dx} = \frac{1}{\frac{d\sin(y)}{dy}} = \frac{1}{\cos(y)}$$

Wir erinnern uns $\cos(y)^2 + \sin(y)^2 = 1 \rightarrow \cos(y) = \sqrt{1-\sin(y)^2}$.

Ferner setzen wir $x^2 = \sin(y)^2$ (siehe oben).

Damit wird $$y' = \arcsin(x)' = \frac{1}{\cos(y)} = \frac{1}{\sqrt{1-\sin(y)^2}} = \frac{1}{\sqrt{1-x^2}}$$

eine Standardableitung unserer Tabelle!

Weiteres *Beispiel*: $y = \tan(x) \rightarrow y' = ?$

Man erinnere: $\tan(x) = \dfrac{\sin(x)}{\cos(x)}$

Quotientenregel anwenden ergibt

$$y' = \frac{\cos(x)\cos(x) + \sin(x)\sin(x)}{\cos(x)^2}$$

Mit $\cos(x)^2 + \sin(x)^2 = 1$

wird $$y' = \tan(x)' = \frac{1}{\cos(x)^2} = \tan(x)^2 + 1\,!$$

Letztes (Knobel-) *Beispiel*:
Gegeben: $y = \arctan(x)$ mit der Umkehrfunktion $x = \tan(y)$; Gesucht: $y' = ?$

Mit der Umkehrregel wird: $$\frac{d\arctan(x)}{dx} = \frac{1}{\frac{d\tan(y)}{dy}} = \frac{1}{\tan(y)^2+1} = \frac{1}{x^2+1}$$

Zusätzlich zum Inhalt des Kapitels werden laufend über die Homepage http://4c.web.fh-koeln.de neue Aufgaben mit Lösungen ergänzt.

8 Integralrechnung

8.1 Die bestimmte Integration

Die Integration ist der zweite Teil der Infinitesimalrechnung, wie die Analysis früher hieß. Sie ist einfacher zu erklären als die Differenziation, aber schwieriger auszuführen.

Das Zauberwort der Integration ist *Summe*
– nicht „Fläche unter einer Kurve"!
Genauer: Summe von *unendlich* vielen *unendlich* kleinen Stücken.

Ein *Beispiel* zur Erläuterung:
Gesucht ist der Inhalt (die Maßzahl) der Fläche zwischen einer Kurve, der x-Achse, der linken und der rechten Grenzen a bzw. b. Die Ermittlung der *Fläche unter einer Kurve* ist nur ein *Beispiel* für die Integration – allerdings zu Recht das gängigste, weil übersichtlichste und anschaulichste.

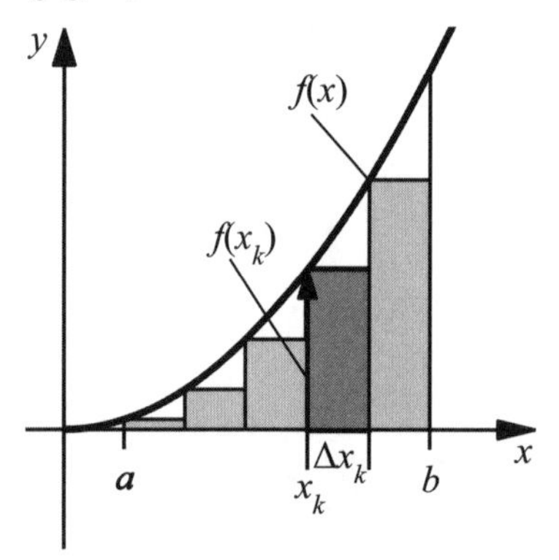

Man teilt das Intervall a ... b in Streifen: Jeder Streifen hat den Flächeninhalt $f(x_k)\cdot\Delta x_k$. Man summiert die Teilinhalte aller Streifen, bildet die sog. *Untersumme.*

Rechnen wir das am *Beispiel* $y = f(x) = x^2$ mit den Grenzen $a = 0.5$, $b = 3$ einmal durch. Der Bequemlichkeit und Übersicht wegen nehmen wir 5 gleich breite Streifen $\Delta x = (b-a)/5 = 0.5$

$$F_{0.5} = f(0.5)\cdot\Delta x + f(1.0)\cdot\Delta x + f(1.5)\cdot\Delta x + f(2.0)\cdot\Delta x + f(2.5)\cdot\Delta x$$
$$F_{0.5} = 0.25\cdot 0.5 \;\; + 1.00\cdot 0.5 \;\; + 2.25\cdot 0.5 \;\; + 4.00\cdot 0.5 \;\; + 6.25\cdot 0.5 \;\; = 6.875$$

Teilen wir den Bereich in 10 Streifen der Breite $\Delta x = (b-a)/10 = 0.25$, bekommen wir ein genaueres Ergebnis: $F_{0.25} = 7.89$.

Mit immer feinerer Unterteilung wird der Unterschied zwischen der „krummen Kurve“ und der „Treppenkurve“ immer geringer. Schließlich nähern wir uns einem *Grenzwert* – dem exakten Flächeninhalt.

Wir wollen den Grenzwert dieser *unendlichen* Summe bestimmen, gehen im ersten Schritt aber vom Intervall $a = 0$ bis b aus. Dazu unterteilen wir das Intervall in Streifen der Breite $b/n = \Delta x$ und erhalten Teilflächen von $\Delta x_k \cdot f(x_k)$

$$F_n = \frac{b}{n}\cdot\left(0\cdot\frac{b}{n}\right)^2 + \frac{b}{n}\cdot\left(1\cdot\frac{b}{n}\right)^2 + \frac{b}{n}\cdot\left(2\cdot\frac{b}{n}\right)^2 + \frac{b}{n}\cdot\left(3\cdot\frac{b}{n}\right)^2 + \ldots + \frac{b}{n}\cdot\left(n\cdot\frac{b}{n}\right)^2$$

oder $F_n = \left(\frac{b}{n}\right)^3\left(0^2 + 1^2 + 2^2 + 3^2 + \ldots + n^2\right)$.

Wir finden in einer Formelsammlung

$$\left(0^2 + 1^2 + 2^2 + 3^2 + \ldots + n^2\right) = \frac{n(n+1)(2n+1)}{6},$$

schreiben $F_n = \left(\frac{b}{n}\right)^3 \frac{n(n+1)(2n+1)}{6}$

und formen um zu

$$F_n = \frac{b^3}{6}\cdot\frac{n\cdot n\cdot\left(1+\frac{1}{n}\right)\cdot n\cdot\left(2+\frac{1}{n}\right)}{n^3} = \frac{b^3}{6}\cdot\left(1+\frac{1}{n}\right)\cdot\left(2+\frac{1}{n}\right).$$

Nun können wir den Grenzübergang machen

$$\lim_{n\to\infty} F_n = \lim_{n\to\infty}\frac{b^3}{6}\cdot\left(1+\frac{1}{n}\right)\cdot\left(2+\frac{1}{n}\right) = \frac{b^3}{3}$$

und stellen für das Flächenstück von 0 bis b unter der Parabel fest

$$F_{0\ldots b} = \frac{b^3}{3}.$$

Im zweiten Schritt können wir nun auf gleichem Wege die Fläche im Intervall von 0 bis a ermitteln: $F_{0\ldots a} = \frac{a^3}{3}$

Zum Schluss schreiben wir $F_{a...b} = \frac{b^3}{3} - \frac{a^3}{3}$.

In unserem konkreten Fall wird $F_{0.5...3.0} = \frac{3^3}{3} - \frac{0.5^3}{3} = 8.958...$

Fassen wir die Prozedur allgemein zusammen. Man schreibt einen Ausdruck für die Summe aller Streifen

$$S = f(x_1) \cdot \Delta x_1 + f(x_2) \cdot \Delta x_2 + f(x_3) \cdot \Delta x_3 + ... + f(x_n) \cdot \Delta x_n = \sum_{k=1}^{n} f(x_k) \cdot \Delta x_k$$

Wenn man das Intervall in immer feinere Streifen unterteilt, wird die Streifenbreite kleiner und kleiner: Sie geht gegen 0. Die Streifenanzahl geht gegen ∞. Das Symbol des vollzogenen Grenzüberganges ist das Integralzeichen

$$S = \lim_{n \to \infty} \sum_{k=1}^{n} f(x_k) \Delta x_k = \int_a^b f(x)\,dx$$

Die Flächensumme der unendlich schmalen, unendlich vielen Streifen ist der Flächeninhalt unter der Kurve.

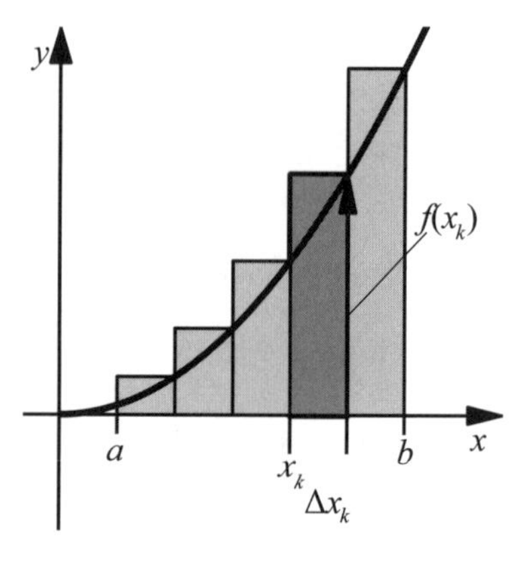

Natürlich funktioniert die Prozedur

- auch mit dem *rechten* Funktionswert im Streifen, mit der sog. *Obersumme*, bei der man sich der Kurve von oben nähert,
- mit dem Mittelwert der beiden Randwerte (Trapezformel)
- oder dem mittleren Wert im Streifen,
- mit der Simpsonschen Formel (Ersatz der Kurvenstückchen durch Parabeln)
- oder gar mit unterschiedlichen Streifenbreiten, die der Funktionskrümmung angepasst sind.

Die Mathematik benutzt alle Tricks, um bei numerischer Integralauswertung möglichst schnell zu einem möglichst genauen Ergebnis zu kommen.

Es gibt ein paar **Regeln**, die einem den Umgang mit Integralen einfacher machen. Wenn man sich an die Ursprungsdefinition des bestimmten Integrals als Flächeninhalt erinnert, leuchten die Regeln ohne Weiteres ein.

Die *Faktorregel*: $$\int_a^b k \cdot f(x)\,dx = k \cdot \int_a^b f(x)\,dx$$

Die *Summenregel*: $$\int_a^b \big(f(x) + g(x)\big)\,dx = \int_a^b f(x)\,dx + \int_a^b g(x)\,dx$$

Ohne Worte (dafür mit Bild)

$$\int_a^b f(x)\,dx + \int_b^c f(x)\,dx = \int_a^c f(x)\,dx\,; \qquad \int_a^b f(x)\,dx = -\int_b^a f(x)\,dx$$

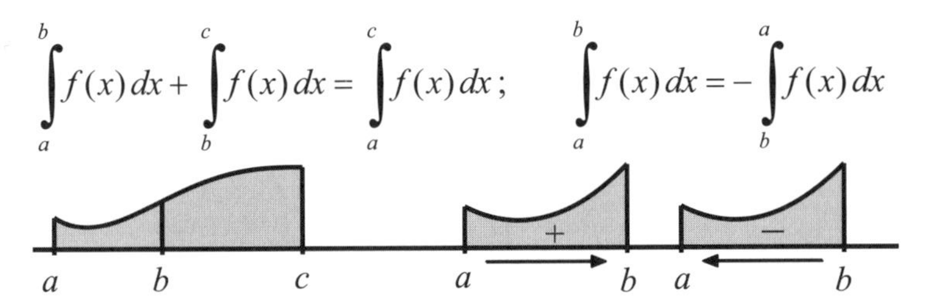

Auch die Ermittlung einer Fläche, die zwischen zwei Kurven liegt, ist ohne längeren Kommentar einsichtig: Man bildet die Differenz der beiden Flächen.

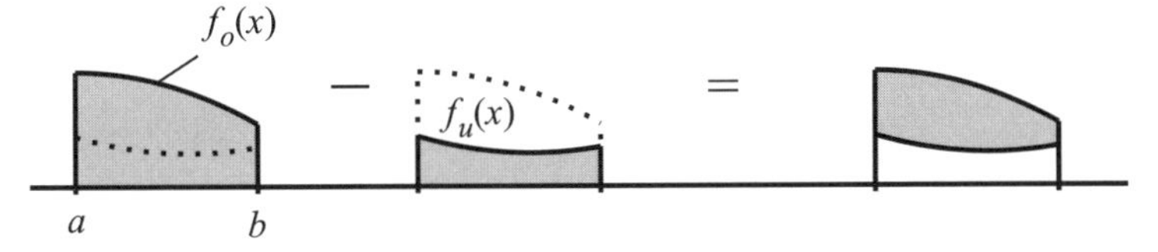

Aus der Definition des bestimmten Integrals ergibt sich auch zwanglos bzw. zwangsläufig, dass Flächenstücke unterhalb der x-Achse *negative* Flächeninhalte haben. Bei der konkreten Flächenberechnung sollte man sich unbedingt vorher eine Skizze der Kurve machen und die Grenzen eintragen. Ggf. muss man bereichsweise ermitteln, oder (intelligenter) über $abs\big(f(x)\big) = |f(x)|$ integrieren.

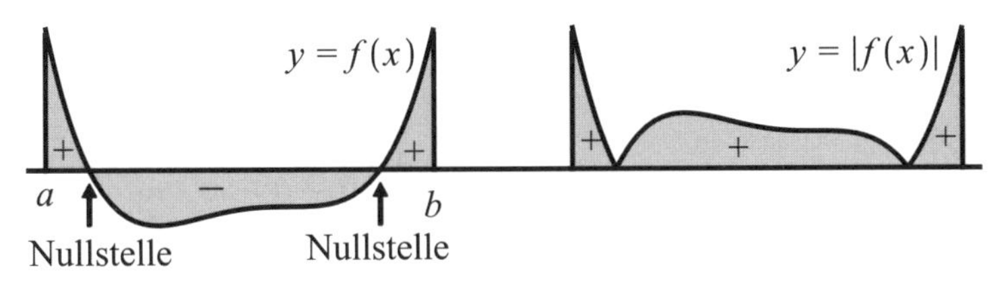

8.2 Die Stammfunktion

Sehr schön, aber der Grenzprozess für eine Summe mit unendlich vielen Gliedern ist um vieles schwieriger auszuführen als der Grenzübergang bei der Differenziation; er ist meist gar unmöglich.

Hier machten die Erfinder der Infinitesimalrechnung Newton und Leibniz die alles entscheidende Entdeckung in Form des Hauptsatzes der Infinitesimalrechnung: Differenziation und Integration hängen zusammen:

Die Integration ist die Umkehrung der Differenziation!

Die Integration hebt die Differenziation quasi auf – macht sie rückgängig! Man muss nur die Funktion $F(x)$ finden, von der $f(x)$ abstammt.

(Wenn das Differenzieren *ableiten* heißt, sollte das Integrieren *aufleiten* heißen – hat sich aber nicht durchgesetzt!)

Falls $F(x)$ die sog. Stammfunktion von $f(x)$ ist, gilt:

$$f(x) = F'(x) \quad \to \quad \int f(x)\,dx = \int F'(x)\,dx \quad \to \quad \int f(x)\,dx = F(x) + C$$

Der Hauptsatz ist so wichtig, dass wir uns in einem besonderen Abschnitt den Beweis antun wollen – hier nur erst eine anschauliche *Erklärung*.

Wir nehmen die übersichtliche Funktion $y = x^2$ und leiten sie ab. Wir erhalten die Steigungsfunktion $y' = 2x$.

- An der Stelle $x = 0$ hat der Funktionsgraph die Steigung $y' = 0$,
- an der Stelle $x = 1$ hat der Funktionsgraph die Steigung $y' = 2$,
- an der Stelle $x = 2$ hat der Funktionsgraph die Steigung $y' = 4$, usw.

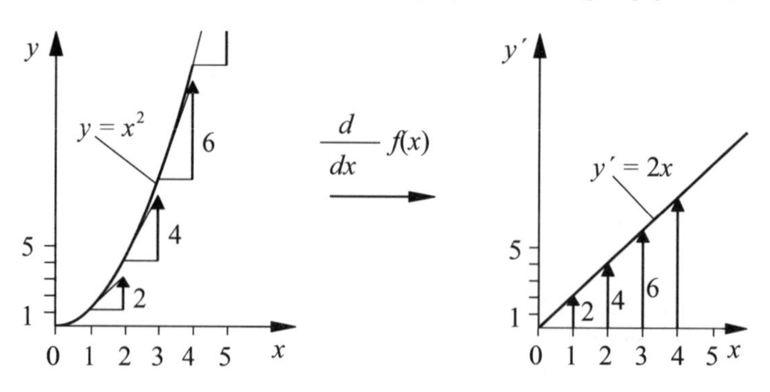

Nun vergessen wir kurz die beiden Bilder und stellen uns eine neue Aufgabe: Wir interessieren uns für die Fläche unter der Kurve $y = 2x$.

- Die Fläche F_1 von $x = 0$ bis 1 ist 1,
- die Fläche F_2 von $x = 0$ bis 2 ist 4,
- die Fläche F_3 von $x = 0$ bis 3 ist 9, – usw.

Im rechten Bild haben wir die Werte aufgetragen. Wir erhalten die „Flächenfunktion" $F(x)$ – *auf wundersame Weise taucht unsere Ausgangsfunktion aus obigem Bild wieder auf:* $F(x) = y(x) = x^2$!

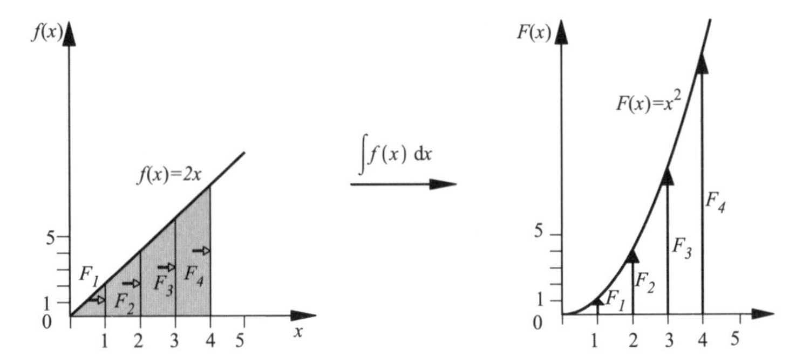

Auch andere Flächenstücke lassen sich mit der Flächenfunktion bequem ermitteln: $F_{a..b} = F(b) - F(a)$

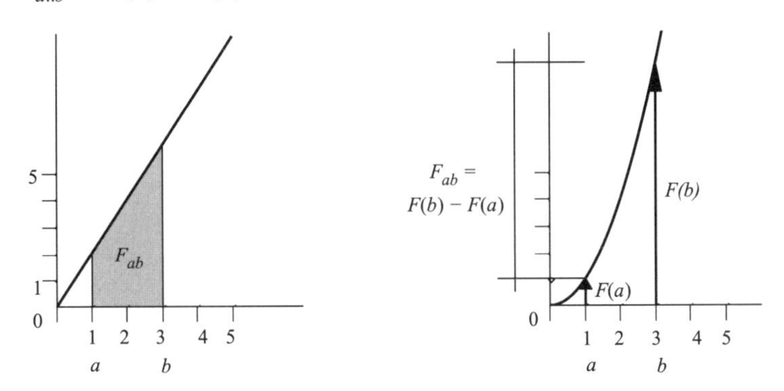

Dass man eine Operation wie die Differenziation rückgängig machen kann, ist nicht weiter überraschend. Schließlich haben wir auch zu den elementaren Rechenoperationen Addition, Multiplikation, Potenzieren Umkehrungen gefunden. Fassen wir die Differenziation als „Höhere Rechenart" auf, so ist es nicht verwunderlich, eine Umkehrung zu finden, die wir dann mit „Integration" bezeichnen.

Überraschend ist die geometrische Interpretation und die sich daraus ergebenden Anwendungen. Das Erstaunliche ist der Zusammenhang:

> Differenziation einer (Ausgangs-) Funktion → Steigungsfunktion;
> Integration einer Funktion → Flächenfunktion (= Ausgangsfunktion)!

Wenn wir also die Fläche unter einer Kurve ermitteln möchten bzw. eine Funktion $f(x)$ integrieren wollen, *fassen wir* $f(x)$ *als Steigungsfunktion auf.* Wir werfen quasi einen Blick zurück und suchen die Funktion $F(x)$, von der unsere Funktion $f(x)$ abstammt – die sog. **Stammfunktion** $F(x)$.

Integration einer **Funktion** $f(x)$ (= Steigungsfunktion $f(x)$)
(Stammfunktion $F(x)$ =) Flächenfunktion $F(x)$

Und nun zur praktischen Anwendung und **Handhabung** dieser Entwicklung. Die Praxis des Integrierens besteht meist darin, eine Stammfunktion zum Integranden zu finden. Die Stammfunktion selber, das *unbestimmte Integral*, ist dabei nur ein Hilfsmittel zur Ermittlung des Wertes des *bestimmten Integrals* – das eigentliche Ziel der Wünsche.

Hat man eine Stammfunktion zu $f(x)$, was nicht immer der Fall ist, ist die Berechnung des bestimmten Integrals nur noch ein Kinderspiel:

$$\int_a^b f(x)\,dx = \big(F(b)+C\big)-\big(F(a)+C\big)=F(b)-F(a)$$

Ein konkretes *Beispiel*:
Die Fläche unter der Kurve $y = x^2$ von $x = 0.5 ... 3.0$

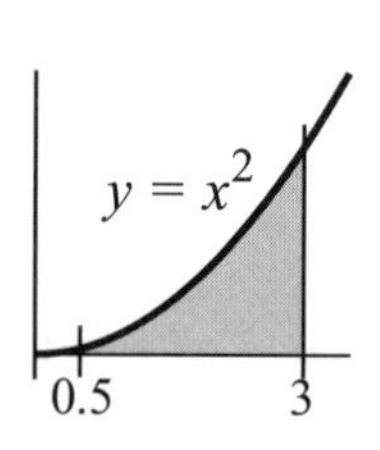

$f(x) = x^2$; Stammfunktion: $F(x) = \dfrac{x^3}{3}$

$$\text{Fläche} = \int_{0.5}^{3} f(x)dx = F(3) - F(0.5)$$

$$= 9.0 - 0.042 = 8.958$$

wie bereits am Anfang des Abschnitts ermittelt.

Auf die verzweifelte Frage – „Wie aber findet man zu einer Funktion $f(x)$ die passende Stammfunktion $F(x)$?!" – gibt es eine einfache Antwort:
„*Man lese die Differenziationstabelle rückwärts*!"

8.3 Die Grundintegrale

Die **Grundintegrale** – die **Stammfunktionen** der Standardfunktionen sind in folgender Tabelle zusammengefasst:

Die Polynome (n aus ***R***)

$$f(x)=0 \quad \rightarrow F(x)=0+C \quad = \int 0\,dx$$

$$f(x)=1 \quad \rightarrow F(x)=x+C \quad = \int 1\,dx$$

$$f(x)=x^n \quad \rightarrow F(x)=\frac{x^{n+1}}{n+1}+C \quad = \int x^n dx$$

Die Exponentialfunktionen

$$f(x)=a^x \quad \rightarrow F(x)=\frac{a^x}{\ln(a)}+C$$

$$f(x)=e^x \quad \rightarrow F(x)=e^x+C$$

$$f(x)=\ln(x) \quad \rightarrow F(x)=x\cdot\ln(x)-x+C$$

$$f(x)=\frac{1}{x} \quad \rightarrow F(x)=\ln(|x|)+C$$

Die trigonometrischen Funktionen

$$f(x)=\sin(x) \quad \rightarrow F(x)=-\cos(x)+C$$

$$f(x)=\cos(x) \quad \rightarrow F(x)=\sin(x)+C$$

$$f(x)=\tan(x) \quad \rightarrow F(x)=-\ln(|\cos(x)|)+C$$

Die Umkehrfunktionen zu vor

$$f(x)=\arcsin(x) \quad \rightarrow F(x)=x\cdot\arcsin(x)+\sqrt{1-x^2}+C$$

$$f(x)=\arccos(x) \quad \rightarrow F(x)=x\cdot\arccos(x)-\sqrt{1-x^2}+C$$

$$f(x)=\arctan(x) \quad \rightarrow F(x)=x\cdot\arctan(x)-\frac{1\cdot\ln(x^2+1)}{2}+C$$

Anmerkung zur **Konstanten *C***:
Bei der Aufstellung der Differenziationstabelle waren wir etwas schlampig. Wir hatten z.B. geschrieben $y=x^2 \rightarrow y'=2x$. Tatsächlich müsste es heißen $y=x^2+C \rightarrow y'=2x$ (Eine Konstante C verschwindet beim Differenzieren!)

Beim „Rückwärtslesen“, bei der Ermittlung der Stammfunktion, können wir uns diese Ungenauigkeit nicht erlauben: Die Funktion $y' = 2x$ hat unendlich viele Stammfunktionen $y = x^2 + C$.

Geometrisch ausgedrückt: Die Graphen $F(x)$ aller Stammfunktionen zu $f(x)$ sind parallel zueinander nach oben verschoben.

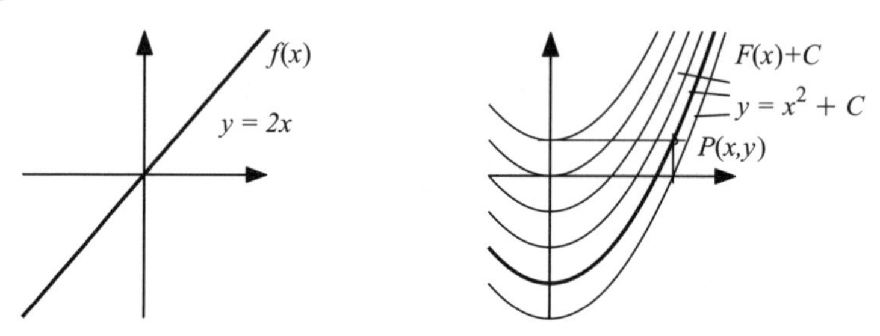

Dieses lästige C hat allerdings auch sein Gutes: Man kann aus der Kurvenschar eine Kurve *nach Wunsch* bestimmen.

> Nehmen wir an, wir möchten in obigem Beispiel $y = x^2 + C$ die Kurve herauspicken, die durch den Punkt $P(2,1)$ geht.
>
> Wir setzen $x = 2$ und $y = 1$ ein in $y = x^2 + C \rightarrow 1 = 2^2 + C$
>
> und lösen nach C auf: $C = 1 - 2^2 = 3$.
>
> Die Funktion $y = x^2 - 3$ verläuft nun genau durch $P(2,1)$.

Bei der Berechnung eines konkreten bestimmten Integrals stört das C nicht:
Bei der Differenzenbildung $F_{a..b} = (F(b) + C) - (F(a) + C)$ fällt C weg.

Bei der Lösung von Differenzialgeichungen taucht das C jedoch wieder auf, wenn man aus einer Lösungsschar eine bestimmte Lösung bestimmen will, die gewisse Anfangs- oder Randbedingungen erfüllen soll.

8.4 Uneigentliche Integrale

Hin und wieder treten Integrale mit der oder den Grenzen ∞ auf:

$$\int_a^\infty f(x)dx\,,\quad \int_{-\infty}^\infty f(x)dx\,,\ \ldots$$

Es ist keineswegs so, dass solche Integrale auch immer den Wert ∞ haben. Einige Funktionen nähern sich der x-Achse so „schnell“ an, dass der eingeschlossene Flächeninhalt endlich bleibt.

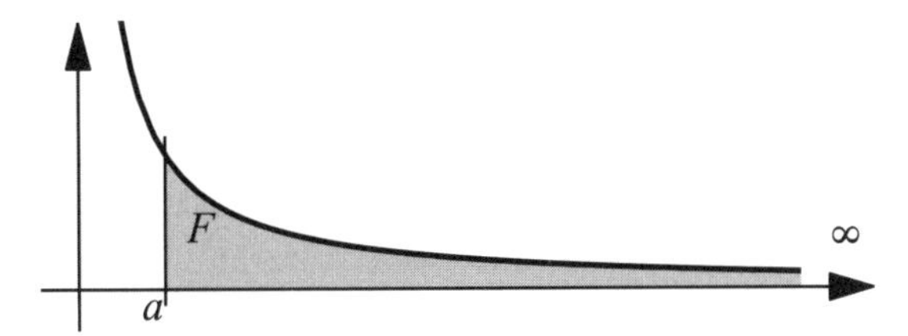

Mit ∞ kann man aber nicht vernünftig rechnen! Was macht ein Mathematiker in solchen Fällen? – Er macht einen Grenzübergang!

Statt $\int_a^\infty f(x)dx$ schreibt er $\int_a^\lambda f(x)dx$, wertet aus und lässt λ gegen ∞ gehen.

Beispiel: $\int_a^\infty \frac{1}{x^2}dx = \int_a^\infty x^{-2}dx \rightarrow \int_a^\lambda x^{-2}dx$; Stammfunktion: $-\frac{x^{-1}}{1} = -\frac{1}{x}$

Die Auswertung ergibt $I(\lambda) = -\frac{1}{\lambda} + \frac{1}{a}$.

Der zweite Schritt, der Grenzübergang $I = \lim\limits_{\lambda \to \infty}\left(-\frac{1}{\lambda} + \frac{1}{a}\right) = \frac{1}{a}$ liefert einen endlichen Wert!

Ein schon häufig gebrachter Tipp: Machen Sie sich ein Bild! Ohne vorherige Betrachtung des Funktionsbildes kommen Sie z.B. bei der Lösung des Integrals $\int_{-1}^{1} \frac{1}{x^2}dx$ leicht auf falsche Gedanken:

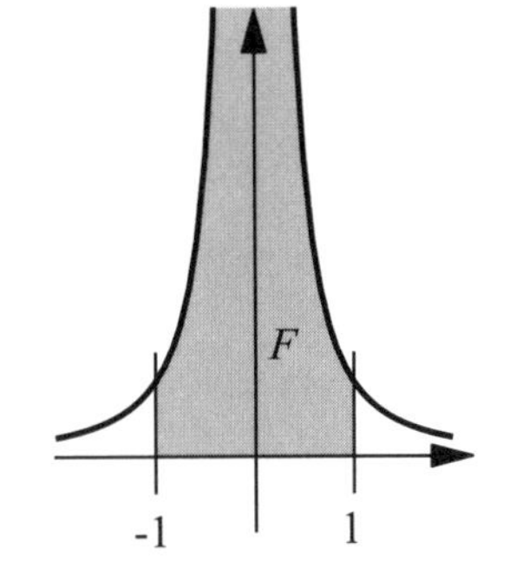

Stammfunktion: $F(x) = -\frac{1}{x}$;

Integralwert: $Iw = F(1) - F(-1)$

$$= -\frac{1}{1} - \left(-\frac{1}{-1}\right)!$$

$$= -2!$$

Dabei sind Sie über die Unendlichstelle bei $x = 0$ gestolpert. Der richtige Integralwert ist natürlich ∞.

Wenn Sie nun glauben, uns endlich bei einem Punkt erwischt zu haben, der wirklich uninteressant, unwichtig und unnützlich ist, müssen wir Sie enttäuschen – und eine kleine abgehobene Geschichte erzählen.

Vor noch nicht allzu langer Zeit begann man, Raketen in den Weltraum zu schießen. Natürlich musste man ausrechnen, wie viel Treibstoff man verbrauchen würde, um die Rakete in eine gewünschte Höhe zu bekommen. Anders ausgedrückt, wie viel Arbeit (= Treibstoff) es braucht, das Raketengewicht gegen die Erdanziehung vom Erdboden aus in eine bestimmte Höhe zu transportieren.

Dank der Vorarbeit von Sir Isaac Newton, der herausbekommen hatte, dass die Erdanziehung mit dem umgekehrten *Quadrat* der Entfernung abnimmt, konnte man das *Arbeitsintegral* aufstellen und berechnen.

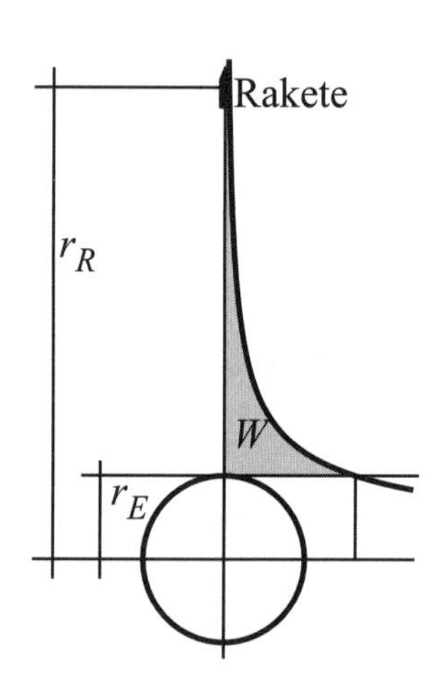

$$W = \gamma \cdot M_E \cdot m_R \cdot \int_{r_E}^{r_R} \frac{1}{r^2} dr$$

$$= \gamma \cdot M_E \cdot m_R \cdot \left(\frac{1}{r_E} - \frac{1}{r_R} \right)$$

(γ = Gravitationskonstante, M_E = Masse der Erde, m_R = Masse der Rakete, r_E = Radius der Erde, r_R = Radius (Höhe) der Rakete vom Erdmittelpunkt)

Natürlich ging die Phantasie mit den Raketenbauern durch und sie träumten davon, in den unendlichen Weltraum zu fliegen. Tauchten die Fragen auf: „Geht das überhaupt?!“ – „Kann man die Erdanziehung mit einer endlichen Menge Treibstoff komplett überwinden!?“ Das entsprechende Arbeitsintegral wird damit zu einem (uninteressanten, unwichtigen und unnützlichen (!)) uneigentlichen Integral.

Das Überraschende ist nun – das Integral hat einen endlichen Wert:

$$W = \gamma \cdot M_E \cdot m_R \cdot \int_{r_E}^{\infty} \frac{1}{r^2} dr = \gamma \cdot M_E \cdot m_R \frac{1}{r_E}$$

Wir können also die Hoffnung haben, irgendwann einmal dem Jammertal Erde endgültig zu entfliehen.

Übrigens ist das reines Glück! Hätte Sir Isaac herausbekommen, dass die Erdanziehung umgekehrt *linear* mit der Entfernung abnimmt, wären wir auf ewig an die nähere Umgebung der Erde gefesselt:

Das Arbeitsintegral $W = \gamma \cdot M_E \cdot m_R \cdot \int_{r_E}^{\infty} \frac{1}{r} dr$ hat einen *unendlichen* Wert!

Wir sparen uns den ausführlichen Grenzübergang und schreiben (verbotenermaßen):

$$W = \gamma \cdot M_E \cdot m_R (\ln(\infty) - \ln(r_E)) = \infty$$

Unsere fernwehkranken Astronauten betankten also ihre Rakete mit der entsprechenden Menge Sprit und – hielten kurz vorm Druck auf den Startknopf inne. Es war ihnen aufgegangen, dass das Spritgewicht ja auch befördert werden muss!
Sie tankten also die Menge nach, die für die Beförderung des Treibstoffs nötig ist und – kratzten sich am Kopf. Die gerade getankte Zusatzmenge muss ja ebenfalls befördert werden, war ihnen eingefallen!
Sie tankten also...
... und wenn sie nicht gestorben sind, so tanken sie noch heute.

Bislang haben wir uns mit der Integration der Grundfunktionen begnügt. Nun befassen wir uns mit komplizierten, zusammengesetzten Funktionen.

8.5 Integration zusammengesetzter Funktionen

Aufbauende Sprüche:
1. „Differenziation geht fast immer, Integration fast nie."
Schlimmer noch: Selbst ganz harmlos daherkommende Integrale sind oft unlösbar: $\frac{1}{\sqrt{1+x^4}}$; e^{-x^2}; $\frac{e^x}{x}$; $\frac{1}{\ln(x)}$; $\sin(x^2)$; $\frac{\sin(x)}{x}$

Das ist umso bedauerlicher, als die Integration in der Praxis wichtiger ist als die Differenziation. Schlagen Sie ein Physikbuch, einen Technischen Leitfaden auf – es wimmelt vor Integralzeichen! Viele Probleme und Aufgaben werden zwar „differenziell" gestellt aber „integral" gelöst, z.B. Differenzialgleichungen!

2. „Differenziation ist Handwerk, Integration ist Kunst."
Mit einem Dutzend Grundformeln und einen halben Dutzend Regeln kommen Sie bei der *Differenziation* schon recht weit.
Bei der *Integration* brauchen Sie neben den Grundformeln eine Kiste voll Regeln und Tricks aus vielen Gebieten der Mathematik. Für (fast) jede Lösung eines Integrals müssen Sie neue Überlegungen anstellen.

Die wichtigste Methode, ein Integral zu lösen, besteht darin, in einer entsprechenden Tafel nachzuschauen. Hunderte vorgefertigte Lösungen sind in einer ordentlichen Tafel versammelt. Auch eine gute Computersoftware leistet Erstaunliches.

Für einfache Fälle gibt es ein paar einfache **Regeln**; nur mit diesen werden wir uns befassen:

1. *Konstanter Faktor*: $\int k \cdot f(x)dx = k \cdot \int f(x)dx$

2. *Summe/Differenz*: $\int (f(x) \pm g(x))dx = \int f(x)dx \pm \int g(x)dx$

3. *Partielle Integration*: $\int u(x) \cdot v'(x)dx = u(x) \cdot v(x) - \int u'(x) \cdot v(x)dx$

4. *Substitution*: $\int f(x)dx = \int f(g(u)) \cdot g'(u)du \quad (\text{mit } x = g(u))$

Anmerkungen für Neugierige:
a) Mit den Mitteln der *Algebra* kann man Ausdrücke umformen und vereinfachen und damit evtl. der Integration zugänglich machen: Eine unecht gebrochen-rationale Funktion wird durch Polynomdivision in den ganzen Teil und den echt gebrochenen Teil aufgesplittet.

$$\frac{0.5x^3 - 1.5x + 1}{x^2 + 3x + 2} = \frac{1x}{2} - \frac{3}{2} + \frac{2}{x+1}$$

b) Eine echt gebrochene Funktion wiederum kann in Partialbrüche zerlegt werden.

$$\frac{5x + 11}{x^2 + 3x - 10} = \frac{3}{x-2} + \frac{2}{x+5}$$

Allerdings werden Nullstellen gebraucht und wir wissen, wie beschränkt die Möglichkeiten sind, sie zu finden.

c) Die *Trigonometrie* stellt Umwandlungsformeln bereit, mit denen man für Funktionen mit sin/cos/tan-Termen Erfolg versprechende Substitutionen bekommt.

Substitution: $z = \tan(x/2) \rightarrow x = 2\arctan(z) \rightarrow dx = \frac{2}{1+z^2} \cdot dz$

Die Anwendung dieser Substitution ergibt: $\sin(x) = \frac{2\tan(x/2)}{1+\tan(x/2)^2} = \frac{2z}{1+z^2}$

Damit kann man trigonometrische Ausdrücke in algebraische umwandeln, die ebenfalls leichter zu lösen sind.

d) Eine Funktion kann häufig als eine Potenzreihe dargestellt werden. Die Integration der Einzelglieder der Potenzreihe liefert eine Näherung (fast beliebiger Genauigkeit) für die eigentliche Funktion.

Die Funktion e^{-x^2}, die Gaußsche Glockenkurve (wichtig in der Wahrscheinlichkeitsrechnung), führt auf ein „unlösbares" Integral. Sie lässt sich aber als Reihe darstellen und dann gliedweise integrieren:

$$e^{-x^2} = 1 - x^2 + \frac{x^4}{2!} - \frac{x^6}{3!} + \frac{x^8}{4!} \ldots$$

Die gute Nachricht:
Mit ein paar Programmzeilen entlocken Sie Ihrem Computer (fast) immer eine angenäherte Lösung eines bestimmten Integrals (fast) beliebiger Genauigkeit.

Beispiele zur Demonstration:
zu **1.** und **2.** Die *Konstanten-* und *Summenregeln*

$$\int \left(\frac{3t^3}{2} + 4t \right) dt = \frac{3t^4}{8} + 2t^2$$

zu **3.** Die *Partielle Integration* oder Produktintegration ist das Gegenstück zur Produktregel der Differenziation und kann aus ihr hergeleitet werden:

Die Produktregel $(u\,v)' = u'v + u\,v'$

wird beidseitig integriert $u\,v = \int u'v\,dx + \int u\,v'dx$

und umsortiert $\int u\,v'dx = u\,v - \int u'v\,dx$

Beispiel: $\int x \cdot e^x dx = ?$

Wir setzen $x = u(x)$ und $e^x = v'(x) \quad \rightarrow \quad u' = 1; \quad v = e^x$.

Mit $\int u(x) \cdot v'(x) dx = u(x) \cdot v(x) - \int u'(x) \cdot v(x) dx$

wird $\int x \cdot e^x dx = x \cdot e^x - \int 1 \cdot e^x dx = xe^x - e^x + C = (x-1)e^x + C$

zu **4.** *Substitution* ist auch in anderem Zusammenhang ein beliebtes Lösungsverfahren. Man substituiert, ersetzt also einen Teilausdruck, überführt damit den ganzen Ausdruck in eine leichter lösbare Form. Man löst den Fall und rückübersetzt die Lösung in die ursprüngliche Form. Wichtig: Man muss alles substituieren, in unserem Fall auch dx!

Beispiel: $\int x\cos(x^2)\,dx = ?$

Wir setzen $u = x^2$, bekommen daraus $\frac{du}{dx} = 2x$ bzw. $dx = \frac{du}{2x}$.

Damit wird $\int x\cos(x^2)\,dx = \int \frac{x\cos(u)}{2x}\,du = \frac{1}{2}\int \cos(u)\,du = \frac{1}{2}\sin(u) + C$.

Mit der (nicht zu vergessenden) Rücksubstitution wird schließlich:

$$\int x\cdot\cos(x^2)\,dx = \frac{1}{2}\sin(x^2) + C$$

Anmerkung:
Die Regeln sind in praxi nur selten anwendbar, das Einüben mehr ein akademischer Akt. In der rauen Wirklichkeit greift man lieber zu einem Tabellenbuch oder bemüht den Computer. Ein vorliegendes Integral, das man auf diesen Wegen nicht lösen kann, bekommt man zu Fuß auch nicht geknackt.

Weitere Beispiele zur Integralrechnung (... jeweils + C!)

Partielle Integration: $\int u(x)\cdot v'(x)dx = u(x)\cdot v(x) - \int u'(x)\cdot v(x)\,dx$

a) $\int x^2\cos(x)dx$; $u = x^2, u' = 2x$; $v' = \cos(x)$, $v = \sin(x)$

$$\int x^2\cos(x)dx = x^2\sin(x) - \int 2x\sin(x)\,dx = x^2\sin(x) + 2x\cos(x) - 2\sin(x)$$

b) $\int \arcsin(x)dx$

Wir müssen erst ein Produkt herstellen: $\int \arcsin(x)\cdot 1\cdot dx$;

$u = \arcsin(x)$, $u' = \frac{1}{\sqrt{1-x^2}}$; $v' = 1$, $v = x$

$$\int \arcsin(x)\cdot 1\cdot dx = \arcsin(x)\cdot x - \int \frac{1\cdot x}{\sqrt{1-x^2}}dx = x\cdot\arcsin(x) + \sqrt{1-x^2}$$

$$\int \frac{x}{\sqrt{1-x^2}}dx = -\sqrt{1-x^2}$$ → siehe nächstes Beispiel.

Integration per *Substitution*: $\int f(x)dx = \int f(g(u))g'(u)du$ (... mit $x = g(u)$)

a) $\int \frac{x}{\sqrt{1-x^2}}dx$; Substitution: $u = 1-x^2 \rightarrow \frac{du}{dx} = -2x \rightarrow dx = \frac{du}{-2x}$

$$\int \frac{x}{\sqrt{1-x^2}}dx = \int \frac{x}{-\sqrt{u}\,2x}du = \int \frac{1}{-2\sqrt{u}}du = -\sqrt{u} = -\sqrt{1-x^2}$$

b) $\int x^2\sqrt{2x^3+4}dx$; Substitution: $u = 2x^3+4 \rightarrow \frac{du}{dx} = 6x^2 \rightarrow dx = \frac{du}{6x^2}$

$$\int x^2\sqrt{2x^3+4}dx = \int \frac{x^2\sqrt{u}}{6x^2}du = \int \frac{\sqrt{u}}{6}du = \frac{\sqrt{u^3}}{9} = \frac{1}{9}\sqrt{\left(2x^3+4\right)^3}$$

Gesucht wird die *Stammfunktion mit vorgegebener Randbedingung* (Ermittlung von C für eine bestimmte Kurve aus der Kurvenschar $F(x)+C$).

$f(x) = 3x$, Randbedingung: $F(2) = 1$; Stammfunktion: $F(x) = \frac{3x^2}{2} + C$

Einsetzen: $F(2) = \frac{3 \cdot 2^2}{2} + C = 1 \rightarrow C = -5$; $F(x) = \frac{3x^2}{2} - 5$

Dank der Tatsache, dass die Integration die Umkehroperation zur Differenziation ist, kann man sein Integrationsergebnis *durch Differenziation überprüfen*.

$$\int \frac{2}{(x+1)^2}dx = \frac{x-1}{x+1}; \qquad \frac{d}{dx}\left(\frac{x-1}{x+1}\right) = \frac{1\cdot(x+1)-(x-1)\cdot 1}{(x+1)^2} = \frac{2}{(x+1)^2}$$

Ein paar Fingerübungen zur *bestimmten Integration*:

a) $\int_{-\pi}^{\pi} \cos(x)dx = 0$; **b)** $\int_{-3}^{3} x^4 dx = 0$; **c)** $\int_{0}^{0.5} x^2 dx + \int_{0.5}^{1.5} x^2 dx + \int_{1.5}^{2} x^2 dx = \int_{0}^{2} x^2 dx = \frac{8}{3}$

Uneigentliche Integrale:

a) $\int_{-\infty}^{-1} \frac{1}{x^2}dx = \lim_{b\to\infty} \int_{-b}^{-1} \frac{1}{x^2}dx = \lim_{b\to\infty}\left(-\frac{1}{-1} + \frac{1}{-b}\right) = \lim_{b\to\infty}\left(1 - \frac{1}{b}\right) = 1$

b) $\int\limits_1^{\infty} \frac{1}{\sqrt{x}} dx = \lim\limits_{b \to \infty} \int\limits_1^{b} \frac{1}{\sqrt{x}} dx = \lim\limits_{b \to \infty} \left(2\sqrt{b} - 2\right) = \infty$

Kurze Anmerkung (der guten Ordnung halber):
Wir haben uns bislang nur um Funktionen in expliziter Darstellung $y = f(x)$ gekümmert. Aber auch mit der polaren und der parametrischen Form kann man Flächen berechnen (Die implizite Form sperrt sich mal wieder.). Der Bedarf für die Flächenberechnung mit diesen Formen hält sich jedoch in engen Grenzen. Ohne Herleitung seien deshalb nur die Formeln angegeben.

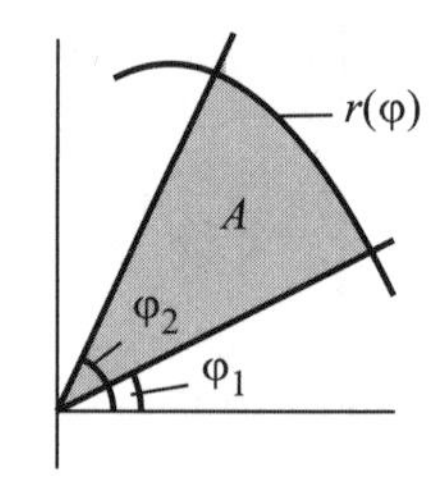

Die polare Form $r = f(\varphi)$ und die *Sektorenformel*
Die von den Winkelschenkeln von φ_1 und φ_2 und der Kurve $r(\varphi) = f(\varphi)$ eingeschlossene Sektorenfläche berechnet sich zu

$$A = \frac{1}{2} \int\limits_{\varphi_1}^{\varphi_2} r(\varphi)^2 d\varphi$$

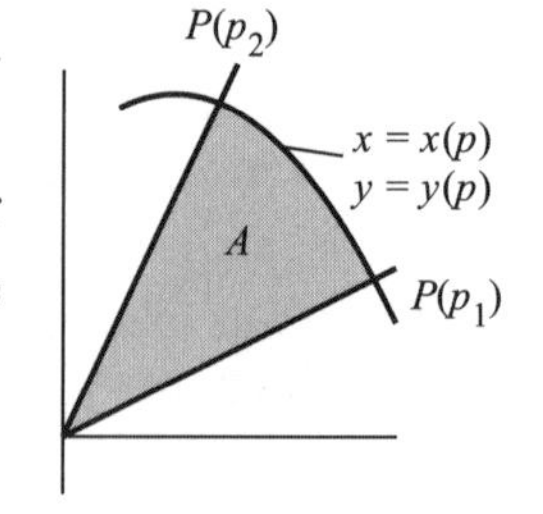

Die Parameterform $x = f(p)$, $y = g(p)$ und die *Leibnizsche Sektorenformel*
Die von den Strahlen von $0 \ldots p_1$ und $0 \ldots p_2$ und der Kurve $x(p) = f(p)$, $y(p) = g(p)$ eingeschlossene Sektorenfläche bekommt man mit

$$A = \frac{1}{2} \int\limits_{p_1}^{p_2} \left(x(p)y'(p) - x'(p)y(p)\right) dp$$

8.6 Flächen unter Kurven

Nach einiger geistiger Anstrengung haben wir nun die Mittel an der Hand, Flächen unter Kurven zu errechnen. Erheben sich die Einwände: „War das nicht ein wenig viel Aufwand?“ – „Wann braucht man das schon?“ – „Wer kann damit etwas anfangen?“

Es wird mehr gebraucht, als man gemeinhin annimmt! Der Schlüssel zur weiterreichenden Nutzanwendung liegt in der *Beschriftung der Achsen*! Lassen Sie es mich erklären. (Die Griechen würden sich über die folgende geometrische Sichtweise freuen.)

Autobahn, die Erste.
Sie fahren mit *gleichmäßiger* Geschwindigkeit die Autobahn lang, Ihr Kilometerzähler ist defekt. Nach einer Viertelstunde wollen Sie wissen, wie weit Sie gekommen sind. Sie *rechnen*:

$$Weg = Geschwindigkeit \cdot Zeit \quad - \quad s = v \cdot t \,.$$

Im Bild: Der Weg ist die Fläche unter der *Horizontalen*.

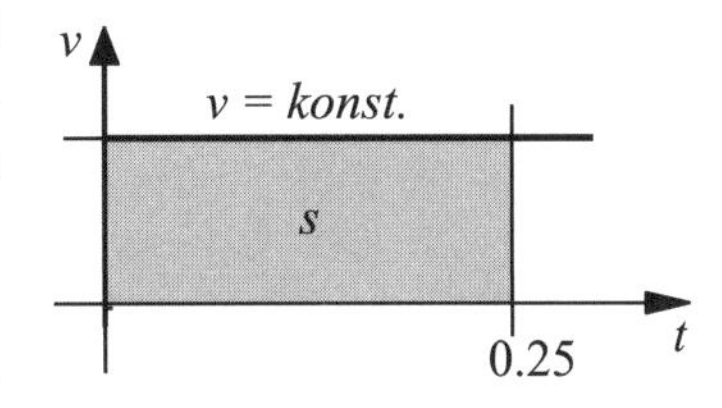

Autobahn, die Zweite.
Sie fahren vom Parkplatz aus mit *gleichmäßig zunehmender* Geschwindigkeit auf die Autobahn, Ihr Kilometerzähler ist defekt. Nach einer Viertelstunde wollen Sie wissen, wie weit Sie gekommen sind. Sie lesen auf dem funktionierenden Tacho die erreichte Geschwindigkeit ab und *rechnen* gezwungenermaßen:

$$s = \frac{v \cdot t}{2}$$

Im Bild: Der Weg ist die Fläche unter der *Geraden*.

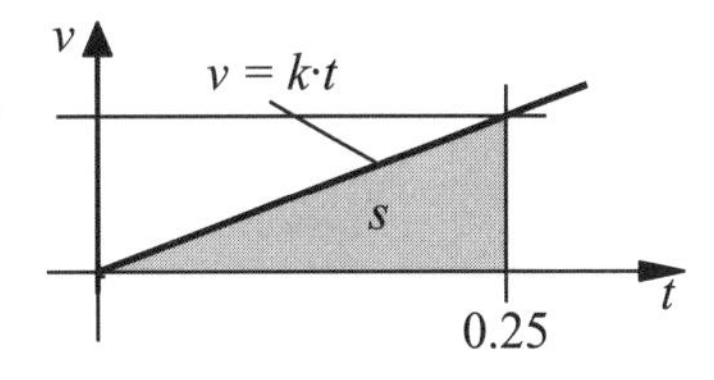

Autobahn, die Dritte.
Sie fahren auf der Autobahn, sind nervös – die Tachonadel schwankt ebenfalls nervös. Die Geschwindigkeit *wechselt im Laufe der Zeit*, ist gewissermaßen eine Funktion der Zeit: $v = v(t)$.

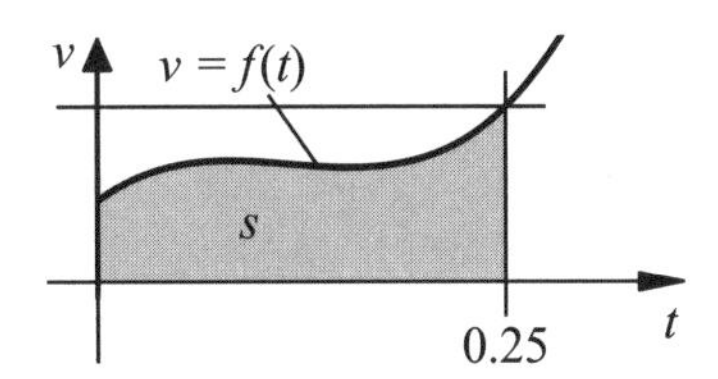

Nach einer Viertelstunde wollen Sie wissen, wie weit Sie gekommen sind und *integrieren* gezwungenermaßen:

$$s = \frac{1}{2} \int_0^{0.25} v(t)dt$$

Im Bild: Der Weg ist die Fläche unter der *Kurve*!

In allen Fällen ist der *zurückgelegte Weg* die Fläche unter der „Kurve“!

Noch ein *Beispiel*: Die Arbeit.
Die Physiker haben die *Arbeit* definiert: $Arbeit = Kraft \cdot Weg \rightarrow W = F \cdot s$

Nach einer Panne am flachen Niederrhein schieben Sie Ihr Auto auf ebener Straße mit der konstanten Kraft F in die s km entfernte Werkstatt. Die Arbeit, die Sie dabei verrichtet haben, ist
$W = F \cdot s$ = Fläche unter der „geraden Kurve".

Die nächste Panne erwischt Sie im Bergischen Land. Sie brauchen an den Steigungen mehr, bei Gefälle weniger Schubkraft – die aufzuwendende Kraft hängt davon ab, an welcher Stelle der Strecke Sie gerade sind: $F = F(s)$. Die Arbeit, die Sie bis zur Werkstatt aufgewandt haben, berechnen Sie durch *Integration*:

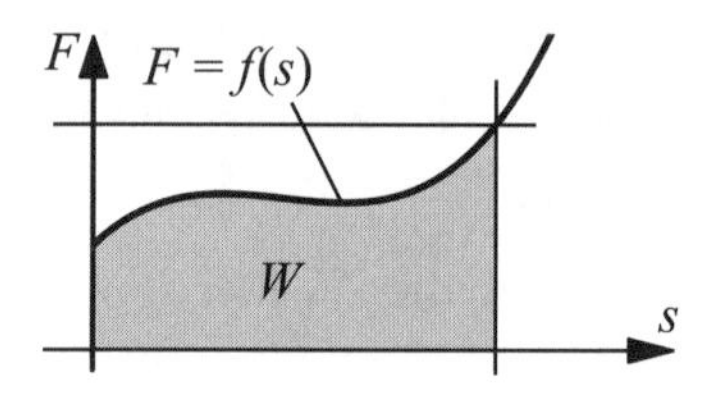

$$W = \int_0^{s_{Wst}} F(s)ds \text{ = Fläche unter der Kurve!}$$

Die Fläche unter der Kurve ist diesmal *die Arbeit*!

Die Arbeit können Sie anschließend in Schweinshaxe und Bier umrechnen – womit der Nutzen der Integralrechnung nun wirklich als bewiesen angesehen werden kann!

Das Standardlehrbuchbeispiel bzw. Lehrbuchstandardbeispiel hierzu: Die Arbeit beim Zusammendrücken (Auseinanderziehen) einer ***Spiralfeder***

Beim Zusammendrücken einer Spiralfeder brauchen Sie Kraft und legen einen Weg dabei zurück; das Produkt aus Kraft und Weg ist die Arbeit. Die Kraft ist allerdings nicht konstant:

Je mehr Sie die Feder zusammendrücken, desto mehr Kraft müssen Sie aufbringen. Die Kraft F ist abhängig vom Weg s, sie ist eine Funktion f des Weges: $F = f(s)$.

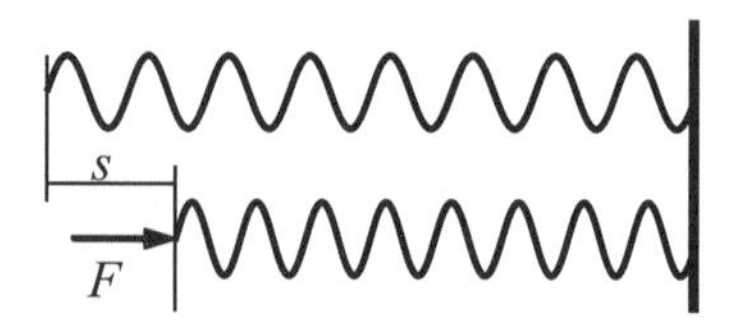

Zuerst machen wir ein paar sinnvolle Annahmen.

1. Es gilt das Hookesche Gesetz, d.h. Kraft und Weg sind proportional, d.h.:

- Drücken Sie mit der Kraft $F = 1$ ist der Zusammendrückweg z.B. $1\Delta s$,
- drücken Sie mit der Kraft $F = 2$ ist der Zusammendrückweg z.B. $2\Delta s$, usw.

2. Es gibt weiche Federn und harte Federn.

- Bei einer weichen Feder brauchen Sie für einen Zusammendrückweg von Δs eine Kraft von z.B. $F = 0.2$.
- Bei einer harten Feder ist für den gleichen Zusammendrückweg Δs eine Kraft von beispielsweise $F = 0.2$ nötig.

Die unterschiedlichen Federsorten berücksichtigten wir durch einen Proportionalitätsfaktor k (=0.2, 2.0, o.ä.) und bekommen die Formel: $F = f(s) = k \cdot s$.

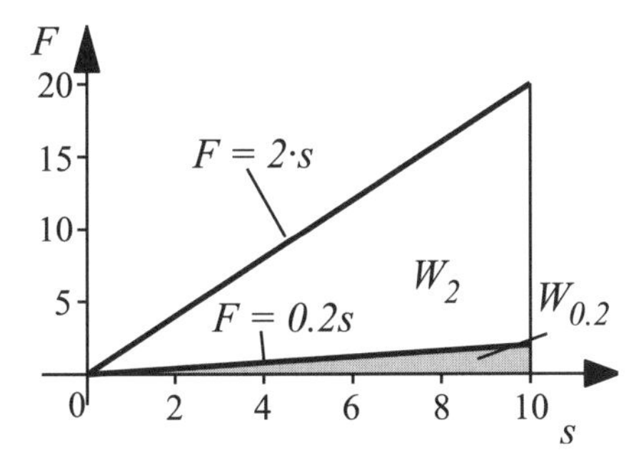

Das Berechnen der Arbeit, die wir beim Zusammendrücken der Feder von z.B. $s = 0...10$ aufbringen müssen, ist nun Routine: Es ist die Fläche unter der jeweiligen Geraden.

$$W = \int_0^{10} F \cdot ds = \int_0^{10} f(s) \cdot ds \int_0^{10} k \cdot s \cdot ds = k \cdot \frac{10^2}{2} - k \cdot \frac{0^2}{2} = k \cdot \frac{s^2}{2}$$

Das Prinzip sollte damit klar sein:
Immer wenn man ein Produkt berechnen muss, und der eine Faktor hängt vom anderen ab – $s = v(t) \cdot t$; $W = F(s) \cdot s$; ... – kann man das Produkt auffassen als *Fläche unter einer Kurve* und es durch Integration erhalten.

Selbst mit „alltäglich" beschrifteten Achsen kann man Sinnvolles anfangen. Schauen Sie sich auf im Folgenden die Diagramme von Magdeburg bzw. Jakutsk (Russland) an, die den jeweiligen Temperaturverlauf übers Jahr angeben.

Der grau angelegte Flächeninhalt geteilt durch die Intervalllänge (12 Monate) ergibt die jeweilige *mittlere* Temperatur im Jahr:
Magdeburg +9.2 °; Jakutsk –10.2 °.

Geometrisch gesehen hat das Rechteck mit der Intervall-Länge von 12 (Monaten) und der Höhe 9.2 bzw. –10.2 (°C) den gleichen Inhalt wie die krummlinig begrenzte Fläche.

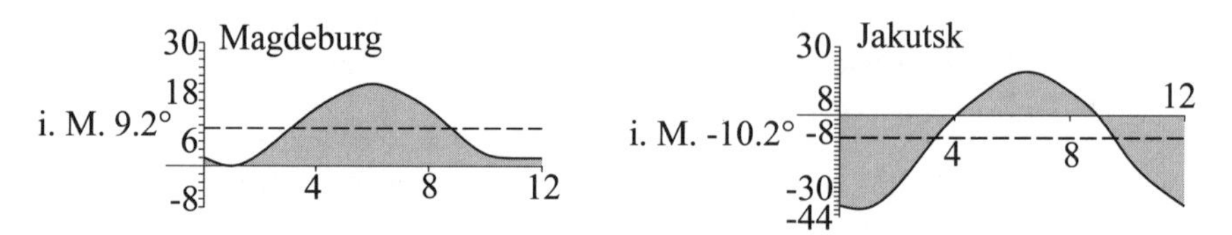

Wenn wir uns darauf verständigen, dass bei einer Temperatur unter 15 °C geheizt werden soll, geben die im Bild angelegten Flächeninhalte Vergleichswerte über die jeweils aufzuwendende Heizenergie. Das Produkt (der Flächeninhalt) hat die etwas dubios anmutende Einheit: Temperatur ·Zeit = °Celsius ·Monate!

Wie man aus einem Satz von Monats-Durchschnitts-Temperaturwerten, die man evtl. aus einem Diagramm herausgemessen hat, eine „rechenbare“ Funktion macht, werden wir im Abschnitt 9.3 „Interpolation“ sehen.

8.7 Das unbestimmte Integral

Bislang haben wir das unbestimmte Integral nur als Hilfsmittel für die Berechnung von geometrischen Integrationsaufgaben angesehen. Damit tun wir ihm bitter Unrecht – es kann viel mehr!

Bei der Einführung der Geschwindigkeit im Abschnitt „Differenziation“ hatten wir aus der Wegfunktion durch Differenziation erst die Gechwindigkeits- und dann die Beschleunigungsfunktion bekommen.

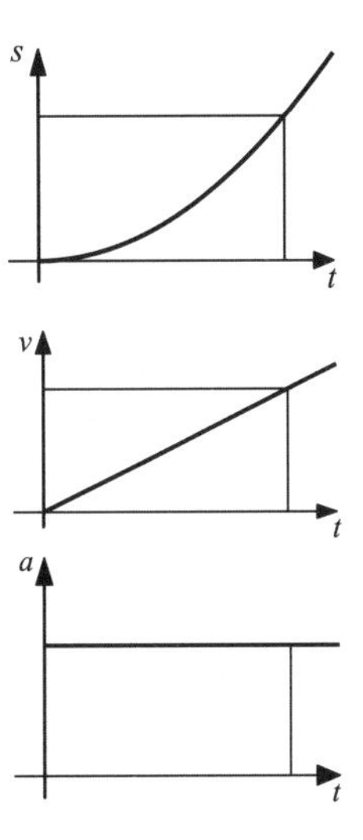

(g = Gravitationskonstante ≈ 10 m / s²)
Die gegebene Wegfunktion

$$s(t) = \frac{g \cdot t^2}{2}$$

Die 1. Ableitung ergibt die Geschwindigkeitsfunktion

$$s'(t) = g \cdot t = v(t)$$

Die 2. Ableitung bringt die Beschleunigungsfunktion

$$s''(t) = v'(t) = a(t) = g$$

„Die Integration hebt die Differenziation auf – macht sie rückgängig“ – hieß es im gleichen Abschnitt. **Nehmen wir die Sache wörtlich.**

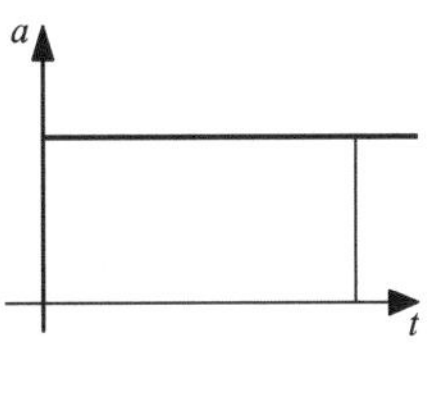

Gegeben: Die Beschleunigungsfunktion

$$a(t) = g$$

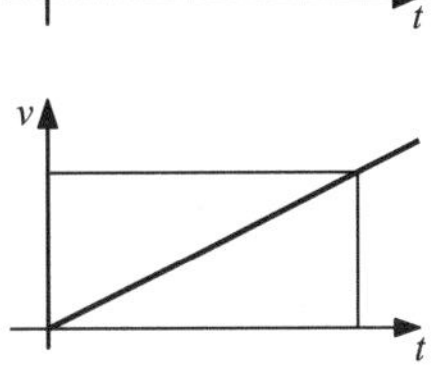

Die 1. Integration ergibt die Geschwindigkeitsfunktion

$$v(t) = \int g \, dt = g\,t + C_1$$

($C_1 = v_0$ = Anfangsgeschwindigkeit)

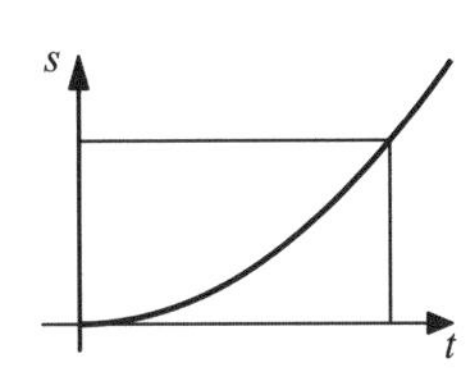

Die 2. Integration ergibt die Wegfunktion

$$s(t) = \int \left(g\,t + C_1\right) dt = \frac{g\,t^2}{2} + C_1 \cdot t + C_2$$

($C_2 = s_0$ = Anfangsweg)

Für eine weitere Demonstration benutzen wir ein Auto.

Ein Auto ist ein ideales Demo-Objekt: Es hat einen „Wegzähler“, einen „Geschwindigkeitsanzeiger“ und kann ganz einfach mit einem Maskottchen, das man an einem Band am Innenspiegel befestigt, mit einen „Beschleunigungsanzeiger“ nachgerüstet werden.

Sie sind mit vorschriftsmäßigen 50 km/h durch ein Dorf gefahren, am Ortsausgangsschild geben Sie *gleichmäßig zunehmend* Gas. Nach einer Viertelstunde möchten Sie wissen, wie weit Sie gekommen sind, aber Ihr Tacho ist mal wieder defekt. Sie stellen gezwungenermaßen folgende Berechnung an.

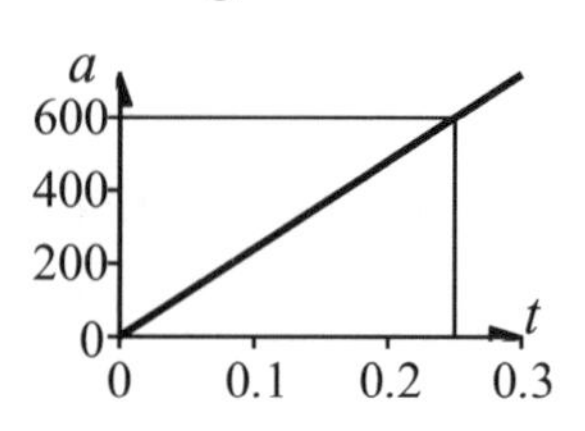

Die Beschleunigung entspricht in etwa der Bewegung des Gaspedals und lässt sich beschreiben mit

$$a(t) = 2\,400t\,\frac{km}{Std^2}$$

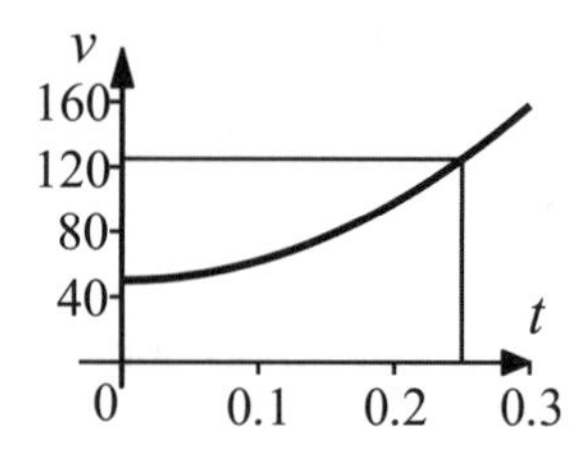

Sie integrieren $v(t) = \int 2\,400t\,dt = 1\,200t^2 + C_1$ und vergessen nicht die Anfangsgeschwindigkeit am Ortsausgang $C_1 = v_0 = 50$.

$$v(t) = 1\,200t^2 + 50$$

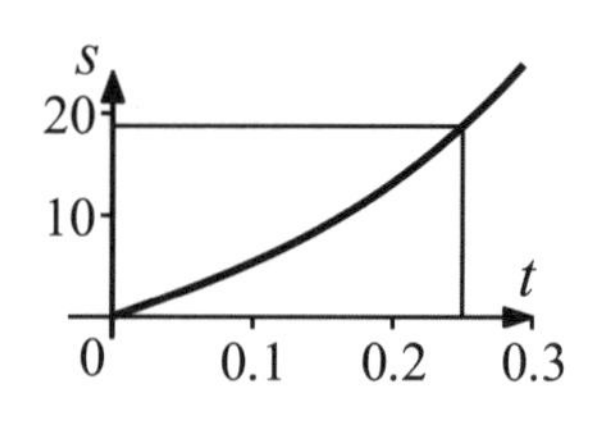

Sie integrieren noch mal

$$s(t) = \int \left(1\,200t^2 + 50\right) dt = 400t^3 + 50t + C_2$$

Mit $C_2 = s_0 = 0$ bleibt es bei

$$s(t) = 400t^3 + 50t\,.$$

Nach einer Viertelstunde haben Sie

- die Beschleunigung $a = 2\,400 \cdot 0.25 = 600\,\frac{\text{km}}{\text{h}^2}$,
- eine Geschwindigkeit von $v = 1\,200 \cdot 0.25^2 + 50 = 125\,\frac{\text{km}}{\text{h}}$
- und einen Weg zurückgelegt von $s = 400 \cdot 0.25^3 + 50 \cdot 0.25 = 18.75\,\text{km}$.

Bei den hiesigen Verkehrsverhältnissen ist das natürlich ein reines Gedankenexperiment, blanke Theorie. Eine konkrete Nachprüfung kann nicht empfohlen werden!

Die Fortsetzung folgt bei den Differenzialgleichungen.

Apropos Differenzialgleichung: Wir haben soeben eine Differenzialgleichung 2.Ordnung $s''(t) = a$ gelöst! Aus der mageren Information über die Beschleunigung $a(t) = 2\,400t$ haben wir den kompletten zukünftigen zeitlichen Verlauf des Weges konstruieren können!

Damit begegnen wir erstmals einem Prinzip, dass die Differenzialgleichungen in Physik und Technik so wertvoll macht. Aus der dürftigen Kenntnis der Änderungsquote in einem kurzen Augenblick kann man durch die Lösung der entsprechenden Differenzialgleichung auf die Entwicklung des Geschehens in der näheren und ferneren Zukunft schließen.

8.8 Von der Summe zum Integral

Kehren wir noch einmal zum Anfang zurück. Flächeninhalte unter Kurven sind etwas sehr Spezielles und die Integralrechnung hätte nicht ihren Erfolg verbucht, wenn sie zu mehr nicht nutze wäre. Ein paar Beispiele ihrer Universalität sollen folgen.

1. Bogenlänge

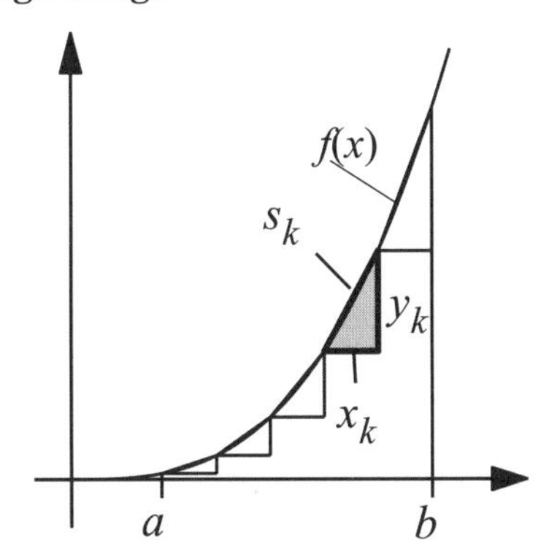

Wir ersetzen das Kurvenstück durch einen Polygonzug. Auch hier soll uns der Unterschied zwischen dem tatsächlichen, krummen Bogenstückchen und dem geraden Polygonstück nicht stören. Wir machen gleich beim Grenzübergang die Δx so schmal, unendlich schmal, dass die „Krummheit" nicht mehr ins Gewicht fällt.

Jedes Polygonstückchen hat die Länge $\Delta s_k = \sqrt{\Delta x_k^2 + \Delta y_k^2}$.

Δx_k^2 ausklammern und vor die Wurzel ziehen ergibt den Summenausdruck

$$\Delta s_k = \Delta x_k \sqrt{1 + \left(\frac{\Delta y_k}{\Delta x_k}\right)^2} \quad \to s = \sum_{k=1}^{n} \Delta x_k \sqrt{1 + \left(\frac{\Delta y_k}{\Delta x_k}\right)^2}$$

Wenn wir das Intervall – und damit den Polygonzug – feiner und feiner unterteilen, geht Δx gegen 0, n gegen ∞, der Polygonzug schmiegt sich immer enger an die Kurve. Den vollzogenen Grenzübergang symbolisiert das Integralzeichen.

$$s = \lim_{n\to\infty} \sum_{k=1}^{n} \Delta x_k \sqrt{1+\left(\frac{\Delta y_k}{\Delta x_k}\right)^2} = \int_a^b \sqrt{1+\left(\frac{dy}{dx}\right)^2}\,dx = \int_a^b \sqrt{1+\left(f'(x)\right)^2}\,dx$$

Die Längensumme der unendlich vielen, unendlich kurzen Polygonzugseiten ist die Bogenlänge der Kurve.

Für dieses Schema lassen sich beliebig viele Beispiele finden – die Physik- und Technikbücher sind voll davon.

2. Rotationskörper: Die Mantelfläche
Weil wir gerade dabei sind, wollen wir unsere Kurve um die x-Achse rotieren lassen und die Mantelfläche des so erzeugten Rotationskörpers ermitteln.

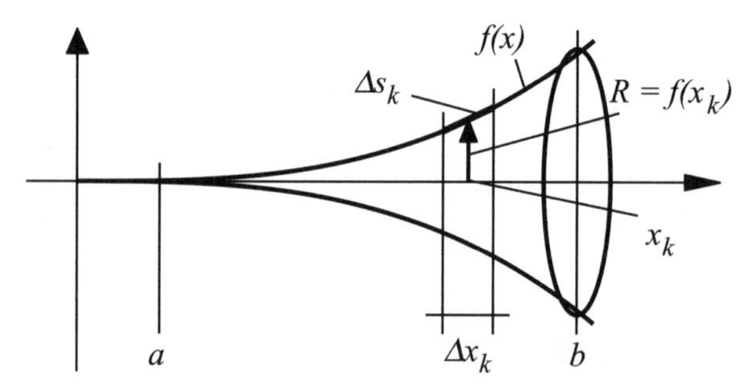

Wir schneiden den Körper in n Scheiben der Breite Δx_k; die Länge Δs_k eines Bogenelementes auf der Mantelfläche ist (siehe oben)

$$\Delta s_k = \Delta x_k \sqrt{1+\left(\frac{\Delta y_k}{\Delta x_k}\right)^2} = \Delta x_k \sqrt{1+\left(f'(x_k)\right)^2}$$

Die Fläche, die bei Rotation dieses Bogenstückchens mit $R = f(x_k)$ entsteht, ist

$$\Delta M_k = 2\pi\, f(x_k)\sqrt{1+\left(f'(x_k)\right)^2}\,\Delta x_k\,.$$

Wir summieren alle Stückchen

$$M = \sum_{k=1}^{n} 2\pi\, f(x_k)\sqrt{1+\left(f'(x_k)\right)^2}\,\Delta x_k\,,$$

machen den Grenzübergang

$$M = 2\pi \int_a^b f(x)\sqrt{1+\left(f'(x)\right)^2}\,dx$$

und haben die fertige Formel.

3. Rotationskörper: Das Volumen
Fehlt uns noch das Volumen des Rotationskörpers in der Sammlung.

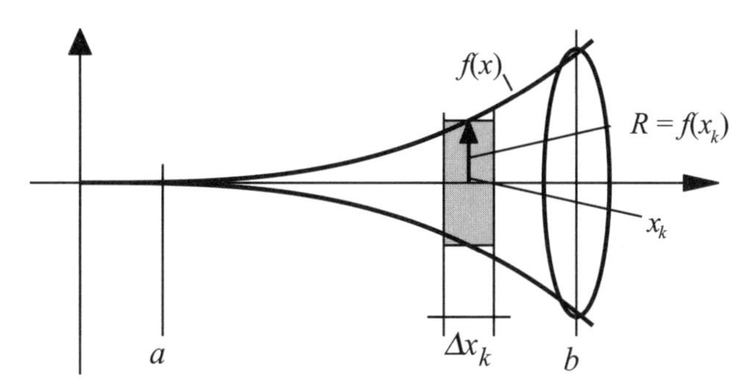

Eine der n Scheiben der Dicke Δx_k hat mit $R = f(x_k)$ das Volumen
$\Delta V_k = \pi\, f(x_k)^2\, \Delta x_k$

Summation $\quad V = \sum_{k=1}^{n} \pi\, f(x_k)^2\, \Delta x_k$

Grenzübergang $\quad V = \pi \int_a^b f(x)^2\, dx$ fertig!

Aber bitte beachten: Die Formeln für Mantelfläche und Volumen gelten nur für Rotation um die x-Achse!

Damit können wir endlich etwas Gescheites anfangen – ein Problem angehen, das schon lange der Lösung harrt: **Die Inhaltsbestimmung eines Sektglases**!

Eine Stange Kölsch ist etwas Feines: Man weiß, was drin ist und man weiß, wie viel drin ist, selbst ohne Eichstrich auf dem Glas. Sekt soll zwar auch trinkbar sein, aber – man weiß nie, wie viel in einem Glas ist. Deshalb wollen wir den Inhalt eines Sektglases ermitteln!

Nach langem Hantieren mit der Schieblehre stellen wir fest:
- Ein Sektglas hat eine Höhe von 9 cm.
- Der Umriss entspricht stehend in etwa einer Parabel $y = x^2$.

Wir kippen das Glas um (bilden die Umkehrfunktion) und haben $y=\sqrt{x}$.

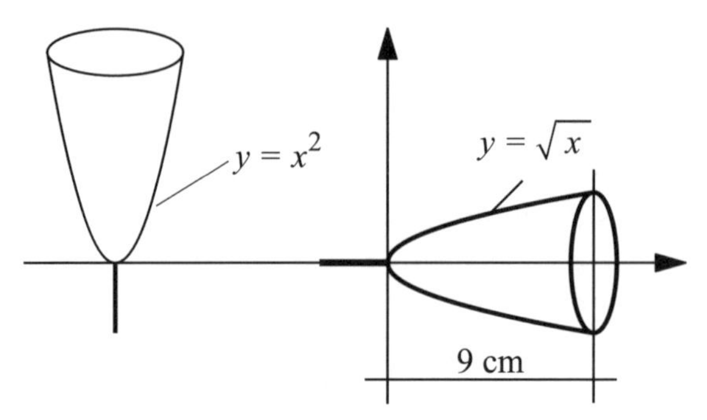

Den Inhalt bekommen wir mit $V=\pi\int\limits_a^b f(x)^2dx=\pi\int\limits_0^9\left(\sqrt{x}\right)^2dx=\pi\int\limits_0^9 x\,dx$

Stammfunktion: $\dfrac{x^2}{2}$; $V=\pi\left(\dfrac{9^2}{2}-\dfrac{0^2}{2}\right)=127.23\,cm^3$

Das ging zu einfach! Sie glauben es nicht? Es gäbe da eine Prüfmöglichkeit!

Wenn Ihre Freundin/Frau oder Ihr Freund/Mann Sie dabei überrascht, wie Sie bereits die dritte Flasche Sekt leeren, behaupten Sie mit fester Stimme und glasigen Augen, Sie würden lediglich einen mathematischen Feldversuch durchführen: „... alles im Dienste der Wahrheitsfindung..."

Da die Gefahr besteht, dass sich nach dem Selbstversuch im Rahmen der letzten Volumenermittlung der Sektnebel noch nicht vollständig verzogen hat, ist etwas leichte Kost aus dem mathematischen Kuriositätenkabinett jetzt das Richtige.

Eine „Tröte": Wir bauen uns eine *unendlich lange* Fanfare aus Messingblech.

Für die Form wählen wir die einfache Funktion $y=f(x)=\dfrac{1}{x}$

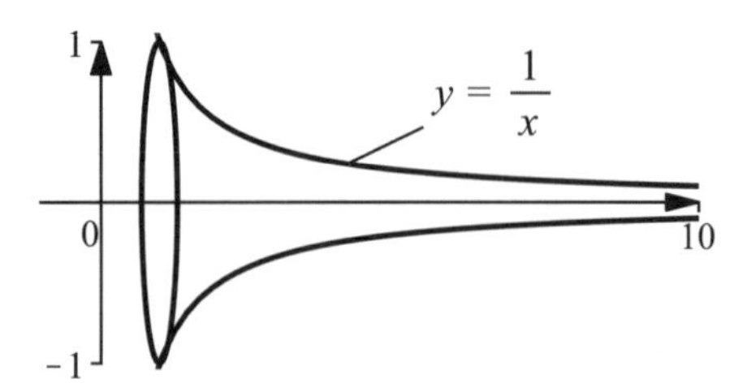

Mit der entsprechenden Formel für Rotationskörper berechnen wir die Mantelfläche für die Bestellung des Messings.

$$M = 2\pi \int_a^b f(x)\sqrt{1+(f'(x))^2}\,dx = 2\pi \int_1^\infty \frac{1}{x}\cdot\sqrt{1+\left(-\frac{1}{x^2}\right)^2}\,dx$$

Die Auswertung ist mal wieder ohne externe (Computer-) Hilfe nicht zu machen. Statt den Computer kann man allerdings auch den *Kopf* einschalten:

$$M = 2\pi \int_1^\infty \frac{1}{x}\cdot\sqrt{1+\frac{1}{x^4}}\,dx \text{ ist sicherlich } \textit{größer} \text{ als } \int_1^\infty \frac{1}{x}\,dx = \ln(\infty)-\ln(1) = \infty$$

Also ist erst recht $M = \infty$!

Das ist übel: Wir brauchen alles verfügbare Material im Universum und reichen damit immer noch nicht aus!

Das eigentlich Verwirrende kommt aber erst, wenn wir das Volumen der „Tröte" ausrechnen:

$$V = \pi \int_a^b f(x)^2\,dx = \pi \int_1^\infty \left(\frac{1}{x}\right)^2 dx = \pi$$

Bei *unendlicher* Oberfläche ist der Rauminhalt *endlich*!

Man könnte das Gebilde also durchaus voll Sekt gießen. Abgesehen von dem Mangel an Messing zur Herstellung hätte man allerdings gewisse Schwierigkeiten, das unendliche Teil senkrecht zu stellen und zu befüllen. Ein weiterer Feldversuch ist bedauerlicherweise nicht durchführbar.

Die Mehrzweckhalle

Unsere Salamitaktik, sprich: Scheiben-Summier-Methode, funktioniert nicht nur bei Rotationskörpern, wie das folgende Beispiel zeigen wird.

Das Dach der neuen Mehrzweckhalle soll etwas Besonderes werden. Ein *parabelförmiger Hauptbinder* soll das tragende Element sein. Ähnlichkeiten mit der Köln-Arena sind rein zufällig und nicht beabsichtigt. Der Querschnitt der Halle soll durch *gleichseitige Dreiecke* mit Spitze im Dachträger gebildet werden. Die Hallenbreite nimmt damit von der Mitte der Halle bis zu den Enden kontinuierlich ab.

- Die Scheitelhöhe des Binders soll $H = 20\,\text{m}$ sein.
- Die Hallenlänge ist mit $L = 100\,\text{m}$ vorgesehen.

Natürlich müssen die m³ umbauter Raum (das Volumen) berechnet werden. Die Bauaufsicht verlangt den Wert, der Klimatechniker braucht ihn, die ausführende Firma benutzt ihn für Vergleichskalkulationen etc.

Für die Ermittlung der Formbeiwerte der Binderfunktion $h = -ax^2 + b$ haben wir im Beispiel „Bogenbrücke“, Abschnitt 2.4 „Gleichungssysteme“ bereits reichlich Vorarbeit geleistet.

Wir setzen $b = Scheitelhöhe = 20$.

a errechnen wir aus der Bedingung: An der Stelle $x = \frac{L}{2}$ ist $h = 0$.

Wir setzen das Pärchen in die Funktion ein $0 = -a \cdot \left(\frac{100}{2}\right)^2 + 20$

lösen nach a auf, bekommen $a = 0.008$

und haben als endgültige Binderfunktion $h(x) = -0.008x^2 + 20$.

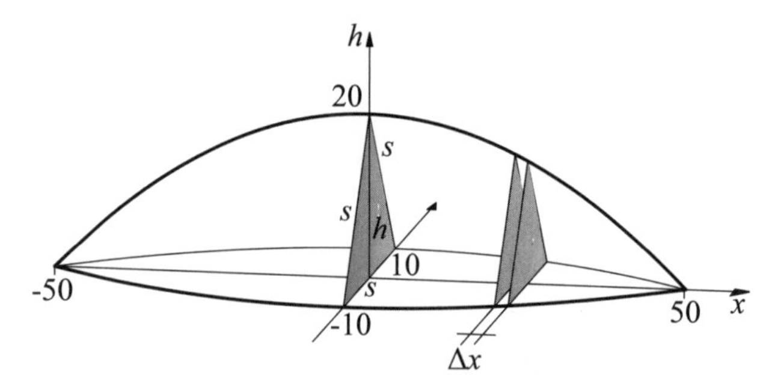

Nun berechnen wir an einer x-beliebigen Stelle x die Querschnittsfläche. Im gleichseitigen Dreieck gilt mit Pythagoras:

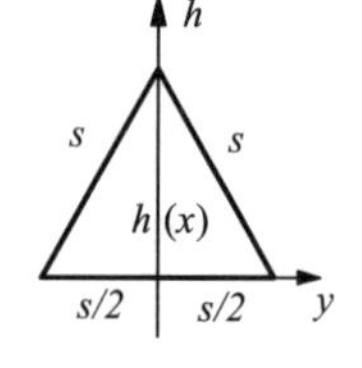

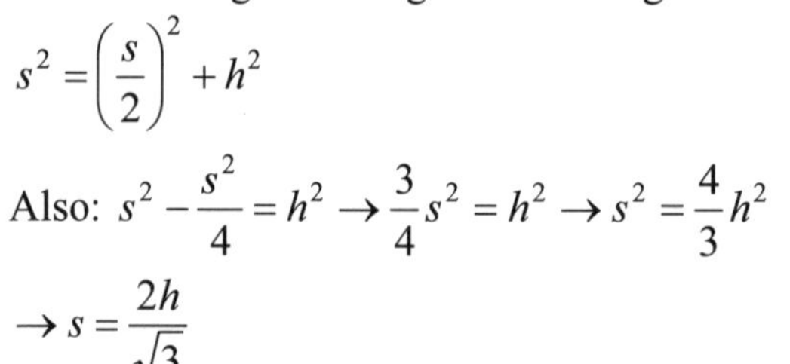

$$s^2 = \left(\frac{s}{2}\right)^2 + h^2$$

Also: $s^2 - \frac{s^2}{4} = h^2 \rightarrow \frac{3}{4}s^2 = h^2 \rightarrow s^2 = \frac{4}{3}h^2$

$$\rightarrow s = \frac{2h}{\sqrt{3}}$$

Der Flächeninhalt des Dreiecks ist damit

$$F(h) = \frac{s \cdot h}{2} = \frac{2h \cdot h}{\sqrt{3} \cdot 2} = \frac{h^2}{\sqrt{3}}.$$

Wir setzen ein $h = -0.008x^2 + 20$ und haben den Flächeninhalt als Funktion nur von x

$$F(x) = \left(-0.008x^2 + 20\right)^2 / \sqrt{3}.$$

Das trifft sich gut – wir können damit wie gewohnt weitermachen!

Erst wenn das y bei der Höhen- bzw. Flächenermittlung auch eine Rolle spielen würde, müssten wir die Waffen strecken und die Analysis in mehreren Variablen mit ihren Mehrfachintegralen zu Rate ziehen.

Wir betrachten nun eine Dreiecksscheibe der Dicke Δx . Die Scheibe hat das Volumen

$$V(x) = \frac{\left(-0.008x^2 + 20\right)^2}{\sqrt{3}} \Delta x .$$

Wir summieren alle Scheiben von $x = -\frac{L}{2} = -50$ bis $\frac{L}{2} = 50$,

machen den Grenzübergang $\Delta x \to 0$ und schreiben

$$V(x) = \int_{-50}^{50} \frac{\left(-0.008x^2 + 20\right)^2}{\sqrt{3}} dx$$

$$= \int_{-50}^{50} \left(0.000037x^4 - 0.185x^2 + 230.9\right) dx$$

Die Auswertung ergibt $V = 12\,320\ \text{m}^3$ umbauter Raum.

Fläche unter einer Kurve: Numerische Berechnung

Falls die Integration nicht zu machen ist – Summieren geht (fast) immer. Wir wollen uns einmal anschauen, was es heißt: „...vom Computer rechnen lassen“. Dazu müssen wir zurück zu den Wurzeln bzw. Anfängen. Wir haben weiter

vorn entwickelt: $S = \int_a^b f(x)dx = \lim_{n\to\infty} \sum_{k=1}^{n} f\left(x_k\right) \cdot \Delta x_k$

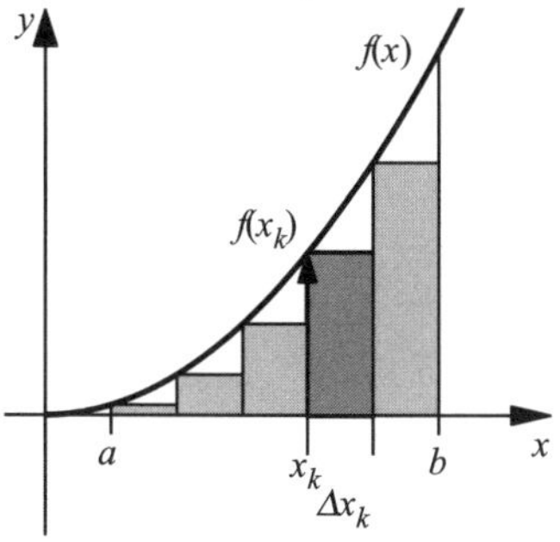

y
f(x)
f(x_k)
a
x_k
b
x
Δx_k

Näherungsweise bekommt man die Fläche unter einer Kurve durch

$$S=\sum_{k=1}^{n} f(x_k)\cdot\Delta x_k = f(x_1)\cdot\Delta x_1 + f(x_2)\cdot\Delta x_2 + f(x_3)\cdot\Delta x_3 + \ldots + f(x_n)\cdot\Delta x_n$$

Genau diese Formel übersetzen wir jetzt in Computerprogrammzeilen.

Wir wählen zur Demonstration unserer Programmschleife die bereits bearbeitete Funktion $y=f(x)=x^2$ mit den Grenzen $x_a=0.5$, $x_b=3.0$ und berechnen eine Näherung für 5 Streifen der Breite $\Delta x=(x_b-x_a)/5=0.5$.

Die Vorgaben:

```
> f:=x->x^2: xa:=0.5: xb:=3.0:
```

Die Anzahl N der Streifen: Je größer die Anzahl, desto besser die Näherung.

```
> N:=5: Dx:=(xb-xa)/N: Sk:=0:
```

Das Programm in Form einer Schleife: „ for... from... to... do...... od „

Eine kleine Übersetzungshilfe: $D=\Delta$; $x| \,|k = x_k \to Dx| \,|k=\Delta x_k$

```
> for k from 0 to N-1 do
  Dx||k:=Dx;
  fy||k:=f(xa+k*Dx);
  DF||k:=fy||k*Dx||k;
  Sk:=Sk+DF||k; od: k:='k':
```

Das Näherungsergebnis:

```
> "SN"=evalf(Sk);
  "SN"=6.875000000
```

Das entspricht unserer „Handrechnung“ bei der Einführung der Integralrechnung. Bei 100 Streifen ermittelt der Computer (in fast der gleichen Zeit) „SN“ = 8.849, was dem exakten Wert „SE“ = 8.958 schon recht nahe kommt.

8.9 Der Hauptsatz

Der *Hauptsatz der Infinitesimalrechnung* ist tatsächlich ein Hauptsatz – ohne ihn sähe die heutige Mathematik, Physik, Technik anders aus! Er erlaubt es, die relativ einfach zu ermittelnden Ergebnisse der Differenzialrechnung bei der schwierigen Integralrechnung zu verwenden.
(„Differenzieren geht fast immer – integrieren fast nie!“ – hatten wir gesagt.)

Formulieren wir erst einmal das Ziel: Wir haben eine Funktion $y = f(x)$ und möchten den Inhalt der Fläche *F* zwischen *Kurve, x*-Achse , *a* und *b* bestimmen.

Wir lösen also das Integral $F = \int_a^b f(x)\,dx$.

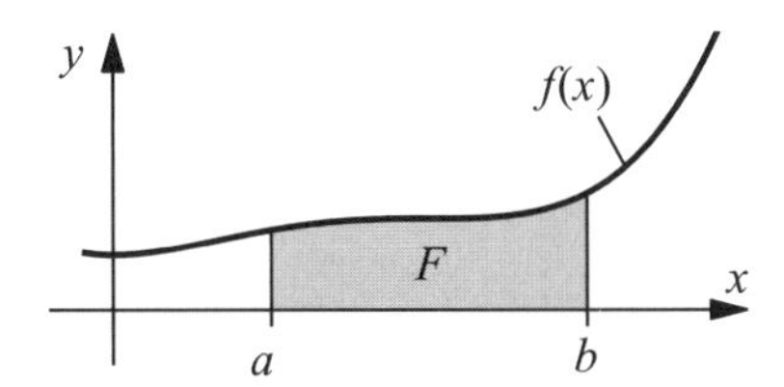

Wichtige Beobachtung: Halten wir die untere Grenze *a* fest und setzen nacheinander $b_1, b_2, b_3,...$ als obere Grenze *b* ein, erhalten wir jeweils einen anderen Wert $F_1, F_2, F_3,...$ Ein eindeutiges Verhalten einer Funktion.

Wir können *F* als Funktion $F = F(b)$ der oberen Grenze *b* auffassen und zeichnen.

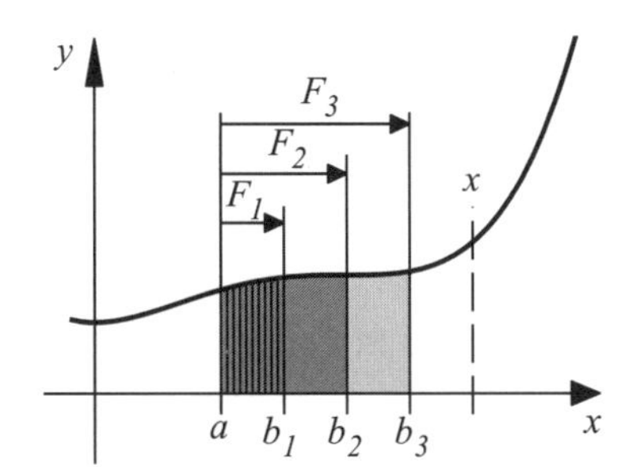

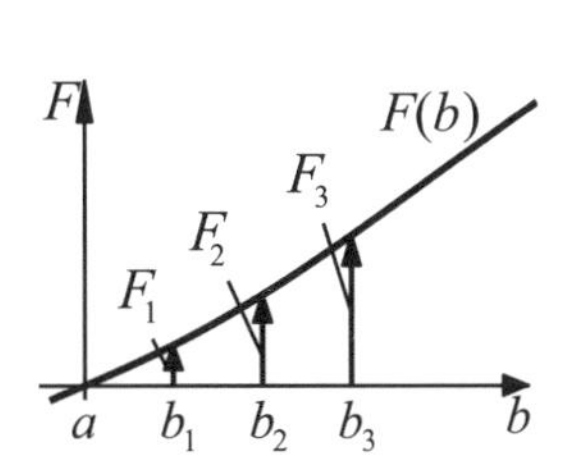

Ideal wäre es, die (Flächen-) **Funktion** *F*(*b*) **zu finden!**

Man könnte dann auch beliebige Zwischenflächen einfach ermitteln:

$F_i = F(b_3) - F(b_1))$

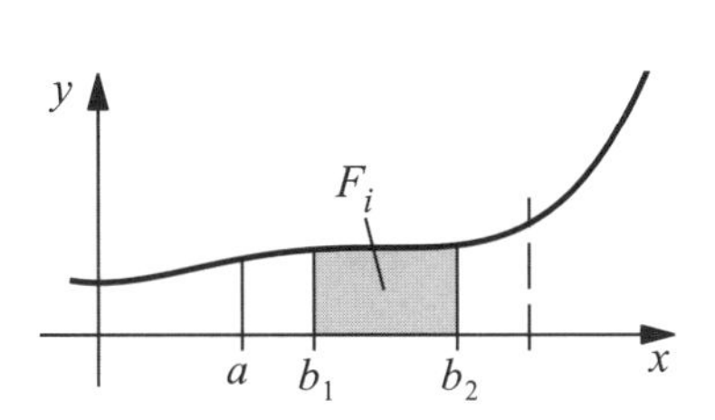

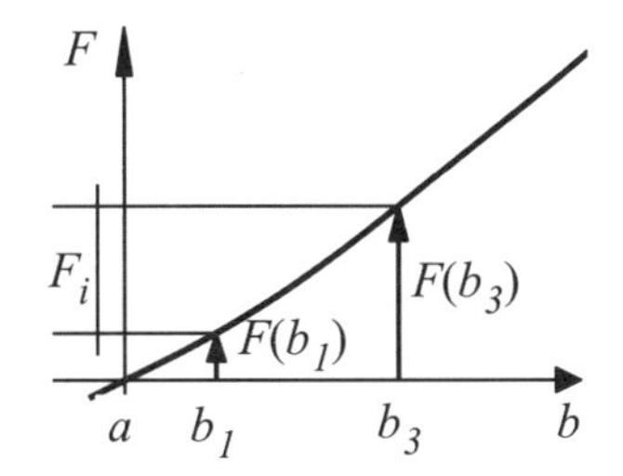

Man könnte sogar den Flächeninhalt zwischen *Kurve* und x-Achse und einem vergrößerten Intervall a bis $(b + \Delta x)$ berechnen.

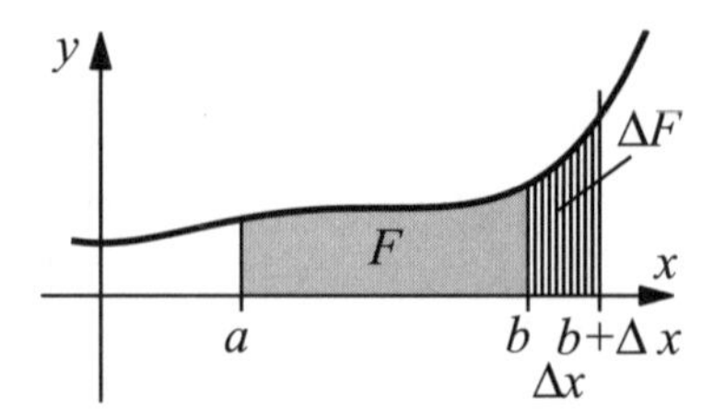

Schauen wir uns die Vergrößerung des Intervalls mit dem *Flächenzuwachs* ΔF einmal genauer an:

$$\Delta F = F(b + \Delta x) - F(b)$$

- ΔF ist sicher größer/gleich $z \cdot \Delta x = f(b) \cdot \Delta x$
- ΔF ist sicher kleiner/gleich $Z\,\Delta x = f(b + \Delta x)\,\Delta x$

Zusammengefasst

$z \cdot \Delta x \le F(b + \Delta x) - F(b) \le Z \cdot \Delta x$

Wir dividieren durch Δx : $z \le \dfrac{F(b + \Delta x) - F(b)}{\Delta x} \le Z$

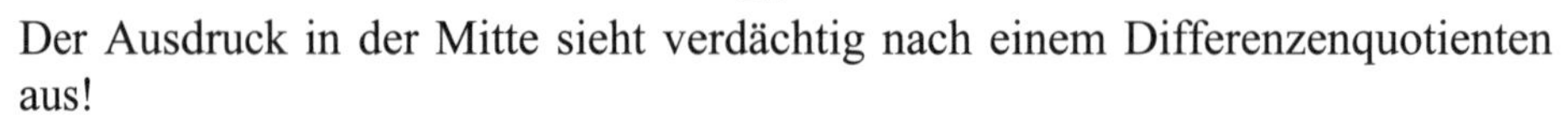

Der Ausdruck in der Mitte sieht verdächtig nach einem Differenzenquotienten aus!

Wir machen den Grenzübergang, lassen also $\Delta x \to 0$ gehen, rücken damit mit $Z = f(b + \Delta x)$ gegen $z = f(b)$ und bekommen im Grenzfall $Z = z = f(b)$

$$\lim_{\Delta x \to 0} \frac{F(b + \Delta x) - F(b)}{\Delta x} = \frac{dF(b)}{dx} = f(b) = z$$

Das bedeutet: Der Flächenzuwachs $F'(b)$ an der Stelle b ist gleich dem Funktionswert $f(b)$ an dieser Stelle. Da wir keinen bestimmten Punkt b festgelegt haben, können wir jeden beliebigen Punkt $b = x$ nehmen.

Wir schreiben $\dfrac{dF(x)}{dx} = F'(x) = f(x)$ und haben den Hauptsatz der Infinitesimalrechnung:

Die vielleicht wichtigste Differenzialgleichung der Welt!

Sehr schön – aber was hilft uns das? Wir haben zwar die Aussage: Die Ableitung $F'(x)$ der gesuchten Flächenfunktion ist gleich dem Funktionswert $f(x)$ – die gesuchte Funktion F haben wir damit noch lange nicht!

Woher sollen wir F , die so genannte Stammfunktion, das unbestimmte Integral bekommen? Die Antwort ist bereits im Abschnitt 8.2 „Stammfunktion" vorweggenommen: Wir lesen einfach die Tabelle der Grunddifferenziale rückwärts!

Ein *Beispiel*, das man im Kopf verfolgen kann: $F'(x) = y'(x) = 2x$

Wir finden die passende Flächenfunktion in der Differenziationstabelle $y(x) = F(x) = x^2$

Der Flächeninhalt zwischen *Kurve* und x-Achse und a und b ist $F = F(b) - F(a)$

Konkret mit $a = 1$, $b = 3$ ist $F = F(3) - F(1) = 9 - 1 = 8$

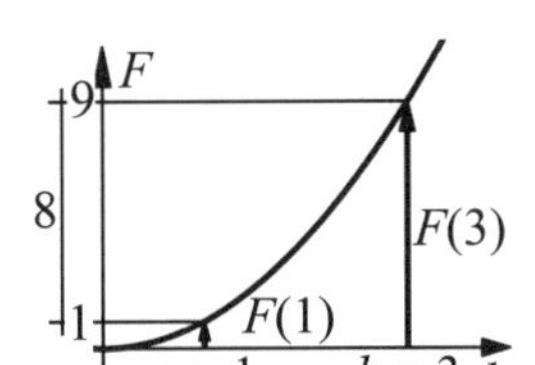

Bei der *Notation* greifen wir auf die bewährte suggestive Schreibweise von Gottfried Wilhelm Leibniz (1646 bis 1716) zurück.

$$y' = \frac{dy}{dx} = 2x \rightarrow dy = 2x\,dx \rightarrow \int dy = \int 2x\,dx$$

Das unbestimmte Integral $y = \int 2x\,dx = x^2 + C$ (die Stammfunktion)

Allgemein $y = \int f(x)\,dx = F(x) + C$

Das bestimmte Integral $Mz = \int_a^b f(x)\,dx = F(x)\Big|_a^b = F(b) - F(a)$ (die *Maßzahl*)

Schlussbemerkungen zur Infinitesimalrechnung

Der Aspekt der *reinen Mathematiker*: Die Grundlagenmathematiker sehen Differenziation, Integration in einem völlig anderen Licht. Sie stellen sich hin und fragen: „Tangente! Was ist eine Tangente? Was soll ich mir unter der *Steigung einer Kurve* vorstellen? Was soll eine Fläche, eine Länge sein? Erklär mir einer, was ich unter dem *Inhalt* einer krummlinig begrenzten Kurve verstehen soll".

Nach einigem Sinnieren haben sie selber den Ausweg gefunden: „Der Grenzprozess, der beim Differenzialquotienten auftritt – der ist glasklar und eindeutig! Den Grenzübergang bei der Integration verstehen wir in allen Schritten und Einzelheiten.“ Schließlich kommen sie zu dem Schluss: „Mit dem, was bei der Differenziation herauskommt, kann man etwas *definieren*, was man *Steigung einer Kurve* nennen kann. Mit der Maßzahl, die bei der Integration ermittelt wird, kann man die Begriffe *Inhalt*, *Länge*, etc. *definieren*.“ Sie stellen die naive Reihenfolge und Auffassung von Leibniz, Newton und uns auf den Kopf: „... im Interesse der logischen Geschlossenheit“ – heißt es.

Hinweis für den Ausführenden: Die Differenziation liefert eine Formel – erst die Auswertung an einem bestimmten Punkt ergibt eine Zahl. Die bestimmte Integration liefert eine Zahl – die Formel der Stammfunktion, des unbestimmten Integrals ist nur ein Hilfsmittel, diese Zahl zu ermitteln. Sollte Ihnen am Ende einer bestimmten Integration eine *Formel* übrigbleiben – haben Sie unterwegs etwas falsch gemacht.

Hier und jetzt soll auch ein wohlgehütetes Geheimnis verraten werden: Irgendwie besteht das eigentlich Neue in der Höheren Mathematik häufig lediglich in den Tricks, die "höheren" Begriffe auf die schulischen Grundlagen zurückzuführen. Es ist wie beim Addieren einer Zahlenkolonne: Man kann immer nur eine Zahl nach der anderen addieren - Schritt für Schritt!

- Ein Gleichungssystem modelt man mit erlaubten Mitteln so lange um, bis man eine Gleichung nach der anderen lösen kann;
- Ein Funktion in mehreren Variablen differenziert man "partiell" Richtung für Richtung;
- Ein Dreifach-Integral löst man schrittweise – ein Integral nach dem anderen;
- Bei einer Vektorfunktion behandelt man jede Komponente gesondert.

Immer wieder kommt man dabei auf das „einfache" Schulwissen zurück!
Ferner: Sie können zwar die Analysis in mehreren Variablen ohne die Differenzialgleichungen, die Vektoranalysis ohne die Funktionentheorie verstehen – ohne die angesprochenen Grundlagenkenntnisse stehen Sie den „gehobenen Disziplinen" allerdings verständnislos gegenüber.

Zusätzlich zum Inhalt des Kapitels werden laufend über die Homepage http://4c.web.fh-koeln.de neue Aufgaben mit Lösungen ergänzt.

9 Anwendungen, Ausblicke

Als Überleitung zu den folgenden „übergreifenden“ Themen bieten sich ein paar Anmerkungen zum **Einsatz von Computern in der Mathematik** an. „Differenziation ist Handwerk, Integration ist Kunst“ – lautet ein Spruch. Dass das reine Handwerk zunehmend von Maschinen erledigt wird, ist eine nicht zu leugnende Tatsache.

Auch in der Mathematik hat dieser Trend Fuß gefasst. In die modernen Mathematikprogrammen hat man nicht nur so ziemlich alle *handwerklichen* Tricks und Kniffe (z.B. für die Differenziation) eingebaut, sondern auch gleich alle *Kunststücke* mit eingearbeitet (die z.B. zur Bearbeitung von Integralen nötig sind). Aber – um im Bild zu bleiben – jeder Beruf beginnt nicht ohne Grund mit einer handwerklichen Lehre.

Trotz aller Maschinen muss ein angehender Schlosser oder Schreiner eine *handwerkliche* Lehre absolvieren. Spätestens wenn der Schlosserlehrling ein Stück Gussstahl per Hand feilen, bohren oder gar verformen will, wird er merken, dass Stahl nicht gleich Stahl ist. Er wird später nie in die Versuchung kommen, auf einer CNC-Fräse ein Stück Guss einzuspannen.

Ein Schreinerlehrling, dem der Meister ein Stück Holzbohle und den Handhobel mit der lapidaren Anweisung „Allseitig aushobeln!“ auf die Hobelbank knallt, wird spätestens, wenn er versucht den Kopf, das Hirnholz zu hobeln, merken, dass Holz ein faseriger Werkstoff ist. Er wird nie die Hirnholzseite eines Bretts über die Abrichte schieben.

Auch in der Mathematik ist es gute Tradition, dass man die Dinge erst *handwerklich* erlernen und an einfachen Dingen üben muss. Mathematik ist das Werkzeug des Ingenieurs bzw. Physikers, um ein Problem, eine Aufgabe zu bearbeiten. Er muss lernen, es richtig einzusetzen, seine Eigenarten zu begreifen, seine Grenzen zu beachten – und das geht nur „zu Fuß“! Nach einer entsprechenden Lehrzeit wird er viel umsichtiger die „Maschine Computer“ füttern, viel skeptischer dem Ergebnis gegenüberstehen und es sorgfältiger prüfen.

Wenn man zur Maschine greift, ist man mit dem Grundsatz gut beraten, dass man sich erst von ihr helfen lassen sollte, wenn man die Aufgabe, das Problem auch „im Prinzip zu Fuß lösen könnte“. Ein blindes Vertrauen in die Arbeit einer Maschine sollte es eh nie geben. Immer sollte man das Ergebnis prüfen und sich fragen: „Entspricht es meinen Erwartungen?“, die man aber auch haben sollte!

Wer sich bis hierher durchs Buch gekämpft hat, hat seine Lehrzeit hinter sich. Wir werden in den nächsten Abschnitten mit einiger Berechtigung auch das „Höhere Rechnen“ häufiger dem Computer überlassen.

Anmerkung zu einem heiklen Thema: Mathematik(er) und Computer
Jahrhunderte lang haben sich findige Geister damit beschäftigt, Maschinen zu entwickeln, die das lästige Rechnen übernehmen sollten. In Bonn gibt es das „Arithmeum“, in dem liebevoll und sehenswert die Erfolge dieses Bemühens zusammengetragen sind. Mitte des vergangenen Jahrhunderts kamen die ersten brauchbaren und erschwinglichen Taschenrechner auf den Markt. Es hat Jahrzehnte gedauert, bis die Mathematiklehrer sich von ihren „Rechenvorteilen“, Neunerproben, etc.“ getrennt hatten, sich dem „Druck der Straße“ beugten und an den Schulen diese Geräte zuließen.

Ein paar Jahrzehnte später bahnte sich mit dem Aufkommen der Computer die nächste Katastrophe an. Die parallel dazu entwickelte Mathematiksoftware kann inzwischen alle besagten „Höheren Rechenkunststücke“ wie Differenzieren, Integrieren, etc. Statt nun in Halleluja-Rufe auszubrechen, heißt es wieder mal an Schulen, Hochschulen usw.: „Verboten im Mathematikunterricht!“

Man ergreift die sich bietenden Chancen nicht, sondern sperrt sich mit allen möglichen und unmöglichen Argumenten. Das vielleicht ehrlichste Argument gegen die Einführung von Mathematikprogrammen ist wahrscheinlich: Man muss liebgewordene Denkmuster aufgeben, sich umstellen, Neues lernen. Tröstlich: Auch hier wird der Druck der Technik sich durchsetzen. Die Uneinsichtigen werden von der Entwicklung links und recht überholt werden – es ist nur eine Frage der Zeit!

Um Missverständnissen vorzubeugen, eine weitere Anmerkung
Nach den obigen Ausführungen sollte klar sein, dass man z.B. das Differenzieren und Integrieren und die Anwendung der entsprechenden Regeln „zu Fuß“ üben muss. Unnötig bis schädlich ist das exzessive Training der zugehörigen „Kochrezepte“ an Formelmonstern bis zum sprichwörtlichen Überdruss – die interessanten Hintergründe, Zusammenhänge und Anwendungen werden damit geradezu zugeschüttet! Kochrezepte muss man verstehen, sie ausprobiert haben, wissen, was man erwarten kann – die ständig wiederholte Anwendung kann man getrost dem Computer überlassen.

Es ist nicht verwunderlich, dass es bei der weitverbreiteten Trainings-Lehrmethode meist damit endet, dass der Schüler oder Student meint, die Mathematik bestehe aus einem Haufen zusammenhangloser Tricks, drei Kreuze nach bestandener Prüfung macht – und sich mit Schaudern abwendet.

9.1 Intermezzo

Bevor wir uns auf die Anwendungen des bisherigen Stoffs stürzen, ist eine wenig Entspannung angesagt. Wir wollen in dieser Pause anhand einiger Beispiele etwas Mathematik aus der Vogelperspektive betreiben.

1. Es gibt nicht „die" Mathematik!

Demonstrationsobjekte sind **endliche Summen**. Für gewisse Herleitungen braucht man die Summe der ersten n natürlichen Zahlen und findet in einer Formelsammlung:

$$1+2+3+...+n=\sum_{n=1}^{n} n=\frac{n(n+1)}{2}; \qquad (n \text{ aus } \mathbf{N})$$

Sehr schön, aber wie ist man auf diesen Zusammenhang gekommen? Wir können natürlich die Sache mit konkreten Zahlen testen – das ist aber kein Beweis und unter unserem Niveau. Wir schauen einmal, auf welch unterschiedliche Arten die Formel gefunden bzw. bewiesen wurde.

a) Griechisch, geometrisch

Bereits die alten Griechen kannten die Formel – sie haben sie wie üblich mit anschaulich geometrischen Mitteln gefunden. Vieler Worte bedarf es nicht: Durch die geschickte Anordnung der Zählsteine „O" und der Ergänzungssteine „o" fällt einem die Formel fast in den Schoß.

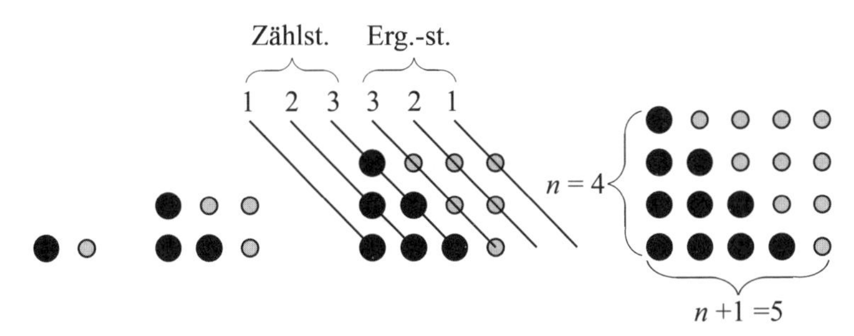

$$\text{Gesamt } O+o=n(n+1)$$

$$\text{Summe } O=\frac{n(n+1)}{2}$$

b) Gaußisch, analytisch

C.F. Gauß (1777 bis 1855) besuchte als neunjähriger „Steppke" in Braunschweig die Volksschule. Nach seinen eigenen Worten trug sich dort Folgendes zu.

Der Lehrer Büttner, der eine große Klasse mit Schülern verschiedener Altersstufen zu beaufsichtigen hatte, stellte diesen die Aufgabe, die Zahlen von 1 bis 100 zu addieren, wohl um eine Weile seine Ruhe zu haben. Nach kurzer Zeit kam Jung-Gauß nach vorne und legte dem erstaunten Lehrer mit den Worten „Liget se!" die Tafel auf das Pult. Der Lehrer wollte schon ungehalten werden, musste aber mit einem Blick feststellen, dass die Zahl richtig war – 5050.

Es stellte sich heraus, dass Carl Friedrich in etwa folgendermaßen an das Ergebnis gekommen ist: (Aus Platzgründen führen wir den Gedankengang nur für die Zahlen von 1 bis 10 vor.)

Einmal die Folge von 1 bis 10	1, 2, 3, 4, 5, 6, 7, 8, 9, 10
noch einmal – verkehrt herum	10, 9, 8, 7, 6, 5, 4, 3, 2, 1
beide Folgen addiert	11, 11, 11, 11, 11, 11, 11, 11, 11, 11

Das lässt sich leicht in Form(el) bringen, ausrechnen

$$Su = \frac{10 \cdot (10+1)}{2} = 55$$

und für alle natürlichen Zahlen verallgemeinern

$$Su = \frac{n(n+1)}{2}$$

Der Lehrer soll seinen Musterschüler in Zukunft im Auge behalten und nach Kräften gefördert haben.

c) Moderne Fortsetzung

Mathematiker sind vorsichtig, misstrauisch und geben bzw. finden keine Ruh, solange eine Formel nicht in voller Allgemeinheit bewiesen ist. Eine spezielle Beweis-Methode steht Gott sei Dank zur Verfügung: Das Prinzip der „vollständigen Induktion". In unserem Fall sieht das wie folgt aus:

1. Die Behauptung: $1+2+3+4+\ldots+n = \dfrac{n(n+1)}{2}$

2. Die Voraussetzung:

Die Behauptung ist richtig für z.B. $n=1$: $\dfrac{1\cdot(1+1)}{2} = 1$

3. Der Induktionsschluss von n auf $n+1$:

Man versucht zu beweisen, dass aus der Formel für n die gleiche Formel für $n+1$ folgt.

$$\begin{aligned} 1+2+3+4+\ldots+n+[n+1] &= \frac{n(n+1)}{2} + [n+1] \\ &= \frac{n(n+1)+2[n+1]}{2}; \qquad (n+1) \text{ ausgeklammert} \\ &= \frac{(n+1)(n+2)}{2} \\ &= \frac{[n+1]([n+1]+1)}{2} \end{aligned}$$

Das entspricht der behaupteten Summenformel, wenn man von n einen Schritt weiter nach $n+1$ gegangen ist. Nun kann man von der als richtig berechneten bzw. bewiesenen Zahl $n=1$ Schritt für Schritt bis in alle Ewigkeit weitergehen – die Formel bleibt bei jedem Schritt von n nach $n+1$ richtig, womit dann auch der kritischste Mathematiker seine Ruhe findet.

Ein schönes Beweisprinzip, die vollständige Induktion, nur – neue Einsichten oder Formeln kann man damit nicht aufstellen! Man kann lediglich Vorhandenes, Vermutetes oder Erratenes damit beweisen, wasserdicht machen.

2. Es gibt nicht „den" Beweis!
Demonstrationsobjekt ist **der Pythagoras**. *Im rechtwinkligen Dreieck ist die Summe der Kathetenquadrate gleich dem Hypotenusenquadrat:* $c^2 = a^2 + b^2$.
Der Satz des Pythagoras ist allgemein bekannt und auf ca. 200 (!) Arten bewiesen worden; es gibt ein ganzes Buch voller Beweise. Wir wollen uns lediglich drei recht unterschiedliche Beweise ansehen.

a) Ohne Worte, ohne Formeln

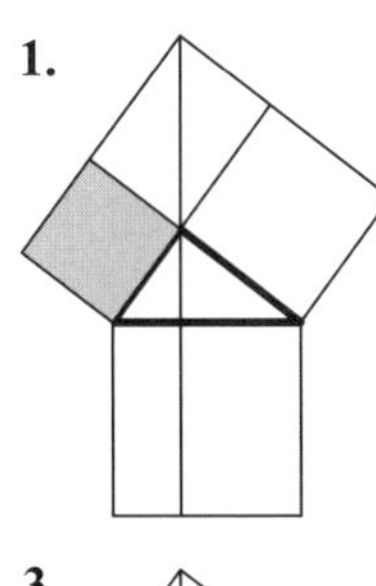

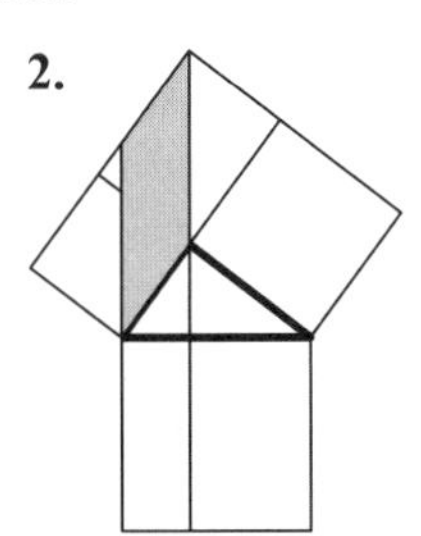

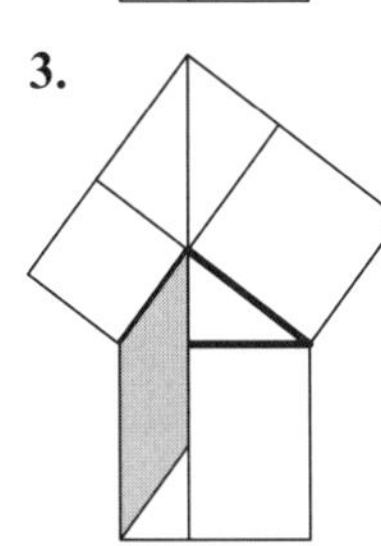

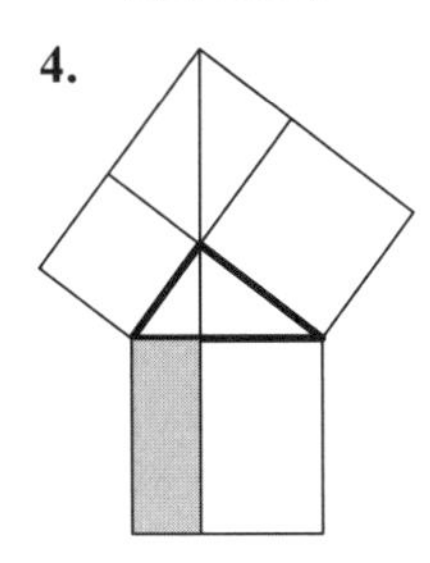

b) Ohne Worte, mit Formeln

$$\begin{aligned} c^2 &= (a-b)^2 + 4\cdot\frac{ab}{2} \\ &= a^2 - 2ab + b^2 + 2ab \\ &= a^2 + b^2 \end{aligned}$$

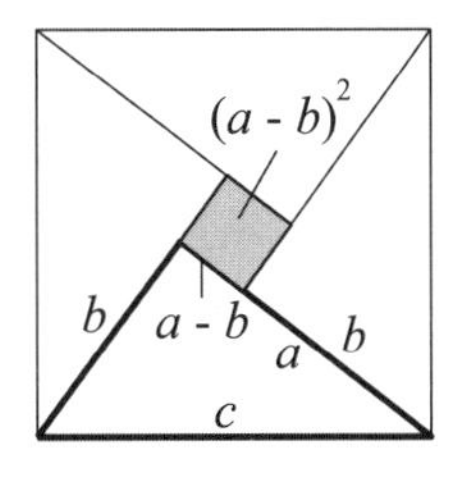

c) Mit Worten, mit Formeln: Die vektorielle Variante
Der folgende „Beweis“ zeigt eindrucksvoll die Denk- und Schlussweise der Vektorrechnung. Wir fassen die Dreiecksseiten als Vektoren auf. Bevor wir den Beweis führen, machen wir uns für das Skalarprodukt klar:
$\vec{v}\cdot\vec{v}=|\vec{v}|^2=v^2$; $(|\vec{v}|\cdot|\vec{v}|\cdot\cos(0°))$!

Also: $\vec{c}=\vec{a}+\vec{b}$

$$\begin{aligned}\vec{c}\cdot\vec{c}&=(\vec{a}+\vec{b})\cdot(\vec{a}+\vec{b})\\&=\vec{a}\cdot\vec{a}+\vec{a}\cdot\vec{b}+\vec{b}\cdot\vec{a}+\vec{b}\cdot\vec{b}\\c^2&=a^2+0(!)+0(!)+b^2\\&=a^2+b^2\qquad\text{fertig!}\end{aligned}$$

$\vec{c}$ $\vec{b}$ $\vec{a}$

Herr Pythagoras würde sich im Grabe umdrehen! (Nebenbei: Die ersten beiden Beweise sind wirklich *schöner*!)

3. Es gibt nicht „den“ Lösungsweg!
Demonstrationsobjekt ist **eine Teichvermessung**. Die Geräte in der Vermessung haben in den letzten Jahrzehnten eine enorme Entwicklung durchgemacht. Früher konnte der gute alte Theodolit gerade einmal Winkel messen. Heute ist er vollgestopft mit Elektronik und kann zentimetergenau Entfernungen angeben. Entfernung plus Winkel? – wir denken inzwischen automatisch an „Vektoren“ und uns kommt in den Sinn, dass man eigentlich alle Vermessungsbücher aus dem Geometrischen ins Vektorianische übersetzt müsste.

Wir wollen den Durchmesser eines Baggersees in unserer Nachbarschaft ermitteln und da uns das Wasser zu kalt ist, um mit dem Maßband zwischen den Zähnen den See zu durchschwimmen, wenden wir uns an ein Vermessungs-Büro. Dort herrscht wegen zahlreicher dringender Aufträge Zeitnot, man kann uns nur einen Lehrling samt Gerätschaft zur Verfügung stellen. Es heißt, wie alle jungen Leute sei unser Azubi begeistert von allen elektronischen Geräten mit Bedienknöpfen und könne auch geschickt damit umgehen – nur mit der Mathematik hapere es etwas. Damit würden wir schon fertig, entgegnen wir und bedanken uns für die Hilfe. Wir erklären unserem Lehrling die Aufgabe, er zieht los und kommt nach einiger Zeit mit der Meldung, dass er alles gemessen hätte, was zu messen sei, nur der Abstand der beiden Messpunkte müsse noch ausgerechnet werden, drückt uns das Maßblatt in die Hand und verschwindet.

$$A = (A_x,\ A_y) = (210,\ 230)$$
$$B = (B_x,\ B_y) = (370,\ 130)$$
$$a = 311.4,\ b = 392.2,\ \varphi = 28.2°$$

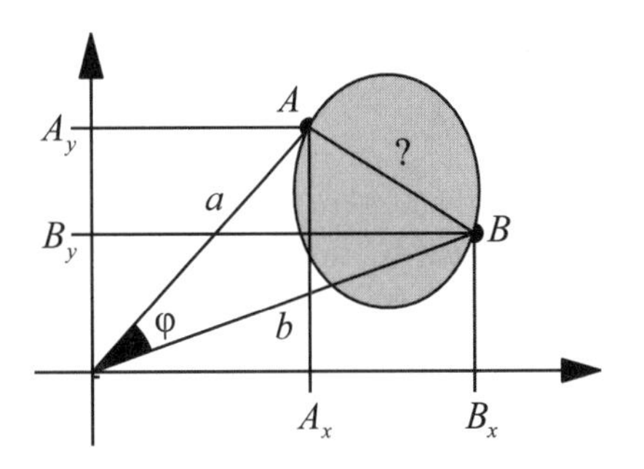

Nicht mehr so ganz sattelfest in Mathematik bemühen wir uns mit dem Blatt zur nächsten Uni und fragen uns zur Mathematischen Fakultät durch. Das erste Türschild lautet: Dr. G. Meier, **Trigo. Geometrie**. Wir werden höflich empfangen und tragen unser Anliegen vor. Herr Meier wirft einen Blick auf die Skizze und „sieht" ein **Dreieck**.

Er schreibt eine Formel auf – den Kosinussatz für schiefwinklige Dreiecke, sagt er – rechnet kurz und entlässt uns mit dem Ergebnis:

$$c = \sqrt{a^2 + b^2 - 2ab\cos(\varphi)} = 188.7\,\text{Meter}$$

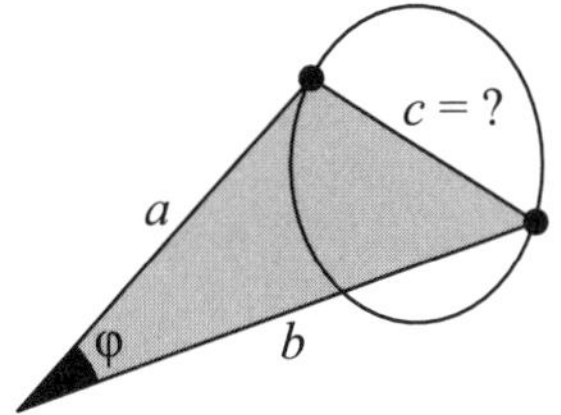

Auf dem Flur entdecken wir ein weiteres Türschild: Prof. Dr. K. Müller, **Analytische Geometrie**. Doppelt genäht hält besser, denken wir und klopfen an. Man ist zuvorkommend, nimmt die Skizze und „sieht" **Punkte in der Ebene**. Auch Prof. Müller ergänzt unser Maßblatt und berechnet den Abstand zu:

$$\text{Abstand} = \sqrt{(B_x - A_x)^2 + (B_y - A_y)^2} = 188.7$$

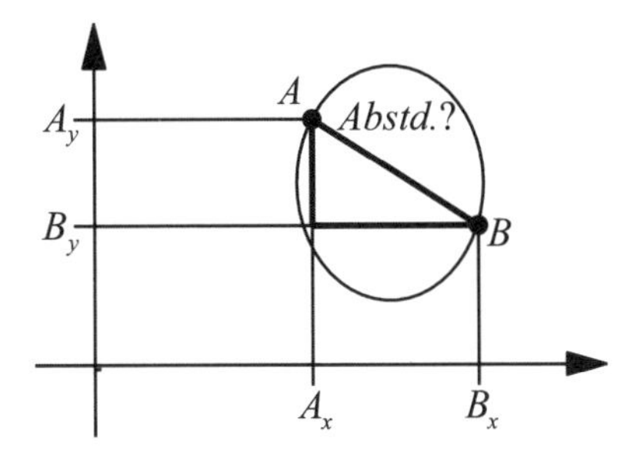

Wir bekommen noch den Tipp, am anderen Ende des Flures gäbe es den Kollegen Schulze, der es mehr mit der Rechnerei hätte, der könne ja ruhig einmal...! Kollege Schulze hat seinerzeit neben **Angewandter Mathematik** ein paar Semester Physik gehört und „sieht" auf unserem Blatt **Ortsvektoren**. Ob wir nicht etwas Anspruchsvolleres zu bieten hätten, fragt er, greift zum Taschenrechner und präsentiert – als ob sich die Drei abgesprochen hätten – das Ergebnis mit:

$$\left|\vec{C}\right| = norm\left(\vec{B} - \vec{A}\right) = 188.7$$

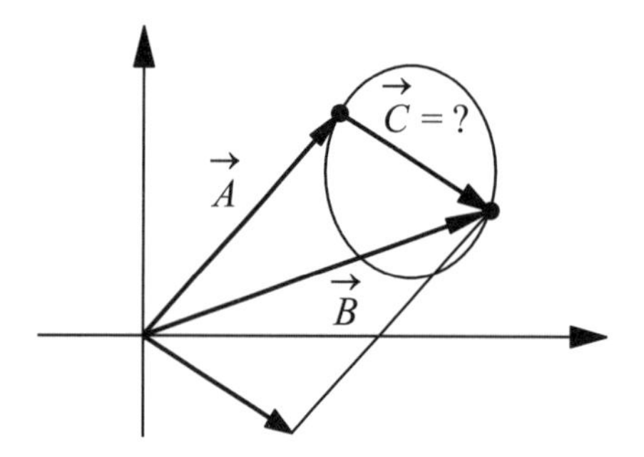

Kollege Schulze sieht uns die Verblüffung ob der Kürze der Rechnung an und gibt zu Bedenken, dass das ja eben auch nur eine „Kurzform" sei. Ausführlich geschrieben sehe das so aus:

$$c = \sqrt{a^2 + b^2 - 2ab\cos(\varphi)} = 188.7\,\text{Meter}$$

Einmal ins Reden gekommen, macht er uns auf eine weitere Sichtweise aufmerksam. Der Kollege von der Abteilung Algebra sei zwar gerade in Urlaub, aber den Part könne er übernehmen – schließlich gehöre die **Lineare Algebra** zum Grundstudium eines jeden Mathematikers.

Also, meint er, ein Algebraiker würde gar nichts „sehen". Er würde sich auf die Definition der Vektor-Addition besinnen $\vec{A} + \vec{C} = \vec{B}$. Er würde die Gleichung in die Komponenten zerlegen und zwei **Bedingungsgleichungen** für die unbekannten Stücke C_x und C_y aufstellen, das Gleichungssystem lösen und dann den Euklidischen Abstand ausrechnen. Für dieses Primitivsystem sei das natürlich „ mit Kanonen auf Spatzen schießen"!

Der leutselige Herr Schulze führt es uns trotzdem vor: Er füttert die beiden Gleichungen in seinen Computer – der Abstand der beiden Punkte bleibt Gott sei Dank unverändert!

```
> Ax:=210: Ay:=230: Bx:=370: By:=130:
> Glchg1:=Ax+Cx=Bx;
> Glchg2:=Ay+Cy=By;
> Lösg:=solve({Glchg1,Glchg2},{Cx,Cy});
```

$$Lösg := \{C_x = -100, C_y = 160\}$$

```
> C:=evalf(sqrt((Cx)^2+(Cy)^2),4);
```

$$C := 188.7$$

9.2 Iterationen

Sie sind bei der Bearbeitung eines Problems (*Vorhaltekurs* im Kapitel 6 „Funktionen") auf eine Funktion gestoßen $AT = \frac{B_t}{\sin(\beta)} \cdot \frac{V_{Str}}{V_{dW}} - B_t \frac{\cos(\beta)}{\sin(\beta)}$

und wollen herausbekommen, für welches β $AT = 0$ wird,

also die un*auf*lösbare Gleichung $AT = \frac{B_t}{\sin(\beta)} \cdot \frac{V_{Str}}{V_{dW}} - B_t \frac{\cos(\beta)}{\sin(\beta)} = 0$ lösen.

Kein Tabellenwerk, kein Kollege weiß Rat. Mindestens ein rechnerischer Wert muss her: Sie stürzen sich in die *Numerische Fachliteratur*. Schon beim ersten Durchblättern stolpern Sie in jedem zweiten Abschnitt über das Zauberwort der Numerik – „Iterationen". Großes Fragezeichen: Was in drei Teufels Namen sind „Iterationen" nun wieder? Ein kleiner Exkurs scheint angebracht, um zumindest den Begriff zu klären.

(Folgen und) Funktionen sind eine feine Sache: Man gibt einen Wert x ein und bekommt postwendend den entsprechenden Funktionswert y heraus. Iterationen sind anders! Iterationen bedeuten: „Tue immer wieder das Gleiche"! Iterationen sind also hervorragend geeignet für den Computer und funktionieren zudem meist ohne Höhere Mathematik!

Beispiel:
Stellen Sie den Taschenrechner an,

- geben z.B. 0.643 (Startwert) ein
- und drücken tan (Anweisung)
- und drücken tan, – und drücken tan,...

Ergebnis: 0.643, 0.749, 0.930, 1.34, 4.28, 2.17, -1.46, -9.29, 0.133,...

Zeichnerische Darstellung der ersten 30 Schritte:

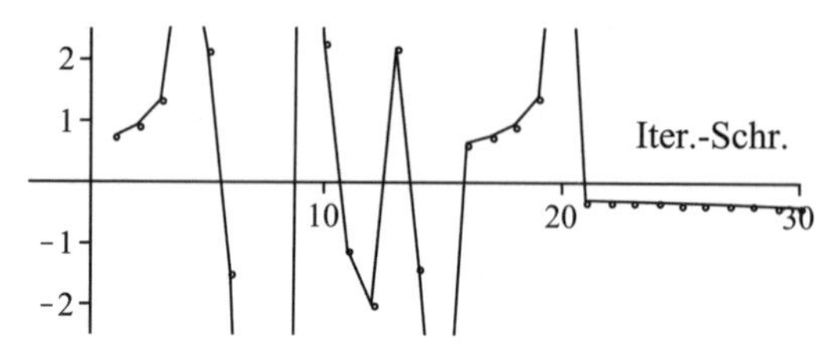

Wenig aufschluss- und hilfreich, dieses chaotische Herumgehüpfe! Ferner ergibt sich je nach eingestellter Rechengenauigkeit ein völlig anderes Bild!

Wesentlich zahmer verhält sich die Sinusfunktion:

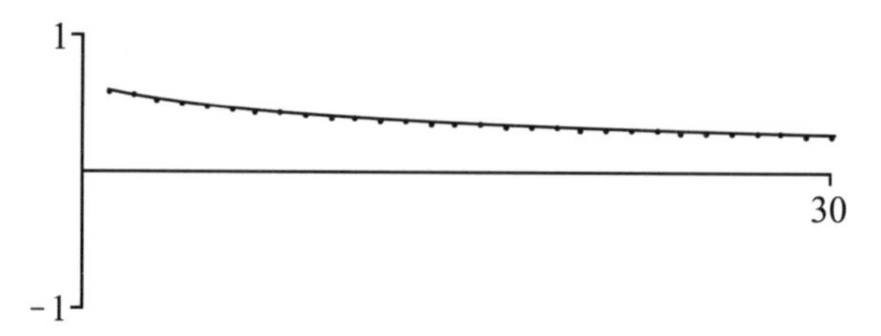

Der Grund für das unterschiedliche Verhalten von Tangens und Sinus wird erst bei der „Fixpunktiteration" klar werden.

Iteration heißt

- genauer: Wähle einen Ausgangwert (Anfangszustand oder eine Startposition) und eine Handlungsanweisung (oder Bearbeitungsvorschrift).
  Verarbeite den Ausgangswert per Handlungsanweisung zu einem Ergebniswert.
  Nehme den Ergebniswert als neuen Ausgangswert und verarbeite ihn per Handlungsanweisung zu einem neuen Ergebniswert.
  Nehme den Ergebniswert als neuen Ausgangswert und so weiter ...
- kürzer: Gegeben seien Ausgangswert A_0, Handlungsanweisung H.

$$A_0 \to H(A_0) \to E_0$$
$$E_0 = A_1 \to H(A_1) \to E_1$$
$$E_1 = A_2 \to H(A_2) \to E_2$$

... etc.

- noch kürzer: $E_{n+1} = H(E_n)$
- im mathematischen Jargon: $x_{neu} = f(x_{alt})$ oder $x_{n+1} = f(x_n)$

Nachteil gegenüber einer Funktion: Man muss sich vom Startwert aus nach Anweisung *Schritt für Schritt* bis zum gewünschten Ergebnis durcharbeiten. Iterationen beschreiben eine Denk- und Verfahrensweise. Man nähert sich nach festgelegtem Verfahren schrittweise einer Lösung an.
Verfahren lassen sich erweitern – Formeln dagegen nur anwenden!

Iterationen sind universell!
Ein paar *Beispiele* aus den verschiedensten Bereichen verdeutlichen dies.

Eine geometrische Iteration: **die Koch´sche Schneeflockenkurve**
Ausgangspunkt: ein (gleichseitiges) Dreieck
Anweisung: Lösche auf jeder Seite das mittlere Drittel, errichte auf der Lücke ein (gleichseitiges) Dreieckszelt.

Verfahre mit der neuen Figur wie vor...

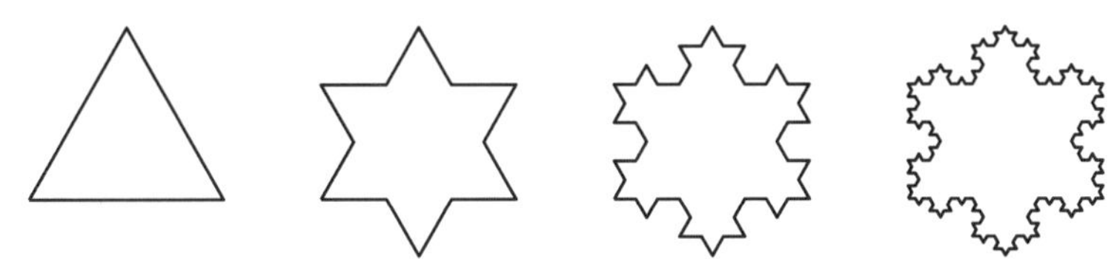

Die Besonderheit dieser Entwicklung: Die *Randkurve* L wird mit jedem Schritt N länger, sie strebt gegen ∞ !

$$L_n = L_0 \left(\frac{4}{3} \right)^{N-1}$$

Der *Flächeninhalt A* aber bleibt endlich! Er hat den Grenzwert $\frac{8\,A_0}{5}$.

$$A_n = A_0 \left(1 + \frac{3}{4} \sum_{n=1}^{N} \left(\frac{4}{9} \right)^n \right)$$

Noch einmal: **Hafenansteuerung bei Strom**
Auch auf dem Wasser kommen wir Schritt für Schritt (!) voran. Im Kapitel 3 „Vektoren“, Abschnitt 3.3 „Hafenansteuerung bei Strom“, haben wir die Navigationskünste eines Skippers verfolgt. Wir schauen uns noch einmal den zweiten Versuch an, die Hafeneinfahrt zu treffen. Die Hafeneinfahrt kam in Sicht, der Skipper hatte dem Steuermann die Anweisung gegeben: „Nu man stracks drauf zu!“ – und war wieder unter Deck verschwunden. Der Steuermann hielt sich an die Anweisung, aber aus unerfindlichen Gründen fuhr er eine merkwürdige Kurve und die Fahrt wollte kein Ende nehmen. Die Erklärung wurde schließlich in der quersetzenden Strömung gefunden.

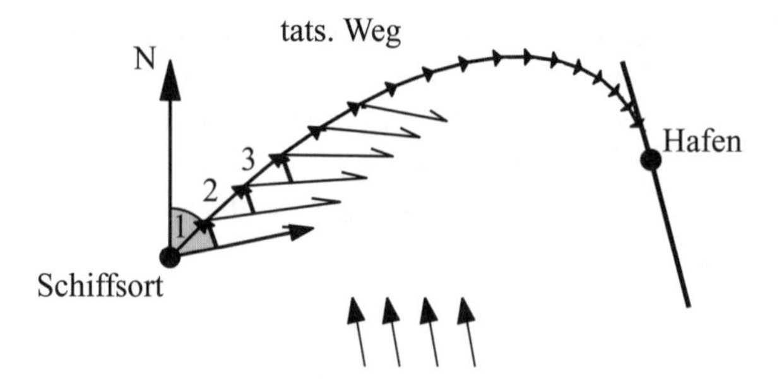

Machen wir uns klar, wie es zu der Kurve kommt und was das Ganze mit Iterationen zu tun hat. Wir sind in Ausgangsposition. Die Segel sind geborgen und die Strömung (!) ist abgestellt.

1. Die Hafeneinfahrt liegt direkt voraus.
Wir stellen den Motor an, fahren ein Zeitstückchen Δt Richtung Hafeneinfahrt und stellen den Motor ab. Wir stellen die Strömung an (!), lassen uns für das gleiche Zeitstückchen Δt treiben und stellen den Strom ab.

2. Wir zielen die Hafeneinfahrt neu an.
Wir starten den Motor, fahren ein Zeitstückchen Δt auf die Hafeneinfahrt zu und stoppen den Motor. Wir aktivieren die Strömung (!), lassen uns wieder für die Zeit Δt treiben und stellen den Strom ab.

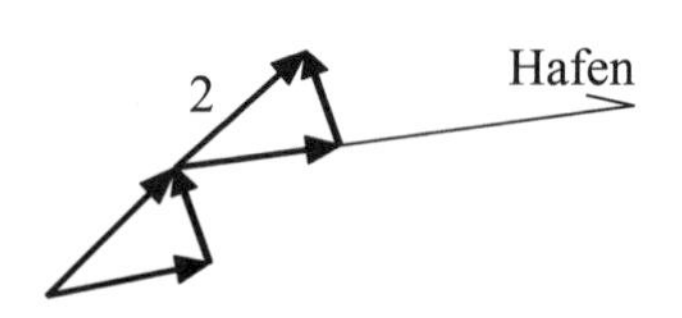

3. Die Hafeneinfahrt wird erneut angepeilt.
Der Motor wird angelassen, wir fahren für die Zeitdauer Δt Richtung Hafen, ...

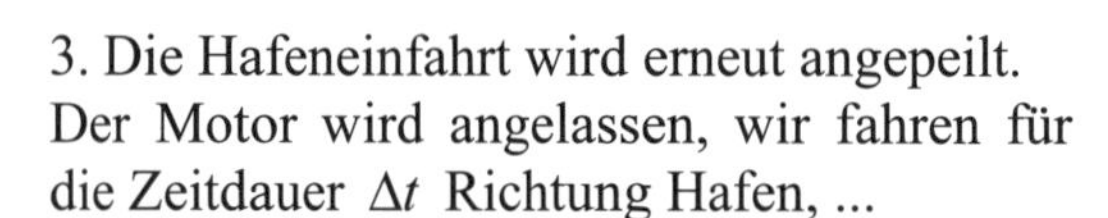

Ergebniskurve siehe Bild.

Dies ist ein besonders schönes, weil anschauliches Beispiel für „Iteration“ und ein Vorgeschmack auf das (numerische) Einschrittverfahren von Euler bei den Differenzialgleichungen.

Etwas aus der Zahlentheorie: **Die (3*n* + 1)-Vermutung**
Startwert: Eine beliebige natürliche Zahl n
Anweisung: Ist die Zahl gerade, teile man sie durch 2, ist die Zahl ungerade, multipliziere man sie mit 3 und addiere 1 dazu.

Man verfahre mit der neuen Zahl wie oben etc.

Vermutung: Man endet immer in der Sequenz *4, 2, 1, 4, 2, 1, 4,...*

Beispiel: $n = 3$: 3, 10, 5, 16, 8, *4, 2, 1, 4, 2, 1, 4,...*
Beispiel: $n = 40$: 40, 20, 10, 5, 16, 8, *4, 2, 1, 4, 2, 1, 4,...*

Die $(3n + 1)$-Vermutung ist bis heute nicht allgemein bewiesen.

Palindrom-Zahlen
Startwert: Eine beliebige natürliche Zahl n
Anweisung: Man nehme das n, drehe die Reihenfolge der Ziffern um, spiegele n gewissermaßen, und addiere beide Zahlen.

Man verfahre mit der neuen Zahl wie oben, usw. ...

Ergebnis: Nach einer Anzahl von Schritten ergibt sich eine „Palindrom-Zahl", eine Zahl, die vorwärts und rückwärts gelesen gleich ist.

Beispiel: 18: $18 + 81 = 99$
Beispiel: 59: $59 + 95 = 154 \rightarrow 154 + 451 = 605 \rightarrow 605 + 506 = 1111$

Aber Vorsicht: Je nach Vorgabe kann es recht lange dauern, eh man am Ziel ist!

Die Fibonacci-Zahlenfolge
Eine Iterationsfolge, die die beiden zuletzt berechneten Werte benutzt
Startwerte: $F_1 = 1, \quad F_2 = 1$
Anweisung: $F_n = F_{n-2} + F_{n-1}$,
1, 1, 2, 3, 5, 8, 13, 21, 34, 55...

Die Fibonacci-Folge hat unerwartet viele versteckte Eigenschaften. Die mathematische Zeitschrift „*The Fibonacci Quarterly*" widmet sich ausschließlich dem Studium dieser und verwandter Zahlenfolgen. Wir werden auf die Sache nicht eingehen – es würde uns zu weit vom Wege abbringen (siehe „Pascalsches Dreieck").

Schon die alten Griechen ...
... hatten ein Iterationsverfahren, um eine **Quadratwurzel** zu berechnen. Sie gingen die Sache – wie immer – geometrisch an. Für **„Heron"**, nach dem das Verfahren benannt ist, hieß die Aufgabe:

„Finde die Seitenlänge a eines Quadrates, das eine vorgegebene Fläche A hat.“

1. Wir wollen seinem Gedankengang folgend $\sqrt{A}$ mit $A = 2$ berechnen. Man beginnt mit einem *Rechteck* der Fläche $A = 2$ und wählt eine Seite, z.B. mit der Länge $a_0 = 2$.

Die 2. Seitenlänge ergibt sich zu $b_0 = \frac{A}{a_0} = \frac{2}{2} = 1$.

Ein krasser Unterschied zwischen den beiden Seiten!

2. Für den ersten Iterationsschritt wählt man das arithmetische Mittel der beiden vorher ermittelten Seitenlängen:

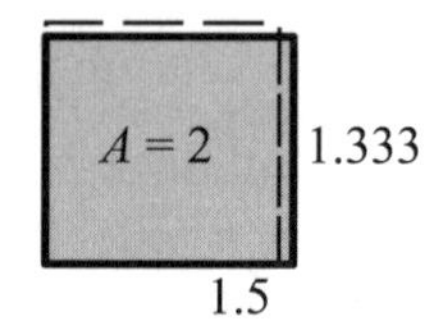

$$a_1 = \frac{a_0 + b_0}{2} = \frac{1}{2}\left(a_0 + \frac{A}{a_0}\right) = \frac{1}{2}(2+1) = 1.5$$

Die 2. Seite wird damit zu $b_1 = \frac{A}{a_1} = \frac{2}{1.5} = 1.333$

Immer noch recht unterschiedlich.

3. Nächster Schritt

$$a_2 = \frac{a_1 + b_1}{2} = \frac{1}{2}(a_1 + b_1) = \frac{1}{2}(1.5 + 1.333) = 1.4165\,;$$

b_2 ergibt sich zu $b_2 = \frac{2}{a_1} = \frac{2}{1.4165} = 1.4119$

$a_2 = 1.4165, b_2 = 1.4119$ – schon fast ein Quadrat!
... bis zur gewünschten Genauigkeit.

Die Iterationsvorschrift lautet $a_{neu} = \frac{1}{2}\left(a_{alt} + \frac{A}{a_{alt}}\right)$

Das Verfahren führt recht schnell zum Erfolg
2.0, 1.5, 1.4165, 1.4119, 1.4142

Diese Methode taugt aber nur fürs Quadratwurzelziehen. Für das Ziehen der 3.Wurzel müsste eine neue Iterationsvorschrift her. Auf Griechisch hieße die Aufgabe für $\sqrt[3]{V}$: „Finde die Seitenlänge a eines Kubus, der ein vorgegebenes Volumen V hat.“ Die Iterationsvorschrift dafür ist $a_{neu} = \frac{1}{3}\left(2\,a_{alt} + \frac{A}{a_{alt}^2}\right)$.

Das sind recht hübsche Spielereien – Iterationsmethoden sind aber in der numerischen Mathematik überaus wichtig und nützlich.

Beispiel: **Näherungslösung für Gleichungssysteme**

„Ordentliche" lineare Gleichungssysteme sind mit der „Gaußschen Eliminationsmethode" eigentlich immer exakt lösbar. Es gibt trotzdem Situationen, in denen ein Iterationsverfahren Vorteile bietet. Aus der Vielzahl der entwickelten Verfahren soll ein besonders übersichtliches vorgestellt werden: Das Gauß-Jacobi-Ganzschritt-Verfahren.

(Tipp: Die Gleichungen tunlichst so sortieren, dass die „bestimmenden Elemente" in der Diagonale sind; die nicht-diagonalen Elemente sind dann „kleine Korrekturgrößen".)

Gegeben:

$$12x - 2y + 3z = 18$$

$$-x + 8y - 2z = -32$$

$$-x + 3y + 12z = 6$$

Gesucht: x, y, z

Frei gewählt: $x = 0$, $y = 0$, $z = 0$

Ausgangssituation — 1. Satz Näherungslösungen.

$$12x - 2 \cdot 0 + 3 \cdot 0 = 18 \quad \rightarrow \quad x = 1.5$$

$$-1 \cdot 0 + 8y - 2 \cdot 0 = -32 \quad \rightarrow \quad y = -4.0$$

$$-1 \cdot 0 + 3 \cdot 0 + 12z = 6 \quad \rightarrow \quad z = 0.5$$

Die jeweils ermittelten Näherungslösungen werden ab jetzt eingesetzt:

1. Iteration — 2. Satz Näherungslösungen.

$$12x - 2 \cdot (-4) + 3 \cdot 0.5 = 18 \quad \rightarrow \quad x = 0.7083$$

$$-1 \cdot 1.5 + 8y - 2 \cdot 0.5 = -32 \quad \rightarrow \quad y = -3.6875$$

$$-1 \cdot 1.5 + 3 \cdot (-4) + 12z = 6 \quad \rightarrow \quad z = 1.6250$$

2. Iteration — 3. Satz Näherungslösungen.

$$12x - 2 \cdot (-3.6875) + 3 \cdot 1.6250 = 18 \quad \rightarrow \quad x = 0.4792$$

$$-1 \cdot 0.7083 + 8y - 2 \cdot 1.6250 = -32 \quad \rightarrow \quad y = -3.5052$$

$$-1 \cdot 0.7083 + 3 \cdot (-3.6875) + 12z = 6 \quad \rightarrow \quad z = 1.4809$$

3. Iteration — 4. Satz Näherungslösungen.

$$12x - 2 \cdot (-3.5052) + 3 \cdot 1.4809 = 18 \quad \rightarrow \quad x = 0.5456$$

$$-1 \cdot 0.4792 + 8y - 2 \cdot 1.4809 = -32 \quad \rightarrow \quad y = -3.5699$$

$$-1 \cdot 0.4792 + 3 \cdot (-3.5052) + 12z = 6 \quad \rightarrow \quad z = 1.4162$$

Die exakte Lösung: $x = 0.545004$, $y = -3.572254$, $z = 1.438481$

Das folgende Thema beschreiben wir mit vier Variationen.

Näherungslösungen für Gleichungen/Nullstellen von Funktionen
Wiederholung aus dem Kapitel 2 „Algebra / Gleichungen“:
Fast allen gängigen Methoden liegt folgendes Schema zugrunde:
Die Gleichung wird auf Normalform gebracht $G(x) = 0$,
man macht daraus eine Funktion von x $G(x) = f(x) = y(x)$
und sucht die Nullstellen der Funktion $y(x) = 0$.

1. Das Intervall-Halbierungs-Verfahren („Bisektion“)

- Wir wählen ein Intervall, in dem das Vorzeichen der Funktionswerte wechselt: I_0
- Wir schauen nach, in welcher Hälfte von I_0 das Vorzeichen wechselt: I_1
- Wir schauen nach, in welcher Hälfte von I_1 das Vorzeichen wechselt: I_2
- etc.

„Wir schauen nach, ...“ bedeutet, dass wir jeweils den Funktionswert in der Mitte des Intervalls ausrechnen müssen und je nach Vorzeichen die linke oder rechte Intervallhälfte auswählen.

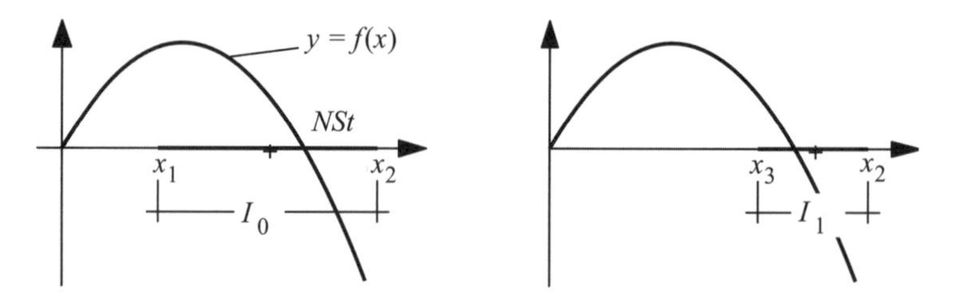

Man kann jedes Intervall auch z.B. in 10 Teilintervalle unterteilen und „nachschauen“, in welchem Teilintervall das Vorzeichen wechselt: Deka-Sektions-Verfahren.

Das „Einschachteln“ einer Nullstelle mit obigem Verfahren funktioniert bei jeder Gleichung, die man auf die Form $G(x) = 0 \rightarrow y = f(x)$ bringen kann.

Das Verfahren ist recht langsam und wird eher in der Reinen Mathematik als Nachweismethode eingesetzt, dass ein Wert tatsächlich existiert und beliebig genau angenähert werden kann.

2. Die Regula falsi, lineare Interpolation

- Wir wählen ein Intervall $x_1 \dots x_2$, in dem das Vorzeichen der Funktionswerte wechselt.
- Wir berechnen $y_1 = f(x_1)$, $y_2 = f(x_2)$ und bekommen die Punkte P_1, P_2.

- Wir stellen die Funktion der Geraden, der Sekante durch P_1, P_2 auf (Zwei-Punkte-Form einer Geraden)

$$\frac{y-y_1}{x-x_1}=\frac{y_2-y_1}{x_2-x_1} \rightarrow y=\frac{(y_2-y_1)(x-x_1)}{x_2-x_1}+y_1$$

- Wir berechnen die Nullstelle x_3 der Geraden.

$$0=\frac{(y_2-y_1)(x-x_1)}{x_2-x_1}+y_1 \rightarrow x_0=-\frac{y_1(x_2-x_1)}{y_2-y_1}+x_1=x_3$$

- Wir schreiben

$$x_3=x_1+\frac{(x_2-x_1)f(x_1)}{f(x_1)-f(x_2)},$$

was auch gleichzeitig die Iterationsanweisung ist.

Mit dem verkleinerten Intervall, in dem die y-Werte das Vorzeichen wechseln – im Bild $x_3 \ldots x_2$ – verfahren wir wie zuvor, etc.
Mit jeder Wiederholung nähern wir uns schrittweise der Nullstelle der Funktion.

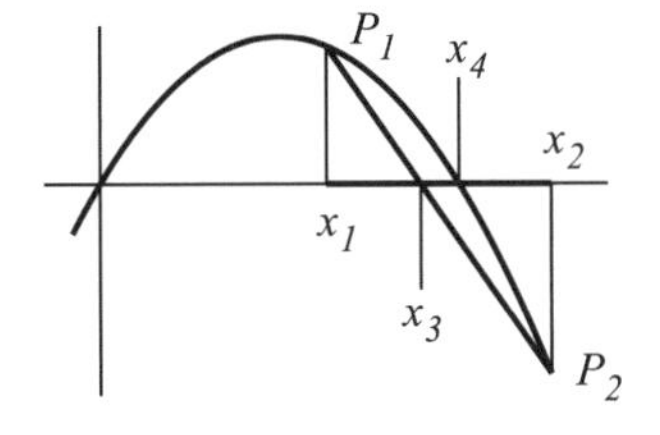

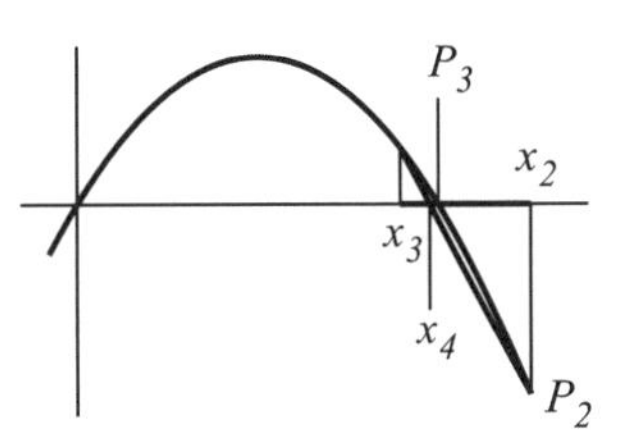

Geometrische Deutung:
Die Kurve wird jeweils ersetzt durch eine Sekante durch die Punkte P_n, P_{n+1}.

Das ist sicherlich etwas verwirrend. Wir nehmen ein einfaches, übersichtliches *Beispiel*, um die Sache zu entwirren. Wir wollen die Gleichung

$G(x)=-2.75x^2+1.75x=0$ lösen bzw. die Nullstelle der Funktion

$f(x)=-2.75x^2+1.75x$ finden.

Die *Iterationsvorschrift* ist $x_{neu}=x_{1_{alt}}+\dfrac{(x_2-x_{1_{alt}})f(x_{1_{alt}})}{f(x_{1_{alt}})-f(x_2)}$.

Wir wählen als *Startwerte* $x_1=0.4,\ x_2=0.8$.

Für den *ersten Schritt* haben wir $x_1=0.4,\ x_2=0.8$.

Damit berechnen wir vorab $f(x_1) = -2.75x_1^2 + 1.75x_1 = 0.26$
und $f(x_2) = -2.75x_2^2 + 1.75x_2 = -0.36$.
Wir setzen $f(x_1), f(x_2)$ ein in

$$x_1 + \frac{(x_2 - x_1)f(x_1)}{f(x_1) - f(x_2)} = 0.4 + \frac{(0.8 - 0.4) \cdot 0.26}{0.26 + 0.36} = 0.568 = x_{neu} = x_3$$

und haben den neuen Punkt x_3.

Im *zweiten Schritt* benutzen wir $x_3 = 0.568$ und unverändert $x_2 = 0.8$ und berechnen $f(x_3) = -2.75x_3^2 + 1.75x_3 = 0.107$.
$f(x_2)$ bleibt ebenfalls unverändert $f(x_2) = -0.36$.
Wir setzen ein in

$$x_3 + \frac{(x_2 - x_3)f(x_3)}{f(x_3) - f(x_2)} = 0.568 + \frac{(0.8 - 0.568) \cdot 0.107}{0.107 + 0.36} = x_{neu} = 0.621 = x_4.$$

Für den *dritten Schritt* haben wir $x_4 = 0.621$ und unverändert $x_2 = 0.8$ und verfahren wie zuvor.

Schritt für Schritt kommen wir der exakten Nullstelle $x_0 = 0.6364$ näher.

3. Nullstelle nach „Newton"

- Wir wählen einen Punkt x_1.
- Wir berechnen $y_1 = f(x_1)$ und bekommen den Punkt P_1.
- Wir berechnen die Steigung (1.Ableitung) $f'(x_1)$ der Kurve am Punkt P_1
- Wir stellen die Funktion der Geraden, der Tangenten durch P_1 auf (Punkt-Richtungs-Form eine Geraden)
  $$y - y_1 = m(x - x_1) \;\rightarrow\; y = m(x - x_1) + y_1$$
- Wir berechnen die Nullstelle x_2 der Geraden.
  $$0 = m(x - x_1) + y_1 \;\rightarrow\; x_0 = -\frac{y_1}{m} + x_1 = x_2$$
- Wir schreiben $x_2 = x_1 - \dfrac{f(x_1)}{f'(x_1)}$,
  was auch gleichzeitig die Iterationsanweisung ist.

Mit dem neuen Punkt x_2 verfahren wir wie zuvor, etc.

Wieder bringt uns jede Wiederholung näher an die Nullstelle der Funktion.

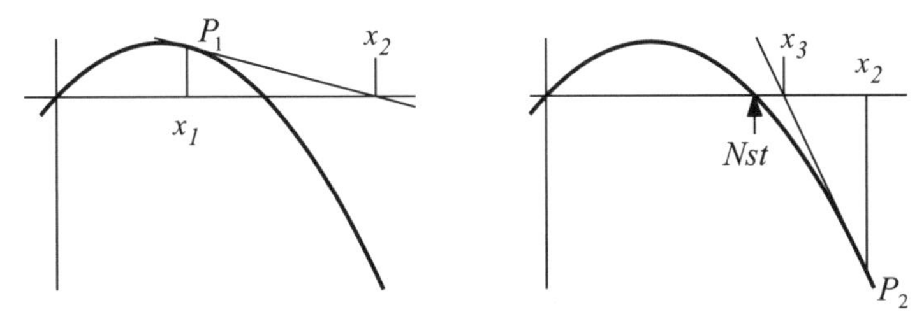

Geometrische Deutung:
Die Kurve wird jeweils ersetzt durch ihre Tangente im Punkt P_n.

Der Umstand, dass wir mit „Höherer Mathematik" die 1. Ableitung bilden müssen, wird dadurch aufgewogen, dass das Verfahren *quadratisch* schnell ist, auch bei Nicht-Linearen Systemen und sogar im „Komplexen" funktioniert.

Ein wenig aufpassen muss man bei der Wahl des Startpunktes: Beginnt man in unserem Beispiel mit einem Wert „links vom Gipfel", wird man zu der zweiten Nullstelle der Funktion $x = 0$ geschickt.

Wir nehmen als *Beispiel* den **Vorhaltekurs**. Bei der *Vorhaltgeschichte* im Kapitel 6 „Funktionen" gibt es keine Extremstelle – dort fehlt uns aber die genaue *Nullstelle*. Eine geschlossene Lösungsformel gibt es nicht bei der Funktion

$$AT(\beta) = \frac{Bt}{\sin(\beta)} \cdot \frac{V_{Str}}{V_{dW}} - Bt \cdot \frac{\cos(\beta)}{\sin(\beta)}$$

(Zur Erinnerung: AT = Ab- oder Auftrieb, β = Kurswinkel z. Strom, Bt = Strombreite, V_{dW} = Bootsgeschwindigkeit durchs Wasser, V_{Str} = Stromgeschwindigkeit)

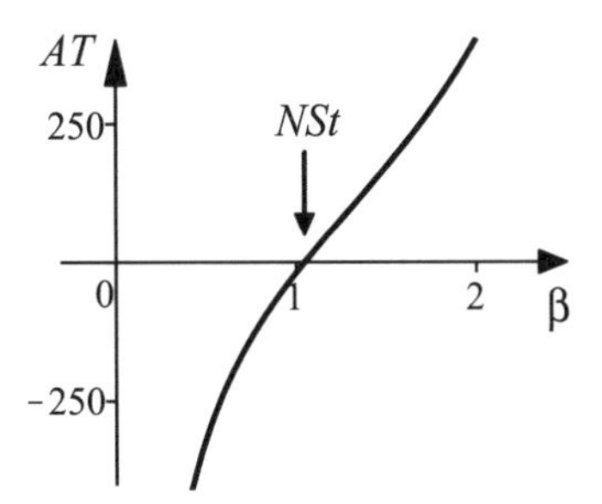

Die Iterationsvorschrift lautet: $\beta_{neu} := \beta_{alt} - \dfrac{AT(\beta_{alt})}{AT'(\beta_{alt})}$

Wir stellen bereit:

- die Vorgaben $V_{Str} = 5, \quad V_{dW} = 10, \quad Bt = 400$
- die Funktion $AT(\beta) = \dfrac{200}{\sin(\beta)} - \dfrac{400\cos(\beta)}{\sin(\beta)}$
- die Ableitung $AT'(\beta) = \dfrac{200(\cos(\beta) - 2)}{-1 + \sin(\beta)^2}$

a) Wir wählen als Eingangswert $\beta_{alt} = \beta_1 := 2.0$.

b) Den Wert setzen in die Iterationsvorschrift ein und bekommen

$$\beta_{neu} = \beta_2 = 2.0 - \frac{AT(2.0)}{AT'(2.0)} = 1.310$$

c) β_2 benutzen wir als neuen Eingangswert und erhalten

$$\beta_3 = 1.310 - \frac{AT(1.310)}{AT'(1.310)} = 1.041$$

d) Den Wert β_3 benutzen wir wieder als Input und es wird

$$\beta_4 = 1.041 - \frac{AT(1.041)}{AT'(1.041)} = 1.047$$

Weiter brauchen wir nicht zu rechnen: Die letzte Stelle hinter dem Komma bewegt sich beim nächsten Schritt nicht mehr.
Ergebnis: Bei 1.047 rad = 60° zum Strom bzw. Ufer kommt man auf dem genau gegenüberliegenden Uferpunkt an.

Alle drei Verfahren sind recht einfach zu programmieren, wir wollen uns aber lieber ausführlicher mit einem „attraktiveren“, anziehenderen Verfahren beschäftigen.

4. Fixpunktiteration

Wir machen jetzt etwas Sinnloses, besser gesagt: etwas, dessen Sinn wir erst weiter unten erkennen.

Wir nehmen eine Funktion $y = f(x) = -2.75x^2 + 1.75x$

- setzen einen Startwert $x_0 = 0.1$ ein,
- setzen den erhaltenen y-Wert als neuen x-Wert ein,
- setzen den erhaltenen y-Wert etc.

Wir bekommen nacheinander die Werte

0.1000, 0.1475, 0.1983, 0.2389, 0.2611, 0.2694, 0.2718, 0.2725, 0.2727

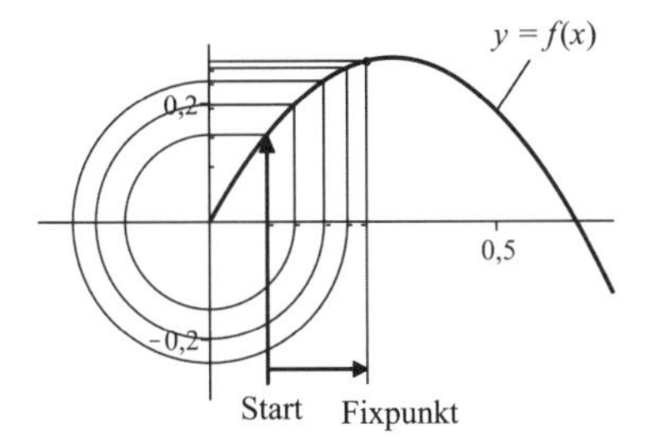

Mit Erstaunen stellen wir fest, dass sich die Werte auf einen so genannten „Fixpunkt“ zusammenziehen. Das machen wir uns nun bei der Nullstellensuche einer Gleichung zunutze.

Gesucht: die Lösung x der Gleichung $G(x) = 0$

$$G(x) = -2.75x^2 + 1.75x = 0$$

Wir bauen um zu einer „Fixpunktgleichung“, indem wir beidseitig x addieren

$$G(x) + x = x \quad \rightarrow \quad -2.75x^2 + 1.75x + x = x \quad \rightarrow \quad x = 2.75x(1-x)$$

und haben die Iterationsvorschrift:

$$x_{n+1} = 2.75x_n(1 - x_n)$$

Die gesuchte Nullstelle ist dadurch zum gesuchten Fixpunkt geworden.

Mit dem Startwert 0.100 erhalten wir nacheinander

0.100, 0.2475, 0.5120, 0.6873, 0.5912, 0.6647, 0.6130, 0.6523, 0.6237

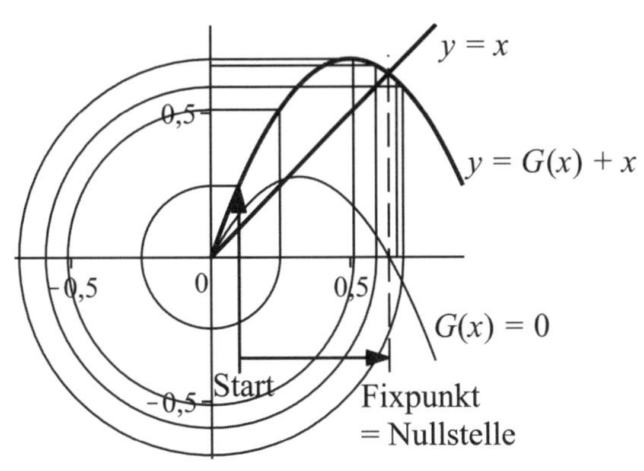

Den Umweg „außen herum“ können wir uns sparen, indem wir – wie im Bild dargestellt – jeweils an der Winkelhalbierenden $y = x$ spiegeln.

Wir bekommen ein eindrucksvolleres, „attraktiveres“ Bild.

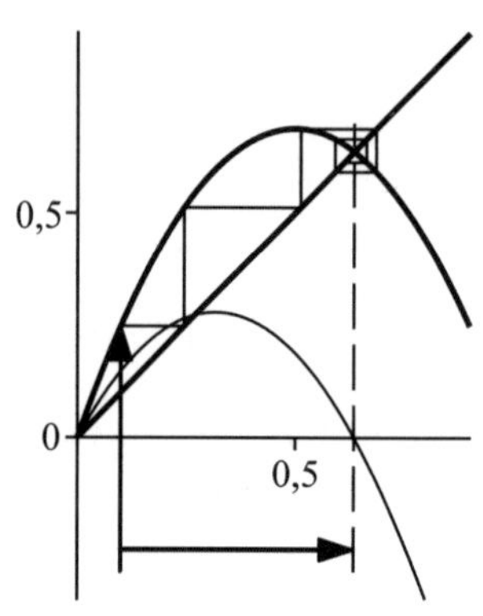

Anmerkung

Es gibt durchaus Fälle, in denen kein Fixpunkt vorliegt und die Iterationswerte davon laufen. Der zuständige „Fixpunktsatz von Banach“ besagt vereinfacht:

Ein Fixpunkt liegt vor, wenn die Kurve in Fixpunktnähe „flach genug“ ist, genauer: wenn die Steigung < 1 ist.

Mathematisch ausgedrückt lautet die Bedingung: $\frac{|f(x)-f(x_0)|}{|x-x_0|}<1$

In diesem Fall werden die zum jeweiligen Δx gehörenden Δy immer kleiner und die Iteration zieht sich auf einen Punkt zusammen.

Nachtrag zu den beiden Bildern am Anfang des Abschnitts 9.2:

tan(...) ist in allen Bereichen *steiler* als 1, was das Davonlaufen und Herumgehüpfe der Werte erklärt.

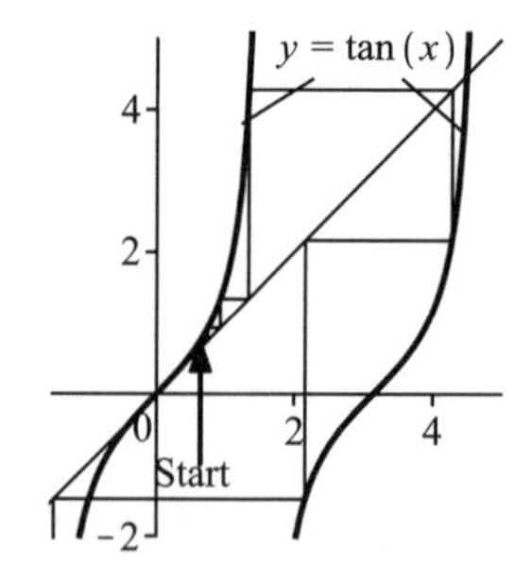

sin(...) dagegen hat in allen Bereichen eine Steigung ≤ 1 und ist deshalb zahm und übersichtlich.

Ergänzung

„Iterationen sind hervorragend geeignet für den Computer“ – hieß es zu Anfang. Leicht daher gesagt – und leicht getan!

Die folgenden Zeilen haben mit Mathematik nichts zu tun, sie sollen nur beweisen, *wie* einfach das Leben mit einem gescheiten Helfer sein kann.

Wir nehmen noch einmal das *Beispiel* $F(x)=2.75x(1-x)-x=0$
mit dem Umbau zu $2.75x(1-x)-x+x=x \;\rightarrow\; x=2.75x(1-x)$
und der Iterationsvorschrift $x_{n+1}=2.75x_n(1-x_n)$

Die Vorgaben mit Startwert x_0 und Schrittanzahl n

```
> F:=x->2.75*x*(1-x): xo:=0.1: n:=8:
```

Das ganze Iterationsprogramm als „Schleife". (Immer wenn eine Programmschleife auftaucht, liegt der Verdacht nahe, dass iteriert werden soll!)

```
> Xn:=xo: Flg:=Xn:
     for i from 1 to n do          # Zählwerk
     Xn+1:=F(Xn):                  # Formel-Auswtg.
     Flg:=Flg,Xn+1:                # Sammel-Folge Flg
     Xn:=Xn+1:                     # Xn f.d.nä.Schritt
     end do:                       # Schleifenende
     Flg;                          # Ausgabe v.Flg
```

$$0.1,\ 0.2475,\ 0.5120,\ 0.6872,\ 0.5912,\ 0.6647,\ 0.6130,\ 0.6523,\ 0.6237$$

Ergebnis wie oben!

9.3 Interpolationen

Straßenbauplaner haben ein schweres Los! *Einerseits* müssen sie sich um Privatgrundstücke von uneinsichtigen Besitzern und Naturschutzgebiete von uneinsichtigen „Grünen" herum planen. *Andererseits* gilt es gewisse Ortschaften anzubinden. *Ferner* soll die Trasse gefällig in die Landschaft passen und gut befahrbar sein. *Zusätzlich* brauchen sie alle 10 Meter Zwischenpunkte, um die Trasse im Gelände abstecken zu können, Zwangspunkte ohne Ende!

Praktisch wäre eine „Funktion", die alle diese Bedingungen und Forderungen unter einen Hut brächte. „Kein Problem!" – tönen die Mathematiker. Gebt uns die Zwangspunkte und wir liefern euch ein Polynom, das alle Punkte seidenweich miteinander verbindet.

Etwas ungläubig geben die Straßenbauer ihnen erst einmal eine recht einfache Aufgabe: Im Zuge einer geraden Verbindungsstrasse muss ein Grundstück umfahren werden; der Eigentümer war nicht dazu zu bewegen, es zu verkaufen. Sie übergeben den Mathematikern Listen mit den x-Werten und den korrespondierenden y-Werten:

$$x_W: \quad [x_1, x_2, \ldots x_7] = [-3, -2, -1, 0, 1, 2, 3]$$
$$y_W: \quad [y_1, y_2, \ldots y_7] = [\ 0, \ \ 0, \ \ 0, 1, 0, 0, 0]$$

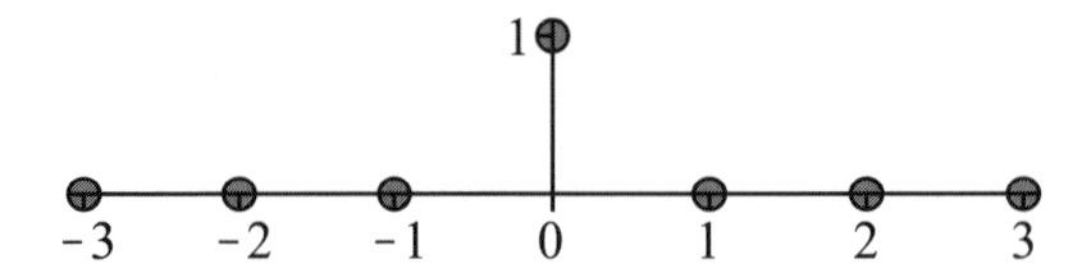

Die Mathematiker zählen 7 Punkte und wählen ein Polynom 6. Grades:
Es hat 7 Koeffizienten, gewissermaßen „Stellräder", die man so einrichten kann, dass alle 7 Bedingungen bzw. Zwangspunkte erfüllt werden können.

$$a\,x^6 + b\,x^5 + c\,x^4 + d\,x^3 + e\,x^2 + f\,x + g = y$$

Um die Koeffizienten zu bekommen, stellen sie ein Gleichungssystem auf und stellen die Aufgabe an ihren Computer: „Finde die Koeffizienten, sodass jedes Wertepaar der Tabelle der gesuchten Gleichung genügt."

$$a\,x_1^6 + b\,x_1^5 + c\,x_1^4 + d\,x_1^3 + e\,x_1^2 + f\,x_1 + g = y_1$$
$$a\,x_2^6 + b\,x_2^5 + c\,x_2^4 + d\,x_2^3 + e\,x_2^2 + f\,x_2 + g = y_2$$
$$\ldots$$
$$a\,x_7^6 + b\,x_7^5 + c\,x_7^4 + d\,x_7^3 + e\,x_7^2 + f\,x_7 + g = y_7$$

Die Antwort kommt prompt:

$a = -0.0278;\ b = 0;\ c = 0.3889;\ d = 0;\ e = -1.361;\ f = 0;\ g = 1.0$

Die Mathematiker präsentieren stolz das Ergebnis – die Lösungsfunktion

$y = -0.0278x^6 + 0.3899x^4 - 1.361x^2 + 1$

alle Punkte werden exakt durchfahren!

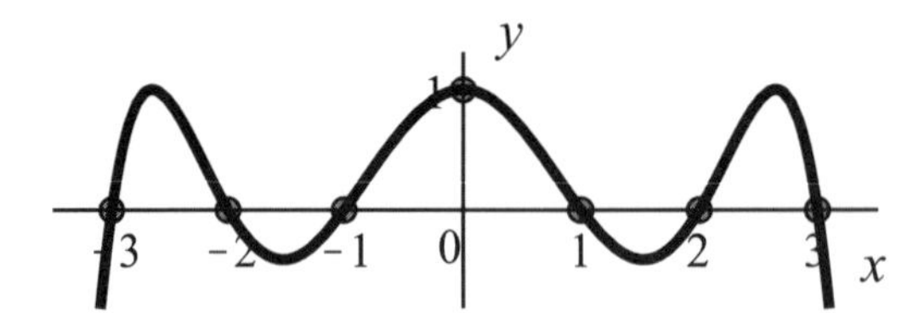

Die Straßenbauer sind höfliche Leute und murmeln leicht betreten, dass sie sich die Sache doch etwas anders vorgestellt hätten.

Zwischenbemerkung.
Mit einer Polynomfunktion kann man jede beliebige Punktanordnung bedienen. Die Graphen neigen aber zum „Überschwingen" und sind in der Praxis kaum verwertbar.

Bei dem beliebten Test: „ Erraten sie zu einer vorgegebenen Zahlenfolge die nächste Zahl“ – können Sie damit aber „Punkte machen“! Nennen Sie eine beliebige Zahl, die Ihnen in den Sinn kommt und behaupten steif und fest: „Das habe schon seine Richtigkeit: Ihnen sei dummerweise nur gerade die entsprechende Polynomfunktion entfallen!“

Den Straßenbauern kann trotzdem geholfen werden: Allerdings muss man sich bescheiden und „stückweise“ vorgehen. Man nimmt sich jeweils nur ein (Kurven-) Stück zwischen zwei Punkten vor und legt als zusätzliche Bedingungen die (Tangenten-)Steigungen an den Randpunkten fest.

Damit hat man

- Zwei-Punkte-Bedingungen: Die Lösungsfunktion soll die vorgegebenen Randpunkte durchfahren.
- Zwei-Richtungs-Bedingungen: Die Randpunkte sollen mit einer vorgegebenen Tangenten-Steigung durchlaufen werden. (Die 1. Ableitung der Lösungsfunktion wird an den Randpunkten festgelegt.)

Wählt man in den aneinandergrenzenden Kurvenstücken die gleichen Tangentensteigungen, gibt es an den Übergangspunkten bzw. Anschlussstellen keine Knicke. Vier Bedingungen – ein Polynom 3. Grades mit vier *anpassfähigen* Koeffizienten scheint das Richtige zu sein: $y = ax^3 + bx^2 + cx + d$.

Ein *Beispiel* bringt Klarheit. Straßenbauplaner haben ein schweres Los, hatten wir festgestellt: Ständig haben sie ihre Trasse um Zwangspunkte herumzuwinden. Unsere Planer haben ihre Straßenführung bislang elegant mit zwei Kurvenstücken hinbekommen.

- Linkes Kurvenstück $y_l = -x^3 + 4x$ bis $P_l = (1,3)$
- Rechtes Kurvenstück $y_r = 2(x-2)^2$ bis $P_r = (3,2)$

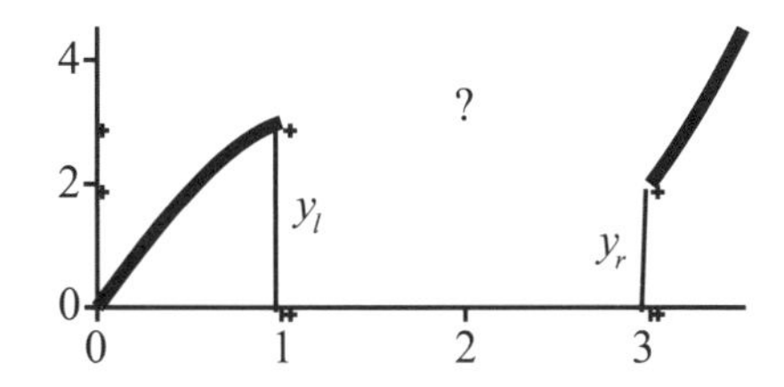

Es fehlt noch das Mittelstück! Das mittlere Kurvenstück soll natürlich wieder nahtlos in die beiden Randkurven übergehen. Die gewählte Übergangskurve: ein Polynom 3.Grades

$$y = ax^3 + bx^2 + cx + d$$

Die erste Ableitung, die Tangentensteigung, die Richtung der Kurve

$$y' = 3ax^2 + 2bx + c$$

Die Kurvenstücke

$$y_l = -x^3 + 4x\,; \qquad y_r = 2(x-2)^2$$

Die Koordinaten der Übergangspunkte

$$x_1 = 1,\ \ y_1 = 3 \qquad x_2 = 3,\ \ y_2 = 2$$

Die Tangentensteigungen sind aus den angrenzenden Kurven zu ermitteln. Die ersten Ableitungen von y_l und y_r ergeben sich zu

$$y_l' = -3x^2 + 4; \qquad y_r' = 4x - 8$$

Die Tangentensteigungen, Richtungen an den Übergangspunkten werden bei

$$x_1 = 1, \rightarrow\ y_l'(1) = 1 \quad x_2 = 3, \rightarrow\ y_r'(3) = 4$$

Wir packen alle Randbedingungen in ein Gleichungssystem:

die „Punkte"-Bedingungen

$$ax_1^3 + bx_1^2 + cx_1 + d = y_1$$

$$ax_2^3 + bx_2^2 + cx_2 + d = y_2$$

die „Richtungs"-Bedingungen

$$3ax_1^2 + 2bx_1 + c = y_l'(1)$$

$$3ax_2^2 + 2bx_2 + c = y_r'(3)$$

das Gleichungssystem

$$a + b + c + d = 3$$

$$a \cdot 27 + b \cdot 9 + c \cdot 3 + d = 2$$

$$3a + 2b + c = 1$$

$$3a \cdot 9 + 2b \cdot 3 + c = 4$$

Die Lösung $a = 1.5;\ b = -8.25;\ c = 13.0;\ d = -3.25$

Das Lösungspolynom $y_m = 1.50x^3 - 8.25x^2 + 13.0x - 3.25$

Die Darstellung der Gesamtsituation ist überzeugend!

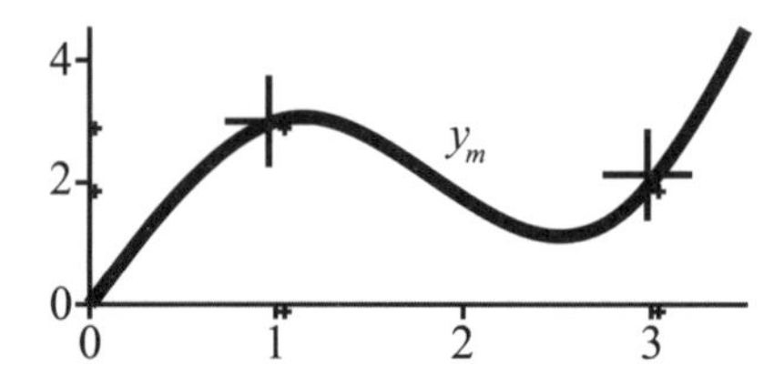

Moderne Zeiten: **Spline-Interpolation**

Auf dem Prinzip – „stückweise“ Vorgehen, Vorgaben an den Randpunkten – beruhen die modernen „Spline“-Interpolationsverfahren! Sie sind heute so ausgetüftelt, dass Steigung und Krümmungen an den Nahtstellen übereinander passen. Beliebt sind „Kubische Splines“, d.h.: Punkt-Verbindungen mit Polynomen dritten Grades.

Kein Mensch rechnet heute noch die Lösungsfunktion für größere Punktfolgen zu Fuß aus: Dafür hat man seinen Rechenknecht namens „Maple“. Wir greifen noch mal das Eingangsbeispiel auf und „lassen lösen“.

```
> xW:=[-3,-2,-1,0,1,2,3]:
> yW:=[0 , 0, 0,1,0,0,0]:
```

Die stückweise definierte Funktion

```
> f:=spline(xW,yW,x,3);
```

$$f := \begin{cases} -2.769 - 3.0\,x - 1.038\,x^2 - 0.1154\,x^3 & \textit{für} \quad x < -2 \\ 2.769 + 5.308\,x + 3.115\,x^2 + 0.5769\,x^3 & \textit{für} \quad x < -1 \\ 1.0 - 2.192\,x^2 - 1.192\,x^3 & \textit{für} \quad x < 0 \\ 1.0 - 2.192\,x^2 - 1.192\,x^3 & \textit{für} \quad x < 1 \\ 2.769 - 5.308\,x + 3.115\,x^2 - 0.5769\,x^3 & \textit{für} \quad x < 2 \\ -2.769 + 3.0\,x - 1.038\,x^2 + 0.1154\,x^3 & \textit{otherwise} \end{cases}$$

Die Darstellung

```
> xyP:=zip((x,y)->[x,y],xW,yW):
> Pkt:=display(seq(disk(Dlst,0.1),Dlst=xyP)):
> SpPl:=plot(f,x=-3.1..3.1):
> display(Pkt,SpPl):
```

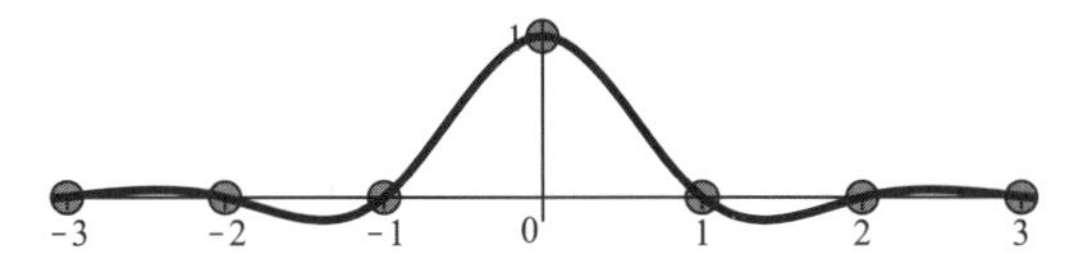

Das kommt den Vorstellungen unserer Straßenbauer schon wesentlich näher. Es sieht fast so aus, als seien die Punkte „freihand“ verbunden und Zwischenpunkte für den Vermesser sind nun ebenfalls leicht zu berechnen.

Tatsächlich benutzt man im Straßenbau höchst mysteriös definierte „Klothoiden“-Kurven bei der Trassenplanung: Wir gehen im Abschnitt 9.9 „Integralfunktionen“ darauf ein.

9.4 Weg, Geschwindigkeit, Beschleunigung

Fangen wir mit der einfachen Frage an: „Was ist ein **Weg**?“ Die übliche Weg-Beschreibung „... fährst du die Hansa-Allee stadteinwärts, bei McDonald dann rechts ab in die Händelstraße, die dritte links bis zur vierten Mülltonne...“ ist für eine mathematische Behandlung denkbar ungeeignet.

Ergiebiger sind da schon die Logbucheintragungen des Skippers auf der Segelreise über die weglose Nordsee von Norderney nach Skagen:
10.8.03, 11°°30': 7°34' östl. Länge, 53°51' nördl. Breite; Komp.-Kurs 35°
10.8.03, 13°°15': 7°44' östl. Länge, 54°02' nördl. Breite; Kurswechsel auf 50°
10.8.03, 14°°45': Helgoland querab
10.8.03, 16°°15': 8°10' östl. Länge, 54°13' nördl. Breite...

Anhand einer Seekarte können wir z.B. seine Wegstrecke von 13°°15' bis 16°°15' untersuchen:
In östlicher Richtung ist er 14.3 Meilen vorangekommen, seine Durchschnitts-Geschwindigkeit betrug 4.8 Knoten; in nördlicher Richtung hat er 11.0 Meilen mit 3.7 Knoten gutgemacht.
Wir setzen das zusammen und kommen auf einen Gesamtweg in diesem Zeitabschnitt von 18.0 Meilen mit durchschnittlich 3.0 Knoten in Richtung 50°.

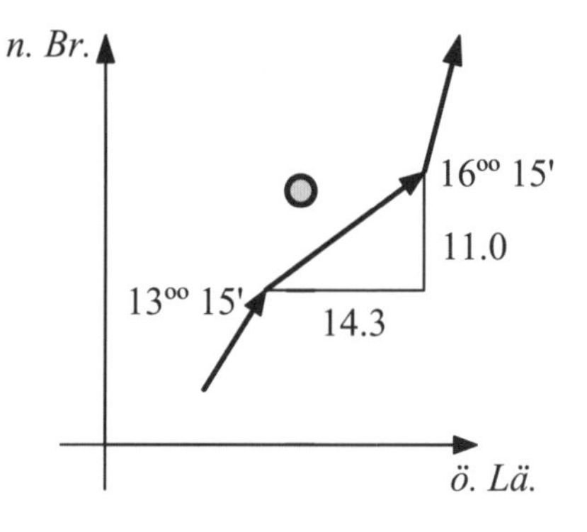

Die Angabe der x- und der y-Koordinate in Abhängigkeit vom Zeit-Parameter t ist der Schlüssel! Endgültig in unserem Element wären wir, wenn wir für diese Abhängigkeit jeweils einen algebraischen Ausdruck hätten:

$$x = f_x(t)\,;\; y = f_y(t)\,.$$

Unser Skipper kann uns das auf seinem unruhigen, von Wind und Strömung abhängigen Kurs nicht bieten; Naturvorgänge sind da meist wesentlich kontinuierlicher.

Die Beschreibung eines Weges in obiger Manier nennt man *parametrisch*. Der Parameter ist in der Physik häufig die Zeit, kann aber auch ein Winkel oder sonst etwas sein. Wir haben in vergangenen Kapiteln bereits Kontakt mit der Parameterform gehabt.

Die Mathematik untersucht (als *Vektorfunktionen* getarnte) parametrisch definierte Kurven speziell in der Differenzialgeometrie.

Geschwindigkeit, Beschleunigung

Zurück zur trockenen Mathematik. Vor allem ist die **Geschwindigkeit** (und die Beschleunigung) bei solch einer Bewegung von Interesse. Um die Sache besser zu verstehen, setzen wir uns ins Auto. Wir fahren einen Weg, eine Bahn, die man in Parameterform beschreiben kann und sich leicht verfolgen lässt:

$$\vec{s}(t) = \left(2t^2 + 2,\ -t^3 + 2t + 5\right)$$

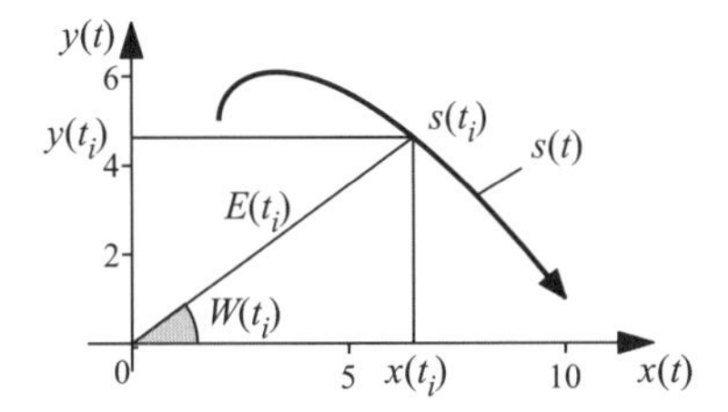

Die Frage, wie man nun zu der Geschwindigkeit während der Fahrt kommt, lösen wir pragmatisch: Wir **differenzieren koordinatenweise** und setzen die abgeleiteten Einzelfunktionen zu der Geschwindigkeitsfunktion zusammen.

$$\vec{v}(t) = \left(4t,\ -3t^2 + 2\right)$$

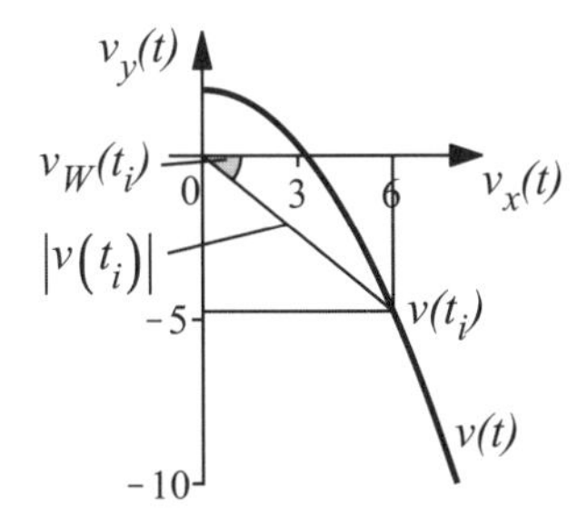

Wichtig sind folgende Dinge:

1. Die Koordinatenfunktionen der Parameterfunktion $\vec{s}(t) = \left(x(t),\ y(t)\right)$ sind reelle Funktionen, die „ganz normal“ differenziert werden *können.*

2. Wir *dürfen* nach dem Überlagerungsprinzip koordinatenweise differenzieren.

3. Das Ergebnis, die Geschwindigkeit, ist wieder eine Parameterfunktion, sie setzt sich aus den Anteilen in x- und y-Richtung zusammen:

$$\vec{v}(t) = \vec{s}\,'(t) = \left(x'(t),\ y'(t)\right) = \left(v_x(t),\ v_y(t)\right)$$

Die „Geschwindigkeiten“, die wir hier ermitteln, sind nicht mit den absoluten Werten zu verwechseln, die wir auf dem Tachometer unseres Autos ablesen können – wir bekommen „gerichtete“ Geschwindigkeiten heraus! Den absoluten Tachowert müssten wir – falls gewünscht – erst daraus berechnen.

Zum Zeitpunkt t_i ist die Absolutgeschwindigkeit die Entfernung zum Nullpunkt

$$|\vec{v}(t_i)| = \sqrt{v_x(t_i)^2 + v_y(t_i)^2}$$

die *Richtung* der Geschwindigkeit der Winkel zur x-Achse

$$w(t_i)^2 = \arctan\left(\frac{v_y(t_i)}{v_x(t_i)}\right)$$

Anmerkung: Bei der Differenziation der Parameterform im Abschnitt 7.1 „Differenziation" haben wir etwas ganz anderes gemacht:

Wir haben mit der Formel $y' = \frac{d_y}{d_x} = y_x = \frac{y_t dt}{x_t dt} = \frac{y_t}{x_t}$ die *Steigung der Kurve* ermittelt!

Auch die **Beschleunigung**, die zweite Ableitung, wird getrennt nach den Koordinatenfunktionen gebildet und zusammengesetzt:

$$\vec{a}(t) = \vec{v}(t) = \vec{s}''(t) = (x''(t),\ y''(t)) = (a_x(t),\ a_y(t))$$

Sie ist wieder eine Parameterfunktion und hat zu jedem Zeitpunkt Größe *und* Richtung:

$$\vec{a}(t) = (4,\ -6t)$$

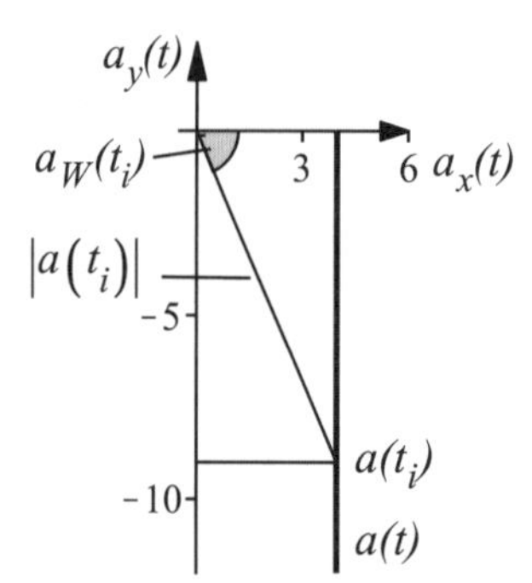

Es ist etwas ungewohnt, die Beschleunigung als gerichtete Größe anzusehen. Bei der prahlerischen Mitteilung Ihres Freundes: „Mein neues Motorrad braucht von 0 auf 100 nur 5.2 Sekunden!" – drängt sich nicht gerade die Frage auf: „In welche Richtung?"

Das ist zwar alles ganz richtig, aber völlig unanschaulich. Um diesem Missstand abzuhelfen, wenden wir einen Trick an, den wir der Vektorrechnung abgeschaut haben: Wir tragen Größe und Richtung der Geschwindigkeit als Vektor am jeweiligen Punkt der Wegkurve an.

$\vec{s}(t) =$ der Weg, die Bahn $\qquad \vec{s}(t) = (2t^2 + 2,\ -t^3 + 2t + 5)$

$\vec{s}'(t) = \vec{v}(t) =$ der Geschwindigkeitsvektor $\qquad \vec{v}(t) = (4t,\ -3t^2 + 2)$

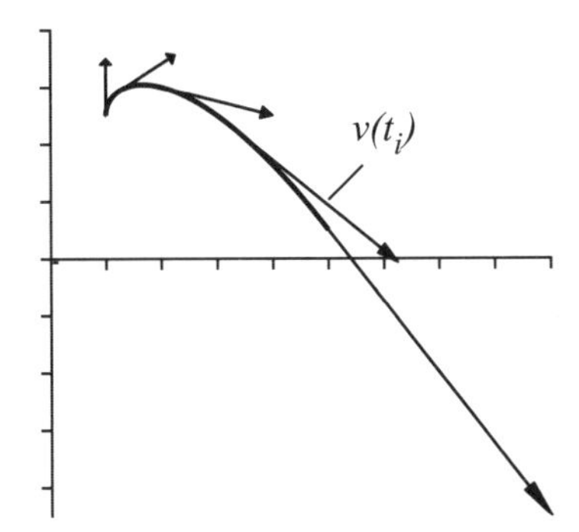

Dass die Vektoren tangential an der Kurve liegen, ist nicht überraschend – es sind schließlich „abgeleitete" Vektoren. Auch unsere Erfahrungen beim Autofahren sprechen dafür: Wer auf vereister Fahrbahn einmal „geradeaus" aus der Kurve in den Graben gerutscht ist, hat keinerlei Verständnisschwierigkeiten.

Das entsprechende Beschleunigungsbild überrascht auch nicht wirklich.

$\vec{s}(t) =$ der Weg, die Bahn $\quad \vec{s}(t) = \left(2t^2 + 2,\ -t^3 + 2t + 5\right)$

$\vec{s}\,'(t) = \vec{v}(t) =$ der Geschwindigkeitsvektor $\quad \vec{v}(t) = \left(4t,\ -3t^2 + 2\right)$

$\vec{s}\,''(t) = \vec{v}\,'(t) = \vec{a}(t) =$ der Beschleunigungsvektor $\vec{a}(t) = (4,\ -6t)$

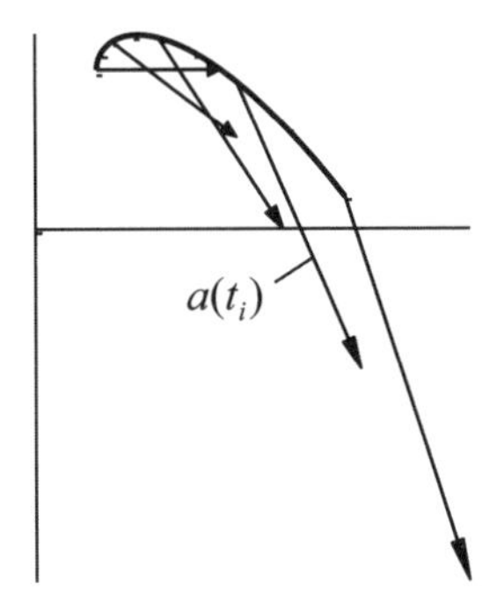

Längs- und Quer-Beschleunigung (Tangential- und Normal-Beschleunigung)
Das Ergebnis kann uns mit einigem Stolz erfüllen. Wir sind damit auch in der Lage, die Bahn des Mondes, einer Rakete, eines Elektrons etc. zu untersuchen – wenn wir erst einmal die Bahnformel haben, was aber Aufgabe der Physik ist.

Trotzdem: Mit der Ermittlung der Beschleunigung können wir noch nicht zufrieden sein. Die eigene Erfahrung zeigt, dass wir beim Gasgeben in einer Kurve nicht nur schneller werden, sondern auch die Seitenkräfte zunehmen. Anders ausgedrückt: Beim Beschleunigen in einer Kurve nehmen Längs- und Querbeschleunigung zu. Der Gesamtbeschleunigungsvektor zeigt das nur indirekt! Das gilt es nun zu verbessern.

Wir wollen die Beschleunigung längs (tangential, $|a_T|$) und quer (senkrecht, normal, $|a_N|$) zur Kurve haben. Die Richtungswinkel (Ri-Wi) α der (tangentialen) Geschwindigkeit und β der Beschleunigung können wir für jeden Zeit- bzw. Kurvenpunkt berechnen. Der eingeschlossene Winkel ist $\gamma = \beta - \alpha$. Die beiden Beschleunigungsanteile stehen senkrecht aufeinander, man bekommt sie mit elementarer Trigonometrie: $|a_T| = |a| \cdot \cos(\gamma)$; $|a_N| = |a| \cdot \sin(\gamma)$

Wir berechnen die konkreten Werte zum Zeitpunkt $t_1 = 1.0$.
Wir stellen noch einmal zusammen
$\vec{s}(t) = \left(2t^2 + 2,\ -t^3 + 2t + 5\right)$; $\vec{v}(t) = \left(4t,\ -3t^2 + 2\right)$; $\vec{a}(t) = \left(4,\ -6t\right)$

Zurzeit $t_1 = 1.0$ sind wir am Punkt $s(1) = (4,\ 6)$,
haben dort die Geschwindigkeit $v(1) = (4,\ -1)$,
$|v(1)| = 4.123$; Ri-Wi zur x-Achse α = 14.07°
und die Beschleunigung $a(1) = (4,\ -6)$,
$|a(1)| = 7.211$; Ri-Wi zur x-Achse β = 56.31°

Der eingeschlossene Winkel ist $\gamma = \beta - \alpha = 56.31° - 14.07° = 42.24°$

Die Tangentialbeschleunigung ist
$|a_{T1}| = |a_1| \cos(\gamma) = 7.211 \cdot \cos(42.24°) = 5.339$
(Winkel: 14.07°)
die Normalbeschleunigung $|a_{N1}| = |a_1| \sin(\gamma) = 7.211 \cdot \sin(42.24°) = 4.847$
(Winkel: 14.07° + 90° = 104.07°)

Die Darstellung der Verhältnisse zum Zeitpunkt $t_1 = 1.0$. Aus Gründen der Übersicht haben wir den Normalenvektor nach außen gezeichnet.

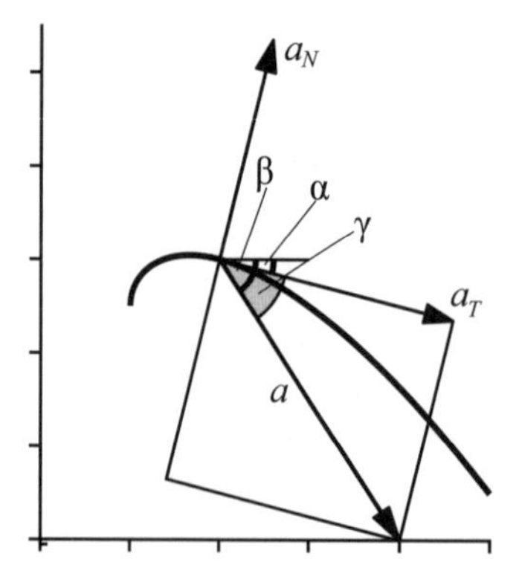

Nun kann man für eine Anzahl von (Zeit-)Punkten längs der Bahn die Kräfte, die Sie nach hinten in die Polster und seitlich aus dem Sitz drücken wollen säuberlich trennen.

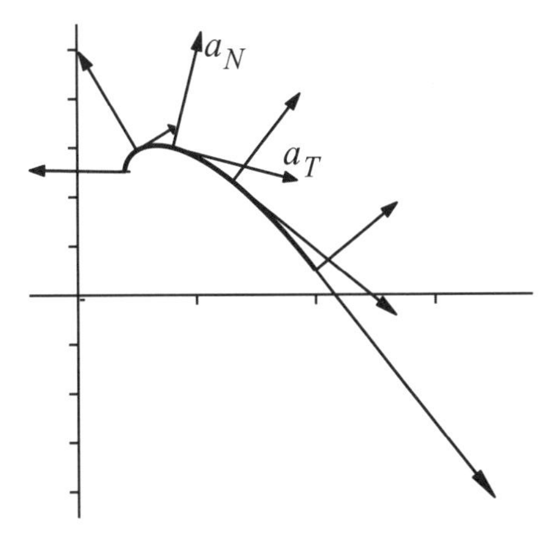

Das Verfahren ist natürlich nicht an Bewegungen in der Ebene gebunden. Im 3D-Raum kann man ebenfalls die entsprechenden *Vektoren* berechnen und an die Kurve heften – man spricht dann von einem „Begleitenden Dreibein“.

Sie bemerken sicherlich, wie gefährlich nahe wir den *Vektoren* gekommen sind. Wir brauchen in $\vec{s}(t) = \big(x(t),\ y(t)\big)$ nur $x(t), y(t)$ als *Komponentenfunktionen* zu interpretieren und das Bild zu ergänzen.

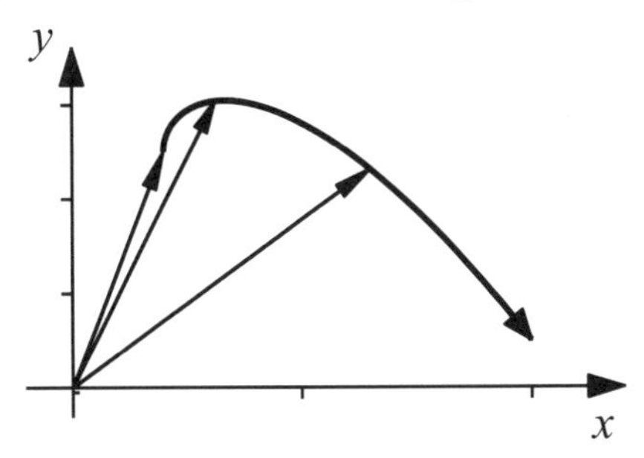

Nun *sehen* Sie, wie die Spitzen der Ortsvektoren die Kurve mit wachsendem t *abtasten, abfahren, erzeugen*.

Physiker und Ingenieure denken bei *Bewegung, Geschwindigkeit, Beschleunigung* fast automatisch an Vektoren, können sich fast nicht vorstellen, wie das anders gehen soll! Nur – Vektoren waren zur Zeit Newtons noch gar nicht erfunden! Trotzdem konnte Newton die Bahn der Planeten etc. mit den Mitteln der *Analytischen Geometrie* genauestens beschreiben.

In diesem Stadium ist die Vektorrechnung noch lediglich eine Kurzschreibweise für die erforderlichen Berechnungen, sie bringt keine neuen Erkenntnisse mit sich. Erst mit der Einführung des Skalar- und Vektorprodukts kommt Neuland in Sicht.

9.5 Vektorfunktionen

Gerade Wege haben wir im Vektorkapitel 3 behandelt – aber wann ist ein Weg schon gerade. Auf krumme Wege und Bahnen sind wir auch schon gekommen: Wir haben sie bei den Funktionen im Kapitel 6 parametrisch beschrieben und uns im vorigen Abschnitt weiter damit befasst.

Die Arbeit zahlt sich jetzt aus. Es beginnt damit, dass der Unterschied zwischen Parameter- und Vektorform einer Wegbeschreibung schlicht nicht vorhanden ist! Werden wir konkret. Die Vektorfunktion eines Weges in der x-y-Ebene mit t als Parameter ist

$$\vec{r}(t) = (x(t),\ y(t)).$$

Wir setzen uns wieder ins Auto und fahren den bereits bekannten Weg:

$$\vec{r}(t) = \left(2t^2 + 2,\ -t^3 + 2t + 5\right)$$

Soweit, so gut. Nun das eigentlich Neue. **Wir fassen die beiden Werte x und y,** die wir aus dem jeweiligen Input t erhalten, **als *Komponenten eines Ortsvektors* $\vec{r}$ auf.**

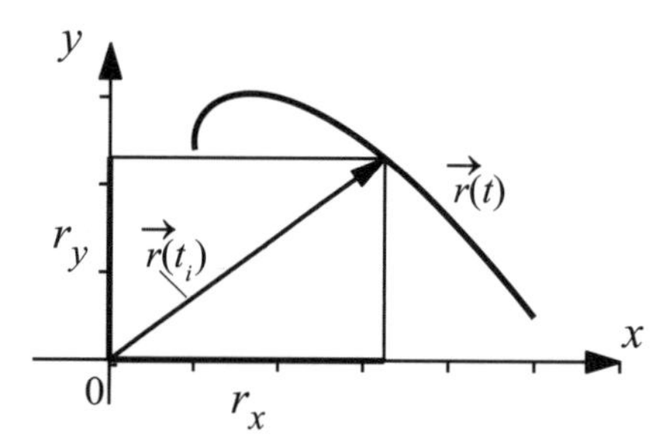

Wir können damit den ganzen Abschnitt 9.4 „Weg, Geschwindigkeit, Beschleunigung“ übernehmen, müssen nur jeweils „Koordinatenfunktion“ durch „Komponentenfunktion“ ersetzen. Der wesentliche Unterschied zur bisherigen Behandlung von Parameterkurven liegt (nur) in der Betrachtungsweise!

Der nicht zu unterschätzende Vorteil ist die größere Anschaulichkeit bei den Begriffen Weg, Geschwindigkeit, Beschleunigung. Wir können das Handwerkszeug der Vektorrechnung einsetzen und physikalische Argumente benutzen.

Wir werden die Zeit natürlich nun nicht damit vergeuden, den Abschnitt „Weg, Geschwindigkeit, Beschleunigung“ zu wiederholen, sondern uns mit neuen Beispielen beschäftigen.

Ein *Kreisbogen,* bei dem der Winkel φ als Parameter fungiert

$$\vec{r}(\varphi) = (R \cdot \cos(\varphi),\ R \cdot \sin(\varphi));\ R = 0.8;\ \varphi_A = 0;\ \varphi_E = 0.7\pi$$

Wollen wir die Zeit t als Parameter verwenden, brauchen wir eine *Winkelgeschwindigkeit* ω (Grad/Zeiteinheit).

$$\vec{r}(t) = (R \cdot \cos(t\,\omega),\ R \cdot \sin(t\,\omega));\ t = t_A \ldots t_E; (t\omega = \varphi!)$$

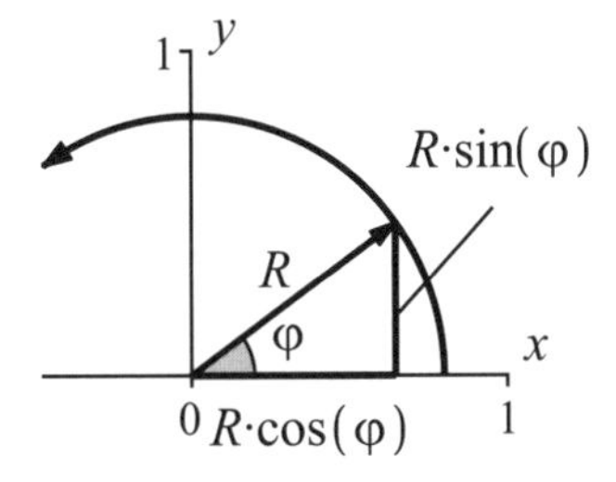

Eine *räumliche Spirale*: Wir nehmen als dritte Dimension die Zeit hinzu und zeichnen eine 3D-Spirale

$$\vec{r}(t) = (2 \cdot \cos(t),\ 2 \cdot \sin(t),\ 0.5 \cdot t); \qquad \omega = 1;\ t_A = 0;\ t_E = 2\pi$$

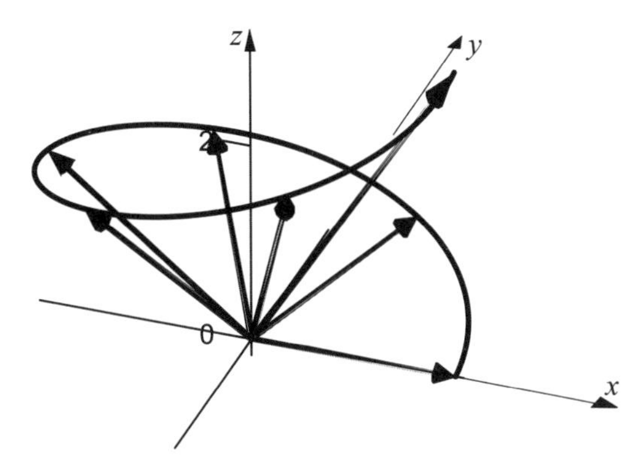

Zusammengesetzte Funktionen/Bewegungen

Bei einer „Überlagerung“ von Funktionen werden die Werte mehrerer Funktionen einfach *addiert.* Das Beispiel der „Wasserstrahl-Parabel“ besteht aus der Addition der Funktion f_1 für den gradlinigen schrägen Wurf/Schuss und der „Freifallfunktion“ f_2 aus der allgegenwärtigen Schwerkraft – Galileo Galilei hat das herausgefunden

$$f_1(t) = (5 + 10t,\ 10 + 20t);\ f_2(t) = (0,\ -5t^2) \ \rightarrow\ f(t) = f_1(t) + f_2(t)$$

Bei Sprache und Musik erzeugt die Überlagerung von Sinus-/Kosinus-Wellen verschiedener Frequenzen die unterschiedlichen Klänge und Klangfarben. Der Rundfunk sendet auf Mittelwelle in „Amplituden-Modulation" – der hochfrequenten Trägerwelle wird die niederfrequente Sprach- oder Musikwelle aufgeprägt, überlagert, addiert.

Kompliziertere Bewegungen lassen sich durch *Verkettung* bzw. *Verschachtelung* von Funktionen beschreiben. Der Unterschied zu den addierten Funktionen besteht darin, dass der jeweilige Ausgabewert der „inneren" Funktion die Eingabe für die „äußere" ist $f(t) = \cos(\sin(t)) \rightarrow f(t) = f_2(f_1(t))$

Auf einer Kirmes klagen die Besitzer des Karussells und des Riesenrads sich gegenseitig ihr Leid über die schlechten Zeiten – das Volk will nicht mehr nur im Kreis gedreht werden, es will einen „Kick"! Nach der fünften Runde Bier und Korn hat der Karussellbesitzer die geniale Idee, ein „Joint Venture" zu gründen. Nach weiteren Bier und Korn nimmt das Projekt konkrete Formen an: Man wird das Riesenrad auf dem Unterbau des Karussells montieren, umgekehrt ergäben sich gewisse technische Schwierigkeiten – stellt man fest. Das Ergebnis sieht auf dem Papier vielversprechend aus – statistische Werte über den finanziellen Erfolg liegen zurzeit noch nicht vor.

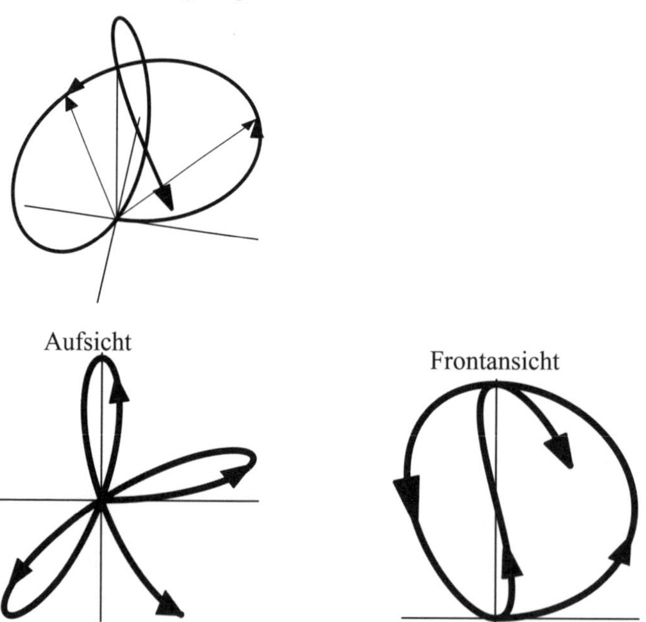

Für Wissbegierige, die die „Verschachtelung" der Bewegung/Funktion begreifen wollen.

Es sei vereinbart:

t = Zeit-Parameter; R = Radius des Riesenrads; w_r = Winkel-Geschwindigkeit des Riesenrads;

w_k = Winkel-Geschwindigkeit des Karussells

Gehen Sie gedanklich schrittweise vor!

1. Steigen Sie unten am Punkt 0 in die Gondel, setzen allein das Riesenrad in Bewegung und stoppen es nach t Sekunden. Zurückschauend stellen Sie fest,

a) Sie haben eine gewisse Höhe z über dem Boden erreicht:

$$\cos(t\,w_R) = \frac{R-z}{R}; \quad z = R - R\cos(t\,w_R) = R\cdot(1-\cos(t\,w_R))$$

b) Sie haben sich horizontal um A von der z-Achse entfernt:

$$\sin(t\,w_R) = \frac{A}{R}; \quad A = R\sin(t\,w_R)$$

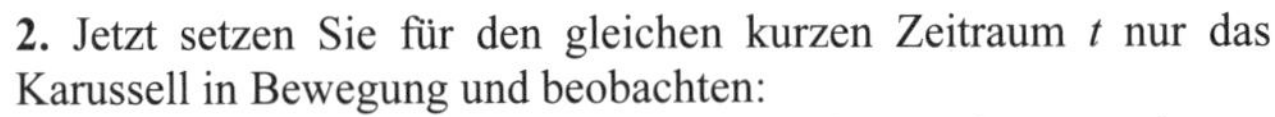

2. Jetzt setzen Sie für den gleichen kurzen Zeitraum t nur das Karussell in Bewegung und beobachten:
Das Karussell dreht Sie mit dem vom Riesenrad vorgegebenen Radius = A ein Stück weiter.
Die Koordinaten der Gondel in der x, y-Ebene sind:

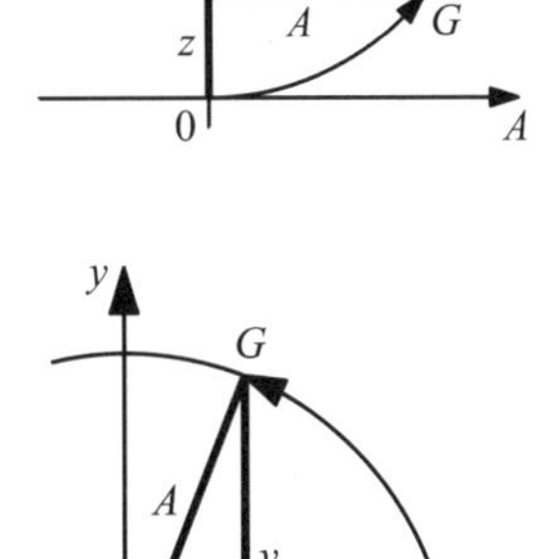

$$\cos(t\,w_K) = \frac{x}{A}; \quad x = A\cos(t\,w_K) = R\sin(t\,w_K)\cos(t\,w_K)$$

$$\sin(t\,w_K) = \frac{y}{A}; \quad y = A\sin(t\,w_K) = R\sin(t\,w_K)\sin(t\,w_K)$$

(Die Karussell-Bewegung erzeugt keinen eigenen Vektor!)

Zusammengefasst ergibt sich die Bahngleichung/die Funktion der Raumkurve

$$\vec{r}(t) = (x(t),\ y(t),\ z(t)) \text{ mit}$$

$$x(t) = R\cdot\sin(t\,w_R)\cdot\cos(t\,w_K)$$

$$y(t) = R\cdot\sin(t\,w_R)\cdot\sin(t\,w_K)$$

$$z(t) = R\cdot(1-\cos(t\,w_R))$$

Das Bild ist gezeichnet für

$$R = 5.0\,\text{m}, \quad w_R = 1.0\cdot\frac{\text{rad}}{\text{s}}, \quad w_K = 0.2\cdot\frac{\text{rad}}{\text{s}}, \quad t = 0...10$$

Beim nächsten Besuch eines Rummelplatzes können Sie sich einmal den Spaß machen, die Bahnen der modernen Varianten in die Einzelteile zu zerlegen und anschließend zur Bahnfunktion zusammenzusetzen.

kkGK → „kleines karussell" auf „GROSSEM KARUSSELL"

Der Besitzer des Kinderkarussells auf der Deutzer Kirmes hat eine großartige Idee, wie er etwas „Schwung in die Bude" bringen kann. Er baut ein Karussell-Pferdchen ab, montiert statt dessen mit senkrecht stehender Achse einen Elektromotor, schweißt auf die Achse eine kleine runde Plattform mit ein paar Sesselchen – und hat ein „kleines karussell" auf dem „GROSSEN KARUSSELL".

Nach getaner Arbeit kratzt er sich allerdings am Kopf: Wie schnell soll er das Mini-Karussell drehen lassen?

- Zu langsam bringt nicht den erwünschten Schwung.
- Zu schnell ist auch nicht gut: Kinder, denen schwindelig wird und die nach der Mutter plärren, sind nicht gerade geschäftsfördernd.

Versuche mit lebenden Objekten verbieten sich, ein Selbstversuch scheidet wegen seines schwachen Herzens aus. Irgendwie müsste man die Sache vorab simulieren, denkt er. Nun gibt es ja in Köln eine FH, fällt ihm ein. Warum sollen die Jungs dort nicht mal etwas Vernünftiges tun – meint er. Der zuständige Professor hat natürlich keine Zeit – und so ist die Sache auf unserem Tisch gelandet!

Eine **Bewegungs-Analyse** ist gefordert. Die Daten:
Durchmesser des GROSSEN KARUSSELLS $D_K = 6$ Meter, also $R_K = 3$
Durchmesser des kleinen karussels $d_k = 2$ Meter, $r_k = 1$

Für den ersten Durchlauf nehmen wir als Winkelgeschwindigkeiten:
W_K = 1 Umdrehung/Min für das GRO-KA
w_k = 6 umdrehung/min für das klein-ka.

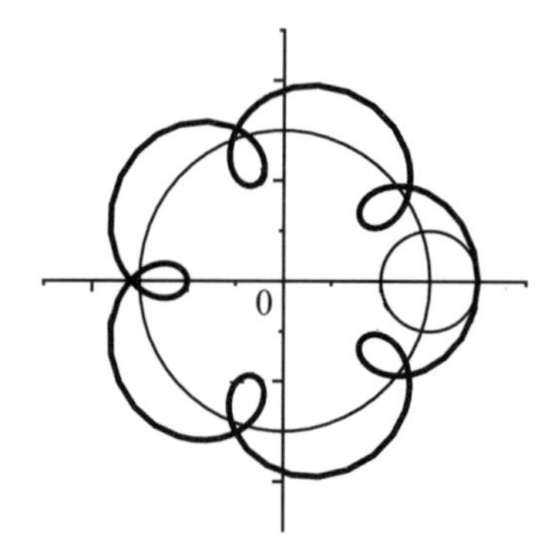

Die Expertise
1. Die Bewegung eines Sesselchens als Vektorfunktion
Die Bahngleichung/-funktion $r(t) = (x(t),\ y(t))$ ergibt sich aus der *vektoriellen* Addition der beiden Kreisbewegungen.

$$\vec{K}_r(t) = \left(R_K \cdot \cos(W_K t),\ R_K \cdot \sin(W_K t)\right)$$
$$\vec{k}_r(t) = \left(r_k \cdot \cos(w_k t),\ r_k \cdot \sin(w_k t)\right)$$
$$\vec{r}(t) = \left(R_K \cdot \cos(W_K t) + r_k \cdot \cos(w_k t),\ R_K \cdot \sin(W_K t) + r_k \cdot \sin(w_k t)\right)$$

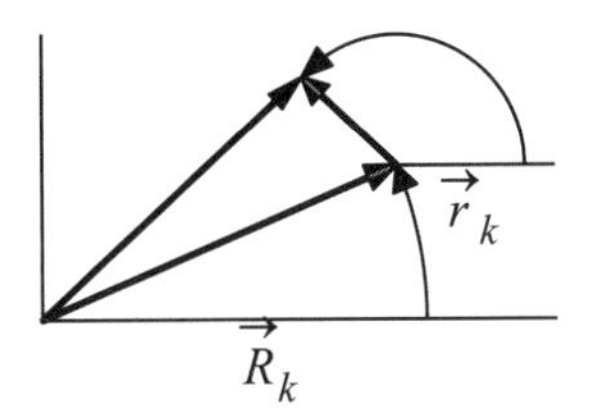

Konkret mit den gegebenen Werten

$$\vec{r}(t) = \left(3\cos(6.3t) + \cos(37.7t),\ 3\sin(6.3t) + \sin(37.7t)\right)$$

2. Die Geschwindigkeit eines Sesselchens

a) Die *Vektorfunktion der Geschwindigkeit*

= erste Ableitung der vektoriellen Wegfunktion

$$\vec{r}(t) = \left(x(t),\ y(t)\right) \ \rightarrow\ \vec{v}(t) = \vec{r}'(t) = \left(x'(t),\ y'(t)\right)$$

$$v(t) = \left(-18.9\sin(6.3t) - 37.7\sin(37.7t),\ 18.9\cos(6.3t) + 37.7\cos(37.7t)\right)$$

b) Die *(reelle) Funktion der Absolutgeschwindigkeit*

= der Betrag der Vektorfunktion der Geschwindigkeit:

$$V(t) = \sqrt{x'(t)^2 + y'(t)^2} = |v(t)| = norm\left(v(t), 2\right)$$

$$V(t) = \sqrt{\left(-18.9\sin(6.3t) - 37.7\sin(37.7t)\right)^2 + \left(18.9\cos(6.3t) + 37.7\cos(37.7t)\right)^2}$$

Ausmultipliziert und zusammengefasst ergibt sich

$$V(t) = \sqrt{1776 + 1421\sin(6.3t)\sin(37.7t) + 1421\cos(6.3t)\cos(37.7t)}$$

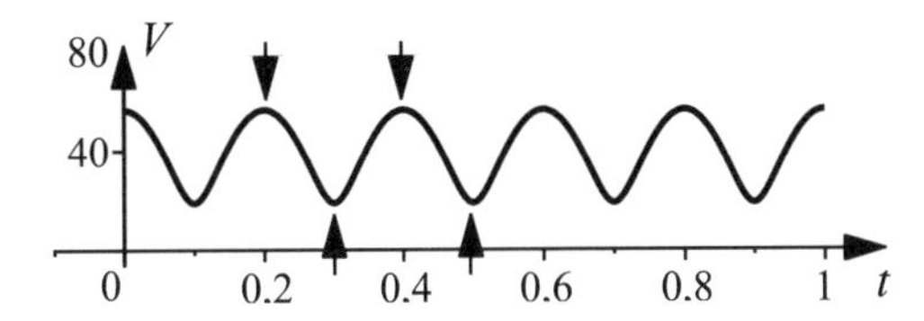

c) Ermittlung der *maximalen Absolutgeschwindigkeit*

1. Ableitung V' von V bilden

$$V'(t) = \frac{1\left(-44650\cos(6.3t)\sin(37.7t) + 44650\sin(6.3t)\cos(37.7t)\right)}{2\sqrt{\left(1776 + 1421\sin(6.3t)\sin(37.7t) + 1421\cos(6.3t)\cos(37.7t)\right)}}$$

Zähler = 0 setzen

$$-44650\cos(6.3t)\sin(37.7t) + 44650\sin(6.3t)\cos(37.7t) = 0$$

Nach t auflösen – **geht nicht**!

Folgende Überlegung hilft weiter: Die maximale Geschwindigkeit wird erreicht, wenn das Sesselchen ganz außen ist, beide Karussellgeschwindigkeiten addieren sich dann.

Der jeweilige Zeitpunkt ist: $t = 0;\ t = \frac{1}{5};\ t = \frac{2}{5};...$

Wir setzen ein in $V(t)$: $V_{max} = V(0) = 56.66$ m/min (!)

Umrechnung in die bekanntere Einheit km/h

$V_{max} = V(0) = \frac{56.66 \cdot 60}{1000}$ km/h $= 3.39$ km/h (Fußgängertempo!)

Die minimale Geschwindigkeit wird ganz innen erreicht bei
$t = 0;\ t = 0.1;\ t = 0.3;\ ...$

$V_{min} = V(0) = 18.85$ m/min $= 1.13$ km/h

3. Die Beschleunigung eines Sesselchens

a) Die *Vektorfunktion* der Beschleunigung = erste Ableitung der vektoriellen Geschwindigkeitsfunktion(= zweite Ableitung der vektoriellen Wegfunktion):

$\vec{a}(t) = \left(a_x(t),\ a_y(t)\right) = \vec{v}'(t) = \left(v_x'(t),\ v_y'(t)\right)$

$\vec{a}(t) = \left(-119\cos(6.3t) - 1421\cos(37.7t),\ -119\sin(6.3t) - 1421\sin(37.7t)\right)$

b) Die r*eelle* Funktion der *Absolutbeschleunigung*
= der *Betrag* der Vektorfunktion der Beschleunigung:

$A(t) = \sqrt{v_x'(t)^2 + v_y'(t)^2} = |a(t)| = norm(a(t), 2)$

$A(t) = \sqrt{\left(-119\cos(6.3t) - 1421\cos(37.7t)\right)^2 + \left(-119\sin(6.3t) - 1421\sin(37.7t)\right)^2}$

Vereinfacht wird daraus

$A(t) = \sqrt{2.1 \cdot 10^6 + 3.4 \cdot 10^5 \cos(6.3t)\cos(37.7t) + 3.4 \cdot 10^5 \sin(6.3t)\sin(37.7t)}$

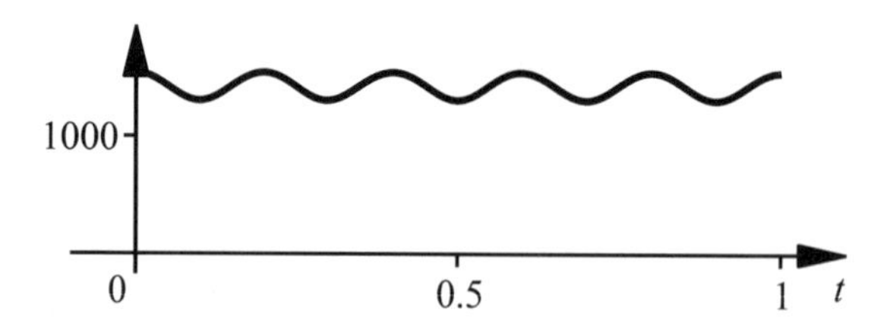

Knobelfrage: Die Schulweisheit besagt: An den Extremstellen einer Funktion hat die erste Ableitung Nullstellen. v hat als erste Ableitung a. Frage: Warum ist an den Extremstellen von v die Ableitung a nicht gleich Null?

c) Maximale Beschleunigung.

Auch hier hilft die obige Überlegung weiter: Die maximale Beschleunigung wird erreicht, wenn das Sesselchen ganz außen ist.

Der jeweilige Zeitpunkt ist $t=0;\ t=\frac{1}{5};\ t=\frac{2}{5};\ldots$

Wir setzen ein in $A(t)$: $A_{\max}=A(0)=1540$ m/min² (!)

Umrechnung in die bekanntere Einheit m/s²

$A_{\max}=A(0)=\frac{1540}{60^2}$ m/s² = 0.42 m/s² (Lächerlich im Vergleich zur Erdbeschleunigung)

Fazit: Die Motoren können durchaus höher gedreht werden!

Zur eigenen Sicherheit: Wir berechnen die Geschwindigkeits- und Beschleunigungswerte zu einem Zeitpunkt T und „heften" die Vektoren an den entsprechenden Kurvenpunkt.

Wir wählen $T = 0.37$

Wir berechnen mit $r(t)$ den Punkt $P(T)$, an dem das Sesselchen sich gerade befindet und den Abstand $B(P_T)$ vom Nullpunkt (den Betrag des Vektors $P(T)$)
$P(T)=(-1.868,\ 3.168);\ B(P_T)=3.678$

Mit $v(t)$ bekommen wir den Geschwindigkeitsvektor $v(T)$ und mit $V(t)$ die Absolutgeschwindigkeit $V(T)$
$v(T)=(-50.78,\ -5.894);\ V(T)=51.13$

Schließlich ermitteln wir mit $a(t)$ bzw. $A(t)$ den Vektor $a(T)$ und den Betrag $A(T)$ der Beschleunigung
$a(T)=(-183.3,\ -1482);\ A(T)=1482$

Die Darstellung ($v(T)$, $a(T)$ „angeheftet" am Punkt $P(T)$ der Kurve)

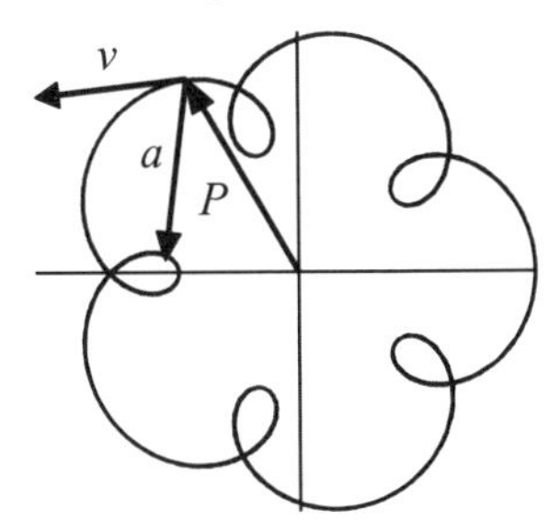

Das ist nicht *nur* eine Spielerei, sondern auch ein hervorragender **Test**! Wenn z.B. unser Tangentenvektor $v(t)$ kein „Tangentenvektor" ist und irgendwie in der Gegend herumsteht, sollten wir unsere Ausarbeitung noch einmal durchsehen! Der Beschleunigungs-Vektor muss nicht *normal* zur Kurve stehen, er setzt sich ja aus einem tangentialen und einem radialen Anteil zusammen.

Kleines Nachspiel: Das Sonne-Erde-Mond-Karussell
Unsere eigene Bahnkurve um Erdachse und Sonne *maßstäblich* darzustellen, ist ein hoffnungsloses Unterfangen: Der Größenunterschied der beiden Bahnen ist einfach zu riesig – man würde nur den Kreis der Erdbahn um die Sonne sehen.

Selbst die Bahn des Mondes um die Sonne ist maßstäblich nicht darstellbar. Erst eine 10-fach vergrößerte Mondbahn lässt erahnen, dass der Mond noch eine zusätzliche Kreisbewegung (um die Erde) ausführt.

Ein paar Werte: Mond-Erde: $R_M = 384\,400, \omega_M = \dfrac{2\pi}{28 \cdot 24} = 0.00935$

Erde-Sonne: $R_E = 149\,450\,000, \omega_E = \dfrac{2\pi}{365 \cdot 24} = 0.000717$

Die Bahngleichung des Mondes um die Sonne

$$\vec{r}(t) = \left(R_E \cos(\omega_E\, t) + 10\, R_M \cos(\omega_M\, t),\ R_E \sin(\omega_E\, t) + 10\, R_M \sin(\omega_M\, t)\right)$$

(Noch einmal zur Sicherheit: Der Radius der Mondbahn ist 10-fach vergrößert!)

Falls Sie eine andere – eine *schleifenförmige* Mond-Bahn erwartet haben: Noch mal intensiv nachdenken! Die Ausschnittsvergrößerung kann dabei helfen. (Der Kreis ist die Erde auf ihrer Kreisbahn, der Punkt der Mond.)

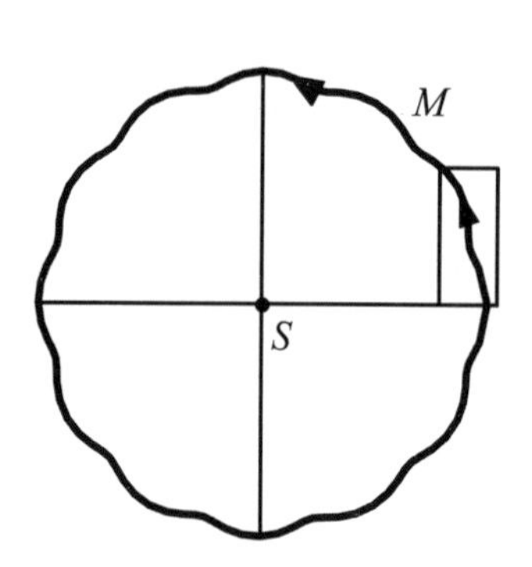

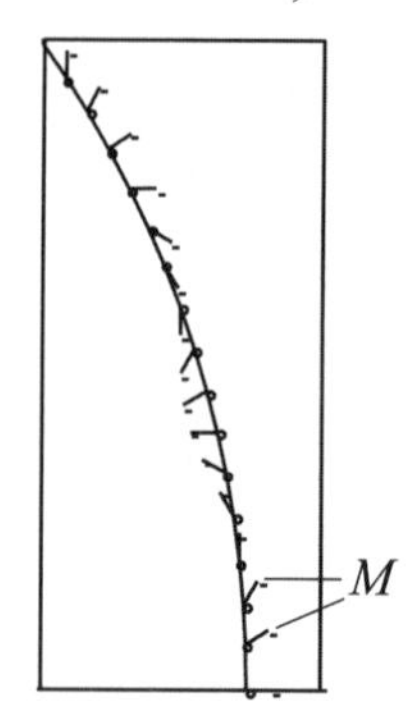

9.6 Krümmung

Die erste Ableitung haben wir ausgiebig strapaziert: Tangentensteigungen, Extremstellen etc. damit ermittelt. Die zweite Ableitung ist bislang etwas stiefmütterlich behandelt worden. Wir haben sie als Test auf Sattelpunkte eingesetzt und nebenbei geschrieben, sie sei „ein Maß für die Krümmung einer Kurve“.

Ein weiteres Mal wurde die zweite Ableitung bei der Behandlung einer Wegfunktion $s(t)$ als „Beschleunigung“ $a(t) = s''(t)$ erwähnt.

Wir wollen nun der augenfälligsten Eigenschaft einer Kurve nachgehen – *sie ist krumm*! – und dabei der zweiten Ableitung zu dem ihr gebührenden 2. Platz verhelfen. Dabei werden wir zwei physikalische Aspekte der Krummheit ansprechen:

- Je krummer ein Balken (durch Lasteinfluss), desto größer die innere Spannung.
- Je krummer eine durchfahrene Kurve, desto größer die Querbeschleunigung.

Die zweite Ableitung ist ein „Maß für die Krümmung“ einer Kurve – nicht die Krümmung selbst! Die Kurvenkrümmung hat man aus bald ersichtlichen Gründen etwas anders definiert.

Mit diesem Abschnitt sind wir beim Lieblingsthema der Differenzialgeometrie angekommen. Man hat die Differenzialgeometrie gar als „Krümmungstheorie“ bezeichnet.

Per Augenschein und Vergleich sind wir durchaus in der Lage zu beurteilen, ob eine Kurve am Punkt A „krummer“ ist als am Punkt B. Zufriedenstellend ist das nicht – wir möchten ein Maß, eine Zahl für die „Krummheit“ bei A. Es gibt verschiedene Arten, die Krümmung einer Kurve zu definieren; wir gehen – im wahrsten Sinne des Wortes – den bewährtesten Weg und beobachten uns beim Abschreiten der Kurve.

Gehen wir auf einer Kurve vom Punkt A aus eine kleine Bogenlänge Δs weiter, so müssen wir uns ein wenig drehen. Anders ausgedrückt: Es ändert sich der Richtungswinkel der Tangente um $\Delta\alpha$. Je größer die Krümmung der Kurve ist, desto größer ist auch die Winkeländerung.

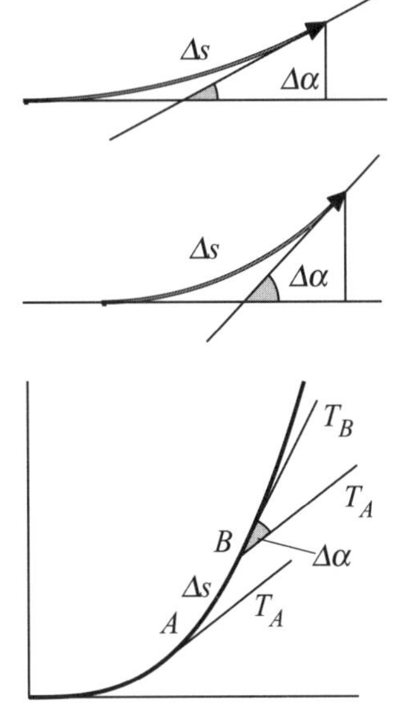

Der Quotient $\frac{\Delta\alpha}{\Delta s}$ kann also als Maß der mittleren Krümmung auf diesem Wegstück angesehen werden. Wir machen Δs kleiner und kleiner (rutschen mit dem Punkt B an A heran) und schreiben für den Grenzübergang $\lim\limits_{\Delta s \to 0} \frac{\Delta\alpha}{\Delta s} = \frac{d\alpha}{ds}$. Wir definieren als Krümmung einer Kurve an einem Punkt $k = \frac{d\alpha}{ds}$.

Bei der Herleitung der entsprechenden Formel beginnen wir wieder mit einer Kurve in **expliziter Darstellung**: $y = f(x)$.

Also: $k = \frac{d\alpha}{ds}$

Nun ist $\tan(\alpha) = y' = \frac{dy}{d\alpha}$ und damit $\alpha = \arctan(y')$.

Wir differenzieren mit der Kettenregel

und bekommen $\frac{d\alpha}{dx} = \frac{d\alpha}{dy}\frac{dy}{dx} = \left(\frac{1}{1+y'^2}\right)\frac{dy'}{dx} = \left(\frac{1}{1+y'^2}\right)y''$

oder $d\alpha = \left(\frac{y''}{1+y'^2}\right)dx$

Ferner hatten wir im Kapitel 8 „Integralrechnung“ für die Länge eines Bogenelements ds herausgefunden $ds = \sqrt{1+y'^2}\,dx$.

Somit können wir zusammensetzen zu

$$k = \frac{d\alpha}{ds} = \frac{y''}{\sqrt{\left(1+y'^2\right)^3}}$$

Das Ergebnis können wir gleich dazu benutzen, die Formel herzuleiten für die Kurve in **Parameterform** $x = x(t)$, $y = y(t)$.

Wir erinnern $y' = \frac{y_t}{x_t}$ und $y'' = \frac{x_t y_{tt} - x_{tt} y_t}{x_t^3}$.

Das setzen wir in die explizite Formel ein, fassen zusammen und bekommen

$$k = \frac{x_t y_{tt} - x_{tt} y_t}{\sqrt{\left(x_t^2 + y_t^2\right)^3}}$$

Eine Kurve in **Polarkoordinaten** transformieren wir am besten mit $x = r(\varphi)\cdot\cos(\varphi)$, $y = r(\varphi)\cdot\sin(\varphi)$ in die Parameterform und verwenden die vorstehende Formel.

Für diejenigen, die es trotzdem wissen wollen und für alsbaldigen Gebrauch bei der „*e*-Spirale“:

$$k = \frac{r^2 + 2r_\varphi^2 - r r_{\varphi\varphi}}{\sqrt{\left(r_\varphi^2 + r^2\right)^3}}$$

Die **Implizite Form** $F(x,y)=0$ würdigen wir keines weiteren Wortes, die Krümmungsformel wird einfach zu grauselig.

Ansonsten sehen die Formeln schlimmer aus als sie sind. Wenn man sich systematisch die Zutaten zurechtlegt und anschließend einsetzt, kommt auch meist etwas Brauchbares heraus – Differenzieren geht so gut wie immer.

Wir könnten nun *k*(…) als Funktion auffassen, die erste Ableitung bilden und eine „Kurvendiskussion" vom Zaun brechen, verkneifen es uns aber und gehen lieber anderen Dingen nach.

Frage: Welche Krümmung hat nach unserer Definition ein Kreis mit Radius r?

Wir nehmen einen Kreis mit Mittelpunkt im Koordinatennullpunkt und benutzen die Parameter-Darstellung: $x=r\cdot\cos(\varphi)$, $y=r\cdot\sin(\varphi)$.

Wir benötigen die ersten Ableitungen $x_\varphi=-r\cdot\sin(\varphi)$, $y_\varphi=r\cdot\cos(\varphi)$

und die zweiten Ableitungen $x_{\varphi\varphi}=-r\cdot\cos(\varphi)$, $y_{\varphi\varphi}=-r\cdot\sin(\varphi)$

Wir setzen ein in $k=\dfrac{x_\varphi y_{\varphi\varphi}-x_{\varphi\varphi}y_\varphi}{\sqrt{\left(x_\varphi^2+y_\varphi^2\right)^3}}$

$$k=\frac{r\sin(\varphi)\cdot r\sin(\varphi)+r\cos(\varphi)\cdot r\cos(\varphi)}{\left(\sqrt{(-r\sin(\varphi))^2+(r\cos(\varphi))^2}\right)^3}=\frac{r^2\sin(\varphi)^2+r^2\cos(\varphi)^2}{\left(\sqrt{r^2\left(\sin(\varphi)^2+\cos(\varphi)^2\right)}\right)^3}$$

Das kann man mit $\cos^2\varphi+\sin^2\varphi=1$ vereinfachen zu

$$k=\frac{r^2}{\sqrt{\left(r^2\right)^3}}=\frac{1}{r}!$$

Sehr schön – die Kreiskrümmung ist gleich dem reziproken Wert des Radius! Ein ansprechendes Ergebnis und erster Hinweis darauf, dass unsere Definition der Krümmung sinnvoll ist.

Wir fassen zusammen: Wir können an jedem Punkt einer Kurve ein Maß, einen Wert für die dort vorhandene Krümmung angeben. Wir können das Ergebnis auch dahingehend interpretieren, dass wir an jedem Punkt einer Kurve einen „Schmiegkreis" zeichnen können, der die gleiche Krümmung wie die Kurve dort hat. Es klingt fast poetisch: Der Kreis schmiegt sich der Kurve an.

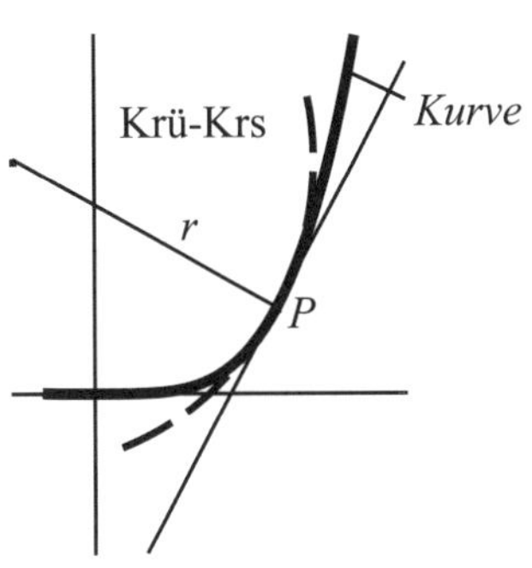

Nun kommen wir zur praktischen, nützlichen Seite dieser recht hübschen Entwicklung.

Krümmung und Biegelinie
Dass die „Krümmungs-Idee“ auch nützlich ist, soll am Beispiel der Balkenbiegung demonstriert werden. In der Technischen Mechanik wird die Aufgabe gestellt, die Biegelinie eines belasteten Balkens zu ermitteln und man findet die Lösung mit der folgenden Argumentationskette:

1. Die Durchbiegung eines Balkens und die Spannung darin wachsen mit der Krümmung, die durch Belastung hervorgerufen wird.

Nehmen Sie ein Lineal an beiden Enden zwischen Daumen und Mittelfinger und drücken vorsichtig – Sie werden das Argument überzeugend finden.

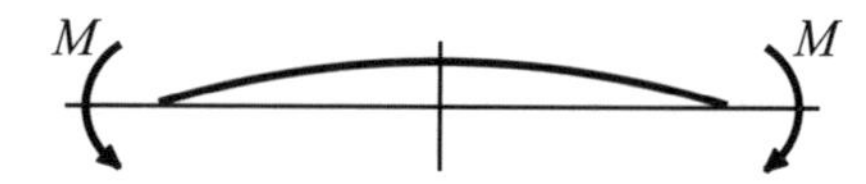

2. Die Krümmung des Balkens wird durch „Biegemomente“ M bewirkt.

$$\text{Krümmung} = f(M) \to \frac{y''}{\left(\sqrt{1+y'^2}\right)} = f(M)$$

„Biegemoment“ ist nur ein Name für die Stärke einer Drehwirkung aus Kraft mal Hebelarm.

3. Die Formel sieht recht unhandlich aus und verführt zu der Überlegung:
Wenn man nur kleine Durchbiegungen zulässt, wird auch $y' = \text{Steigung}$ im Nenner klein und der ganze Nenner geht gegen 1.

Übrig bleibt: $y'' = f(M)$! – *wir haben die Funktion „linearisiert“*!

Als Beispiel nehmen wir einen einseitig eingespannten Träger: ein **Sprungbrett**.

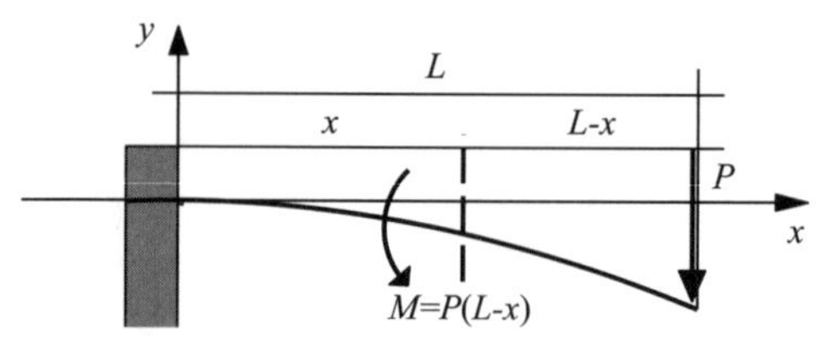

Im Abstand x vom Auflager ist das Biegemoment, die Drehwirkung aus der Einzellast P $\quad M(x) = P \cdot (L-x)$,

Wir schreiben $\quad y'' = P \cdot (L-x)$

Die erste Integration ergibt $y' = P \cdot \left(Lx - \frac{x^2}{2} \right) + C_1$

Aus der zweiten Integration folgt $y = P \cdot \left(\frac{Lx^2}{2} - \frac{x^3}{6} \right) + C_1 x + C_2$

Nun müssen wir uns durch geeignete Wahl von C_1 und C_2 den Randbedingungen anpassen:

a) Am Auflager $x = 0$ ist die Trägerneigung $y' = 0$.

Wir setzen ein in $y' = \ldots$, lösen nach C_1 auf und bekommen $C_1 = 0$

b) Ferner ist am Auflager $x = 0$ die Durchbiegung $y = 0$.

Wir setzen ein in $y = \ldots$, lösen nach C_2 auf und bekommen $C_2 = 0$

Bei der praktischen Berechnung der Biegelinie und der Durchbiegung spielen natürlich das Material und der Balkenquerschnitt eine Rolle: Wir berücksichtigen das durch die Faktoren E = Elastizitätsmodul und I = Trägheitsmoment.

Damit haben wir die endgültige Formel für Biegelinie und Durchbiegung:

$$y = P \cdot \frac{\left(\frac{Lx^2}{2} - \frac{x^3}{6} \right)}{E \cdot I}$$

Die Biegelinie ist eine kubische Parabel; technisch sinnvoll und praktisch interessant ist nur das Stück von $x = 0 \ldots L$.

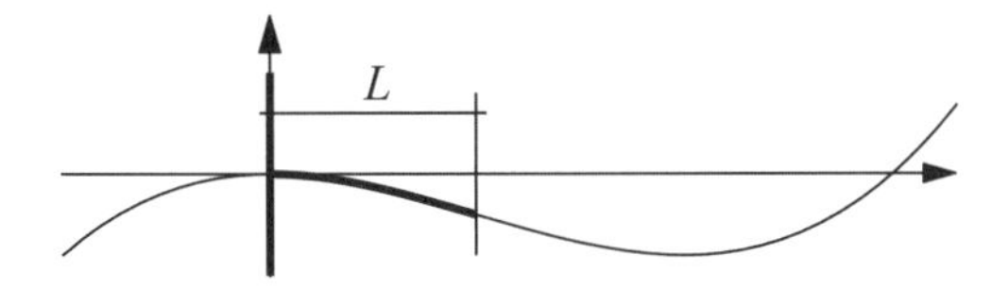

Für Ungläubige und/oder Praktiker rechnen wir mit konkreten Zahlen, nehmen handelsübliches Material und alltägliche Masse.

Der „Balken" sei eine Gerüstbohle; wir entnehmen einer Bautabelle:

$E = 100\,000$; $I = \frac{b \cdot h^3}{12} = \frac{40 \cdot 4^3}{12} \approx 213$

Wir wählen als Kraglänge $L = 200\text{ cm}$ und Einzellast $P = 80\text{ kg}$ und setzen alles ein in $y = \ldots$. Für $x = L = 200$ bekommen wir die maximale Durchbiegung am Bohlenende: $y_{\max} = 10\text{ cm}$. Rechnen Sie es nach!

Ohne größere geistige Verrenkungen lässt sich rein analytisch auch der Zusammenhang zwischen Belastung $P \rightarrow$ Querkraft $Q \rightarrow$ Biegemoment M erbringen:

$P(x) = Q'(x) = M''(x)$; wir verzichten auf den Nachweis.

Wir können also bei vorgegebenem Momentenverlauf durch zweimaliges Differenzieren die auslösende Belastung ermitteln.

In der Praxis stellt sich das Problem anders herum. Man sucht bei gegebener Belastung die Biegelinie. Dafür drehen wir also das Verfahren um.

Gegeben ist die Belastung $P(x)$.

- Die 1. Integration ergibt die Querkraft $Q(x)$ (für die Schubspannungsbemessung).
- Die 2. Integration ergibt den Momentenverlauf $M(x)$ (für die Biegespannungsbemessung).

Nun können wir wie oben weitermachen:

- Die 3. Integration liefert etwas ohne besonderen Namen: die Neigung der Biegelinie.
- Die 4. Integration liefert endlich die Funktion der Biegelinie $y(x)$, mit der man die maximale Durchbiegung y_{max} berechnen kann.

Falls Sie es nicht bemerkt haben sollten, wir hantieren wieder mit Differenzialgleichungen herum: $y'''' = P(x)$! Immer wenn es interessant wird, tauchen Differenzialgleichungen auf!

Krümmung und Radialbeschleunigung bzw. -kraft

Einen dynamischen Anstrich bekommt die Sache, wenn wir uns ins Auto setzen. Wenn wir mit konstanter Geschwindigkeit einen kleinen Kreis (mit großer Krümmung) durchfahren, ist die Querbeschleunigung a bzw. „Querkraft“ F_a größer, als wenn wir mit der gleichen Geschwindigkeit einen großen Kreis (mit kleiner Krümmung) durchfahren. Bei einem Rad- oder Motorradfahrer zeigt die Schräglage die Größe der Querkraft an.

Die Physiker haben einen einfachen Zusammenhang herausgefunden:

$$a = \frac{v^2}{r} \text{ bzw.: } F_a = \frac{mv^2}{r} \quad (m = \text{Masse}, v = \text{Bahngeschwindigkeit})$$

Bei einer beliebigen Kurve können wir damit an jedem Punkt die Querkraft berechnen, die auf ein Fahrzeug wirkt, dass mit einer bekannten Geschwindigkeit den Punkt „überfährt“: Wir berechnen die Kurven-Krümmung k an dem Punkt und setzen $r = 1/k$ in die Formel ein.

Die Berechnung und Darstellung von $k(x)$ am Beispiel.

Die durchfahrene Kurve $\quad f(x) = (x-1)^3$,

die Ableitungen $\quad f'(x) = 3(x-1)^2$; $f''(x) = 6x - 6$.

Die Krümmungsfunktion $\quad k(x) = \dfrac{6x-6}{\sqrt{\left(1+9(x-1)^4\right)^3}}$

Die k-Kurve ist ein getreues *Abbild* der wirkenden Seitenkräfte. Die tatsächlichen Kräfte sind $F(x) = k(x) \cdot mv^2$.

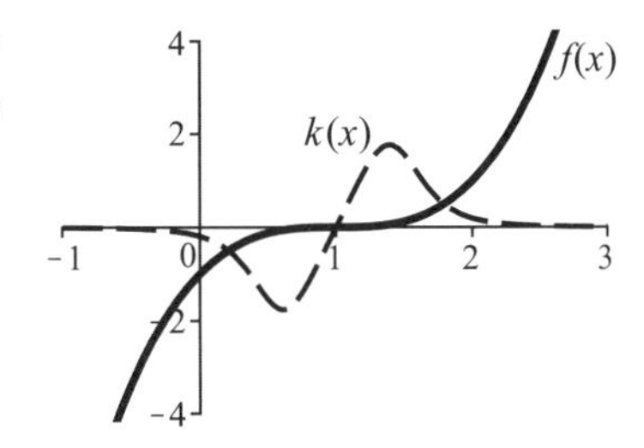

Zweites *Beispiel*: Ein Radfahrer in der Kurve.
Ein Radfahrer fährt mit konstanten 36 km/h (= 10 m/s) durch einen Kreisverkehr mit dem Radius von 20 Metern oder über einen Kurvenpunkt mit der Krümmung $k = 1/20 = 0.05$.
Wie groß ist sein Schräglagenwinkel?

Also: Gegeben $v = 10$, $r = 20$; Gesucht $SchLgnW$

Mit den Werten wird $a = \dfrac{10^2}{20} = 5$

Diese Radialbeschleunigung ruft eine Kraft F_a hervor, die den Radfahrer aus der Kurve drücken will.
Nach Sir Isaac Newton ist Kraft = Masse · Beschleunigung → $F_a = m \cdot a$.

Es ist aber noch eine zweite Kraft im Spiel: die Gewichtskraft des Radlers.
Auf den Radfahrer in Kurvenfahrt wirken also

- die Kraft aus Radial-Beschleunigung $F_a = m \cdot a$ und
- das Gewicht $F_g = m \cdot g$.

Nun hat es sich in der Radfahr-Praxis nicht bewährt, die Zentrifugal-Kraft F_a durch einen im Kreismittelpunkt befestigten Strick aufzunehmen, den der Betroffene im rechten Zeitpunkt an sich oder dem Fahrrad befestigt.

Es zeigte sich zum Glück, dass man Gleich- bzw. Gegengewicht auch dadurch erreichen kann, dass man sich so „in die Kurve legt", dass man genau in Richtung der Resultierenden der beiden Kräfte F_a, F_g ausgerichtet ist.

$F_g = m \cdot g$ (g ~ 10 m/s² = Gravitationskonstante)

$F_a = m \cdot a$ (a = Radial-Beschleunigung s. oben)

$F_r = F_g + F_a$ (die resultierende Kraft)

Der Schräglagenwinkel ist:

$$SchrLgnW = \arctan\left(\frac{F_a}{F_g}\right) = \arctan\left(\frac{m \cdot a}{m \cdot g}\right) = \arctan\left(\frac{a}{g}\right)$$

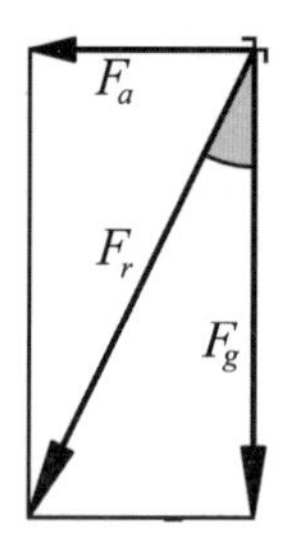

Die Masse kürzt sich heraus: Das Gesetz gilt für Dicke wie für Dünne.

Der Winkel gegen die Vertikale – die Schräglage – ergibt sich somit zu:

$$SchrLgnW = \arctan\left(\frac{5}{10}\right) = 0.464 \rightarrow 26.56°$$

Übrigens haben wir damit auch die beliebte Aufgabe gelöst: Gegeben sind die Ausbaugeschwindigkeit einer Straße und der Kurvenradius; gesucht ist die Kurven-Überhöhung. In unserem Fall müsste die Straße für den flotten Radfahrer um 26.56° gegen die Horizontale (!) überhöht werden, damit er reifengummisparend ums Rondell kommt.

9.7 e-Spirale

Wir haben einiges an Rüstzeug gesammelt und wollen einmal nachschauen, was sich an Besonderheiten finden lässt, wenn wir mit unserem Handwerkszeug an eine Kurve herangehen. Es wird gewissermaßen eine erweiterte Form der von der Schule her bekannten und beliebten Kurvendiskussion.

Die eigentliche Arbeit überlassen wir wieder unserem Computer, der uns allerdings über alle Zwischenschritte im Unklaren lässt, die fertigen Ergebnisse vor die Füße legt. Wir müssen „nur" die Ergebnisse interpretieren – schwierig und ungewohnt genug!

Es gibt eine Vielzahl von Kurven: Kegelschnitte, Rollkurven, Blätter...

- Spiralen sind besonders hübsch anzusehen!
- Spiralen gibt es in 2D und 3D,
- Spiralen gibt es in verschiedensten Versionen,
- Spiralen begegnen einem in Natur und Technik,
- Spiralen sind mathematisch interessant.

Wir wollen den interessantesten Typ untersuchen: **die logarithmische Spirale**.

Jakob I. Bernoulli (1654 bis 1705) – einer der Großen aus der Genie-Sippe der Bernoullis – fand die Spirale und die ihr innewohnenden Gesetzmäßigkeiten, die er teilweise selber entdeckt hat, so interessant, dass er sie sich auf den Grabstein meißeln ließ. Dort ist sie noch heute im Kreuzgang des Baseler Münsters zu bewundern.

Die allgemeine Polarform der logarithmischen Spirale ist $\mathrm{r}(\varphi) = \mathrm{b}\,\mathrm{e}^{\mathrm{a}\,\varphi}$.

Wir setzen $b = 1$ und hantieren mit $\mathrm{r}(\varphi) = \mathrm{e}^{\mathrm{a}\,\varphi}$.

Das Bild zeigt die Spirale für $a = 0.1$.

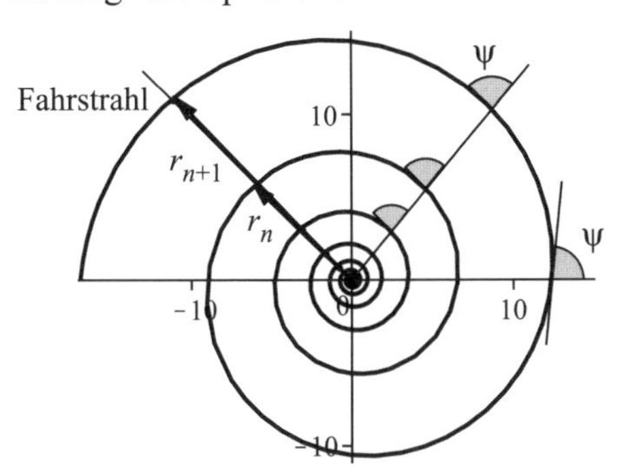

- Für $\varphi = 0$ ist $r = 1$ ($e^0 = 1\,!$).
- Wächst φ von 0 bis $+\infty$, wächst r von $1 \to \infty$.
- Nimmt φ von 0 bis $-\infty$ ab, nimmt r von $1 \to 0$ ab.

Die Spirale windet sich unendlich oft um den Ursprung, den Pol.

1. Wir bilden den Quotienten zweier um 2π voneinander entfernten Fahrstrahlen

$$\frac{\mathrm{r}_{\mathrm{n}+1}}{\mathrm{r}_{\mathrm{n}}} = \frac{\mathrm{e}^{\mathrm{a}(\varphi+2\pi)}}{\mathrm{e}^{\mathrm{a}\,\varphi}} = \frac{\mathrm{e}^{\mathrm{a}\,\varphi}\mathrm{e}^{\mathrm{a}\cdot 2\pi}}{\mathrm{e}^{\mathrm{a}\,\varphi}} = \mathrm{e}^{\mathrm{a}\cdot 2\pi} = \mathrm{const.}$$

Konstante Quotienten sind uns bei Folgen begegnet, sie sind der Indikator dafür, dass es sich um eine *geometrische* Folge handelt. Im Klartext sagt unsere Formelentwicklung also: Die auf einem gemeinsamen Strahl liegenden Fahrstrahlen der logarithmischen Spirale bilden eine geometrische Folge.

2. Wir interessieren uns für die Neigung der Tangente, für die erste Ableitung an einem Kurvenpunkt; wir müssen differenzieren.

Die Parameterform der Spirale ist $x = r(\varphi)\cos(\varphi), y = r(\varphi)\sin(\varphi)$.

Die erste Ableitung ist $y' = \dfrac{y_\varphi}{x_\varphi} = \dfrac{r_\varphi(\varphi)\sin(\varphi) + r(\varphi)\cos(\varphi)}{r_\varphi(\varphi)\cos(\varphi) - r(\varphi)\sin(\varphi)}$

Wegen $\mathrm{r}(\varphi) = \mathrm{e}^{\mathrm{a}\,\varphi}$ und $\mathrm{r}_\varphi(\varphi) = \mathrm{a}\cdot\mathrm{e}^{\mathrm{a}\,\varphi}$ wird daraus

$$y' = \frac{y_\varphi}{x_\varphi} = \frac{a\sin(\varphi) + \cos(\varphi)}{a\cos(\varphi) - \sin(\varphi)}$$

Der Ausdruck ist nur noch von φ abhängig und hat eine π (!)-Periode. Der Tangentenanstieg ist also nicht von der Fahrstrahllänge abhängig! Für beliebige Fahrstrahlwinkel φ, $\varphi + 1\pi$, $\varphi + 2\pi$... errechnet sich immer die gleiche Tangensteigung y'. Nach jeweils einer halben(!) Umdrehung haben wir wieder die gleiche Tangentensteigung.

Um den Sachverhalt zu verdeutlichen, fassen wir y' als Funktion $y' = y'(\varphi)$ auf und lassen uns den Graphen zeichnen.

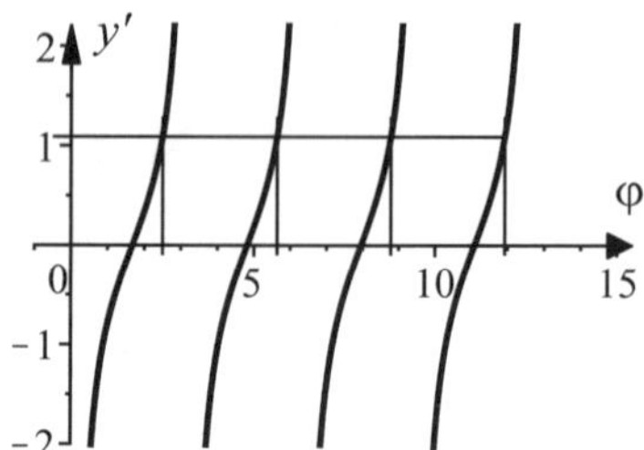

Man kann es auch anders ausdrücken: Ein beliebiger Fahrstrahl schneidet alle Bögen der Spirale unter gleichem Winkel. Bei der Gelegenheit können wir auch gleich den Winkel ψ zwischen Fahrstrahl und Spirale berechnen. Wenn wir nun schon wissen, dass die Winkel immer gleich sind, suchen wir uns den bequemsten Fahrstrahl aus: den Strahl längs der x-Achse mit $\psi = 0$.

Für $\psi = 0$ wird $y' = \dfrac{a\sin(0) + \cos(0)}{a\cos(0) - \sin(0)} = \dfrac{1}{a}$

Also: $y' = \tan(\psi) = \dfrac{1}{a}$, $\varphi = \arctan\left(\dfrac{1}{a}\right)$

Für die Standardspirale mit $a = 1$ ist der Winkel $\psi = 0.7854$ bzw. 45°.
Für die Spirale im ersten Bild mit $a = 0.1$ ergibt sich $\psi = 1.4711$ bzw. 84.3°.

3a. Die Länge eines Kurvenstücks lässt sich mit der Polar-Formel berechnen

$$s = \int_{\varphi_a}^{\varphi_e} \sqrt{r^2 + r_\varphi^2}\, d\varphi .$$

Wir legen uns zurecht $r = e^{a\varphi}$, $r' = r_\varphi = ae^{a\varphi}$.

Es ergibt sich vereinfacht (!)

$$s = \frac{\sqrt{e^{a\varphi_e}\left(1 + a^2\right)} - \sqrt{e^{a\varphi_a}\left(1 + a^2\right)}}{a}$$

Obwohl sich die Spirale für φ von 0 bis $-\infty$ unendlich oft um den Pol windet, strebt die Bogenlänge für dieses Stück einem endlichen Wert zu.

Für $a = 1$ – also $r = e^{\varphi}$ – zieht sich die Kurve so schnell zu, dass sich der Grenzwert von nur $s = \sqrt{2}$ ergibt.

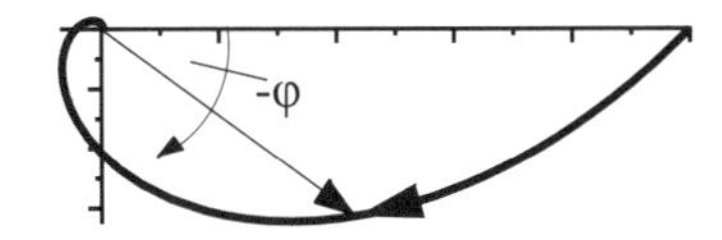

3b. Wir bleiben bei $r = e^{\varphi}$ und berechnen die Länge der 1. Windung

$$s_1 = \int_0^{2\pi} \sqrt{e^{2\varphi} + e^{2\varphi}}\, d\varphi = \sqrt{2}e^{2\pi} - \sqrt{2}$$

Die Länge der 2. Windung ermittelt sich zu

$$s_2 = \int_{2\pi}^{4\pi} \sqrt{e^{2\varphi} + e^{2\varphi}}\, d\varphi = \sqrt{2}e^{4\pi} - \sqrt{2}e^{2\pi}$$

Ergebnis: Die Bogenlänge vergrößert sich bei jeder Windung um den konstanten Faktor $e^{2\pi}$!

4. Die Krümmungsberechnung macht auch keine Schwierigkeiten

$$k = \frac{r^2 + 2r_{\varphi}^2 - r\, r_{\varphi\varphi}}{\sqrt{\left(r_{\varphi}^2 + r^2\right)}}$$

Wir brauchen wieder $r = e^{a\varphi}$, $r' = r_{\varphi} = ae^{a\varphi}$

und zusätzlich $r' = r_{\varphi} = ae^{a\varphi}, r'' = r_{\varphi\varphi} = a^2 e^{a\varphi}$.

Damit wird $k = \dfrac{e^{2\varphi}\sqrt{2}}{2\sqrt{e^{6\varphi}}}$, vereinfacht zu $k = \dfrac{e^{2\varphi}}{\sqrt{2}\, e^{\varphi + 2\varphi}}$

bzw. $k = \dfrac{1}{\sqrt{2}\, e^{\varphi}}$.

Das einzig Auffällige ist, dass für $a = 1$ die Geschwindigkeit (die erste Ableitung), mit der die Krümmung zu- oder abnimmt, der Originalkrümmung (mit umgekehrtem Vor-zeichen) gleich ist. Bei einer e-Funktion ist das allerdings nicht gar so überraschend.

$$k' = -\frac{1}{\sqrt{2}\, e^{\varphi}}.$$

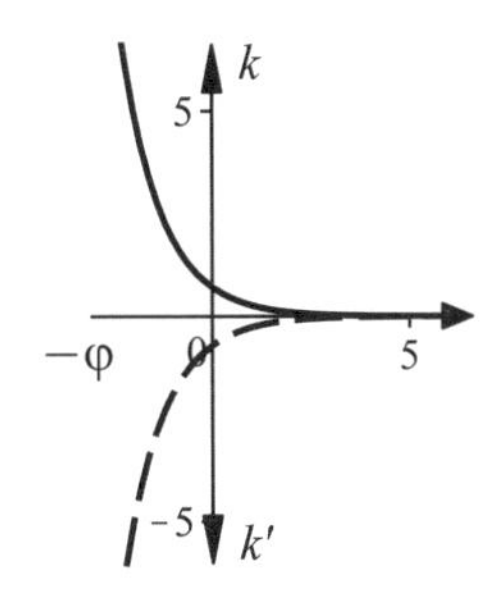

9.8 Ein Mobilé

Wir wollen ein Mobilé bauen. Ein „... durch Luftzug in Schwingung geratendes, von der [Zimmer]decke hängendes Gebilde aus [Metall]blättchen" – wie der Duden es definiert. Die Form der Einzelteile kann als überaus ästhetisch angesehen werden – wir haben sie schließlich selbst entworfen! Natürlich können wir der Versuchung nicht widerstehen, unser gesamtes zwischenzeitlich erworbenes mathematisches Wissen an dem Objekt auszuprobieren.

Als Erstes schieben und drehen wir das Teil (oder das Koordinatenkreuz) solange, bis die Begrenzungskurven durch einfache Funktionen darstellbar sind.

$$y_o = -0.2(x-3)^2 + 3; \quad y_u = 0.4(x-2)^2 + 1$$

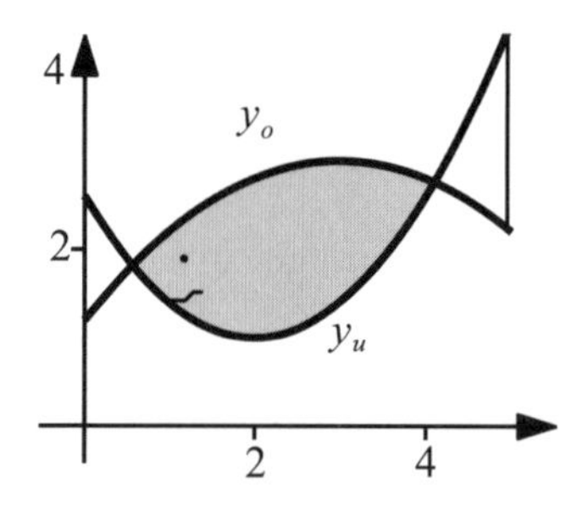

Nun wollen wir die **Größe der Tafel** bestimmen, aus der wir das Stück schneiden. Für die linke bzw. rechte Grenze errechnen wir die Schnittpunkte der Kurven.

Wir setzen

$$y_o(x) = y_u(x) \rightarrow -0.2(x-3)^2 + 3 = 0.4(x-2)^2 + 1$$

lösen die Gleichung nach x auf und bekommen

$$x_{links} = a = 0.5694; \quad x_{rechts} = b = 4.097$$

Für die obere bzw. untere Begrenzung müssen wir die Extremstellen und -werte der beiden Kurven bestimmen.

Die ersten Ableitungen sind

$$y_o'(x) = -0.4x + 1.2; \quad y_u'(x) = 0.8x - 1.6$$

Wir setzen jeweils = 0 und lösen nach x auf

$$-0.4x + 1.2 = 0 \rightarrow x_{o\max} = X_o = 3.0$$

$$0.8x - 1.6 = 0 \rightarrow x_{u\min} = X_u = 2.0$$

Einsetzen in eine der Ursprungsfunktionen ergibt die gesuchten Werte
$Y_o = 3.0$; $Y_u = 1.0$

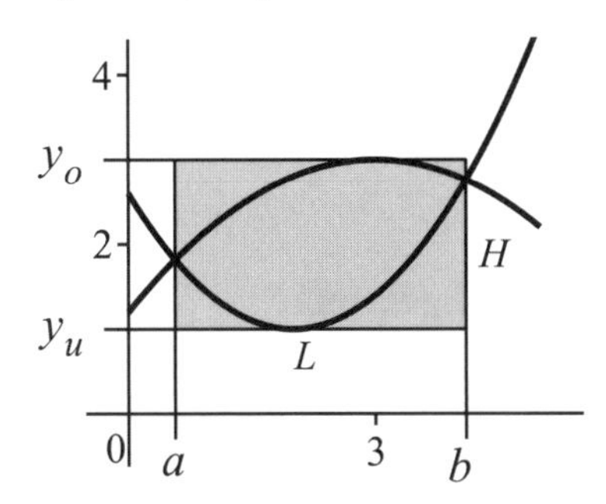

Die Tafelgröße $L = b - a = 4.097 - 0.5694 = 3.528$

$H = Y_o - Y_u = 3.0 - 1.0 = 2.0$

$TaFlä = 3.528 \cdot 2.00 = 7.058$

Das muss nicht die geringst mögliche Tafelgröße für unser Stück sein! Durch geschicktes Drehen des Teils kommt man evtl. mit einer geringeren Tafelgröße aus. Mathematisch kommen wir damit aber in wirklich schwieriges Gelände – in die Variationsrechnung, wir geben uns geschlagen.

Natürlich interessiert für die Gewichtsberechnung die **Fläche** des eigentlichen Mobilé-Teils; wir müssen integrieren.

Wir ziehen von der großen Fläche mit der oberen Begrenzung $y_o(x)$ die kleinere Fläche unter $y_u(x)$ ab.

$$MoFlä = \int_a^b y_o\, dx - \left(\int_a^b y_u\, dx \right) = \int_a^b (y_o - y_u)\ dx$$

Die Fläche $MoFlä = \int_{0.5694}^{4.097} \left(-0.2(x-3)^2 + 2 - 0.4(x-2)^2\right) dx = 4.390$

(Immerhin $(7.058 - 4.390) \cdot 100 / 7.058 = 43.5\%$ Verschnitt!)

Das Teil soll einen Keder bekommen, laut Duden „... eine Randverstärkung aus Leder, Gummi od. Kunststoff". Die **Länge** der Begrenzungsbögen muss her. Die Formel haben wir schon entwickelt

$$Bogenlänge = \int_a^b \sqrt{1 + (y')^2}\, dx$$

Die Auswertung der Integrale ergibt – wie bei Bogenlängenberechnung üblich – recht unangenehme Formeln, wir schalten den Computer ein.

$$BL_o = \int_{0.5694}^{4.097} \sqrt{1+\left(-0.4x+1.2\right)^2}\, dx = 3.903$$

$$BL_u = \int_{0.5694}^{4.097} \sqrt{1+\left(0.8x+1.6\right)^2}\, dx = 4.553$$

Der Umfang $BL_o + BL_u = 3.903 + 4.553 = 8.456$

Das Wichtigste zum Schluss: Der Dreh- und Angelpunkt

Im Klartext: Der **Schwerpunkt** muss berechnet werden. Unangenehm dabei – wir müssen die passende Bestimmungsformel erst noch entwickeln! Was der Schwerpunkt ist, wissen wir intuitiv: Man kann sich (für bestimmte physikalisch-technische Untersuchungen) die „Masse der Fläche" darin konzentriert denken. Wir teilen erst einmal das Problem und ermitteln zwei Schwerachsen parallel zu den Koordinatenachsen: Der Schnittpunkt A ist dann der gesuchte Schwerpunkt.

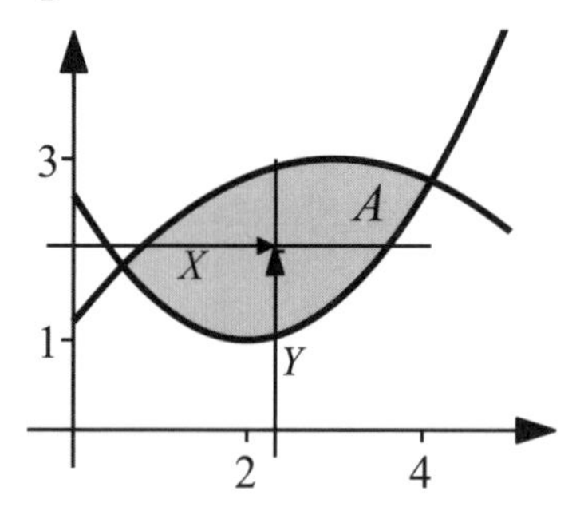

Zuerst kümmern wir uns um die Schwerachse parallel zur x-Achse und machen eine Anleihe bei der Technischen Mechanik: die Gleichgewichtsbedingungen. Bei einer physikalisch-technischen Fragestellung ist diese Anleihe ja eine durchaus legitime Sache. Wir zerschneiden (gedanklich) unsere Fläche in Streifen der Breite Δx. Den Schwerpunkt so eines Rechteck-Streifens kennen wir: Er liegt in der Mitte des Rechtecks.

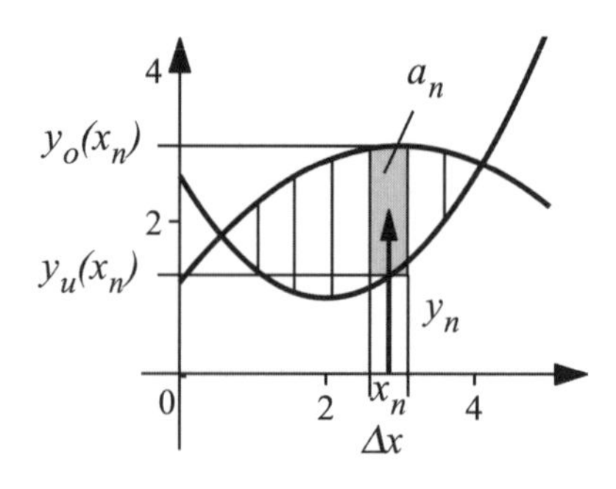

Nun verlangen wir, dass in Bezug auf die x-Achse das Drehmoment der Gesamtfläche und die Summe der Drehmomentchen der Einzelflächen gleich sein sollen. („Drehmoment" ist die Drehwirkung, das Produkt aus Kraft und Hebelarm).

Anders ausgedrückt, es soll gelten $A \cdot Y = \sum a_n\, y_n$

Damit haben wir es fast geschafft, der Rest ist Routine.

Es ist $a_n = (y_o(x_n) - y_u(x_n)) \cdot \Delta x$

und $y_n = y_u(x_n) + \frac{y_o(x_n) - y_u(x_n)}{2} = \frac{y_u(x_n) + y_o(x_n)}{2}$

Wir bauen zusammen

$$A \cdot Y = \sum a_n y_n = \sum (y_o(x_n) - y_u(x_n)) \cdot \frac{y_u(x_n) + y_o(x_n)}{2} \cdot \Delta x$$

verschönern die Sache $A \cdot Y = \frac{1}{2} \cdot \sum \left(y_o(x_n)^2 - y_u(x_n)^2\right) \cdot \Delta x$

machen den Grenzübergang $A \cdot Y = \frac{1}{2} \cdot \int \left(y_o(x_n)^2 - y_u(x_n)^2\right) dx$

und haben die fertige Formel für den Schwerpunkt-Abstand von der x-Achse

$$Y = \frac{1}{2A} \cdot \int_a^b \left(y_o(x_n)^2 - y_u(x_n)^2\right) dx$$

Für den Abstand X des Schwerpunktes von der y-Achse ändern wir den Standpunkt bzw. die Sichtweise und die Gleichgewichtsbedingungen:

Es soll nun gelten $A \cdot X = \sum a_n x_n$

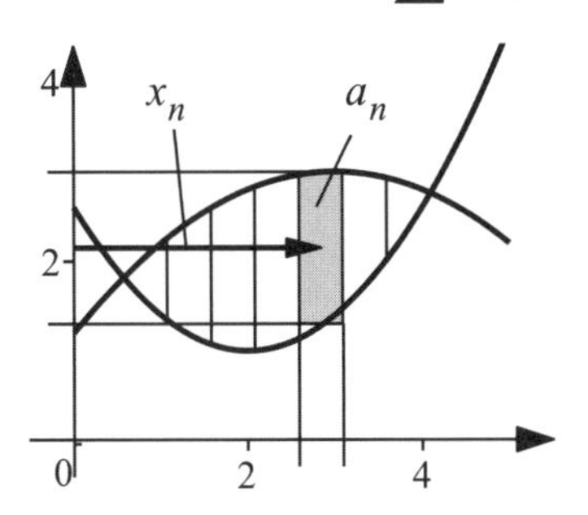

Wir fassen uns kurz:

Wir haben wieder $a_n = (y_o(x_n) - y_u(x_n)) \cdot \Delta x$

Im Gegensatz zu oben ist aber $x_n = x_n$

Zusammengebaut wird $A \cdot X = \sum \left(y_o(x_n) - y_u(x_n)\right) \cdot x_n \cdot \Delta x$

Nach Grenzübergang erhalten wir $A \cdot X = \int \left(y_o(x) - y_u(x)\right) x \, dx$

bzw. die fertige Formel für X

$$X = \frac{1}{A} \cdot \int \left(y_o(x_n) - y_u(x_n)\right) x \, dx$$

Vor der praktischen Verwendung testen wir unsere frisch ermittelten Formeln erst einmal an einer Figur, dessen Schwerpunkt wir bereits kennen.

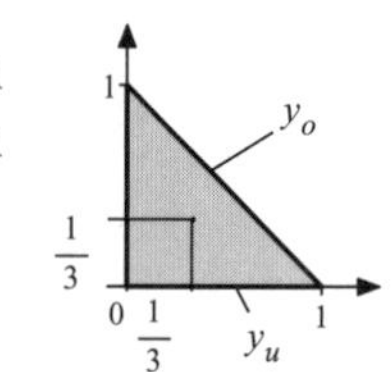

$$y_o = -x + 1; \quad y_u = 0; \quad a = 0; \quad b = 1$$

$$Fläche = \frac{1 \cdot 1}{2} = 0.5$$

$$Y = \frac{1}{2A} \cdot \int_a^b \left(y_o(x)^2 - y_u(x)^2\right) dx$$

$$= \frac{1}{2 \cdot 0.5} \cdot \int_0^1 \left((-x+1)^2 - 0^2\right) dx$$

$$= 1 \cdot \int_0^1 (x^2 - 2x + 1) \, dx$$

Stammfunktion $F(x) = \frac{x^3}{3} - 2\frac{x^2}{2} + x; \quad Y = 1 \cdot \left(\frac{1}{3} - 1 + 1\right) = \frac{1}{3}$

$$X = \frac{1}{A} \cdot \int_a^b \left(y_o(x) - y_u(x)\right) x \, dx$$

$$= \frac{1}{0.5} \cdot \int_0^1 (-x + 1 - 0) \, x \, dx$$

$$= 2 \cdot \int_0^1 \left(-x^2 + 1x\right) dx$$

Stammfunktion $F(x) = -\frac{x^3}{3} + \frac{x^2}{2}; \quad X = 2 \cdot \left(-\frac{1}{3} + \frac{1}{2}\right) = \frac{1}{3}$

Das weckt Vertrauen!

Nun verwenden wir die Formeln für das Mobilé-Teil. Dafür brauchen wir nur noch die Funktionen und die bereits vorhandenen Werte in die Formeln einzusetzen und auszuwerten

$$\begin{aligned} Y &= \frac{1}{2MoFl\ddot{a}} \cdot \int_a^b \left(y_o^2 - y_u^2\right) dx \\ &= \frac{1}{2 \cdot 4.39} \cdot \int_{0.5695}^{4.097} \left(\left(-0.2(x-3)^2+3\right)^2 - \left(0.4(x-2)^2+1\right)^2\right) dx \\ &= 2.040 \end{aligned}$$

$$\begin{aligned} X &= \frac{1}{MoFl\ddot{a}} \cdot \int_a^b x \cdot \left(y_o - y_u\right) x\, dx \\ &= \frac{1}{4.39} \cdot \int_{0.5695}^{4.097} x \cdot \left(-0.2(x-3)^2 + 2 - 0.4(x-2)^2\right) dx \\ &= 2.333 \end{aligned}$$

und uns per Augenschein im Bild von der Richtigkeit zu überzeugen.

9.9 Integralfunktionen

Keine Sorge, der Abschnitt beginnt zwar etwas theoretisch, endet aber mitten in der Praxis – auf der Autobahn!

Vom bestimmten Integral zur Funktion. Bestimmte Integrale haben als Ergebnis einen Zahlenwert, z.B. den Inhalt einer Fläche unter einer Kurve in den Grenzen *a...b*. Wenn man jedoch *eine* der Grenzen variabel macht – z. B. *b* – hat man mit einemmal eine Funktion $f(b)$.

Im Abschnitt 8.9 „Hauptsatz“ hatten wir bereits Kontakt mit dieser seltsamen Sorte von Funktionen. Wir hatten gesagt: Wir haben eine Funktion $y = f(x)$ und möchten den Inhalt der Fläche *F* zwischen *Kurve... x-Achse* und zwischen *a...b* bestimmen, also das Integral lösen $F = \int_a^b f(x)\, dx$

Halten wir die untere Grenze *a* fest und setzen nacheinander b_1, b_2, b_3 etc. als obere Grenze *b* ein, erhalten wir jeweils einen anderen Wert F_1, F_2, F_3 etc. – ein eindeutiges Verhalten einer Funktion.

Wir können F als Funktion $F = F(b)$ der oberen Grenze b auffassen und zeichnen

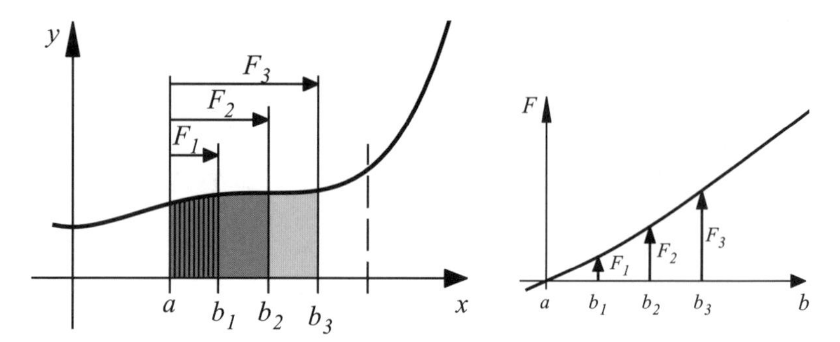

Ideal wäre es, die (Flächen-)Funktion $F(b)$ zu finden! – hatten wir gesagt. In konkreten, einfachen Fällen ist das auch kein Problem. Wir gehen genau so vor wie bei der Ermittlung des bestimmten Integrals.

Als Beispiel nehmen wir unser (umgekipptes) Sektglas aus dem Abschnitt 8.8 „Integration".

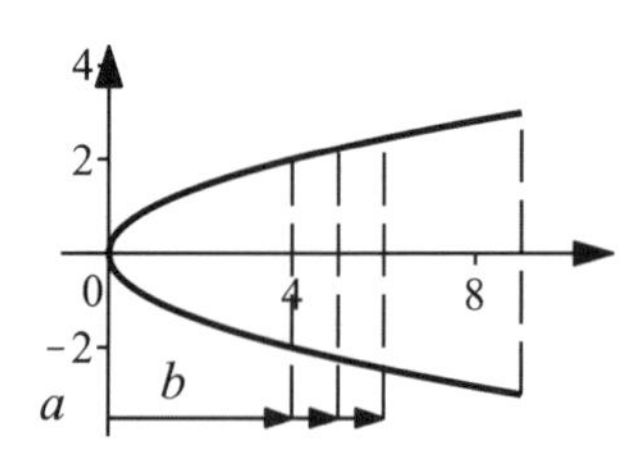

Wir hatten bei der Inhaltsberechnung herausgefunden

$$V = \pi \left(\int_a^b f(x)^2 dx \right) = \pi \left(\int_0^b \left(\sqrt{x}\right)^2 dx \right) = \pi \left(\int_0^b x\, dx \right);$$

Stammfunktion $F(x) = \frac{x^2}{2}$. Wir setzen ein $V = \pi \left(\frac{b^2}{2} - \frac{0^2}{2} \right) = \frac{\pi \cdot b^2}{2}$ und

fassen das Ergebnis als Funktion von b auf $V(b)$ und haben eine ganz „normale" ***Sektglas-Füllmengen-Anzeigefunktion***.

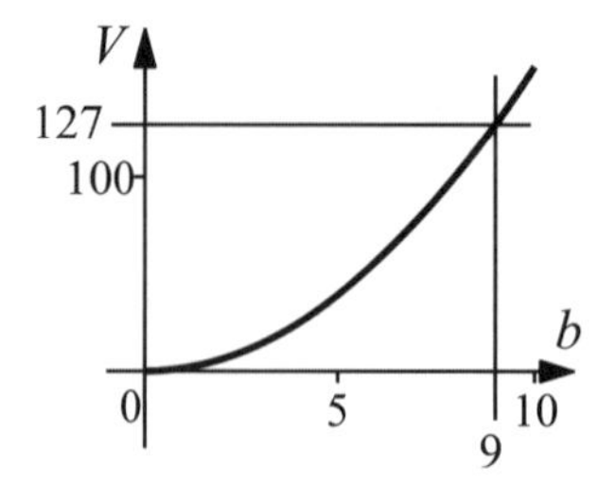

Die Funktion gibt an, wie sich – beginnend mit $a = 0$ – der Inhalt im Glas mit der *Füllhöhe b* verändert.

Aber auch in Fällen, in denen sich das Integral nicht so einfach ergibt – keine Stammfunktion zu finden ist – können wir für jeden b-Wert das Integral numerisch auswerten (lassen), eine Wertetabelle aufstellen (lassen) und ein Diagramm zeichnen (lassen). Wenn wir bislang den Computer nur aus Bequemlichkeit zur Entlastung eingesetzt haben, sind wir bei dieser Art der Funktionen (fast) auf ihn angewiesen – die Rechnerei ist (fast) mörderisch.

Bevor wir uns in die Praxis begeben, eine kleine Kostprobe, wie „normal" man mit diesen Funktionen umgehen kann – eine Extremwertaufgabe.

Gegeben: Eine Funktion $f(x) = \frac{x}{8} + \frac{2}{x}$

Gesucht: Der Streifen der Länge $L = 3$ unter der Kurve mit dem *minimalen* Flächeninhalt.

Wir machen uns zuerst einmal mit einer Skizze die Aufgabenstellung klar.

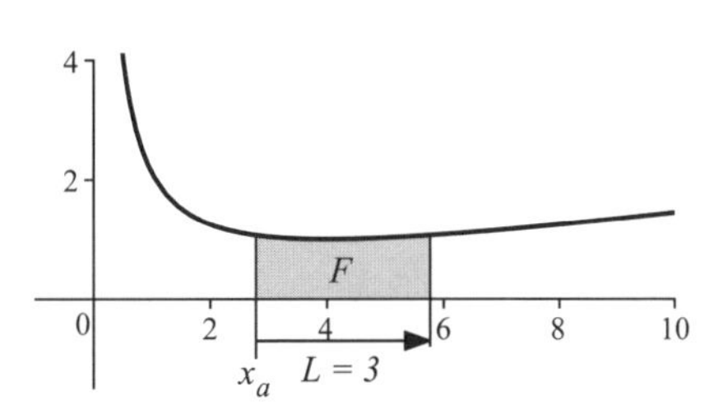

Je nach Anfangspunkt x_a hat der Streifen mit $L = 3$ einen anderen Flächeninhalt. Wir suchen den Punkt x_a, für den der Streifeninhalt minimal wird. Der Flächeninhalt errechnet sich aus der Integralfunktion

$$Fl(x_a) = \int_{x_a}^{x_a+3} \left(\frac{x}{8} + \frac{2}{x} \right) dx$$

Extremstellen einer Funktion bekommt man (in Oberstufen-Manier) durch Nullsetzen der ersten Ableitung und Auflösen nach der Variablen. Wir brauchen also die 1. Ableitung der Integralfunktion!? Der schon oben vorgeführte Umweg ist erforderlich.

Wir besorgen eine Stammfunktion von

$$\int \left(\frac{x}{8} + \frac{2}{x} \right) dx \,; \qquad F(x) = \frac{x^2}{16} + 2 \cdot \ln(x)$$

setzen die Grenzen ein $Fl(x_a) = \frac{(x_a + 3)^2}{16} + 2 \cdot \ln(x_a + 3) - \frac{x_a^2}{16} - 2 \cdot \ln(x_a)$

und vereinfachen zu $Fl(x_a) = \frac{3 \cdot x_a}{8} + \frac{9}{16} + 2 \cdot \ln(x_a + 3) - 2 \cdot \ln(x_a)$

Nun geht es in gewohnter Manier.

Die Ableitung dieser Funktion ist $Fl'(x_a) = \frac{3}{8} + \frac{2}{x_a + 3} - \frac{2}{x_a}$

Erste Ableitung = 0: $\frac{3}{8}+\frac{2}{x_a+3}-\frac{2}{x_a}=0$

Wir bringen die linke Seite auf einen Nenner, multiplizieren den Zähler aus und sortieren

$$\frac{x_a^2+3x_a-16}{8(x_a+3)\cdot x_a}=0\,.$$

Wir brauchen nur den Zähler zu Null zu machen

$$x_a^2+3x_a-16=0\,.$$

Die Lösungen der Gleichung $Lsg=[2.77,-5.77]$.

Uns interessiert nur $\min x_a=2.77$.

Die minimale Fläche ist damit $Fl(2.77)=\int_{2.77}^{2.77+3}\left(\frac{x}{8}+\frac{2}{x}\right)dx=3.069$.

Alles ganz normal!

Nun zur rauen Wirklichkeit. Die **Klothoide** (Cornusche Spirale) ist ein „Übergangsbogen“ im Straßen- und Gleisbau. Straßen können nicht immer geradeaus gehen und der Knick beim Richtungswechsel muss ausgerundet werden. Die erste Idee, dafür ein Kreisbogenstück zu nehmen, ist aber nicht der Weisheit letzter Schluss. Sie müssten als Autofahrer nämlich am Kreisanfang ruckartig das Lenkrad auf die Krümmung des Kreises einschlagen und am Ende des Kreisbogens ebenso abrupt wieder auf die Krümmung 0 der Geraden zurückgehen. Nicht gut! – haben sich die Planer gedacht.

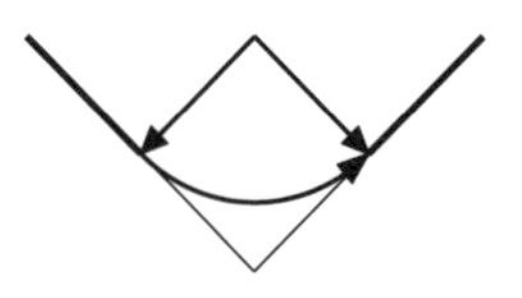

Die Straßenbauer haben sich deshalb bei den Mathematikern eine Kurve besorgt, bei der die Krümmung stetig mit der gefahrenen Strecke in der Kurve zu- oder abnimmt – „Klothoide“ heißt sie.

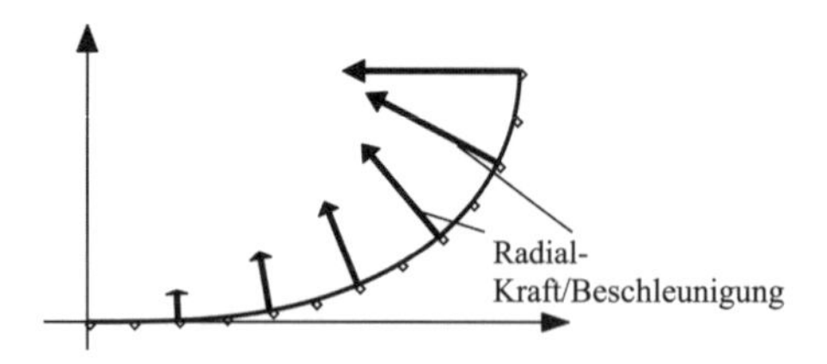

Die gleichmäßige Zunahme der Krümmung bedeutet für Sie, dass Sie das Lenkrad gleichmäßig drehen können. Besonders bei Autobahnen mit ihren hohen Ausbaugeschwindigkeiten wird die Klothoide als Übergangsbogen eingeplant.

Bei gleichbleibender Geschwindigkeit geht mit der Zunahme der Krümmung auch eine gleichmäßig zunehmende Radialbeschleunigung einher – wenn Sie nicht rechtzeitig den Fuß vom Gas nehmen, landen Sie unweigerlich im Graben!

Soweit die Vorrede: Nun die Mathematik zum Thema. Die Krümmung $k(s)$ der Kurve soll proportional mit der gefahrenen Strecke bzw. dem Bogenlängen-Parameter s zunehmen. Die Entwicklung der Kurvenformel ergibt eine Kurve in Parameterform, bei der die Koordinatenfunktionen in Integralform vorliegen und – um die Sache komplett zu machen – die Integrale nicht lösbar sind! Die Entwicklung der Formel ist tatsächlich „Höhere Mathematik": Wir entnehmen sie einer Formelsammlung. Nachvollziehen können wir sie nicht, nur benutzen.

Wir wollen hiermit quasi Mut machen: Mit einem richtigen (Computer-)Partner sollten Sie sich auch von *unlösbaren* Integralen nicht schrecken lassen.

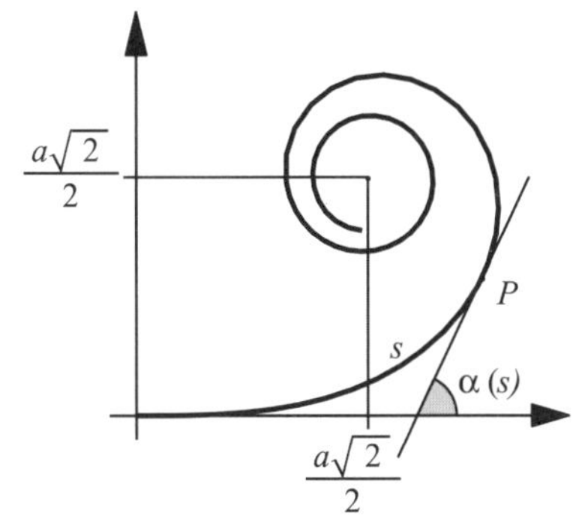

Mit $k(s)=\dfrac{s}{a^2}$ wird der Tangentialwinkel $\alpha(s)=\alpha_0+\displaystyle\int_0^s k(s)\,ds=\alpha_0+\dfrac{s^2}{2a^2}$

Der Proportionalitätsfaktor a bestimmt die „Größe" der Schneckenkurve bzw. die Geschwindigkeit, mit der sich die Spirale zuzieht. Mit ihm kann man sich den unterschiedlichsten Situationen anpassen. Die Form $1/a^2$ hat rein formeltechnische Gründe.

Die Koordinaten eines Kurvenpunktes mit der Bogenlänge $0..P=s_o$ sind:

$$x=x_o+\int_0^{s_o}\cos\left(\alpha_0+\frac{s^2}{2a^2}\right)ds\;;\;y=y_0+\int_0^{s_o}\sin\left(\alpha_0+\frac{s^2}{2a^2}\right)ds$$

Die Integrale sind geschlossen nicht lösbar (sog. Fresnelsche Integrale), für bestimmte Werte von s_0 kann man sie numerisch auswerten. Der Computer schafft es wegen seiner Rechengeschwindigkeit, blitzschnell eine beliebige Anzahl von Punkten zu berechnen und zu einer Kurve zu verbinden.

Den Radius r des Krümmungskreises an einem Kurvenpunkt bekommen wir wie folgt:

Es gilt $k(s)=\dfrac{s}{a^2}$ und $r=\dfrac{1}{k(s)}=\dfrac{a^2}{s}$ $\qquad =r(s)$

Weiterhin ist $\alpha(s)=\dfrac{s^2}{2a^2}\rightarrow s=a\sqrt{2\alpha}$ $\qquad (\alpha_0=0!)$

Damit können wir zusammenbauen $r=\dfrac{a}{\sqrt{2\alpha}}$ $\qquad =r(\alpha)$

Wir nehmen zur Demonstration ein paar konkrete Werte und machen hemmungslos von unserem „Maple"-Programm Gebrauch.

Die Vorgaben

```
> a:=2: alpha0:=0: xo:=0: yo:=0:
```

Die Berechnung

```
> k:=s/a^2:
```

– der Tangentialwinkel $\alpha(s)$

```
> alpha:=alpha0+int(k,s=0..s); # alpha:=s^2/(2*a^2):
```

$$\alpha := 0.125s^2$$

- die Koordinaten eines Kurvenpunktes mit der Bogenlänge $0...P=s_o$

```
> so:=3.0:
> xP:=evalf(xo+int(cos(alpha),s=0..so));
> yP:=evalf(yo+int(sin(alpha),s=0..so));
```

$$xP := 2.642$$

$$yP := 1.027$$

- zugehöriger Winkel und Krümmungs-Radius

```
> alphaP:=so^2/(2*a^2):alphaP:= %*360/(2*pi)*°;
```

$$\alpha P := 64.46°$$

```
> rP:=a/sqrt(2*alphaP);
```

$$rP := 1.333$$

Nun können wir zeichnen lassen

```
> unassign('so'):
> x:=xo+int(cos(alpha),s=0..so):
> y:=yo+int(sin(alpha),s=0..so):
> Klo:=plot([x,y,so=0..3]): # so läuft jetzt von 0..3!
> Mx:=xP-rP*sin(alphaP): My:=yP+rP*cos(alphaP):
> M:=pointplot([Mx,My]): Krs:=arc([Mx,My],rP,0.5..-0.4):
> display(Klo,Krs,M);
```

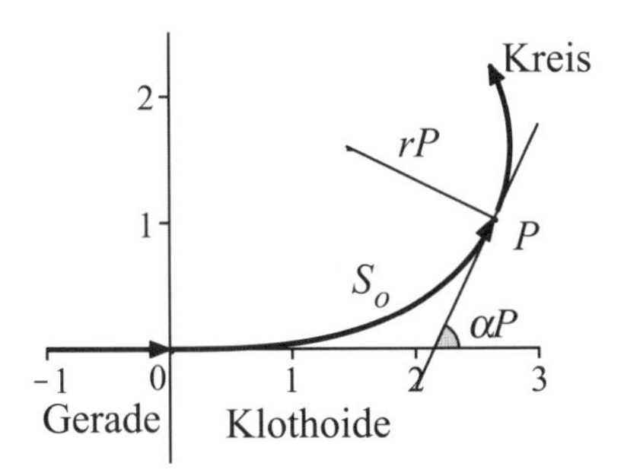

Durch Verwendung verschiedener a und Zwischenschalten passender Bogenstücke kann man nun *übergangslos* Geraden an Kreise anschließen und unterschiedliche Kreise oder Klothoidenstücke miteinander verbinden.

Wir wollen uns den Unterschied zwischen Kreis- und Klothoidenausrundung an einer eher autobahnuntypischen Spitzkehre vor Augen führen.

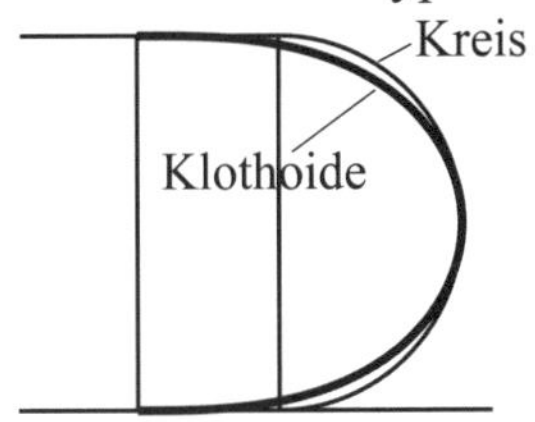

Anmerkung

Zu Zeiten, als der Computer noch nicht die Zeichensäle beherrschte, gab es in den Planungsbüros der Straßen-Neubauämter kistenweise Kurvenlineale für verschiedene a-Parameter, Kurvenabschnitte und Maßstäbe. Das Wort *Kurvenlineal* ist ein Widerspruch in sich, die Dinger hießen aber wirklich so. Die Straßenbauer setzten damit ihre gesamte Trasse aus Stücken von Geraden, Klothoiden und Kreisbögen zusammen, immer darauf bedacht, keine sprunghaften Krümmungs-Änderungen zu bekommen.

Eine letzte, nun wirklich überflüssige Anmerkung zum Thema „Theorie und Praxis“

Luftaufnahmen von Fahrspuren in frisch gefallenem Schnee haben ergeben, dass Autofahrer alle möglichen Kurven fahren – *hin und wieder auch mal per Zufall fast eine Klothoide*!

Zusätzlich zum Inhalt des Kapitels werden laufend über die Homepage http://4c.web.fh-koeln.de neue Aufgaben mit Lösungen ergänzt.

Literaturverzeichnis

– eine bunte Auswahl aus dem riesigen Angebot

Hefft, K.: Mathematischer Vorkurs zum Studium der Physik, Spektrum Akademischer Verlag 2006

Knorrenschild, M.: Vorkurs Mathematik. 2. Auflage, Fachbuchverlag Leipzig im Carl Hanser Verlag 2007

Knorrenschild, M.: Mathematik für Ingenieure, Band 1. Fachbuchverlag Leipzig im Carl Hanser Verlag 2009

Kuchling, H.: Taschenbuch der Physik. 19. Auflage, Fachbuchverlag Leipzig im Carl Hanser Verlag 2007

Minorski, V.P.: Aufgabensammlung der höheren Mathematik. 15. Auflage, Fachbuchverlag Leipzig im Carl Hanser Verlag 2008

Poguntke, W.: Keine Angst vor Mathe. 3.Auflage 2009, Vieweg + Teubner Verlag
Zum Wiedereinstieg in die Mathematik

Precht, M./Voit, K./Kraft, R.: Mathematik für Nichtmathematiker, 7. Auflage 2006, Oldenbourg Verlag

Rießinger, T.: Mathematik für Ingenieure, 7. Auflage 2006, Springer Verlag
Zitat: „Mathematik in entspannter Atmosphäre“

Rund um die Analysis:

Sonar, T.: Einführung in die Analysis, 1. Auflage 1999, Vieweg Verlag
Zitat: „Unter besonderen Berücksichtigung ihrer historischen Entwicklung ... “

Thompson, S. P.: Analysis leicht gemacht, Nachdruck der 12. Auflage 1998, Verlag Harri Deutsch

Ohne geht es nicht:

Bartsch, H.-J.: Taschenbuch mathematischer Formeln. 21. Auflage 2007, Fachbuchverlag Leipzig im Carl Hanser Verlag

Merziger, G./Mühlbach, G./Wille, D. /Wirth, T.: Formeln + Hilfen zur Höheren Mathematik, 5. Auflage 2007, Binomi Verlag – Eine erfreulich kurze Formelsammlung

Zum Schluss zwei Perlen:

Courant, R./Robbins, H.: Was ist Mathematik, 5. Auflage 2001, Springer Verlag
Zitat: „... „höhere Mathematik“ von einem elementaren Standpunkt aus behandelt“.

Glaeser, G.: Der mathematische Werkzeugkasten, 3. Auflage 2008, Spektrum Akademischer Verlag
Zitat: „Eine echte Fundgrube, in der es Spaß macht, zu graben.“

Stichwortverzeichnis

A
Abbildung, s. a. Funktion 127
Ableitung, s. a. Differenziation 169
–, der Funktionsarten 169-177
–, Herleitung171
–, höhere 174
–, Regeln 175
–, Standard- 173
Abstand, | |, s. a. Betrag 39
Abstand, s. a. Entfernung 13
–, Gerade-Gerade 99 f, 103
–, Punkt-Ebene 106
–, Punkt-Gerade 96, 119
Abstand zweier Vektorspitzen 91
Abstandsfunktion 126
Additionsverfahren, Gleichungssystem 43
Amplitude 137
Analyse
–, Geraden-Bahnen, Vektor 101 ff
–, Karussell-Bewegung, Vektor 270 ff
Änderungs-geschwindigkeit 169 ff
–, -rate 189 ff
–, -quote 169 ff
Anfangsbedingung 208
Ansatzpunkt 95, 98
Approximation einer Funktion 186
Arbeit, Kraft * Weg 83, 86, 93
–, Fläche unter einer Kurve 216
Arkusfunktionen 135 ff

B
Bahnen, Wege, parametrisch 129
–, Anwendung 161
Bahngleichungen, Geraden
–, Anwendung 100 ff, 109 f
Barometrische Höhenformel 151
Basis, Logarithmus 16 ff
Beschleunigung 262 ff
–, Integral 220
–, parametrisch 263
–, Vektor 263
Betrag
– eines Vektors 71
– einer Zahl 39
Betrags-funktion 39
– -gleichung 39, 40
– -ungleichung 40
Bewegung
–, zusammengesetzte 162, 269
Beweis
–, direkter 13
– durch vollständige Induktion 238
– durch Widerspruch 13
–, Pythagoras 239
–, Σn 237
Biege-moment, 280
– -linie 280
Binome 19
Binomialkoeffizient 20
Bogenlänge, Integral 223
–, Anwendung 286 ff
–, e-Spirale 278, 284
Bogenmaß 23

C
Computer-Einsatz 235 ff
Computerprogramme, Integration 230
–, Klothoide 296
–, Nullstellen von Funktionen 250
–, Spline-Interpolation 261
Cornusche Spirale 296

D
Darstellung von Folgen 114
Definitionsbereich von Funktionen 140ff
Determinanten 46
Determinantenverfahren, Gleichungssystem 48
Differenzenquotient 170
Differenzial 187
Differenzialquotient 171
Differenziation, s. a. Ableitung 169ff
Differenzierbarkeit 167
Differenzvektor 95, 102 f, 106, 111 f
Doppelwurzel bei quadr. Gleichung 34
Drehmoment 87, 90

E
Ebene, Vektor 94 f
e , s. a. Eulersche Zahl 15, 123
e-Funktion 175, 192
e^x, Ableitung 173
e-Spirale 284
Eigenschaften von Funktionen 139
Einheitsvektor 75
Einheitsvektorform eines Vektors 76
Einsetzungsverfahren für Gleichungssysteme 43
Eliminationsverfahren nach GAUSS, Gleichungssystem 44, 49 ff
Eliminieren einer Variablen, Funktion 148
Entfernung, s. a. Abstand 21
Entfernungsfunktion 164
Epsilontik 120
Eulersche Zahl, s. a. *e* 15, 116
explizite Funktion 129
–, Differenzial, Ableitung 178 ff
–, Integral, Stammfunktionen 204
–, Krümmung 276 ff
Exponential-funktion 133
–, -gleichung 35
–, -reihe 192
Extremstellen von Funktionen 182

F
Fakultät 20
Fibonacci-Folge 115, 247
Fixpunktiteration 254
Flächenberechnung mit Integral 203, 216
–, Anwendung 291 ff.
Flächenberechnung mit Vektorprodukt 91
Flächenfunktion, Integral 205, 232
Folgen 114
–, Fundamental- 118
–, Grenzwert 114, 116
–, Regeln 118, 121
Formalismus 173, 191
Fresnelsche Integrale 297
Fundamentalfolge 111
Funktionenfolgen 125
Funktions-Einmaleins 29, 137
Funktionsklassen 150 ff
Funktion Begriff, Definition 126 ff
–, besondere Stellen und Punkte 141
–, Darstellungsarten, -formen 128 ff
–, Definitions-, Wertebereich 140 ff
–, Eigenschaften 139 ff
–, Kombinationen 138
–, Manipulation, Transformation 146
–, Standardfunktionen 133

G
GAUSS-JACOBI-Näherungsverfahren für Gleichungssysteme 249
Gegenvektor 59
gemischte Gleichung 32, 36
Gerade(n), Vektor 94 f
–, Anwendung 101
gerade, ungerade Funktionen 140
Geschwindigkeitsanwendung 273
–, Differenzial 188
–, Vektor 273
Geschwindigkeitsdreieck 65
Gleichgewichtsbedingungen 80
Gleichungen 26 ff.
–, geschlossene Lösung 32
–, graphische Lösung 30
– höheren Grades 34
–, lineare 26, 32
–, Näherungslösung 249
–, quadratische 26, 33
–, Anwendung 38
–, sonstige 29, 30
Gleichungssysteme 27, 43
–, geometrische Interpretation 46 f
–, lineare 43
–, –, Anwendung 51 ff
–, Lösungsverfahren 43 ff
–, Näherungsverfahren 249
–, nichtlineare 43, 49, 53
–, –, Anwendung 52 ff
–, Sonderfälle 48 ff
Gleichsetzungsverfahren, Gleichungssysteme 43
Grad, Altgrad 23
Graph 129
Grenzfunktion 125
Grenzübergang,
–, Differenzial 166, 171, 188
–, Integral 204, 223
Grenzwert von Folgen 114 ff
– – Funktionen 124

H
Hauptsatz, Algebra 32

–, Analysis 229
Hauptzweig 136
Heron, Näherungsverfahren für $\sqrt{A}$ 247

I
implizite Form 132
–, Differenzial 180
Induktion, vollständige 238
Integral
–, Anwendung 212
–, bestimmtes 200
–, Herleitung 233
–, unbestimmtes 220
–, uneigentliches 208
Integration
– als Summation 225
– als Umkehrung des Differenzials 204
–, numerisch, Computer 229
–, Regeln 203, 211 ff.
–, zusammengesetzte Funktionen 211
Integralfunktion 293ff
–, Anwendung 296
Interpolation 257
–, Computerprogrammierung 261
–, Polynom- 258
–, Spline- 261
Intervallhalbierung 250
inverser Vektor 59
inverse (Umkehr-)Funktion 143
Irrationalität, $\sqrt{2}$ -Beweis 13
Iteration
–, Begriff 243
–, Beispiele 245 ff, 248
–, Näherungsverfahren für Gleichungssysteme 36, 249
–, Näherungslösung für Gleichungen 250 ff

K
Kettenregel, Differenzial 175, 197
Klothoide, Straßenbau
–, Anwendung 296
Kombinationen von Folgen 121
– von Funktionen 138
komplexe Wurzeln bei quadratischer Gleichung 34
Kompass 23, 155
Komponentendarstellung eines Vektors 71
Komponentenfunktion 267
konstanter Faktor
–, Differenzial 175
–, Integral 212
konvexe, konkave Funktionen 140
Koordinatenfunktion 160, 263
koordinatenweise differenzieren 263
Kräfteparallelogramm
–, analytisch 63
Kraftzerlegung 79f
Kreuz-, äußeres Produkt, s. Vektorprodukt 87
Krümmung 276
– der Kurve 183
Krümmung, Biegelinie 280
–, Radialbeschleunigung 282
–, *e*-Spirale 284
Krümmungs-berechnung 287
–, -kreis 298
Kurvendiskussion 182ff
–, Anwendung 279ff
Kurven, parametrisch 156ff
–, Anwendung 161ff
Kurvenschar 215

L
Limes, s. Grenzwert 115
Linearisieren einer Funktion 186
$\ln(x)$, Ableitung 196
Logarithmen 15
–, Anwendung 17
logarithmische Gleichung 36
–, Spirale 284
Lösung von Gleichungen
–, Nullstellen von Funktionen 30

M
Manipulation von Funktionen 146ff
Mantelfläche, Rotationskörper 224
Matrizen 49
Maximalpunkt, -stelle 184
Mengen 9
Minimalpunkt, -stelle 184
Mobilé 288
monotone Funktionen 139

N
Näherungslösung für Gleichungen, Nullstellen von Funktionen 250 ff
–, Fixpunkt 254

–, Newton 252
–, Regula falsi 250
Neilsche Parabel 148
Norm 22
–, euklidsche 22
–, Vektor- 71
Normalbeschleunigung 266
–, parametrische 266
Normalenvektor 106
Normale an eine Kurve 182
Nullfolge 116
Nullstellen von Funktionen
–, Lösung von Gleichungen 30
Nullstellen von Funktionen 134 ff
–, Näherungsverfahren 250 ff
n über *k* 20
Nullvektor 59

O

Ortsvektor 70

P

Parabel, Gleichung 30
Parabel, parametrisch 156
Parameterform 130, 156
–, Vektor-Ebene 105
–, Vektor-Gerade 94
Parametrisierung einer Funktion 148
Parameterfunktion 157, 263
–, Anwendung 157 ff.
–, Differenzial, Ableitung 179
–, Integral, Sektorenformel 216
partielle Integration 212
Pascalsches Dreieck 19
Periode 135 ff
periodische Funktionen 133
Phasenverschiebung 137
polare Form 131
Polarform 149
–, Differenzial, Ableitung 180
–, Integral, Sektorenformel 216
–, Krümmung 287
Polstellen bei Funktionen 142
Polynom-gleichungen 32
–, -interpolation 258
Potenzen 15
–, Anwendung 17
Potenzfunktion 133
p,*q*-Formel für quadratische Gleichung 34
Produkte 82
–, Skalar- 83
–, Vektor- 87
Produktregel, Differenzial 176, 197
Punkt-, Inneres -, s. Skalarprodukt 83
Pythagoras 228

Q

quadratische Ergänzung 33
Querbeschleunigung,
–, parametrisch 265
Quotientenregel, Differenzial 176, 199

R

Radialbeschleunigung
–, parametrisch 282
Radiant 36
Randbedingung 208, 215, 281
Raumkurve 271
Rechenregeln für Zahlen 14
– – Folgen 118
– – Vektoren 58, 72, 85
Regeln zur Differenziation 175 ff
– – Integration 203, 211 ff
Resultierende 73
Reziprokfunktion 133, 138
Richtungsvektor 95 ff
Regula falsi 250
Rotationskörper 224

S

Sattelpunkte bei Funktionen 183
Schwerpunkt, Herleitung 290 ff
Sekante 166
Sektorenformel 216
Signumfunktion 40
sin-, cos-Funktion 24, 133
Sinus, Ableitung 173
Skalar 56, 71
Skalarprodukt 83
Sonder-, Spezialfunktionen 150 ff
Spaltenvektor 71
Spirale
–, Cornusche 296
–, *e*-, logarithmische 278, 284
–, räumliche 269
Spline-Interpolation, Computerprogrammierung 261
Stabstatik 61 ff

–, Anwendung 62 ff
Stammfunktion, s. a. unbestimmtes Integral 226
Standardableitungen 173
– -funktionen 133
– -integrale 207
Steigung, Kurven- 166 ff, 183
Stetigkeit 167
Strahlensätze 24
Substitution
–, Gleichungen 28, 34, 43
–, Integral 212
Summenregel
–, Differenzial 176
–, Integral 203
Summe, Unter-, Ober- 200, 202
Summen
–, endliche 237
–, unendliche 201
Summenzeichen 20
Superposition, s. a. Überlagerung 159, 263
Symmetrie 141

T
Tangensfunktion 24, 133
Tangente an eine Kurve 181
Tangentialbeschleunigung, parametrische 266
Transformation von Funktionen 146 ff
trigonometrische Funktion 133, 135
–, Gleichung 36

U
Übergangsbogen, Straßenbau 296
Überlagerung 158, 263
Umkehrbarkeit, global, lokal 144 ff
Umkehr-Funktion 143 ff
–, -regel, Differenzialrechnung 176, 198
Ungleichungen 40 f
unbestimmtes Integral 220

V
Vektor
–, gerichtete Größe 57
–, analytisch 57
–, graphisch 57
–, Rechenregeln 58
Vektor-betrag 71
–, -ebene 94 ff
–, -funktion 262
–, -gerade 94 ff
–, -länge 71
–, -norm 71, 76 ff
Vektorprodukt 82, 87
Vektorwinkel zur x-Achse 71
– zwischen Vektoren 83 ff.
Vektorzerlegung 73,93
Verschiebung
– einer Funktion 147 ff
– eines Vektors 90
Volumen
–, Rotationskörper 224 ff

W
Weg, Fläche unter einer Kurve 217
Weg 161
–, Differenzial 190, 217 ff
–, Vektor 268
Wege, parametrisch 100 f 129
Wendepunkte von Funktionen 183
Wertebereich von Funktionen 140 ff
Winkel-festlegung 23
– -funktion 23
Winkelgeschwindigkeit 269
Winkel zwischen Vektoren 83 ff
Wirkungslinie 61, 64, 83
Wurzeln 16
–, Anwendung 18
Wurzelgleichung 34

Z
Zahlenarten 12
–, Rechenregeln 14
Zeilenvektor 71